食品科学与工程系列教材

农产品贮藏加工学

秦　文　李梦琴　主编

科学出版社

北　京

内 容 简 介

本教材以农产品贮藏和加工的基本理论为主要线索，融农产品贮藏的加工原理与技术于一体，系统介绍了农产品贮藏保鲜原理与技术、粮食油脂产品加工技术、果蔬产品加工技术、副产物综合利用等内容。全书共8章，包括农产品的品质、农产品贮藏保鲜基本原理、农产品贮藏技术、农产品加工基本原理、油脂加工、果蔬加工、农产品加工副产物的综合利用等章节。

本教材可作为高等院校食品、园艺、农学及相关专业的教材，也可作为相关行业从业人员的参考资料。

图书在版编目(CIP)数据

农产品贮藏加工学 /秦文，李梦琴主编.—北京：科学出版社，2013.1
(2024.1 重印)

食品科学与工程系列教材

ISBN 978-7-03-034532-5

Ⅰ.①农…　Ⅱ.①秦…　②李…　Ⅲ.①农产品-贮藏　②农产品加工
Ⅳ.①S37

中国版本图书馆 CIP 数据核字 (2013) 第 004278 号

责任编辑：刘　琳 / 责任校对：彭　映
责任印制：罗　科 / 封面设计：墨创文化

科 学 出 版 社 出版
北京东黄城根北街16 号
邮政编码：100717
http://www.sciencep.com

成都锦瑞印刷有限责任公司 印刷
科学出版社发行　各地新华书店经销

*

2013 年 1 月第　一　版　　开本：787×1092　1/16
2024 年 1 月第十二次印刷　　印张：20
字数：480 000

定价：40.00 元
(如有印装质量问题，我社负责调换)

《农产品贮藏加工学》编委会

前　　言

从世界范围来看，农产品贮藏加工业的基础地位已经发生了变化，世界发达国家均将农产品的贮藏、保鲜和加工业放在农业的首要位置。从农产品的产值构成来看，农产品的产值 70％以上是通过产后的贮运、保鲜和加工等环节来实现的。农产品加工业是提升农业整体素质和效益的关键行业，农产品加工业的水平则是衡量一个国家农业现代化程度的重要标志。

农产品贮藏加工是建设现代农业的重要环节，是农业结构战略性调整的重要导向，是促进农民就业和增收的重要途径，也是延伸农业产业链条、拓展农业增值空间、增强农业抵御市场风险能力、提高农产品国际竞争力的重要支撑。我国农产品加工业有丰富的物质基础：我国的谷物、肉类、棉花、花生、油菜籽、水果、蔬菜等农产品的产量都居世界首位。但与经济发达国家相比，我国的农产品加工业总体上仍有较大差距。

为了适应形势的发展，培养更多更好的人才为行业发展服务，全国农业高等院校除食品科学与工程专业外，农学、林学、园艺、生命科学等专业也纷纷开设农产品贮藏加工学课程，部分高校还将其作为公共选修课程开设。近年来很多高校都选用了由四川农业大学秦文教授主编的《农产品贮藏加工学》作为教材，部分高校还将该教材作为研究生入学考试用书。经过几年的使用和意见的收集，主编修订了编写大纲和要求，重新组织了编写单位和人员，再行编写了《农产品贮藏加工学》。

本书由四川农业大学的秦文教授以及河南农业大学的李梦琴教授担任主编，负责全书的统稿和部分章节的编写工作，成都大学的刘达玉、张崟老师，塔里木大学的郭东起老师，内蒙古农业大学的包晓兰、苏琳老师，西南大学的张惟广老师，河南农业大学的庞凌云老师，四川农业大学的罗松明老师以及新疆农业大学的武运老师参与了本书的编写。

本书的编写得到四川农业大学、河南农业大学、内蒙古农业大学、塔里木大学及成都大学等高校师生们的大力支持，在编写审稿过程中，承蒙不少同行学者的悉心指导并提出宝贵意见，在此表示衷心感谢。

编写人员尽管有多年的教学和实践经验，在编写过程中倾注了大量心血，但由于本书涉及的学科多、内容广、产业发展快，加之时间仓促和编者水平所限，书中难免存在疏漏、错误和不妥之处，恳请使用本教材的师生及同行专家批评指正。

编　者
2012 年 7 月

目　　录

第1章　绪论 ……………………………………………………………………………… 1

　1.1　农产品贮藏加工概述及意义 …………………………………………………… 1

　　1.1.1　农产品贮藏加工的概念 …………………………………………………… 1

　　1.1.2　农产品加工的分类和特点 ………………………………………………… 2

　　1.1.3　农产品贮藏加工的意义 …………………………………………………… 2

　1.2　农产品贮藏加工业发展现状和存在问题 ……………………………………… 3

　　1.2.1　农产品贮藏加工业的发展现状 …………………………………………… 3

　　1.2.2　我国农产品贮藏加工业存在的问题 ……………………………………… 6

　1.3　农产品贮藏加工的发展目标和重点产业布局 ………………………………… 8

　　1.3.1　农产品贮藏加工业的发展目标 …………………………………………… 8

　　1.3.2　粮食加工业的发展重点及布局 …………………………………………… 9

　　1.3.3　果蔬加工业的发展重点及布局 …………………………………………… 12

　1.4　农产品贮藏加工学的目的和任务 ……………………………………………… 13

第2章　农产品的品质 …………………………………………………………………… 15

　2.1　农产品的品质特征 ……………………………………………………………… 15

　　2.1.1　粮油产品的品质特征 ……………………………………………………… 15

　　2.1.2　果蔬产品的品质特征 ……………………………………………………… 29

　2.2　农产品主要组分在贮藏加工过程中的变化 …………………………………… 40

　　2.2.1　粮食主要组分在贮藏过程中的变化 ……………………………………… 40

　　2.2.2　果蔬主要组分在贮藏过程中的变化 ……………………………………… 47

　2.3　农产品的腐败 …………………………………………………………………… 51

　　2.3.1　果蔬腐败变质 ……………………………………………………………… 51

　　2.3.2　粮食腐败变质 ……………………………………………………………… 52

第3章　农产品贮藏保鲜基本原理 …………………………………………………… 54

　3.1　呼吸作用 ………………………………………………………………………… 54

　　3.1.1　呼吸作用基本类型 ………………………………………………………… 54

　　3.1.2　呼吸作用相关概念 ………………………………………………………… 55

　　3.1.3　呼吸代谢的途径 …………………………………………………………… 60

　　　3.1.4　影响呼吸作用的因素 ·· 63

　　　3.1.5　呼吸与果蔬耐贮性和抗病性的关系 ···························· 65

　　3.2　蒸腾作用 ··· 66

　　　3.2.1　蒸腾作用对农产品品质的影响 ·································· 66

　　　3.2.2　影响蒸腾作用的因素 ·· 67

　　3.3　成熟和衰老作用 ··· 70

　　　3.3.1　成熟与衰老的概念 ·· 70

　　　3.3.2　农产品成熟衰老过程中细胞组织结构的变化 ············· 71

　　　3.3.3　农产品成熟衰老过程中化学成分的变化 ··················· 72

　　　3.3.4　乙烯对农产品成熟衰老的影响 ································· 73

　　　3.3.5　其他植物激素对农产品成熟衰老的作用 ·················· 82

　　3.4　休眠和发芽 ·· 83

　　　3.4.1　休眠的类型与阶段 ·· 83

　　　3.4.2　休眠的生理生化机制 ·· 84

　　　3.4.3　休眠的控制 ··· 84

　　3.5　果蔬采后病害 ··· 85

　　　3.5.1　采后主要寄生性病害 ·· 86

　　　3.5.2　寄主植物的病害生理 ·· 90

　　　3.5.3　采后病害的侵染方式 ·· 91

　　　3.5.4　病原菌侵染过程 ·· 92

　　3.6　粮食的陈化 ·· 93

　　　3.6.1　粮食陈化的概念 ·· 93

　　　3.6.2　粮食陈化过程中的变化 ·· 93

　　　3.6.3　粮食劣变指标 ··· 94

　　　3.6.4　影响粮食陈化变质的因素 ·· 94

第4章　农产品贮藏技术 ··· 96

　　4.1　常温贮藏 ··· 96

　　　4.1.1　堆藏 ··· 97

　　　4.1.2　沟藏 ··· 98

　　　4.1.3　窖藏 ··· 99

　　　4.1.4　通风贮藏 ·· 101

　　4.2　低温贮藏 ·· 103

　　　4.2.1　冷藏 ·· 103

　　　4.2.2　冻藏 ·· 109

　　4.3　气调贮藏 ·· 113

　　　4.3.1　气调贮藏的原理 ·· 113

　　　4.3.2　气调贮藏库的管理 ·· 118

　　　4.3.3　超低氧气调贮藏 ·· 119

4.3.4 减压贮藏 ·· 120

4.3.5 自发气调包装贮藏 ·· 121

4.4 干燥贮藏 ··· 123

4.4.1 干燥贮藏的原理 ·· 123

4.4.2 干燥与脱水方法 ·· 127

4.4.3 影响干燥贮藏效果的因素 ································· 128

4.4.4 干燥贮藏技术 ··· 129

4.4.5 干燥贮粮管理 ··· 130

4.5 辐照保藏 ··· 130

4.5.1 辐照保藏的原理 ·· 131

4.5.2 辐照保藏的应用 ·· 133

4.6 化学保藏 ··· 138

4.6.1 化学保藏的定义 ·· 138

4.6.2 化学保藏的应用 ·· 139

4.7 果蔬采后商品化处理 ··· 139

4.7.1 整理与挑选 ··· 140

4.7.2 分级 ·· 140

4.7.3 清洗、防腐、灭虫与打蜡 ································· 141

4.7.4 包装 ·· 141

4.7.5 催熟和脱涩 ··· 142

4.7.6 预冷 ·· 144

4.7.7 愈伤 ·· 146

4.7.8 晾晒 ·· 147

4.8 新兴农产品贮藏技术 ··· 148

4.8.1 超高温瞬时杀菌技术 ······································ 148

4.8.2 欧姆加热杀菌技术 ·· 148

4.8.3 脉冲强光杀菌技术 ·· 149

4.8.4 紫外线杀菌技术 ··· 149

4.8.5 超声波杀菌技术 ··· 149

4.8.6 脉冲磁场杀菌技术 ·· 150

4.8.7 高压电场杀菌技术 ·· 150

4.8.8 臭氧杀菌技术 ·· 150

4.8.9 远红外线杀菌技术 ·· 151

4.8.10 等离子体杀菌技术 ··· 151

4.8.11 生物酶杀菌技术 ·· 151

4.8.12 微生物预报技术 ·· 151

4.8.13 其他 ··· 153

第5章 农产品加工基础原理 ·· 155

5.1 粮油加工品的分类及特点 ······················· 155
　5.1.1 粮油加工的概念 ······························· 155
　5.1.2 粮油加工品的分类 ··························· 155
5.2 粮油加工基础原理 ································· 158
　5.2.1 粮油加工的目的 ····························· 158
　5.2.2 影响粮油加工的原料特征 ················· 158
5.3 果蔬加工品的分类及特点 ····················· 164
　5.3.1 果蔬加工的定义 ····························· 164
　5.3.2 果蔬加工的分类 ····························· 164
　5.3.3 果蔬加工的特点 ····························· 165
5.4 果蔬加工原理及原料的预处理 ··············· 166
　5.4.1 果蔬加工原理 ································· 166
　5.4.2 果蔬加工保藏对原料的要求及预处理 ·· 168
　5.4.3 果蔬半成品的保存 ························· 176

第6章 油脂加工 ······································· 178
6.1 油料 ··· 178
　6.1.1 油料的分类 ··································· 178
　6.1.2 油料的籽实结构及化学组成 ············· 178
　6.1.3 油料种子的物理性质 ······················ 180
6.2 油料的预处理 ····································· 181
　6.2.1 油料清理 ····································· 181
　6.2.2 油料剥壳及仁壳分离 ······················ 182
　6.2.3 油料生坯的制备 ··························· 182
　6.2.4 生坯的干燥 ··································· 183
　6.2.5 油料的挤压膨化 ··························· 183
　6.2.6 料坯的蒸炒 ··································· 184
6.3 植物油脂的制取 ································· 185
　6.3.1 机械压榨法 ··································· 185
　6.3.2 溶剂浸出法 ··································· 188
　6.3.3 油脂提取的其他方法 ······················ 193
6.4 油脂精炼和改性 ································· 197
　6.4.1 油脂精炼 ····································· 197
　6.4.2 油脂的改性 ··································· 201

第7章 果蔬加工 ······································· 206
7.1 果蔬罐藏加工 ····································· 206
　7.1.1 果蔬罐藏的基本原理 ······················ 206
　7.1.2 罐藏容器 ····································· 208
　7.1.3 果蔬罐藏工艺 ······························· 209

　　7.1.4　罐头检验和贮藏 ·· 216

7.2　果蔬干制加工 ··· 218

　　7.2.1　果蔬干制原理 ·· 218

　　7.2.2　果蔬干制工艺 ·· 221

　　7.2.3　果蔬干制方法 ·· 224

7.3　果蔬糖制加工 ··· 225

　　7.3.1　果蔬糖制原理 ·· 225

　　7.3.2　果蔬糖制工艺 ·· 231

7.4　果蔬腌制加工 ··· 236

　　7.4.1　果蔬腌制品的分类 ·· 236

　　7.4.2　果蔬腌制原理 ·· 237

　　7.4.3　果蔬腌制工艺 ·· 243

7.5　果蔬发酵加工 ··· 250

　　7.5.1　果酒酿造 ··· 250

　　7.5.2　果醋酿制 ··· 261

7.6　果蔬冷冻加工 ··· 265

　　7.6.1　果蔬冷冻基本原理 ·· 265

　　7.6.2　果蔬速冻工艺 ·· 270

　　7.6.3　果蔬速冻方法与设备 ······································· 272

　　7.6.4　速冻果蔬的冻藏、运销与解冻 ························· 273

第8章　农产品加工副产物的综合利用 ······························· 275

8.1　概述 ·· 275

8.2　粮油加工副产物的综合利用 ·· 276

　　8.2.1　稻谷加工副产物的综合利用 ···························· 276

　　8.2.2　小麦加工副产物的综合利用 ···························· 279

　　8.2.3　大豆加工副产物的综合应用 ···························· 281

　　8.2.4　玉米加工副产物的综合利用 ···························· 283

　　8.2.5　植物油脂副产物的综合利用 ···························· 285

8.3　果蔬加工副产物的综合利用 ·· 288

　　8.3.1　果蔬中天然色素的提取 ···································· 288

　　8.3.2　果蔬副产物中果胶的提取 ································· 292

　　8.3.3　果蔬副产物中芳香油的提取 ···························· 294

　　8.3.4　柑橘果实皮渣的综合利用 ································· 296

　　8.3.5　苹果果实皮渣的综合利用 ································· 299

　　8.3.6　葡萄果实皮渣的综合利用 ································· 300

参考文献 ··· 304

第1章 绪 论

1.1 农产品贮藏加工概述及意义

1.1.1 农产品贮藏加工的概念

农产品贮藏是以与农产品采收后的生命活动过程和环境条件相关的采后生理学为基础，以农产品在采后贮、运、销过程中的保鲜技术为重点，进行农产品采后保鲜处理的过程。以农产品为对象，根据其组织特性、化学成分和理化性质，采用不同的加工技术和方法，制成各种粗、精加工的成品、半成品的过程称为农产品加工。现代意义的农产品加工，是以市场为导向，以满足消费需求为目标，以终端消费品来逆向决定农产品的生产品种、生产区域、生产规模，以专用品种作为加工原料的。为了拥有不同区域的不同资源，就必然要在林果业、瓜菜业、水产业等不同产业优势中作出选择，在生产中有重点地选择直接消费品种(如鲜食农产品)、初加工品种以及精深加工品种，通过不同地区农业的农村经济结构的战略性调整，使农业产业结构与农产品加工业结构的需求更加紧密地结合起来。

农产品加工根据原料的加工程度又分为初加工和深加工。初加工程度浅、层次少，产品与原料相比是一种理化性质、营养成分变化较小的加工过程；深加工程度深、层次多，经过若干道加工工序，原料的理化特性发生较大变化，是营养成分分割较细、按需要进行重新搭配的多层次的加工过程。农产品深加工是在应用现代科学技术的基础上进行的现代化的加工方式。它与传统的加工方式相比存在3个方面的显著区别：一是传统的农产品加工是建立在以自然经济为主的基础上，而现代的农产品加工是建立在社会化生产的基础上；二是传统的农产品加工是建立在手工操作的基础上，而现代的农产品加工则是建立在机器工业的基础上，大都是批量、规模的生产；三是传统的农产品加工是凭借经验的积累进行生产的，而现代的农产品加工则是随着现代科学技术的普及而发展起来的，不仅需要不断地运用现代生物学、物理学、化学、营养学、卫生学等知识以及新的技术成果来改进和完善农产品加工工艺，还需要掌握机械加工、食品加工、食品微生物、食品包装、食品保藏及运输等专门技术及一系列的现代管理理念和方法。

1.1.2　农产品加工的分类和特点

根据联合国国际工业分类标准，农产品加工业主要划分为以下5类：食品、饮料和烟草加工；纺织、服装和皮革工业；木材和木产品加工（包括家具加工制造）；纸张和纸产品加工、印刷和出版；橡胶产品加工。根据中国国家统计局的分类，农产品加工业包括12个行业：食品加工业（包括粮食加工业、畜禽加工和饲料加工业、果品加工业、水产品加工业、蔬菜加工业、制糖业）；食品制造业（包括糕点和糖果制造业、乳制品制造业、罐头制造业、发酵制品业、调味品制造业、食品添加剂制造业）；饮料制造业（包括酒精及饮料酒制造业、软饮料制造业）；烟草加工业；纺织业（包括棉纺业、麻纺业、丝绸业、毛纺业、针织品业）；皮革、毛皮、羽绒及其制造业；服装及其他纤维制品制造业；木材加工及竹、藤、棕、草制品业；家具制造业；造纸及纸制品业；印刷业、记录媒介的复制和橡胶制品业；医药制造业（包括中药材及中成药加工业、生物制品业）。

农产品加工业与其他工业相比，具有以下特点：①原材料资源分布广，无论东西南北，各地域处处皆有，这就决定了农产品加工原料分布的广泛性；②产品品种繁多，这是由于原料种类的多样性所致；③季节性较强，农产品加工的原料大多是季节性生产，有些原料不宜过久贮藏，必须在一定时期内进行加工，否则会降低品质，甚至腐败变质；④生产行业众多，如粮食加工业、制糖工业、烟草工业、制茶工业、罐头食品工业、肉制品工业、奶制品工业、豆制品工业、调味品工业等；⑤产品加工技术要求高，农产品加工制品的质量要求随着科学技术的进步和社会的发展逐步提高，品牌档次增多，要求产品耐久保存、营养安全、外观好看、风味可口等。

农产品加工业延伸农业的产业链条，拓展农业的增值空间，增加农业的整体效益，可增强农业抵御市场风险的能力，提高农产品的国际竞争力。农产品加工水平是衡量一个国家农业现代化程度的重要标志，是提升农业整体素质和效益的关键行业。我国发展农产品加工业有丰富的物质基础：我国的谷物、肉类、棉花、花生、油菜籽、水果、蔬菜等农产品的产量都居世界首位。但与发达国家相比，我国的农产品加工业总体上仍有较大差距。我国的农产品要想在国际市场上占据应有的位置，需要先进的技术水平、管理水平和现代化的运营机制。要增强农产品的国际竞争力，最直接有效的手段就是提升农产品贮藏加工水平，重视相关技术的引进和自主创新，规范原材料基地的建设以及加工企业的管理及其机械装备、工艺流程等，将标准化生产贯穿于农产品加工过程的始终。

1.1.3　农产品贮藏加工的意义

发展农产品贮藏加工业意义重大，主要体现在以下几个方面。

1. 建设现代农业的重要环节

通过农产品贮藏加工业的带动，把农业产前、产中、产后的各个环节相互链接在一起，延长农业的产业链、价值链和就业链，促进农业产业化、农村工业化、农村城镇化和农民组织化。

2. 农业结构战略性调整的重要导向

目前，我国农产品加工已由过去的只考虑对剩余物料进行加工的被动发展，转变为以市场为导向的现代农产品加工。农产品加工成为农产品生产规模、品种结构和区域布局调整的引导力量，为农业结构的战略性调整找准了方向，对推进中国农产品出口结构的优化升级、提高中国农业的国际竞争力有重要意义。

3. 促进农民就业和增收的重要途径

发展农产品贮藏加工业可以安置大量的农村富余劳动力，催生一大批相关配套企业，形成新的就业渠道，带动农民增收以及民营企业、县域经济的快速发展，推进农业产业化进程，实现第一、第二、第三产业的持续、有机、协调发展。

4. 社会主义新农村建设的重要支撑

发展农产品贮藏加工业，以农业、农村资源为依托，将丰富的农产品资源和劳动力资源两个优势加以整合，形成农村产业发展优势，进而转化为新农村建设的经济优势，同时也带动了相关产业（尤其是各项服务业）的发展，促进了农村基础设施建设和社会事业的发展。

1.2　农产品贮藏加工业的发展现状和存在的问题

1.2.1　农产品贮藏加工业的发展现状

从世界范围来看，农产品贮藏加工业的基础地位已经发生了变化。目前，国际食品工业已经成为世界上的第一大产业，成为国民经济的重要支柱产业，每年的营业额已远远超过汽车、航天及电子信息工业。2008 年，中国食品工业实现总产值 4.2 万亿元，增幅为 29.7%，对国民经济的贡献率达 7%。2009 年受国际金融风暴的冲击，中国经济增速普遍放缓，但食品产业仍保持了大幅增长，完成总产值 4.97 万亿元，同比增长 17.8%，成为中国应对金融危机、实现经济平稳回升的重要力量。2010 年一季度食品工业总产值同比增长 28.5%。预计到 2015 年，食品工业总产值将达到 10 万亿元，年均增长 15% 以上。农产品产后的增值潜力巨大。世界发达国家均将农产品的贮藏、保鲜和加工业放在农业发展的首要位置。从农产品的产值构成来看，农产品的产值 70% 以上是通过产后的贮运、保鲜和加工等环节来实现的。

1. 发达国家农产品加工现状

（1）重视农产品加工利用技术的开发

发达国家把农产品产后的贮藏、保鲜、加工放在农业发展的首要位置。从 20 世纪 70

年代开始，世界上许多经济发达国家陆续实现了农产品保鲜产业化，美国、日本的农产品保鲜规模达到 70% 以上，意大利、荷兰等国家也达到了 60%。在工业发达国家，80%以上的粮食和 50% 以上的果蔬实现了工业化，工业食品的产值占到整个食品产值的80%～90%。美国对农产品的采后保鲜与加工的投入，已占农业全部投入的 70%，以农产品加工为基础的食品加工业已成为美国各制造业中规模最大的行业。

（2）企业规模庞大

发达国家的农产品加工企业的规模非常大，它们中的很多企业为跨国企业。如荷兰著名的跨国企业 CSM 公司，专业生产和销售食品配料与粮食，业务涉足全球 100 多个国家，其子公司普克公司是世界上最大、最有经验的乳酸盐生产商。普拉克公司的工厂分布在巴西、西班牙和荷兰，同时它还具有一个遍及全球的销售网络。再如，乳业第一巨头法国达能公司的年销售额为 60 亿欧元，帕玛拉特公司年销售额也达到 60 亿欧元，雀巢公司的年销售额为 133 亿欧元。新国际集团在我国大陆的投资达到 12 亿美元，其方便食品事业部在中国大陆有 12 个生产基地，饮品事业部在大陆有 9 个生产基地，糕饼事业部在大陆有 3 个生产基地，是大陆最大的方便食品生产商和糕饼生产商。菲律宾晨光食品有限公司在大陆的投资也达到了 1.2 亿美元。

（3）有专用的加工品种和固定的原料基地

在粮油加工业中，以专用粉为例，日本有 60 多种，英国有 70 多种，美国达 100 多种，日本专用食用油油脂达到 400 多种。为保证产品质量，在基地的选择上，不仅需考虑加工品种的专业化、规模化，还应认真考虑所选择基地的气候生态条件和化肥种类等因素。

（4）品种向安全、绿色、休闲方向发展

从全球范围来看，安全、绿色、休闲成为人们消费的主流和方向。据统计，美国休闲产品消费量每年每人平均达 8.6 kg，荷兰为 6.5 kg，英国为 5.7 kg。发达国家从追求农产品加工品种多样性转向追求安全性和健康性。在果蔬的加工处理方面，力求保持鲜嫩、营养、方便、可口，除传统的速冻、罐头、脱水产品外，近年发展热点为最少处理的果蔬切割产品。

（5）生产基本实行标准化管理

国外许多发达国家要求食品加工业在管理上实行《良好生产操作规程》（GMP），在安全控制上普遍实行危害分析与关键控制点体系（HACCP）和 ISO 9000 族质量保证体系，使食品生产从以最终产品检验为主的控制方式，转变为生产全过程的质量控制，这将是农产品加工业发展的必然趋势。

（6）重视农业生产各环节

发达国家通过产前、产中、产后结合，促进农业产业化的健康发展。农产品加工需要与育种、种植、供销等部门互相配合才能健康发展。例如，荷兰的马铃薯育种、栽培、贮藏、加工和销售有一整套行之有效的管理体系，应根据加工利用的要求和用途来选择种植的品种。

（7）完善市场体系，提高流通效率

例如，韩国通过采取以下措施，提高了市场营销系统的效率：一是对产地农产品流通进行改革，政府给予一定的资金补贴，由农协把产地的农民组织起来，建立综合的农产品加工处理场，通过筛选、分等、包装，把农产品直接销售给大型商场、超市、批发商、团体消费者或出口国外；二是加快农产品批发市场建设，政府加大对批发市场建设资金的投入，投入的比重已达到70%，农业财政投入中用于农产品批发市场的比重提高到30%；三是改善农产品销场市场周围的流通环境。

2. 我国农产品加工业发展现状

"十一五"期间，我国农产品加工业遵循经济社会发展的客观规律，加快结构调整、产业集聚、技术创新和专用原料基地建设，努力克服国际金融危机的影响，实现了较快发展，取得了很大成效。

（1）总量持续增长

目前全国年销售收入在500万元以上的各类农产品加工企业达6.7万家，实现总产值3.6万亿元、工业增加值0.9万亿元。在全部工业结构中，农产品加工业总产值占25%，工业增加值占25%，产品销售收入占24%，企业单位数占34%。"十一五"以来，农产品加工业产值年均增长速度为6%，工业增加值年均增长率达8%，与国内生产总值基本保持同步增长。2010年，规模以上农产品加工业产值突破10万亿元，比"十五"末增长1.5倍，年均增幅在20%以上，超过"十一五"规划年均12%的增长预期；农产品加工业产值与农业产值之比由"十五"末的1.1∶1提高到1.7∶1左右。

（2）带动作用增强

2010年规模以上农产品加工企业从业人员达2500多万人，比"十五"末增加400万人；吸纳农村劳动力1500万人以上，农民直接增收2800亿元；全国已建立各类农业产业化经营组织22.4万个，上亿农户参与农业产业化经营，户均增收1900多元。农产品加工业已成为我国国民经济中发展速度最快、与"三农"关联度最高、对"三农"带动作用最大的行业。

（3）结构不断优化

2010年，食品工业占农产品加工业的比重从"十五"末的40%提高到47%，方便、快捷、休闲和营养保健食品发展迅速，很多企业按照无公害、绿色、有机标准组织生产，形成了一大批名牌产品和驰名商标，如双汇、伊利、蒙牛等已成为农产品加工企业集团。

（4）产业加速集聚

初步形成了东北和长江流域水稻加工、黄淮海优质专用小麦加工、东北玉米和大豆加工、长江流域优质油菜籽加工、中原地区牛羊肉加工、西北和环渤海苹果加工、沿海和长江流域水产品加工等产业聚集区。

（5）创新步伐加快

以农业部认定的200多家技术研发中心为依托，初步构建起国家农产品加工技术研发体系框架，突破了一批共性关键技术，示范推广了一批成熟实用技术。挤压膨化技术、超微粉碎技术、微胶囊技术、微波技术、速冻技术、真空压力技术、膜分离技术、生物工程、超高温杀菌、真空冷冻、分子蒸馏等一大批高新技术在农产品加工业中逐步得到应用。

（6）专用原料基地扩大

以公司加农户、龙头带基地等多种形式，建设了一大批规模化、标准化、专业化的农产品生产基地，辐射带动1亿多农户。

1.2.2 我国农产品贮藏加工业存在的问题

1. 农业的种养结构不尽合理

我国农业的种养结构不合理，突出表现在农产品品质上，缺少专用品生产，种养什么就加工什么的现象普遍存在。我国的玉米年产量1亿多吨，居世界第二，人均100 kg，美国的玉米产量居世界第一，年产2.29亿吨，人均1000 kg。我国年产淀粉350万吨，耗玉米500万吨，玉米深加工只占总产量的10%，品种单一、品质一般，缺少专用品种；美国年产淀粉1500万吨，85%的淀粉加工成淀粉糖和酒精，有高油玉米、高直链淀粉玉米、优质蛋白玉米等未用加工品种。

2. 采后损失严重，贮藏保鲜产业落后

我国一些农产品基地缺少贮藏保鲜设施设备和有效的贮藏保鲜技术，导致农产品采后损失严重。目前，我国的贮粮和果蔬产后损耗率分别达9%和25%，而美国等发达国家分别低于1%和5%。据联合国粮食组织对50多个发展中国家的调查结果，粮食收获后在贮藏中损失率平均为10%；果蔬、肉、蛋、奶则高达30%~35%。我国粮食每年贮藏损失平均为9.7%，果品、蔬菜的损失高达25%；商品化处理水平不足30%，欧美为90%以上；商品贮藏率仅占总产量的10%，气调贮藏量不足10%，而欧美发达国家80%是全自动气调库，做到水果均衡上市。美国通过高效率的运输设备和技术使南北东西的果蔬市场有充足的新鲜产品供应，粮食损失率不超过1%，果蔬损失率为1.7%~5%。我国农产品损失惊人，仅粮食每年就有400多亿公斤白白损失，奶、肉、水产品等易腐农产品损失更高。我国约有80%的粮食储存在农村，由于农村缺乏储粮技术，平均损失率为14.8%。按我国现有生产水平计算，年损失水果和蔬菜量超过8000万吨。如果我们把农村储粮的损失率降至5%，则相当于增加了4000万吨粮食产量；若把水果和蔬菜的产后损失率降到10%，就相当于增产水果和蔬菜5000万吨。由此可见，发展和加强农产品保鲜技术对于整个国民经济的发展起着至关重要的作用。

3. 加工规模和整体水平还比较低

总体上看，我国中小企业和家庭作坊较多，但产业集中度不高，粮食生产处于低水平循环。我国食物资源丰富，许多农产品产量居世界首位，但是以这些农产品为原料的食品加工、转化增值程度偏低。在加工量方面，目前我国加工食品占消费食品的比重仅为30%，远低于发达国家60%~80%的水平。其中，我国经过商品化处理的蔬菜仅占30%，而美国、日本等发达国家占90%以上；我国柑橘加工量仅为10%左右，而美国、巴西等国家达到70%以上；我国肉类工厂化屠宰率仅占上市成交量的25%左右，肉制品

产量仅占肉类总产量的 11%，而美国、日本等发达国家已全部实现工厂化屠宰，肉制品占肉类产量的比重达到 50%。尽管我国的粮食产量在世界排名第一，但粮油加工企业规模偏小、管理水平参差不齐、产品质量得不到保证，通常是通过人力、物力和财力的投入而不是依靠科技的进步来提高生产力，效率低，加工利用深度不够。我国目前科学合理加工的粮食仅占粮食总量的 10% 左右，产值仅为食品工业总产值的 10%，严重制约着粮食生产的良性循环。

4. 加工技术装备差距还比较大

与国际先进水平相比，我国的农产品加工技术与装备普遍落后 10~20 年，90% 左右的中小企业的技术水平低、设备落后，缺乏高质量和高水平的检测手段，有的甚至连质量标准都没有，更谈不上质量保证体系。加工装备制造业的产品稳定性、可靠性和安全性较低，能耗高，成套性差，整体研发能力不足，关键技术自主创新率低；一些关键领域对外技术依赖度高，不少高技术含量和高附加值产品主要依赖进口，部分重大产业核心技术与装备基本依赖进口；定向分离与物性修饰、非热杀菌、多级浓缩干燥等食品工业技术，以及连续冻干设备、超低温单体冷冻设备等一批关键技术与大型成套装备亟待突破。在产品上生产主要表现为产品粗加工多、精加工少，初级产品多、深加工产品少，中低档产品多、高档产品及高附加值产品少，企业能耗、物耗高，产出效益低。在我国农产品深加工的过程中，技术是一个瓶颈因素。目前我国企业有许多核心技术还只停留在模仿阶段，只能跟在外企的后面，亦步亦趋，始终得不到高额垄断利润，而且经常出现知识产权的磨擦。

5. 加工业布局尚不尽合理，区域优势没有充分发挥

一是区域发展不平衡。20 年来我国农产品加工业主要分布在东部发达地区的格局没有大的变化。在产品销售收入方面，目前东、中、西三大区域食品工业的比重约为 3.2∶1.3∶1；在产品深加工方面，东部地区的食品工业与农业的总产值之比为 1.05∶1，中部地区为 0.5∶1，西部地区为 0.4∶1。中西部地区由于食品工业发展滞后，丰富的原料资源优势没有转化为产业优势。二是食品工业布局与农业生产布局衔接不够紧密。食品生产、加工和销售脱节的问题仍然普遍存在，农业生产与食品加工互为促进的机制尚未建立起来，这些都使原料供应与食品工业发展的要求不相适应，增加了农产品长途运输的成本和物流过程的损失，导致资源浪费。例如，我国虽然有 300 多个小麦品种，但适合加工优质面包和饼干的专用品种缺乏，每年不得不从国外进口约 10 Mt 加工专用小麦。另外，加工啤酒的大麦也大量依靠进口。又如，我国 95% 的柑橘为鲜食品种，适合加工的仅占 5%，其中 80% 仅适合加工成桔瓣罐头，适合加工橙汁的品种很少。

6. 科技投入不足，企业素质有待提高

长期以来，我国的科技投入普遍不足，用作全社会科技投入的研究和发展经费不到国内生产总值的 1%，能够用于农产品加工研究的经费则更少，科技人员严重缺乏，科

研仪器设备条件落后的现象普遍存在，20世纪70年代以前的仪器设备仍占30%以上，甚至20世纪五六十年代的设备还在使用，严重制约了农产品加工科技的发展。人才匮乏也是限制农产品加工业发展的重要因素。据统计，在54336个乡及乡以上食品加工企业中，只有133个达到国家二级企业标准。在530多万名职工中，只有8万多名大中专毕业的科技和管理人员，每万名职工中只有9名科技人员。

7. 食品安全保障水平仍然较低，总体形势不容乐观

我国的食品安全水平与消费者的期望相比，仍然有较大差距，安全事故时有发生，社会公众对食品卫生仍缺乏安全感，食品安全形势依然严峻。一是食品标准制定方法和体系不能适应食品安全控制的要求。标准体系结构、层次不够合理，个别标准之间存在交叉重复，不适应行业发展与国际接轨的需要，甚至有些重要领域存在标准空白、食品安全标准短缺、标准技术水平偏低、标准实施力度不够等一系列问题。二是食品企业违法生产食品现象不容忽视。少数不法分子违法使用食品添加剂和非食品原料生产加工食品。另外，加工设备落后、卫生保证能力差的手工及家庭加工方式在食品生产加工领域中占较大比例。三是新材料和新工艺不断出现。直接应用于食品及间接与食品接触的化学物质日益增多，带来新的食品安全隐患。四是从农田到餐桌食物链污染情况时有发生。其中，源头(种植、养殖过程)污染和环境污染给食品卫生带来较大影响。

1.3　农产品贮藏加工的发展目标和重点产业布局

1.3.1　农产品贮藏加工业的发展目标

党中央、国务院非常重视农产品加工业的发展。"十一五"期间，政府和相关部门调动各方资源，采取多种措施，保障了农产品加工业的健康快速发展。连续5年的中央1号文件都明确提出要大力发展农产品加工业。2006年农业部制定了《农产品加工业"十一五"发展规划》。2008年财政部、国家税务总局联合发布了《享受企业所得税优惠政策的农产品初加工范围(试行)》。各地政府也相应出台一系列扶持政策，制定了本地农产品加工业发展规划。国家有关部门组织实施了一批重大科研和推广项目，建立了国家农产品加工技术研发中心和200多家专业分中心，整合了农产品加工各领域的科研力量，攻克了一批制约农产品加工业发展的核心技术难题，开发了一批新产品、新材料、新装备，建立了一批产业化示范生产线，推广了一批农产品加工成熟适用技术，推动了农产品加工业由单纯追求数量增长向数量与质量、效益并重转变。

"十二五"期间，农产品加工业要加速转变发展方式，加快自主创新，加大产业结构调整力度，提高质量安全水平，降低资源能源消耗，力争规模以上农产品加工业产值实现年均11%的增长率，2015年突破18万亿元，力争加工业产值与农业产值比年均增加0.1个百分点，2015年达到2.2:1。

1. 产业集中度有较大提高

发展一批产业链条长、科技含量高、品牌影响力强、年销售收入超过百亿元的大型企业集团，力争 2015 年规模以上企业比重达到 30% 左右。

2. 产业集聚集群有较大突破

根据《全国优势农产品区域布局规划(2008~2015 年)》，在优势区域培育一批产值过百亿元的产业集群，到 2015 年优势区域的粮油加工、果蔬加工、畜禽屠宰与肉品加工、乳及乳制品加工、水产品加工业产值分别占全国总产值的 85%、70%、50%、80% 和 80% 以上。

3. 农产品加工水平有较大提升

到 2015 年，力争我国主要农产品加工率达到 65% 以上，其中粮食达到 80%，水果超过 20%，蔬菜达到 10%，肉类达到 20%，水产品超过 40%，主要农产品精深加工比例达到 45% 以上，使农产品加工副产物综合利用率明显提高。

4. 产品质量安全水平实现质的突破

规模以上企业基本建立全程质量管理体系，质量安全与溯源体系基本形成。到 2015 年，通过 ISO 等体系认证的规模以上农产品加工企业超过 65%，农产品质量安全将得到有效保障。

5. 节能减排取得明显成效

到 2015 年，农产品加工业单位生产总值综合能耗比"十一五"期末下降 10% 左右；规模以上企业能耗、物耗低于国际平均水平，工业废水排放达标率达到 100%。

1.3.2 粮食加工业的发展重点及布局

1. 粮油加工的总体特点及重点生产区域

粮油加工业是以生产生活消费品为主，并为其他工业生产提供原料的产业。

粮油加工属于生产量、消费量、贸易量、运输量等较大的关系国计民生的大宗农产品加工。小麦是世界上重要的谷物，我国小麦的分布、栽培面积及总贸易额均居粮食作物第一位，无论是营养价值还是加工性能，都是世界公认的最具加工优势的谷类作物。我国稻米产量占世界总产量的 31%，居世界首位，其中约 85% 的稻米作为主食食品供人们消费，全国有近三分之二的人口以稻米为主食。为顺应消费市场的需要，传统米制食品的工业化在加快，成品、半成品主食在食物消费结构中的比重上升，以米、面为主食品的方便米粉、方便面、方便米饭、速冻米面制品等食品大量涌现。我国的薯类资源丰富，甘薯产量居世界第一位，马铃薯产量仅次于俄罗斯，居世界第二位，木薯也有相当大的产量。近年来，新兴的薯类食品工业在国内外得到了迅猛发展，成为食品加工行业的一个重要部分。大豆是我国的主要粮食作物，产量居世界第三位(仅次于美国、巴西)，以黑龙江种植面积最大，大豆加工在食品加工占有的重要地位。

粮油加工工业不但受农业生产水平的制约，同时也受加工技术、机械设备研制、食用条件的制约。长期以来我国谷物资源利用效率低，高成本、高消耗、高污染的增长方式阻碍了谷物产业的高效增长。集中分布在粮食产区的农村小型谷物加工企业，其加工质量差、效益低、资源浪费严重，能源消耗高出大型加工业企业 30%～50%。建设资源节约型、环境友好型社会，发展环保、安全、节约、高效的粮食流通技术，要依靠科技进步，提高粮食综合生产能力和粮食资源利用率，积极采用环保、安全、节约、高效技术，逐步淘汰落后的生产工艺、设备和技术，不断带动粮油加工产业结构调整和产品优化升级。

粮油加工受原料来源分散、易腐损的制约，最适合于就地加工，加工生产带有较强的区域性和季节性。我国长江中下游、东北等是稻谷主产区主要发展稻谷综合加工业；华北、华东、西北等是小麦主产区主要发展专用小麦粉、全麦粉和副产物综合加工业；东北、华北、中西部等是杂粮及薯类主产区，在这里杂粮传统食品和方便食品的发展相对有利；江苏、湖北、湖南、河南等粮油资源丰富的地域有利于发展粮油加工成套装备制造。

我国东北具有生产非转基因大豆优势，当地的大豆油加工产业带，引导了资源整合，提高了生产效率；长江中下游和西部是油菜籽主产区，黄淮海是花生主产区，黄河、长江流域和西部是棉籽主产区，西部是葵花籽主产区，这些产区发展的菜籽油、花生油、棉籽油、葵花籽油大型加工企业丰富了我国多油料品种加工项目；在长江中游及淮河以南地区发展的油茶籽油等木本植物油加工，增强了我国食用植物油供给能力。

粮油加工产品生产必须立足于市场需求，使生产与销售紧密结合。20 世纪 80 年代以后，随着生产条件的改善和生活水平的提高，面粉、大米等逐渐成为了这些地区群众的主要食用品种，直接食用杂粮占总消费量的比重不断下降，食用杂粮只作为改善生活、主食的配料等，大部分杂粮作为食品工业、酿造业、其他工业的原料和饲料用粮。但最近几年中，逢年过节以精美包装的杂粮馈赠亲友逐渐成为时尚。我国以杂粮为原料的食品加工业有了一定的发展，并创出一些名特优新产品，如杂粮制成的面粉、挂面、米粉、麦片和杂豆等小包装食品等。

2. 粮食加工业发展重点

粮食加工的发展重点是调整产业结构和产业布局，培育建设骨干企业和示范性生产基地，大力发展粮食食品加工业，积极发展饲料加工业，严格控制非食品用途的粮食深加工，确保口粮、饲料供给安全；加快产品结构调整，实现产品系列化、多元化；发展国际粮食合作，鼓励国内企业"走出去"，在境外建立稻谷、玉米和大豆加工企业。针对不同原料的粮食加工，我们应采取不同的措施。

(1)稻谷加工业

提高优质米、专用米、营养强化米、糙米、留胚米等产品比重，积极发展米制主食品、方便食品、休闲食品等产品。集中利用米糠资源生产米糠油、米糠蛋白、谷维素、糠蜡、肌醇等产品，有效利用碎米资源开发米粉、粉丝、淀粉糖、米制食品等食用类产品。在东北、长江中下游稻谷主产区，长三角、珠三角、京津等大米主销区以及重要物流节点，大力发展稻谷加工产业园区，形成米糠、稻壳和碎米综合利用的循环经济模式，重组和建设一批日处理稻谷 800 t 以上的大型骨干企业。

（2）小麦加工业

提高蒸煮、焙烤、速冻等面制食品专用粉、营养强化粉、全麦粉等比重，加快推进传统面制主食品工业产业化。鼓励大型企业利用麦胚生产麦胚油、胚芽食品，利用麸皮生产膳食纤维、低聚糖等产品。结合国家优质小麦生产基地建设和消费需求，在黄淮海、西北、长江中下游等地区建设强筋、中强筋、弱筋专用粉生产基地，重组和建设一批日处理小麦 1000 t 以上的骨干企业。

（3）玉米加工业

提高饲料工业发展水平，积极开发玉米主食、休闲和方便食品，严格限制生物化工等非食品用途的玉米深加工产品，保证口粮和饲料用粮需求。在玉米主产区和加工区，加大兼并重组、淘汰落后产能，坚决遏制玉米深加工能力的盲目扩张，使深加工玉米消费量处在合理水平。培育一大批技术含量高、符合市场需求、具有较强竞争力的骨干企业。

（4）大豆加工业

充分利用我国非转基因大豆的资源优势，重点发展大豆食品和豆粉类、发酵类、膨化类、蛋白类等新兴大豆蛋白制品。扩大功能性大豆蛋白在肉制品、面制品等领域的应用。着力研发大豆蛋白功能改性、大豆膳食纤维及多糖和新兴豆制品加工技术。支持东北大豆产区建设大豆食品加工基地，提高豆腐及各种传统豆制品工业化、标准化生产水平，深入开发新型高质量营养食品；支持黄淮海大豆产区发展大豆深加工，延长产业链；鼓励沿海地区加强对大豆加工副产物的综合利用，建设一批优质饲用蛋白、脂肪酸、精制磷脂等的生产基地。

（5）薯类和杂粮加工业

重点发展薯类淀粉和副产物的深加工，鼓励发展薯条、薯片及以淀粉、全粉为原料的各种方便食品、膨化食品，提高薯渣等副产物的综合利用水平。大力发展特色杂粮主食品加工业，加快研发各种杂粮专用预混合粉和多谷物食品、速冻食品等主食品及方便食品。在马铃薯、甘薯的主产区，发展一批年处理鲜马铃薯 6 Mt 以上的加工基地和年处理鲜甘薯 4 Mt 以上的加工基地；在木薯主产区，适度发展年处理鲜木薯 $0.2 \sim 0.3$ Mt 的加工厂和木薯变性淀粉生产基地；在有条件的地区积极发展特色杂粮加工业。

3. 食用植物油加工业发展重点

促进油脂品种多元化，提升食用植物油自给水平，提高油料规模化综合利用水平，开发提取蛋白产品，鼓励并支持国内有条件的企业"走出去"，与国外企业合作开发棕榈、大豆、葵花籽等食用油资源，建立境外食用油生产加工基地，构建稳定的进口多品种油料和食用植物油源的保障体系。

稳定传统大豆油生产，严格控制新建项目，引导工艺技术装备落后的大豆加工企业关、停、并、转，降低设备闲置率，提高生产效率。充分发挥东北非转基因大豆优势，稳定当地大豆油脂加工产业集群，淘汰一批落后产能。沿海大豆加工区要进一步压缩产能，鼓励内资企业兼并、重组，积极培育大豆加工和饲料生产一体化的企业。

着力增加以国产油料为原料的菜籽油、花生油、棉籽油、葵花籽油等油脂生产，大力推进以粮食加工副产物为原料的玉米油、米糠油生产，积极发展油茶籽油、核桃油、橄榄油等木本植物油生产。鼓励建设一线多能的多油料品种加工项目，坚决淘汰落后产能。

4. 重点区域布局

在黄河、淮海等小麦主产区，发展生产面包、面条、饼干等优质专用粉加工企业，形成优质小麦加工产业群。在大中城市和东部沿海等小麦主销区，结合产业结构调整，发展大型企业集团，建立适合城市特点的主食品加工基地，推进面制主食品工业化。通过重组、兼并等形式，在主产区和主销区，培育形成20家以上日处理小麦超过1000 t的大型制粉企业。

在东北、华东、华南、华中、西南等稻谷主产区，主要发展稻米深加工企业，构建稻谷加工产业群，推进米糠、稻壳、碎米等综合利用，建设年处理稻谷 0.15～0.30 Mt的加工企业；在珠江三角洲、长江三角洲以及部分大城市等稻米主销区，建设一批年产2 Mt的大米主食品生产基地。

在东北三省和黄河、淮海两大玉米主产区，大力发展高油玉米、糯玉米、高直链淀粉玉米等优质专用玉米加工基地，逐步形成玉米深加工的产业群；在西南山地玉米产区、西北灌溉玉米产区和青藏高原玉米产区，重点发展特色玉米食品加工业。

利用中西部地区和东北地区的特色农业资源，建立杂粮和薯类加工基地，重点发展西北地区的荞麦、燕麦、大麦、小米、绿豆、蚕豆等加工业及东北、西南地区的马铃薯、甘薯和木薯加工业。

1.3.3 果蔬加工业的发展重点及布局

1. 发展方向与重点

大力发展果蔬汁和果蔬罐头，增加开发的品种范围和领域，稳步发展桃、食用菌以及轻糖型罐头、混合罐头等产品，大力发展脱水产品，扩大脱水马铃薯、甜玉米、洋葱等生产规模；积极发展芋头、菠菜、毛豆、青刀豆等速冻蔬菜，加速冻草莓、速冻荔枝、速冻杨梅等速冻水果的生产。在原料主产区进行浓缩果蔬汁(浆)等加工，主要消费区域研发果蔬汁终端产品，形成与消费需求相适应的产品结构。加快发展果蔬物流，重点推广应用果蔬贮运保鲜新技术(如新型果蔬保鲜剂、保鲜材料，果蔬质量与安全快速检测技术等)，发展果蔬冷链贮运系统，建立果蔬物流信息平台，大力发展果蔬物联网，提高果蔬物流水平。

2. 产业布局

（1）果蔬汁加工

在新疆等西部地区发展番茄酱、浓缩葡萄汁，在河北、天津、安徽等地进行桃浆、浓缩梨汁加工，在重庆、湖北、四川等地进行浓缩柑橘汁与 NFC 柑橘汁加工，在海南、广西、云南等地进行热带果汁加工。

（2）果蔬罐头加工

在浙江、福建、湖南、山东、安徽、新疆、河北等传统生产省份，集中进行柑橘罐头、桃罐头、食用菌罐头、番茄罐头等的生产，加强副产物的综合利用，开发高产品附加值。充分考虑原料基地和产品市场两大因素，对加工业进行合理布局。

（3）脱水果蔬加工

重点在果蔬主产地及东南沿海地区发展脱水果蔬产业，建立脱水果蔬出口加工基地，同时向西部和东北地区发展，增强向南亚、中亚及俄罗斯等欧洲国家的出口能力，形成优势品种、优势产区的"双优"加工布局。

（4）速冻果蔬

在果蔬主产地及东南沿海地区，发展速冻果蔬产业，建立速冻果蔬出口加工基地，同时向东北、新疆、云南等边疆省份发展，形成环形发展布局。

3. 发展目标

到 2015 年，果蔬加工行业产值达到 3000 亿元，果蔬汁产量达到 3 Mt，果蔬罐头产量超过 200 Mt，果蔬冷链运输量占商品果蔬总量的 30％以上，水果平均加工转化率超过 15％（其中苹果达到 30％），蔬菜平均加工转化率达到 5％以上。

1.4 农产品贮藏加工学的目的和任务

农产品贮藏加工学是食品科学与工程、农学、园艺专业的一门重要专业课，是食品科学技术与食品工业发展的基础，也是农业科技领域不可分割的重要组成部分。农产品贮藏加工业的发展状况标志着一个国家的经济文化发达程度和水平，不但对当前国家经济发展十分重要，而且直接影响未来农业的持续健康发展。同时农产品贮藏加工学是一门应用学科，它以植物学、植物生理学、生物化学、微生物学、农产品原料学、农产品化学、工程学等作为学科基础，以多种机械操作和化工单元操作为手段，研究农产品资源利用、原辅材料选择、加工包装、贮藏运输技术以及上述因素对产品质量、货架寿命、营养价值、安全性等方面的影响。近年来，随着基础科学和综合应用技术的发展，农产品加工的理论和技术发展迅猛，现代高新技术，如酶技术、膜分离技术、超临界流体萃取技术等已广泛应用于农产品贮藏加工中。其发展趋势表明，现代先进加工技术的应用、新食品资源的开发利用、食品中功能成分的开发利用、生物工程技术在食品加工中的应用将成为农产品贮藏加工学科发展的巨大推动力以及 21 世纪国际食品加工业的发展与竞争的重要组成部分。为学好这门综合性的应用学科，学习者必须具备一定的植物学、植物生理学、化学、微生物学、工程原理、机械基础、生物技术等学科的基础知识，并以此为基础，培养应用这些学科的基础理论解决食品加工、贮运和销售过程的化学、生物学和工程学问题的能力，开拓性、创造性地去进行实践和操作。只有这样，学习者才能更好地理解和掌握相关知识与技能，为我国农产品贮藏加工技术水平的提高作出贡献。

第2章 农产品的品质

2.1 农产品的品质特征

种植业所收获的产品统称为农产品，农产品包括粮、棉、油、果、菜、糖、烟、茶、菌、花、药等，种类繁多。本节重点讨论粮油和果蔬原料的品质特征。粮油产品是农产品的重要组成部分，是人类赖以生存的基础，主要是指农作物的子粒，也包括富含淀粉和蛋白质的植物根茎组织，如稻谷、小麦、玉米、大豆、花生、油菜籽、甘薯、马铃薯等。品质是由多因素构成的综合概念。根据原料的用途不同，衡量品质的标准也不同。通常所说的品质包括外观品质、营养品质和加工品质。研究农产品的品质特征对于熟悉原料的各种特性，继而制定合理的加工工艺流程大有裨益。

2.1.1 粮油产品的品质特征

1. 粮油作物的种类

粮油作物种类繁多，其分类方法有两种：一是根据其植物学特征采用自然分类法分类；二是根据其化学成分与用途分类。我国根据化学成分与用途将粮油作物分为以下4类：

1)禾谷类作物。禾谷类作物属于单子叶的禾本科植物，其特点是种子含有发达的胚乳，主要由淀粉(70%~80%)、蛋白质(10%~16%)和脂肪(2%~5%)构成，如小麦(wheat)、大麦(barley)、黑麦(rye)、燕麦(oat)、水稻(rice)、玉米(corn)、高粱(sorghum)、黍(proso)、粟(millet)等。荞麦(buckwheat)虽然属于双子叶蓼科植物，但因种子中以淀粉为主要贮藏养分，所以习惯上也包括在内。

2)豆类作物。豆类作物包括一些双子叶的豆科植物，其特点是种子无胚乳，有两片发达的子叶，子叶中含有丰富的蛋白质(20%~40%)和脂肪，如花生(peanut)与大豆(soybean)；有的含脂肪不多，却含有较多的淀粉，如豌豆(garden pea)、蚕豆(broad bean)、绿豆(mung bean)与赤豆(red bean)等。

3)油料作物。油料作物包括多种不同科属的植物，如十字花科中的油菜(rape)、胡麻科中的芝麻(sesame)、菊科中的向日葵(sunflower)以及豆科中的大豆与花生等，其共同特点是种子的胚部与子叶中含有丰富的脂肪(25%~50%)，其次是蛋白质(20%~40%)，可以作为提取食用植物油的原料，提取后的油饼中含有较多的蛋白质，可作为饲料或经过加工制成蛋白质食品。

4)薯类作物。薯类作物也称为根茎类作物,由属于不同科属的双子叶植物组成,其特点是在块根或块茎中含有大量的淀粉,如旋花科中的甘薯(sweet potato)、大戟科中的木薯(cassava)、茄科中的马铃薯(potato)。

粮油食品原料的品种不同,其化学成分存在着很大的差异,粮油原料的化学组成是以碳水化合物(主要是淀粉)、蛋白质和脂肪为主(表 2-1)。

表 2-1 粮油食品原料化学成分表　　　　　　　　　　　　　　　　　(单位:%)

成分\原料	水分	淀粉	纤维素	蛋白质	脂肪	矿物质
稻谷	13.0	68.2	6.7	8.0	1.4	2.7
小麦	13.8	68.7	4.4	9.4	1.5	2.1
黑麦	15.0	60.5	2.7	9.7	2.3	2.0
大麦	14.0	68.0	3.8	9.9	1.7	2.7
去壳燕麦	15.0	61.6	1.4	13.0	7.0	2.0
黍	15.0	65.1	8.1	10.5	4.2	2.7
粟米	10.5	76.0	0.7	9.7	1.7	1.4
高粱	10.9	70.8	3.4	10.2	3.0	1.7
玉米	13.2	72.4	1.4	5.2	6.1	1.7
荞麦	13.1	71.9	3.2	6.5	2.3	3.9
大豆	10.0	26.0	4.5	36.3	17.5	5.5
花生仁	8.0	22.0	2.0	26.2	39.2	2.5
蚕豆	12.6	56.7	1.8	24.5	1.6	2.8
豌豆	11.8	54.7	2.0	22.8	1.4	7.4
豇豆	13.0	55.2	5.6	22.0	1.9	3.0
菜豆	11.8	56.1	3.5	22.9	1.4	4.3
绿豆	15.1	56.0	1.6	22.3	1.1	4.0
赤豆	14.6	55.9	4.7	21.4	0.6	2.9
扁豆	8.9	60.5	6.0	20.4	1.1	3.1
饭豆	11.7	55.2	4.8	23.7	1.3	3.3
油茶仁	8.7	24.6	3.3	8.7	43.6	2.6
油菜籽	5.8	17.6	4.6	26.3	40.4	5.4
棉籽	6.4	14.8	2.2	39.0	33.2	4.4
葵花籽	7.8	9.6	4.6	23.1	51.1	3.8
芝麻	5.4	12.4	3.3	20.3	53.6	5.0
椰子仁	5.0	21.4	5.5	5.1	61.0	2.0
亚麻籽	—	17.3	12.8	34.4	29.2	3.5
油沙豆	—	25.0	2.5	—	25.0	—

成　分 原　料	水分	淀粉	纤维素	蛋白质	脂肪	矿物质
大麻籽	—	19.7	19.1	22.2	30.2	4.9
甘薯(鲜)	67.0	29.0	0.5	2.3	0.2	0.9
甘薯(干)	13.8	77.6	1.8	2.9	1.3	2.6

2. 小麦的品质特征

小麦是一种旱地作物,适于机械耕种,播种面积和产量在世界粮食作物中均占第一位,在我国仅次于稻谷占第二位,是一种极重要的粮食作物。我国栽培的小麦一般按播种期分为冬小麦(冬播夏收)与春小麦(春播秋收),其中以冬小麦为主,约占83%以上,春小麦只占16%左右;按皮色分,可分为白麦(种皮为白色、乳白色或黄白色)与红麦(种皮为深红色或褐色);按粒质分,可分为硬质麦与软质麦。国家标准将商品小麦定分为以下几类:白皮硬质小麦,白色或黄白色麦粒≥90%,角质率≥70%;白皮软质小麦,白色或黄白色麦粒≥90%,粉质率≥70%;红皮硬质小麦,深红色或红褐色麦粒≥90%,角质率≥70%;红皮软质小麦,深红色或红褐色麦粒≥90%,粉质率≥70%;混合小麦,不符合上述4种的小麦;其他类型小麦。

我国北方多产白皮硬质冬小麦,麦粒小,皮薄,蛋白含量高,密度大,出粉率高,品质好。南方多产红皮软质冬小麦,麦粒较大,皮厚,蛋白含量低,密度小,出粉率低。

(1)小麦籽粒结构

小麦脱壳时,内外颖即脱去,麦粒属颖果,顶端有茸毛,背面隆起,胚位于背面基部,腹面有凹陷的腹沟,腹沟两边部分称颊,圆形而丰满,但也有扁平或深陷而有明显边沿的。麦粒的外形从背面看,可分圆形、卵形和椭圆形等。横断面呈心脏形或多角形。其结构由皮层(果皮、种皮,占9%),糊粉层(占3%～4%),胚(占2%)及胚乳(占82%～86%)4部分组成(图2-1)。

果皮由表皮、中果皮、横细胞、管状细胞(内表皮)组成。中果皮在表皮之下,由几层薄壁细胞演化而成,成熟干燥后被压挤成不规则的状态。种皮含有两层延长的细胞,当内外层细胞均无色时,麦粒呈白色;当内层细胞含有红色或棕色脂肪时,麦粒呈红色。外胚乳位于种皮的下面,为无色透明的线状细胞,经常破碎而不易识别。糊粉层在胚乳的外面,是由一层糊粉细胞组成的,但在腹沟等部有2层以上的细胞层;糊粉层不含淀粉,而充满着小球状的糊粉粒(属蛋白质的一种)。胚乳是由许多胚乳细胞组成的,细胞中主要是淀粉粒,并含有大量的面筋。小麦淀粉粒有大粒和小粒两种,小粒呈球形,大粒呈凸镜形。胚位于麦粒背部,由胚芽、胚轴、胚根、吸收层等构成。胚部含糖、酶较多,生理活性较强,也易遭受虫害。

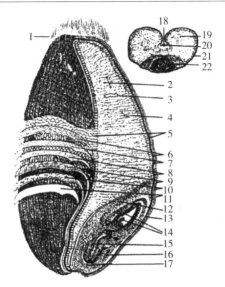

图 2-1　小麦籽粒结构图

1. 茸毛；2. 胚乳；3. 淀粉细胞(淀粉粒充填于蛋白质间质之中)；4. 细胞的纤维素壁；5. 糊粉细胞层(属胚乳的一部分，与糠层分离)；6. 珠心层；7. 种皮；8. 管状细胞；9. 横细胞；10. 皮下组织；11. 表皮层；12. 盾片；13. 胚芽鞘；14. 胚芽；15. 初生根；16. 胚根鞘；17. 根冠；18. 腹沟；19. 胚乳；20. 色素束；21. 皮层；22. 胚

(2)营养价值

小麦中蛋白质含量比大米高，平均为 10%～14%，一般硬质粒比软质粒含量多，生长在氮肥多的土壤以及干燥少雨地区。因此，我国生产的小麦蛋白质含量，自南而北随着雨量和相对湿度的递减而逐渐增加。

小麦蛋白质主要由麦胶蛋白与麦谷蛋白组成，由于所含赖氨酸和苏氨酸等必需氨基酸较少，故生物价次于大米，但高于大麦、高粱、小米和玉米等，具有较好的营养价值。小麦中含丰富的维生素 B 和维生素 E，主要分布在胚、糊粉层和皮层中，加工精度越高，营养损失越多。

小麦在食用品质上的特点是含有大量的面筋。面筋的主要成分是麦胶蛋白(占 43%)和麦谷蛋白(占 39%)及少量的脂肪和糖类。面筋在面团发酵时能形成面筋网络，保持住面团中酵母发酵所产生的气体，而使蒸烤的馒头、面包等食品具有多孔性，松软可口，并有利于消化吸收；发酵后，发酵食品中的植酸盐有 55%～65% 被水解，更有利于钙和锌的吸收和利用。

(3)小麦的工艺品质

小麦的工艺品质主要指小麦的形态、结构、化学成分和物理性质。了解小麦的工艺品质，可以在制粉工艺过程中充分利用其有利因素，防止和改变不利因素，以获得好的工艺效果。小麦的工艺品质主要包括以下几个方面。

1)小麦籽粒的形状和大小：一般留存在 2.5 mm×20 mm 矩形筛孔上的小麦的数量为 26%～100%，千粒质量一般为 17～41 g。同样品种的小麦，千粒质量越大，籽粒含胚乳越多，品质越好，出粉率越高。

2)小麦的充实度：小麦的充实度是指麦粒的饱满程度。饱满的麦粒中胚乳所占的比例大，出粉率高。相反，不充实的小麦籽粒，成熟度不够，胚乳比例小，出粉率低，为劣质麦。劣质麦一般表皮皱缩，腹沟深，劣质麦胚乳的组织结构较脆弱，清理时易碎，吸收水分也不均匀，影响研磨效果。加工面粉的原粮小麦中劣质麦含量多，影响出粉率和面粉质量。

3）小麦的均匀度：麦粒的均匀度是指麦粒大小一致的程度。用 2.75 mm×20 mm、2.25 mm×20 mm、1.7 mm×20 mm 的矩形筛孔来筛分，如果留存在相邻两筛面上的数量在 80% 以上，就可算为均匀。颗粒均匀的小麦，除杂及磨粉时比较容易操作。

4）小麦的密度：小麦的密度越大，质量越好，蛋白质含量也较高，胚乳的比例大，皮层的比例小。在其他条件相同的情况下，密度大的小麦出粉率高。我国净麦密度一般为 705~810 g/L。

5）小麦的结构力学性质：小麦籽粒抗粉碎比抗剪切的力大得多，因此，磨粉采用齿辊研磨。小麦皮层抗破坏力要比胚乳大好几倍，这是从整粒研磨后的物料中筛除麸皮的依据。在适当提高小麦籽粒含水量以后，皮层的抗破坏力加强，而胚乳的抗破坏力下降，这是小麦在研磨前进行水分调节的依据。

6）胚乳硬度与制粉工艺及面粉质量的关系：硬质麦也称玻璃质小麦，它的特点是坚硬，切开后透明呈玻璃状，皮薄，茸毛不明显，易去皮。硬质麦中含氮物较多，面筋的筋力大，能制成麦米和高等级的面粉。软质麦也称粉质小麦，切开后呈粉状，性质松软，皮较厚，茸毛粗长而明显，含淀粉量多。小麦的软硬对制定麦路、粉路的工艺和面粉质量及产量都有直接影响。胚乳结构紧密的硬质小麦与胚乳结构疏松的软质小麦相比，具有以下特点：在制粉过程中，可获得较多的表心及麦渣，有利于提取优质面粉；在制品流动性好，筛理效率高，胚乳比较容易从麸皮上刮净，可获得较高的出粉率；制成的面粉，蛋白质含量高，面筋质好；胚乳颗粒硬度大，制粉时消耗动力较大；硬质小麦的胚乳一般呈乳黄色，制成的面粉色泽不如软质小麦。

3. 稻谷的品质特征

（1）稻谷的分类

我国稻谷种植区域广，品种超过 6 万种。稻谷的分类方法很多，按稻谷的生长方式分为水稻和旱稻；按生长的季节和生长期长短不同分为早稻谷（90~120 天）、中稻谷（120~150 天）和晚稻谷（150~170 天）；按粒型粒质分为粳稻谷、籼稻谷和糯稻谷。旱稻谷因其品质差、产量低、播种面积少，所以未被列入国家标准。一般情况下，除非特别指明是旱稻谷，否则均认为是水稻谷。籼稻谷籽粒细长，呈长椭圆形或细长形，米饭胀性较大、黏性较小。早籼稻谷腹白较大，硬质较少；晚籼稻谷腹白较小，硬质较多。粳稻谷籽粒短，呈椭圆形或卵圆形，米饭胀性较小、黏性较大。早粳稻谷腹白较大，硬质较少；晚粳稻谷腹白较小，硬质较多。

糯稻谷按其粒型粒质分为籼糯稻谷和粳糯稻谷。籼糯稻谷籽粒一般呈长椭圆形或细长形，长粒呈乳白色，不透明，也有呈半透明状，黏性大。粳糯稻谷籽粒一般呈椭圆形，米粒呈现白色、不透明，也有呈半透明状，黏性大。

（2）稻谷籽粒的形态结构

稻谷籽粒由颖（外壳）和颖果（糙米）两部分组成，制米加工中稻壳经砻谷机脱去而成为颖果，又称为糙米(图2-2)。

稻壳由两片退化的叶子——内颖(内稃)和外颖(外稃)组成。内外颖的两缘相互钩合包裹着糙米，构成完全封密的谷壳。谷壳约占稻谷总质量的20%，它含有较多的纤维素(30%)、木质素(20%)、灰分(20%)和戊聚糖(20%)，蛋白质(3%)、脂肪和维生素的含量很少，灰分主要由二氧化硅(94%~96%)组成。

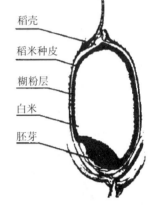

图2-2　稻谷籽粒的形态结构

糙米是由受精后的子房发育而成。按照植物学的概念，整粒糙米是一个完整的果实，由于其果皮和种皮在米粒成熟时愈合在一起，故称为颖果。颖果没有腹沟，长5~8 mm，粒质量约为25 mg，由颖果皮、胚和胚乳3部分组成。颖果皮由果皮、种皮和珠心层组成，包裹着成熟颖果的胚乳。胚乳在种皮内，是由糊粉层和内胚乳组成。胚位于糙米的下腹部，包含胚芽、胚根、胚轴和盾片4个组成部分。在糙米中，果皮和种皮约占2%，珠心层和糊粉层占5%~6%，胚芽占2.5%~3.5%，内胚乳占88%~93%。在糙米碾白时，果皮、种皮和糊粉层一起被剥除，故这3层常合称为米糠层。米糠和米胚含有丰富的蛋白质、脂肪、膳食纤维、B族维生素和矿物质，营养价值很高。

(3)稻米的营养成分

稻谷中粗纤维和灰分主要分布在皮层(即米糠)中，全部淀粉和大部分的蛋白质则分布在胚乳(即大米)内，维生素、脂肪和部分蛋白质则分布在糊粉层和米胚中。一般稻谷脱壳得到的是糙米，糙米碾去糠层得到的是大米，因此谷壳中主要含有纤维和灰分。米糠中含有一定量的蛋白质及大量的脂肪和维生素，大米中主要含有淀粉和蛋白质，因此加工精度越高，营养损失越大。目前市售的营养强化米就是在普通大米的基础上添加人体所需要的营养成分，以弥补加工时营养成分的损失而制得的大米。

大米含碳水化合物75%左右，蛋白质7%~8%，脂肪1.3%~1.8%，并含有丰富的B族维生素等。大米中的碳水化合物主要是淀粉，所含的蛋白质主要是米谷蛋白，其次是米胶蛋白和球蛋白，其蛋白质的生物价和氨基酸的构成比例都比小麦、大麦、小米、玉米等禾谷类作物高，消化率为66.8%~83.1%，也是谷类蛋白质中较高的一种。因此，食用大米有较高的营养价值。但大米蛋白质中赖氨酸和苏氨酸的含量比较少，所以不是一种完全蛋白质，其营养价值比不上动物蛋白质。

大米中的脂肪含量很少，稻谷中的脂肪主要集中在米糠中，其脂肪中所含的亚油酸含量较高，一般占全部脂肪的34%，比菜籽油和茶油分别多2~5倍，所以食用米糠油有较好的生理功能。稻谷和大米中的营养成分见表2-2。

表2-2　稻谷和大米中的营养成分表

粮食名称	水分/g	蛋白质/g	脂肪/g	糖类/g	粗纤维/g	灰分/g	维生素/mg		
							B_1	B_2	B_3
籼糙米	13.0	8.3	2.6	74.2	0.7	1.3	0.34	0.07	2.5
籼米标一	13.0	7.8	1.3	76.6	1.4	0.9	0.19	0.06	1.6
籼米表二	13.0	8.2	1.8	75.5	0.5	1.0	0.22	0.06	1.8

续表

粮食名称	水分/g	蛋白质/g	脂肪/g	糖类/g	粗纤维/g	灰分/g	维生素/mg		
							B_1	B_2	B_3
粳糙米	14.0	7.1	2.4	74.5	0.8	1.2	0.35	0.08	2.3
粳米标一	14.0	6.8	1.3	76.8	0.3	0.8	0.22	0.06	1.5
粳米表二	14.0	6.9	1.7	76.0	0.4	1.0	0.24	0.05	1.5
糯米标一	14.0	6.4	1.5	77.1	0.2	0.7	0.20	0.02	0.8
糯米表二	1.40	6.2	1.5	76.2	0.3	0.9	0.20	0.06	3.5

注：该表表示 100 g 中含量。

(4)稻谷的工艺品质

稻谷的品质包括稻谷的颜色与气味、形状与大小、密度与千粒质量、强度、爆腰率等。它对加工工艺的确定、设备的选择及操作措施的制订有密切关系。

新鲜正常的稻谷，色泽应是鲜黄色或金黄色，且富有光泽，无不良气味。未成熟的稻谷籽粒，一般都呈淡绿色。发热发霉的稻谷，不仅米粒色泽变得灰暗，无光泽，还会产生霉味、酸味甚至苦味。一般陈稻的色泽和气味均比新稻差。总之，凡是新鲜程度不正常的稻谷，不但加工的成品质量不高，而且在加工中易产生碎米，出米率低。

稻谷籽粒的粒度是指稻谷的长度、宽度和厚度。稻谷的粒型还可根据稻谷长宽比例的不同分成 3 类：长宽比大于 3 的为细长粒，小于 3 大于 2 的为长粒，小于 2 的为短粒。一般籼稻谷均属前两类，而粳稻谷大部分属于后一类。整齐度是指谷粒的粒型和大小等一致的程度。稻谷籽粒的大小和形状因稻谷品种不同而差异很大。即使是同一品种的稻谷，由于受生长周期、气候条件和栽培条件的影响，其籽粒大小也有差异。

在加工工艺中，粒型和粒度是合理选用筛孔和正确调整设备的操作依据之一。短粒型的稻谷对清理、砻谷、谷糙分离和碾米都较长粒型的稻谷容易。粒型还与出米率和出碎率有密切关系。籽粒愈接近球形，其长宽比愈小，则壳和皮所占籽粒的表面积就愈小，而胚乳的含量则相对增高，出米率就高。同时，籽粒愈接近球形，耐压性愈强，加工时出碎率就低。这是粳稻的出米率高于籼稻，而出碎率比籼稻低的原因之一。如果形状和大小不同的稻谷混杂在一起，就会给清理、砻谷和碾米带来困难，影响生产效果。当形状和大小不同的稻谷互混时，最好采取分级加工。

密度是指单位容积内稻谷的质量，用 g/L 或 kg/m³ 表示。稻谷的密度一般为 450～600 g/L。密度是评定稻谷工艺品质的一项重要指标。表 2-3 显示了稻谷及其加工产品的密度，凡粒大、饱满坚实的籽粒，其密度就大，出糙率就高。

表 2-3 稻谷及其加工产品的密度 （单位：kg/m³）

名称	密度	名称	密度
无芒粳稻谷	560	粳米	800
普通有芒粳稻谷	512	籼米	780
长芒粳稻谷	456	大碎米	675
籼稻谷	584	小碎米(米粞)	365
粳糙米	770	米糠	274
籼糙米	748	稻壳	120

谷粒相对密度的大小取决于谷粒的化学成分和结构紧密程度。组成谷粒的各种化学成分的相对密度是不相同的。一般发育正常、成熟充分、粒大而饱满的谷粒，其相对密度较发育不良、成熟度差、粒小而又不饱满的谷粒大。因此，相对密度可作为评定稻谷工艺品质的一项指标。稻谷的相对密度一般为 1.18~1.22。

千粒质量大的稻谷，其籽粒饱满坚实，颗粒大，质地好，胚乳占籽粒的比例高，所以它的出米率都比千粒质量小的稻谷高。一般粳稻的千粒质量为 25~27 g，籼稻的为 23~25 g。出糙率是指一定数量稻谷全部脱壳后获得全部糙米质量（其中不完善粒折半计算）占稻谷质量的百分率。出糙率是评价商品稻谷质量等级的重要指标。稻谷千粒质量与出糙率的关系见表 2-4。

表 2-4　稻谷千粒质量与出糙率的关系

千粒质量/g	25.58	25.39	25.08	23.32	21.65	21.43	20.51
出糙率/%	82.57	82.06	81.90	81.07	80.21	79.72	79.50

千粒质量、相对密度和密度与谷粒的粒型、大小和饱满度呈正相关关系，即与胚乳所占质量比例呈正相关关系，但它们又各有特点。粒型、表面性状对密度影响较大，而对千粒质量、相对密度的影响较小；颖壳结构对相对密度和容重影响较大，而对千粒质量的影响较小。化学组成及谷物子粒各部分的比例也影响千粒质量、相对密度和密度。

谷壳率是指稻壳占净稻谷质量的百分率。一般粳稻谷壳率小于籼稻，在同类型稻谷中则是早稻谷的谷壳率小于晚稻谷。谷壳率高的稻谷一般加工脱壳困难，出糙率低；谷壳率低的稻谷加工脱壳容易，出糙率高。

米粒强度是指米粒承受压力剪切折断力大小的能力。米粒的强度大，在加工时就不易被压碎和折断，产生碎米较少，出米率就高。米粒的强度也因品种、米粒饱满程度、胚乳结构紧密程度、水分含量和温度等因素不同而有差异。通常蛋白质含量高、腹白小、胚乳结构紧密而坚硬、透明度大的米粒（称为硬质粒或玻璃质粒），其强度要比蛋白质含量少、腹白大、胚乳组织松散、不透明的籽粒（称粉质粒）大。粳稻比籼稻大，晚稻比早稻大，水分低的比水分高的大，冬季比夏季大。据测定，米粒在 5 ℃时强度最大，随着温度的上升其强度逐渐降低。掌握了以上规律，在生产中就可根据米粒强度的大小，采用适宜的加工工艺和操作措施，以便达到减少碎米、提高出米率的目的。

稻谷受剧烈撞击、日光曝晒、高温快速干燥或冷却降水太快后，糙米内部产生纵横裂纹的现象称爆腰。爆腰米粒占试样米粒的百分数称为爆腰率。爆腰率是评定稻谷工艺品质的重要指标，在加工前必须检验。米粒产生爆腰后其强度大为降低，加工时碎米增多，出米率下降。对爆腰率高的稻谷，特别是裂纹多而深时，不宜加工高精度大米，否则会使碎米增多，降低出米率，是不经济的。

4. 玉米的品质特征

玉米是喜温作物，适于旱田栽培，对土壤要求不高，适应性强，生育期短（早熟种 80~90 天），在温热地带可以一年 2~3 熟。近 20 年来，世界各地广泛利用杂种优势，其单位面积产量在世界上大大超过其他谷类作物，因而玉米生产发展很快。目前世界上玉米播种面积和产量仅次于小麦,居第二位,在我国也仅次于水稻和小麦,居第三位,在粮食生产中占有极为重要的地位。

(1)玉米的类型与分类

玉米可分为硬粒型、马齿型、半马齿型、糯质型、甜质型、粉质型、爆裂型、有稃型和甜粉型9个类型。其中栽培较多的为硬粒型、马齿型和半马齿型3种,糯质型也有种植,并且面积逐年扩大。我国国家标准中对玉米的分类是按种皮颜色来分的,这主要是为加工考虑,目前分为黄玉米、白玉米和混合玉米3类。

(2)玉米的籽粒特征

玉米粒由果皮、种皮、外胚乳、糊粉层、胚乳和胚组成。在谷类作物中,玉米籽粒最大,一般千粒质量为200～300 g。玉米籽粒结构如图2-3所示。果皮由具有纹孔的长形细胞的外果皮、多层细胞组成的中果皮以及横细胞、管细胞等部分构成。种皮和外胚乳很薄,均为一层无细胞组织。胚乳有粉质和角质两种。粉质胚乳的淀粉粒为球形,结构疏松,呈粉白色,无光泽,蛋白质含量较低,一般为5%～8%;角质胚乳的淀粉粒多为多角形,结构紧密,呈半透明状,有光泽,蛋白质含量较高。胚位于籽粒基部,由胚芽、胚轴、胚根组成。胚部较大,占籽粒体积的12%～20%,所含脂肪占整粒脂肪的77%～89%,蛋白质占30%以上,而且含有较多的可溶性糖,食味较甜。因此,玉米胚部极易吸湿和遭受虫害。玉米果穗出籽率为75%～85%,籽粒各部分的质量百分比如下:皮层为6%～8%,胚乳及糊粉层为80%～85%,胚部为10%～15%。

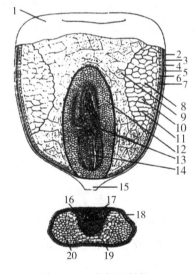

图2-3 玉米籽粒结构图

1. 皮壳;2. 表皮层;3. 中果皮;4. 横细胞;5. 管状细胞;6. 种皮;7. 糊粉层(属胚乳的一部分,与糠层分离);8. 角质胚乳;9. 粉质胚乳;10. 淀粉细胞(淀粉粒充填于蛋白质间质之中);11. 细胞壁;12. 盾片;13. 胚芽(残留的茎和叶);14. 初生根;15. 基部;16. 盾片;17. 胚轴;18. 果皮;19. 粉质胚乳;20. 角质胚乳

(3)玉米的营养价值

玉米含碳水化合物72%左右,每500 g玉米可放出热量约1800 kJ,其营养成分见表2-5。

表 2-5　玉米的营养成分表

种类	水分/g	蛋白质/g	脂肪/g	碳水化合物/g	灰分/g	胡萝卜素/mg	维生素/mg			
							B_1	B_2	B_3	C
黄玉米	12.0	8.5	4.3	72.2	1.7	0.1	0.34	0.10	2.3	0
白玉米	12.0	8.5	4.3	72.2	1.7	0	0.35	0.09	2.1	0
鲜玉米(黄)	51.0	3.8	2.3	40.2	1.1	0.34	0.21	0.06	1.6	10
玉米粉(黄)	13.4	8.4	4.3	70.2	2.2	0.13	0.31	0.10	2.0	0

注：该表表示 100 g 中含量。

玉米中蛋白质含量约为 8.5%，略高于大米，而稍低于小麦。玉米中的蛋白质主要是玉米胶蛋白和玉米谷蛋白，所含赖氨酸和色氨酸较少，是一种不完全蛋白质。玉米中缺少色氨酸，而且所含维生素 B_5 为结合型的，不能为人体所吸收利用，故以玉米为主食的地区，容易患维生素 B_5 缺乏的癞皮病。但是如用碱液处理玉米，玉米中的维生素 B_5 便可以从结合型转化为游离型而容易被人体所利用。故食用玉米前先用石灰水或碳酸氢钠将玉米浸泡一定的时间再进行加工食用，可以起到预防癞皮病的良好效果。另外，大米、大豆、马铃薯等都含有较多的色氨酸，如果将玉米与这些食物搭配食用，便可以起到互补的作用，不仅可以有效地预防癞皮病，同时可以提高玉米的营养价值。我国玉米主产区多将玉米粉与大豆粉等混合或将玉米与小米等混合制作食品，这都是符合营养要求的。玉米含脂肪较多，并且有 34%～62% 的亚油酸(主要存在于胚部与糊粉层中)，所以食用玉米胚芽油有较好的生理功能。另外，黄玉米中一般都含有一定数量的胡萝卜素，鲜玉米中还含有维生素 C，这些在其他谷物中是不多见的。

5. 大豆的品质特征

大豆别名黄豆，属蝶形花亚科大豆属，为一年生草本植物，其果实为荚果。荚果含种子 1～4 粒，荚的形状有扁平、半圆等类型。荚果脱去果荚后即为种子。大豆为喜温作物，对光照的强弱很敏感。大豆种子有肾形、球形、扁圆形、椭圆形、长圆体形等，种皮颜色有黄、青、褐、黑及双色等。

(1)大豆的分类

我国国家标准规定，商品大豆按种皮的颜色和粒形分为 5 类，即黄大豆(种皮为黄色)、青大豆(种皮为青色)、黑大豆(种皮为黑色)、其他色大豆(种皮为褐色、茶色、赤色等)和饲料豆。

(2)大豆的籽粒结构

大豆种子的最外层为种皮，种皮上有明显的脐，脐下端有个凹陷的小点叫合点。脐上端可明显地透视出胚芽和胚根的部位，两者之间有一个小孔眼叫珠孔。当种子发芽时，胚根就从此孔伸出，所以也叫发芽孔。大豆种子的外形如图 2-4 所示。种皮内为胚，胚由子叶、胚芽、胚茎和胚根组成。子叶有两片，是大豆贮藏营养物质的场所，两片子叶之间生有胚芽，由两片很小的真叶组成。胚芽上部为胚茎，下部是胚根。种皮约占大豆总重的 7%，子叶占 90%。种皮由较厚的外种皮和非常薄的内种皮构成。子叶被肥厚的细胞壁包围，内部是蛋白体。蛋白体是 $3 \sim 8\ \mu m$ 颗粒状的蛋白球，含水分 9.5%、氮 10.1%、磷 0.85%、糖 8.5%、矿物质 0.70%、核糖核酸 0.4%，蛋白体的间隙有脂肪球或少量的淀粉粒。

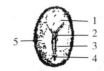

图 2-4 大豆种子的外形图

1. 胚根透射处；2. 珠孔；3. 脐；4. 合点；5. 种皮

（3）大豆籽粒的营养价值

大豆是粮油兼用作物，是所有粮食作物中蛋白质含量最高的一种，而且蛋白质中赖氨酸和色氨酸含量都较高，分别占 6.05% 和 1.22%，因此其营养价值仅次于肉、蛋、奶。大豆含蛋白质 35%～44%，脂肪 15%～20%，糖类 20%～30%，水分 8%～12%，纤维素和矿物质各为 4%～5%，几乎不含淀粉。我国部分地区的大豆化学成分见表 2-6。

表 2-6　我国部分地区的大豆化学成分表　（单位：%）

品种来源	水分	粗蛋白	粗脂肪	粗纤维	无氮浸出物	灰分
东北	8.3	43.2	15.9	4.5	23.9	4.2
北京	12.0	34.6	10.0	3.8	35.5	3.9
四川	12.4	35.3	16.1	2.7	29.4	4.3
南京	6.7	41.7	16.6	3.9	26.7	4.4
上海	14.0	35.9	17.6	3.7	25.0	3.8
杭州	9.8	40.0	16.3	6.3	23.1	4.5
内蒙古	8.9	26.1	17.1	4.4	39.6	3.9
福州	10.9	41.4	15.2	3.8	24.1	4.6

大豆品种不同，其所含的营养成分也不相同。蛋白质与脂肪是大豆的两大主要成分，而我国大豆的主栽品种多属蛋白质与脂肪较均衡的类型，单项指标表现不突出，大大降低了出口大豆的商品等级和商品价值；国内加工业也不能按不同的用途来选购大豆品种，在一定程度上影响了企业加工产品和经营的主动权。目前美国和我国大豆育种工作者都在研究选育"高蛋白低脂肪"或"高脂肪低蛋白"的品种，以适应不同用途需要。生产豆制品的原料大豆要求新鲜、籽粒饱满、蛋白质含量高，无虫蛀，无霉烂和变质颗粒，未经高温受热和高温烘干。榨油用的大豆则以脂肪含量高的为宜。碳水化合物多的大豆吸水能力强，容易得到质地柔软的蒸豆，适于生产豆酱和豆豉。我国南方大豆有许多品种碳水化合物含量较高，与美国的蔬菜型豆和日本豆组成近似。未成熟的青大豆中的碳水化合物含量较成熟大豆的含量高。

6. 花生的品质特征

花生果是荚果，有普通型、斧头型、葫芦型、串珠型、曲棍型等形状，表面有凹凸不平的网络结构，一般呈淡黄色。果内一般有花生仁 2~3 粒，少的只有 1 粒，多的可达 7 粒。

　　花生仁由种皮和胚两部分组成，无胚乳。胚中主要是两片肥大的子叶，内裹胚芽、胚茎和胚根。正常的花生子叶呈洁净的乳白色，两片子叶的中间有纵向凹陷，其籽粒结构如图 2-5 所示。

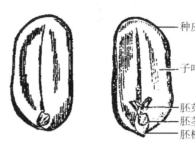

种皮

子叶

胚芽
胚茎　胚
胚根

图 2-5　花生的结构

　　花生仁一般含脂肪 35%~56%、蛋白质 24%~30%、糖类 13%~19%、粗纤维 2.7%~4.1%、灰分 2.7%。花生油中脂肪酸的组成如下：软脂酸 7.3%~12.9%，硬脂酸 2.6%~5.6%，花生酸 3.8%~9.9%，油酸 39.2%~65.2%，亚油酸 16.8%~38.2%。其特点是含饱和脂肪酸较多，所含必需脂肪酸不如大豆油、棉籽油多，但比茶油、菜油高，仍不失为一种营养价值较高的食用油。

　　花生中蛋白质比一般谷类高 2~3 倍，同时花生中的蛋白质主要是球蛋白，其氨基酸构成比例接近于动物蛋白质，容易被人体消化吸收，吸收率可达 90% 左右，故花生和大豆一样，被誉为"植物肉"，有很好的营养价值。但花生蛋白质中的蛋氨酸和色氨酸含量较低，故比不上动物蛋白质。

　　另外，花生仁的淀粉含量比一般油料为多，并且含有较多的钾和磷，特别是维生素 B_1 含量较为丰富，是维生素 B_1 的良好来源。

7. 油菜籽的品质特征

　　油菜为一年生或越年生草本植物，适应性强，对土壤要求不严格。近年来，油菜种植面积占全国油料作物种植面积的 40% 以上，油菜籽的产量在各种油料作物中居于首位。油菜籽含油量高，比大豆高 1 倍，比棉籽高 5% 左右，是我国食用油的主要来源之一，含芥酸低的菜油可制造人造奶油等食品。菜籽饼含有丰富的营养物质，不含芥子苷的菜籽饼是禽畜的精饲料，目前在我国主要用作肥料，是农业上重要的有机肥料之一。此外，油菜还是很好的蜜源作物。

（1）油菜的类型与品种

　　栽培的油菜属十字花科（Cruciferae）芸苔属（*Brassica*）。十字花科植物可采籽榨油的种类很多，其中芸苔属的油用种为当今栽培的油菜。我国根据植株大小以及染色体数将油菜分为白菜、芥菜和甘蓝 3 种类型。

（2）油菜的籽粒结构

　　油菜的果实为角果，细长，4~5 cm，呈扁圆形或圆柱形，成熟时易开裂，内含种子

(即油菜籽)10～30粒。种子呈球形或近球形，有黄、红、褐、黑、黑褐等色。一般以芥菜型油菜种子最小，千粒质量为1.0～2.0 g；甘蓝型油菜种子较大，千粒质量一般在3.0 g以上，高的达4.0 g以上；白菜型油菜大部分品种千粒质量为2.0～4.0 g。油菜种子上有椭圆形的种脐，种脐的一端为珠孔，透过种皮在珠孔的正下方为胚根末端，这一部位的外表称胚根。种脐的另一端为种脊，是延伸到合点的一条小沟，合点是珠被和胚珠相连接的点。种皮坚硬，由外表皮、亚表皮、珊状细胞和色素层组成。种皮下有一层很薄的胚乳组织。脱去种皮和胚乳即为两片肥大的子叶，有胚根和胚茎，胚芽则不明显。其籽粒形态如图2-6所示。

胚根脊
合点
种脐

白菜型油菜　　　　　甘蓝型油菜　　　　　芥菜型油菜

图2-6　油菜种子的外部形态图

（3）油菜的营养价值

油菜籽含油量为33%～49.8%，并含有28%左右的蛋白质，是一种营养丰富的油料作物。但目前我国栽培的油菜存在着"双高"的问题。一是榨出的菜油脂肪酸的组成中芥酸的比例太高。据中国农业科学院油料研究所对全国1025份油菜品种进行品质分析，平均含芥酸48.4%，最高达65%，最低为3.3%。二是油菜籽中芥子苷的含量很高，一般高达0.3%。芥酸是二十二碳一烯酸，对人体没有营养价值，是否有害目前还无定论。

由于芥酸含量高，而被认为是必需脂肪酸的亚油酸含量很少，因而菜籽油的营养价值较低。另外，芥子苷是由葡萄糖基与羟基硫氰基相结合而成的，经榨油后，该物质被保留在菜籽饼中，经芥酸酶水解后能生成对人体和畜禽有剧毒的含氰有机化合物，因此用菜籽饼作高蛋白饲料时必须经过脱毒处理。

8. 甘薯、马铃薯的品质特征

（1）甘薯的种类、块根形态与营养价值

甘薯别名番薯、红薯、山芋、甜薯、地瓜等，属旋花科一年生植物，是一种极为重要的旱粮作物。目前在我国，除青藏高原、新疆、宁夏、内蒙古等地区，其他地区均有栽培，但以黄淮平原、四川、长江中下游和东南沿海栽培面积较大。

甘薯的薯块不是茎，而是由芽苗或茎蔓上生出来的不定根积累养分膨胀而成的，所以又被称为"块根"。甘薯块根由皮层、内皮层、维管束环、原生木质部和后生木质部组成。由于甘薯品种、栽培条件和土壤情况等的不同，其块根形状不同(图2-7)，其形状大小和纵沟的深浅等均是甘薯品种特征的重要标志。此外，甘薯块根的皮层和薯肉的颜色亦是品种特征之一。甘薯表皮有白、黄、红、黄褐等色，肉色有白、黄红、黄橙、黄质斑紫、白质斑紫等。

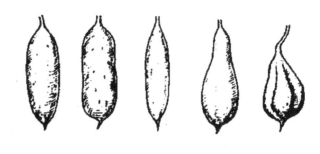

纺锤形　　圆筒形　　长纺锤形　下膨纺锤形　下膨条沟

圆形　　　块状　　上膨纺锤形　　梨形　　短纺锤形

图 2-7　甘薯块根的形态

一般甘薯块根中含 60%~80% 的水分、10%~30% 的淀粉、5% 左右的糖分及少量蛋白质、油脂、纤维素、半纤维素、果胶、矿物质等。以 2.5 kg 鲜薯折成 0.5 kg 粮食计算，新鲜甘薯块根的营养成分除脂肪外，其他比大米和面粉都高，发热量也超过许多粮食作物。甘薯中蛋白质和氨基酸的组成与大米相似，其中必需氨基酸的含量高，特别是大米、面粉中比较稀缺的赖氨酸的含量丰富。甘薯中维生素 A、B、C 和尼克酸的含量都比其他粮食高，钙、磷、铁等无机物较多。甘薯中尤其以胡萝卜素和维生素 C 的含量最为丰富，这是其他粮食作物极少或几乎不含的营养素，所以甘薯与其他粮食一同食用可提高主食的营养价值。此外，甘薯还是一种生理性碱性食品，人体摄入后，能中和肉、蛋、米、面等所产生的酸性物质，可调节人体的酸碱平衡。

（2）马铃薯的品种、块茎结构与营养价值

马铃薯又名洋山芋、土豆、洋番芋等，在植物学分类上属茄科茄属，为一年生草本植物。马铃薯产量高，块茎营养丰富，又是粮、菜兼用的作物，已成为世界上仅次于稻、麦、玉米的四大粮食作物之一。在欧美各国人民的日常食品中，马铃薯与面包并重，被称作第二粮食作物。

由于马铃薯是根茎类作物，其可利用的部位是马铃薯的块茎，也称种子。块茎的大小和形状、表皮颜色、薯肉颜色、芽眼多少、芽眼深浅、芽眉大小等都是区别马铃薯品种的特征。块茎的形状各式各样，大致可分为圆形、扁圆形、长圆形、卵圆形、椭圆形等，皮色有白、黄、粉红、珠红、紫、斑红、斑紫、浅褐等。皮的粗细与网纹也因品种而异。薯肉有白色、黄色、淡黄、深黄，有的带红晕、紫晕等。芽眼有的较深，有的较浅，有的少至 5 个左右，有的多达 10 个左右。

优良品种要求薯形好（最好是椭圆形或长圆形）、顶部不凹、脐部不陷、表皮光滑、芽眼较少而极浅平，以便清洗和去皮后加工或食用。

马铃薯由表皮层、形成层环、外部果肉和内部果肉 4 部分组成。最外层是周皮，周皮细胞被木栓质所充实，具有高度的不透水性和不透气性，具有保护块茎、防止水分散失、减少养分消耗、避免病菌侵入的作用。周皮内是薯肉，由外向内包括皮层、维管束环和髓部。皮层和髓部由薄壁细胞组成，里面充满着淀粉粒。皮层和髓部之间的维管束环是块茎的输导系统，也是含淀粉最多的地方。另外，髓部还含有较多的蛋白质和水分。

马铃薯早熟品种含有11%～14%的淀粉，晚熟品种含有14%～20%的淀粉，最高可达25%左右。鲜薯一般含蛋白质2%左右，而且含有18种氨基酸。马铃薯的蛋白质质量接近鸡蛋，易于消化吸收，优于其他作物。块茎含有葡萄糖、果糖和蔗糖。淀粉和葡萄糖是可以互相转化的，在低温（4～5 ℃）贮藏下马铃薯块茎中的淀粉可转化为糖，在高温（20 ℃）下糖也可转化为淀粉。淀粉、蛋白质和糖是人们食物中不可缺少的主要营养物质和热量来源。更重要的是马铃薯块茎中含有多种维生素，如维生素A、维生素B、维生素E、维生素PP和维生素C等，尤其维生素C是米面食品中所没有的，同时还含有丰富的铁、钙、镁、钾、钠等矿物元素，对保持人体健康具有重大作用。这也是发达国家的居民喜食马铃薯的主要原因。

2.1.2 果蔬产品的品质特征

园艺产品的品质是影响其贮藏寿命、加工品质以及市场竞争力的主要因素，人们通常以色泽、风味、营养、质地与安全状况来评价其品质的优劣。园艺产品的化学组成是构成品质的最基本成分，同时它们又是生理代谢的积极参加者，它们在贮运加工过程中的变化直接影响着产品质量、贮运性能与加工品的品质。园艺产品的化学组分通常分为色素物质（叶绿素、类胡萝卜素、花青素、类黄酮素等）、风味物质（挥发性物质、糖、酸、单宁、糖苷、含氮物质、辣味物质等）、营养物质（水分、糖类、脂肪、蛋白质、维生素、矿物质等）、质构物质（果胶类物质、纤维素、水分等）、酶类物质（氧化还原酶、果胶酶、纤维素酶、淀粉酶和磷酸化酶等）。

1. 色素物质

果蔬产品具有各种不同的色泽。色泽是人们评价果蔬质量的一个重要因素，在一定程度上反映了果蔬产品的新鲜度、成熟度以及品质的变化，因此它是评价果蔬品质的重要指标之一。果蔬所含的色素依溶解性不同可分为脂溶性色素和水溶性色素，前者存在于细胞质中，后者存在于细胞液中，主要包括叶绿素（chlorophylls）、类胡萝卜素（carotenoids）、花青素（anthocyans）和黄酮类色素（flavonoids）4大类。

（1）叶绿素

叶绿素是由叶绿酸与叶绿醇及甲醇形成的二酯，其绿色来自叶绿酸残基。叶绿素的主要结构是一个卟吩环，是由4个吡咯环的α碳原子通过4个次甲基连接而成的环状共轭体系。它与另一种天然的吡咯色素——血红素的区别仅在于卟吩环上的取代基和环中结合的金属元素不同。高等植物的叶绿素由叶绿素 a（$C_{55}H_{72}O_5N_4Mg$）和叶绿素 b（$C_{55}H_{70}O_6N_4Mg$）混合组成，叶绿素 a 呈蓝绿色，叶绿素 b 呈黄绿色，通常叶绿素 a 与叶绿素 b 的含量比例为3∶1。

叶绿素不溶于水，易溶于乙醇、丙酮、乙醚、氯仿、苯等有机溶剂。叶绿素不稳定，对光和热敏感，在酸性介质中形成脱镁叶绿素，绿色消失，呈现褐色；在弱碱溶液中较为稳定，若加热则两个酯键断裂，水解为叶绿醇、甲醇和不溶性的叶绿酸。叶绿酸呈鲜绿色，较稳定，当碱液浓度高时，可生成绿色的叶绿酸钠（或钾）盐。叶绿酸中的镁还可被铜或铁取代，生成不溶于水、呈鲜绿色的铜（或铁）代叶绿酸。因此，绿色蔬菜加工时，为了保持加工品的绿色，人们常用一些盐类（如 $CuSO_4$、$ZnSO_4$ 等）进行护绿。

（2）类胡萝卜素

类胡萝卜素的种类很多，它广泛地存在于园艺产品中，其颜色表现为黄、橙、红，主要的有胡萝卜素、番茄红素、番茄黄素、辣椒红素、辣椒黄素和叶黄素等。类胡萝卜素是由多个异戊二烯组成的一类色素，按其结构和溶解性的不同分为胡萝卜素类（carotenes）和叶黄素类（xanthophylls），前者为共轭多烯烃类化合物，易溶于石油醚而难溶于乙醇；后者为胡萝卜素类的含氧衍生物，溶于乙醇而不溶于乙醚。利用这一性质，可将两类色素分开。

类胡萝卜素耐热性强，即使与 Zn、Cu、Fe 等金属共存时，其结构也不易被破坏。由于类胡萝卜素分子中含有多个双键，故易被氧、脂肪氧化酶、过氧化物酶等氧化而脱色变褐。类胡萝卜素是否易被破坏与其所处的状态有关：在果蔬细胞中类胡萝卜素与蛋白质成结合状态，相当稳定；相比之下，提取后游离的类胡萝卜素对光、热、氧较为敏感。α-胡萝卜素、β-胡萝卜素、γ-胡萝卜素、玉米黄素等的分子中均含有 β-紫罗酮环，在人与动物的肝脏和肠壁中能转变成具有生物活性的维生素 A。

（3）花青素

花青素是一类水溶性的植物色素，它以糖苷的形式存在于植物细胞液中，构成果实、蔬菜及花卉的艳丽色彩。最重要的 3 种花青素是天竺葵素（草莓、苹果中较多）、青芙蓉素（樱桃、葡萄、无花果中较多）和飞燕草素（石榴、茄子中较多）。现在已知的花青素类色素不下 20 种，除个别外，都是上述 3 种花青素的衍生物。此外，还有一种无色花青素（leucoanthocyanins），它与花青素有着相似的结构，广泛地存在于植物的花、茎和果实中。无色花青素也是果蔬中主要的涩味成分之一。

花青素的基本结构是一个 2-苯基苯并吡喃环，由苯环上取代基的数目和种类的不同而形成各种各样的花青素类色素。各种花青素呈现不同的颜色，其色泽与结构有一定的相关性。随着苯环上羟基数目增加，其颜色在比色卡上向紫蓝方向移动。当苯环上的羟基被甲氧基（—OCH_3）取代后，其颜色在比色卡上又向红色方向移动。甲氧基数目越多，红色越深。各种花青素的颜色可随 pH 的变化而变化，呈现出酸红、中紫、碱蓝的趋势。因为在不同 pH 条件下，花青素的结构也会发生变化。一般情况下，花青素极不稳定，除受 pH 影响外，还易受氧化剂、抗坏血酸以及温度和光的影响而变色。各种农产品中所含的花青素种类取决于遗传因素的作用，但积累量的多少则受环境条件所左右。花青素是一种感光性色素，日光照射对花青素的形成有促进作用，如红苹果在高海拔地区栽培比低海拔地区着色更鲜艳。温度对花青素形成也有显著的影响，低温促进花青素的积累，如秋天树叶变红是夜间低温促进花青素积累的结果。花青素的形成和积累还受植物体内的营养状况、水分含量等因素的影响。

花青素的含量直接影响果实的外观品质。生产上常采用整形修剪、地面铺反光膜、果实套袋、增施有机肥、喷施增色剂等措施促进果实花青素的形成，提高果实成熟时的着色度。

（4）黄酮类色素

黄酮类色素是农产品中呈无色或黄色的一类色素，它通常以游离或糖苷的形式存在于细胞液中。类黄酮素种类很多，其基本结构为 2-苯基苯并吡喃酮，一般分为 4 种基本类型，即黄酮(flavone)、黄酮醇(flavonol)、黄烷酮(flavanone)和黄烷酮醇(flavanol)，自然界中的类黄酮色素都是这 4 种的衍生物。前两者为黄色，后两者为无色，最重要的是黄酮和黄酮醇的衍生物，它们具有维生素 P 的生理功效，目前是开发食品资源研究的热点之一。

黄酮类色素对氧敏感，在空气中长时间放置会产生褐色沉淀，因此一些富含黄酮类色素的果蔬加工制品过久贮藏会产生褐色沉淀。此外，黄酮类色素的水溶液呈涩味或苦味。

2. 风味物质

果蔬的风味(flavor)是构成果蔬品质的主要因素之一，果蔬因其独特的风味而备受人们的青睐。不同果蔬所含风味物质的种类和数量各不相同，风味各异，但构成果蔬的基本风味只有香、甜、酸、苦、辣、涩、鲜等。

（1）香味物质

醇、酯、醛、酮和萜类等化合物是构成果蔬香味的主要物质，它们大多是挥发性的，由于这些挥发性物质的种类和数量不同，从而形成了各种果蔬特有的香气。香味物质在果蔬中含量并不多，如香蕉为 $65 \sim 338$ mg/kg，树莓类为 $1 \sim 22$ mg/kg，黄瓜为 17 mg/kg，洋葱为 $320 \sim 580$ mg/kg。香气成分的种类多，构成复杂。研究表明，苹果含有 100 多种挥发性物质，香蕉含有 200 多种挥发性物质。在草莓中已分离出 150 多种挥发性物质，在葡萄中已分离出 78 种挥发性物质。水果的香气主要由酯类、醛类、萜类、醇类、酮类及挥发性酸等构成；蔬菜的香气不如水果的香气浓，在香气成分上也有很大的差别，主要是一些含硫化合物(葱、蒜、韭菜等辛辣气味的来源)和一些高级醇、醛、萜等(表 2-7)。

表 2-7　几种果蔬的主要香气成分

名称	主要香气成分	名称	主要香气成分
苹果	乙酸异戊酯	萝卜	甲硫醇、异硫氰酸烯丙酯
梨	甲酸异戊酯	葱类	烯丙基硫醚、二烯丙基二硫化物、丙烯基丙基二硫化物、二丙基二硫化物、甲硫醇
香蕉	乙酸戊酯、异戊酸异戊酯	大蒜	二烯丙基二硫化物、甲基烯丙基二硫化物、烯
桃	醋酸乙酯、γ-癸酸内酯	叶菜类	丙基硫醚烯-3-醇(叶醇)
杏	丁酸戊酯、蚁酸、乙醛、乙醇、丙酮、苯	黄瓜	壬二烯-2,6-醇、壬烯-2-醛、2-己烯醛
柑橘汁	醇及甲醇、乙醇等的酯	蘑菇	辛烯-1-醇

就多数果蔬而言，只有当它们成熟时才有足够数量的香气放出，如桃在过熟期各种香气成分的含量比坚熟期提高了数十倍。但这些香气物质大多数不稳定，容易氧化变质，在贮运加工过程中，遇到较高温度的环境很容易挥发和分解。

（2）甜味物质

甜味是令人畅快的味感。农产品中的甜味物质主要是糖及其衍生物（糖醇）。此外，一些氨基酸、胺类等非糖物质也具甜味，但不是重要的甜味来源。蔗糖、果糖、葡萄糖、甘露糖、半乳糖、木糖、核糖及山梨醇、甘露醇和木糖醇是果蔬中主要的糖类物质。

不同种类果蔬的含糖量差异很大，其中水果含糖量较高，而蔬菜中除番茄、胡萝卜等含糖量较高外，大多都很低。多数水果的含糖量均为 7%～15%，而蔬菜含糖量大多在5% 以下。常见果蔬含糖量见表 2-8。

表 2-8 常见果蔬中糖的种类及含量　　　　　　　［单位：g/100 g（鲜重）］

名称	蔗糖	转化糖	总糖
苹果	1.29～2.99	7.35～11.61	8.62～14.61
梨	1.85～2.00	6.52～8.00	8.37～10.00
香蕉	7.00	10.00	17.00
草莓	1.48～1.76	5.56～7.11	7.41～8.59
桃	8.61～8.74	1.77～3.67	10.38～12.41
杏	5.45～8.45	3.00～3.45	8.45～11.90
白菜	—	—	5.00～17.00
胡萝卜	—	—	3.30～12.00
番茄	—	—	1.50～4.20
南瓜	—	—	2.50～9.00
甘蓝	—	—	1.50～4.50
西瓜	—	—	5.50～11.00

农产品的甜味除取决于糖的种类和含量外，还与含糖量与含酸量的比例（糖酸比）有关。糖酸比值越大甜味越浓，比值适宜则甜酸适度。

（3）酸味物质

酸味是因舌黏膜受氢离子刺激而引起的，因此，凡是在溶液中能解离出氢离子的化合物都有酸味。果蔬中的酸味主要来自一些有机酸，如柠檬酸、苹果酸、酒石酸、草酸、琥珀酸、α-酮戊二酸和延胡索酸等，这些有机酸大多具有爽快的酸味，对果实的风味影响很大。相比之下，蔬菜的含酸量很少，粮食中则更少，往往感觉不到酸味的存在。不同种类和品种的果蔬，有机酸种类和含量不同，如苹果总酸量为 0.2%～1.6%，梨为0.1%～0.5%，葡萄为 0.3%～2.1%。几种果蔬有机酸的种类及含量见表 2-9。

表 2-9 几种果蔬有机酸的种类及含量　　　　　　　［单位：g/100 g（鲜重）］

名称	pH	总酸量	柠檬酸	苹果酸	草酸
苹果	3.00～5.00	0.2～1.6	+	+	+
梨	3.20～3.95	0.1～0.5	0.24	0.12	0.03
李	0.4～3.5	+	0.36～2.90	0.06～0.12	—

名称	pH	总酸量	柠檬酸	苹果酸	草酸
葡萄	2.50~4.50	0.3~2.1	0.21~0.74	0.22~0.92	0.08
温州蜜柑	0.96~1.24	0.95~1.0	+	+	—
甜橙	1.4	1.35	+	+	—
草莓	2.80~4.40	1.3~3.0	0.9	0.1	0.1~0.6
甜樱桃	3.20~3.95	0.3~0.8	0.1	0.5	0
番茄	4.1~4.8	+	+	—	—
菠菜	5.00~6.40	—	+	+	+
石刁柏	5.00~6.40		+	+	—

注：+表示存在，0表示没有。

果蔬含酸量对风味品质影响较大，果蔬的酸味就是由其所含的各种有机酸(organic acid)引起的。一般的，存在于果蔬中的有机酸主要有柠檬酸、苹果酸、酒石酸 3 种，可将它们统称为果酸。此外，果蔬还含其他少量的有机酸(如草酸、水杨酸、琥珀酸等)，这些酸在果蔬组织中以游离状态或结合成盐类的形式存在。各种果蔬的酸感与酸根种类、pH、可滴定酸度、缓冲效应以及其他物质(特别是糖的存在)有密切关系，正因为如此，才形成了各种果蔬特有的酸味特征。

各种不同类型的果蔬在不同的发育时期所含酸的种类和浓度是不同的。已进入或接近成熟期的葡萄和苹果含游离酸(可滴定酸)量最高，成熟后又趋于下降。香蕉和梨则与此相反，其可滴定酸的含量在发育过程中逐渐下降，成熟时含量最低。不同果蔬种类，酸的含量不一定符合上述趋势，且酸的种类也会有变化。例如，未熟番茄中有微量草酸，正常成熟的番茄中以苹果酸和柠檬酸为主，过熟软化的番茄中苹果酸和柠檬酸较低，且有琥珀酸形成；菠菜幼嫩叶中含有苹果酸、柠檬酸等，老叶中含草酸。果蔬含酸量不仅与风味关系密切，而且对微生物的活动有重要影响。含酸高的果实，可以降低微生物对热的抵抗力，利于采后热处理防腐。

糖酸比是衡量果蔬品质的重要指标之一。另外，糖酸比也是判断某些果蔬成熟度、采收期的重要参考指标。

(4)涩味物质

涩味是由于使舌黏膜蛋白质凝固而引起收敛作用的一种味感，常见于果实中。果蔬的涩味主要来源于单宁类物质，当单宁含量(如涩柿)达 0.25% 左右时就可感到明显的涩味。当果实中含有 1%~2% 的可溶性单宁时就会有强烈的涩味。未熟果蔬的单宁含量较高，食之酸涩，难以下咽，但一般成熟果中可食部分的单宁含量通常为 0.03%~0.1%，食之具有清凉口感。除单宁类物质外，儿茶素(catchins)、无色花青素(leucoanthcyan)以及一些羟基酚酸也具有涩味。

涩味是单宁处于可溶性状态时引起的现象，当某些原因使之变为不溶性时，则失去涩味。生产上常采用温水、酒精、二氧化碳进行脱涩处理，因这些物质均可促进果实的无氧呼吸，利用无氧呼吸的不完全氧化物乙醛与单宁结合使之成为不溶性单宁，从而达到脱涩的目的。

（5）苦味物质

苦味是 4 种基本味感（酸、甜、苦、咸）中味感阈值最小的一种，是最敏感的一种味觉。苦味过大会给果蔬的风味带来不良的影响。食品中的苦味物质有生物碱类（如茶碱、咖啡碱）、糖苷类（如苦杏仁苷、柚皮苷）、萜类（如蛇麻酮）。另外，天然疏水性的 L-氨基酸、碱性氨基酸，以及无机盐类中的 Ca^{2+}、Mg^{2+}、NH_4^+ 等离子也具有苦味。在果蔬中，主要的苦味成分是一些糖苷类物质。

苦杏仁苷（amygdaloside）是苦杏仁素（氰苯甲醇）与龙胆二糖所形成的苷，存在于桃、李、杏、樱桃、苦扁桃、苹果等果实的果核及种仁中，尤以苦扁桃最多。种仁中同时还含有分解苦杏仁苷的酶（苦杏仁酶）。苦杏仁苷具有强烈的苦味，在医疗上有镇咳作用。苦杏仁苷本身无毒，但生食桃仁、杏仁过多会引起中毒，其原因是同时摄入的苦杏仁酶使苦杏仁苷水解为 2 分子葡萄糖、1 分子苯甲醛和 1 分子氢氰酸，氢氰酸有剧毒。

$$C_{20}H_{27}NO_{11}+2H_2O \longrightarrow 2C_6H_{12}O_6+C_6H_5CHO+HCN$$
$$\text{苦杏仁苷} \qquad\qquad \text{葡萄糖} \quad \text{苯甲醛} \quad \text{氢氰酸}$$

黑芥子苷（sinigrin）为十字花科蔬菜的苦味来源，含于根、茎、叶与种子中。在芥子酶的作用下水解生成具特殊辣味和香气的芥子油、葡萄糖和其他化合物，苦味消失，此种变化在蔬菜的腌制中很重要。萝卜在食用时呈现出辛辣味，芥末的刺鼻辛辣味是由黑芥子苷水解为芥子油所致。

$$C_{10}H_{16}NS_2KO_9+H_2O \longrightarrow CSNC_3H_5+C_6H_{12}O_6+KHSO_4$$
$$\text{黑芥子苷} \qquad\qquad \text{芥子油} \quad \text{葡萄糖}$$

茄碱苷（或称龙葵苷）主要存在于茄科植物中，以马铃薯块茎中含量较多，番茄和茄子中也有，其含量超过 0.01% 时就会感觉到明显的苦味，含量超过 0.02% 时即可使人食用后中毒，因为茄碱苷分解后产生的茄碱是一种有毒物质，对红血球有强烈的溶解作用。马铃薯所含的茄碱苷集中在薯皮和萌发的芽眼部位，当马铃薯块茎受日光照射，表皮呈淡绿色时，茄碱含量显著增加，可由 0.006% 增加到 0.024%，所以发绿和发芽的马铃薯应将皮部和芽眼削去方能食用。番茄和茄子果实中也含有茄碱苷，未熟绿色果实中含量较高，成熟时逐渐降低。

$$C_{45}H_{73}O_{15}N+3H_2O \longrightarrow C_{27}H_{43}ON+C_6H_{12}O_6+C_6H_{12}O_6+C_6H_{12}O_6$$
$$\text{茄碱苷} \qquad\qquad \text{茄碱} \quad \text{葡萄糖} \quad \text{半乳糖} \quad \text{鼠李糖}$$

柚皮苷和新橙皮苷存在于柑橘类果实中，尤以白皮层、种子、囊衣和轴心部分为多，具有强烈的苦味。柚皮苷在柚皮苷酶作用下，可水解成糖基和苷配基，使苦味消失，这就是果实在成熟过程中苦味逐渐变淡的原因。

（6）辣味物质

适度的辣味具有增进食欲、促进消化液分泌的功效。辣椒、生姜及葱蒜等蔬菜含有大量的辣味物质，它们的存在与这些蔬菜的食用品质密切相关。

生姜辣味的主要成分是姜酮、姜酚和姜醇，是由 C、H、O 所组成的芳香物质，其辣味有快感。辣椒中的辣椒素是由 C、H、O、N 所组成的，属于无臭性的辣味物质。

葱、蒜等蔬菜中的辣味物质的分子中含有硫，它们有强烈的刺鼻辣味和催泪作用。其辛辣成分是硫化物和异硫氰酸酯类，它们在完整的蔬菜器官中以母体的形式存在，气味不明显，只有当组织受到挤压后破碎时，母体才在酶的作用下转化成具有强烈刺激性气味的物质。例如，大蒜中的蒜氨酸，它本身并无辣味，只有在蒜组织受到挤压破坏后，蒜氨酸才在蒜酶的作用下分解生成具有强烈辛辣气味的蒜素。

芥菜中的刺激性辣味成分是芥子油，为异硫氰酸酯类物质。它们在完整组织中以芥子苷的形式存在，本身并不具辣味，只有当组织破碎后，才在酶的作用下分解为葡萄糖和芥子油。其中，芥子油具有强烈的刺激性辣味。

(7)鲜味物质

果蔬中的鲜味物质主要来自一些具有鲜味的氨基酸、酰胺和肽，其中以L-天冬氨酸、L-谷氨酰胺和L-天冬酰胺最为重要。它们广泛存在于果蔬中，在梨、桃、葡萄、柿子、番茄中含量较为丰富。此外，竹笋中含有的天冬氨酸钠也具有天冬氨酸的鲜味。另一种鲜味物质谷氨酸钠是我们熟知的味精的主要成分，其水溶液有浓烈的鲜味。当谷氨酸钠或谷氨酸的水溶液加热到 120 ℃以上或长时间加热时，会发生分子内失水，使其缩合成有毒的、无鲜味的焦性谷氨酸。

3. 营养物质

果蔬是人体所需维生素、矿物质与膳食纤维的重要来源，有些果蔬还含有大量淀粉、糖、蛋白质等维持人体正常生命活动所必需的营养物质。随着人们健康意识的不断增强，果蔬在人们膳食营养中的作用也日趋突出。

(1)维生素

维生素是维持人体正常生命活动不可缺少的营养物质，它们大多是以辅酶或辅助因子的形式参与生理代谢。维生素缺乏会引起人体生理代谢的失调，诱发生理病变。果蔬中含有多种维生素，与人体关系最为密切的是维生素C和类胡萝卜素(维生素A原)。据报道，人体所需维生素C的98%、维生素A的57%左右来自于果蔬。

维生素C为水溶性维生素，在人体内不能合成，无积累作用，因此人们需要每天从膳食中摄取大量的维生素C，而果蔬是人体所需维生素C的主要来源。不同果蔬维生素C含量差异较大，含量较高的果品有鲜枣、山楂、猕猴桃、草莓及柑橘类。在蔬菜中，辣椒、花椰菜、嫩茎花椰菜等都含有大量的维生素C。柑橘中的维生素C大部分是还原型的，而在苹果、柿中氧化型占优势，所以在衡量比较不同果蔬维生素C营养时，仅仅以含量为标准是不准确的。

新鲜果蔬中含有大量的类胡萝卜素，它本身不具有维生素A的生理活性，但在人和动物的肠壁以及肝脏中能转变为具有生物活性的维生素A，因此类胡萝卜素又被称之为维生素A原。类胡萝卜素是一类含己烯环的异戊二烯聚合物，含有两个维生素A的结构部分，理论上可生成两分子的维生素A，但类胡萝卜素在体内的吸收率、转化率都很低，实际上 $6\mu g$ β-胡萝卜素只相当于 $1\mu g$ 维生素A的生物活性。除β-胡萝卜素外，α-胡萝卜素、γ-胡萝卜素和羟基β-胡萝卜素在体内也能转化为维生素A，但它们分子中只含有一个维生素A的结构，功效也只有β-胡萝卜素的一半。胡萝卜、南瓜、杏、柑橘、黄肉桃、芒果等黄色、绿色的果蔬都含有大量的类胡萝卜素。

（2）矿物质

矿物质既是人体结构的重要组分，又是维持体液渗透压和 pH 不可缺少的物质，同时许多矿物离子还直接或间接地参与体内的生化反应，人体缺乏某些矿物元素会产生营养缺乏症，因此矿物质是人体不可缺少的营养物质。

矿物质在果蔬中分布极广，占果蔬干重的 1%～15%，平均值为 5%，而一些叶菜的矿物质含量可高达 10%～15%，是人体摄取矿物质的重要来源。果蔬中 80% 的矿物质含钾、钠、钙等金属成分，其中钾元素可占其总量的 50% 以上，它们进入人体内后，与呼吸释放的 HCO_3^- 结合，可中和血液 pH，使血浆的 pH 增大。因此，果蔬食品在营养学中又被称为"碱性食品"。在食品矿物质中，钙、磷、铁与健康的关系最为密切，人们通常以这 3 种元素的含量来衡量食品的矿物质营养价值。果蔬含有大量的钙、磷、铁，它们是人体所需钙、磷、铁的重要来源之一。

（3）淀粉

虽然果蔬不是人体所需淀粉的主要来源，但某些未熟的果实（如香蕉、苹果）以及地下根茎菜类含有大量淀粉。成熟的香蕉淀粉几乎全部转化为糖，在非洲与亚洲国家与地区，香蕉常常作为主食来消费，是人获取膳食能量的重要渠道。土豆在欧洲某些国家或地区不仅是不可缺少的食品，更是当地居民膳食淀粉的重要来源之一。

淀粉不仅是人类膳食的重要营养物质，淀粉含量及其采后变化还直接关系到果蔬自身的品质与贮运性能。富含淀粉的果蔬，淀粉含量越高，耐贮性越强；而对于地下根茎菜，淀粉含量越高，品质与加工性能也越好。对于青豌豆、菜豆、甜玉米等以幼嫩的豆荚或子粒供鲜食的蔬菜，淀粉含量的增加意味着品质的下降，如加工用土豆就不希望淀粉过多转化，否则转化糖多会引起土豆制品的色变。

一些富含淀粉的果实（如香蕉、苹果）在后熟期间淀粉会不断地水解为低聚糖和单糖，食用品质提高。但是采后的果蔬光合作用停止，淀粉等大分子贮藏性物质不断地消耗，最终会导致果蔬品质与贮藏、加工性能下降。

4. 质地物质

果蔬是典型的鲜活易腐产品，它们的共同特性是含水量高、细胞膨压大。对于这类商品，人们希望它们新鲜饱满、脆嫩可口。而对于叶菜、花菜等除脆嫩饱满外，组织致密、紧实也是重要指标。因此，果蔬的质地主要体现为脆、绵、硬、软、细嫩、粗糙、致密、疏松等，它们与品质密切相关，是评价品质的重要指标。在生长发育的不同阶段，果蔬质地会有很大变化，因此质地又是判断果蔬成熟度、确定加工适性的重要参考依据。

果蔬质地取决于组织的结构，而组织结构与其化学组成密切相关，化学成分是影响果蔬质地的最基本因素。下面就具体介绍一些与果蔬质地有关的化学成分。

（1）水分

水分是影响果蔬新鲜度、脆度和口感的重要成分，与果蔬的风味品质有密切关系。新鲜果品、蔬菜的含水量大多为 75%～95%，少数蔬菜（如黄瓜、番茄、西瓜）含水量可高达 96%，甚至 98%。含水量高的果蔬细胞膨压大、组织饱满脆嫩、食用品质好、商品价值高。但采后由于水分的蒸发，果蔬会大量失水，失水后的果蔬会变得疲软、萎蔫，品质下降。另外，很多果蔬采后一旦失水，就难以再恢复新鲜状态。因此，为了更好地加工果蔬，一定要保持采后果蔬进厂的新鲜品质。

正因为含水量高，所以果蔬产品的生理代谢非常旺盛，物质消耗很快，极易衰老败坏。同时，含水量高也给微生物的活动创造了条件，使得果蔬产品容易腐烂变质。为了减少损耗，一定要将加工厂建在原料基地附近，且原料进厂后最好马上进行加工处理。

（2）果胶物质

果胶物质存在于植物的细胞壁与中胶层，果蔬组织细胞间的结合力与果胶物质的形态、数量密切相关。果胶物质有 3 种形态，即原果胶、可溶性果胶与果胶酸。在不同生长发育阶段，果胶物质的形态会发生变化。

原果胶存在于未成熟的果蔬中，是可溶性果胶与纤维素缩合而成的高分子物质，它不溶于水，具有黏结性，在胞间层与蛋白质、钙、镁等形成蛋白质-果胶-阳离子黏合剂，使相邻的细胞紧密黏结在一起，赋予未成熟果蔬较大的硬度。

随着果实成熟，原果胶在原果胶酶的作用下分解为可溶性果胶与纤维素。可溶性果胶是由多聚半乳糖醛酸甲酯与少量多聚半乳糖醛酸连接而成的长链分子，存在于细胞汁液中，相邻细胞间彼此分离，组织软化。但可溶性果胶仍具有一定的黏结性，故成熟的果蔬组织还能保持较好的弹性。当果实进入过熟阶段时，果胶在果胶酶的作用下分解为果胶酸与甲醇。果胶酸无黏结性，当相邻细胞间没有了黏结性时，组织就变得松软无力，弹性消失。

果胶物质形态的变化是导致果蔬硬度下降的主要原因，在生产中硬度是影响果蔬贮运性能的重要因素。人们常常借助硬度来判断某些果蔬(如苹果、梨、桃、杏、柿果、番茄等)的成熟度，确定其采收期，同时也是评价其贮藏效果的重要参考指标。

不同果蔬及其的皮、渣等下脚料均含有较多的果胶(表 2-10)。一般水果的果胶含量为 $0.2\% \sim 6.4\%$，山楂的果胶含量最高，可达 6.4%，并富含甲氧基，甲氧基具有很强凝胶能力，人们常常利用山楂的这一特性来制作山楂糕。虽然有些蔬菜果胶含量很高，但由于甲氧基含量低，凝胶能力很弱，不能形成胶冻，当与山楂混合后，可利用山楂果胶中甲氧基的凝胶能力，制成混合山楂糕(如胡萝卜山楂糕)。

表 2-10　几种常见的果实的果胶含量　　　　　　　　　(单位:%)

种类	果胶含量	种类	果胶含量
梨	0.5~1.2	橘皮	1.5~3.0
李子	0.6~1.5	柠檬皮	4.0~5.0
杏	0.5~1.2	苹果心	0.45
山楂	3.0~6.4	苹果渣	1.5~2.5
桃	0.6~1.3	苹果皮	1.2~2.0
柚皮	6.0	鲜向日葵托盘	1.6

（3）纤维素和半纤维素

纤维素、半纤维素是植物细胞壁中的主要成分，是构成细胞壁的骨架物质，它们的含量与存在状态决定着细胞壁的弹性、伸缩强度和可塑性。幼嫩果蔬中的纤维素多为水合纤维素，组织质地柔韧、脆嫩，老熟时纤维素会与半纤维素、木质素、角质、栓质等形成复合纤维素，使组织变得粗糙坚硬，食用品质下降。角质纤维素具有耐酸、耐氧化、不易透水等特性，主要存在于果蔬表皮细胞内，可保护果蔬，减轻机械损伤，抑制微生物侵染。

纤维素是由葡萄糖分子通过 β-1，4 糖苷键连接而成的长链分子，主要存在于细胞壁中，具有保持细胞形状、维持组织形态的作用，并具有支持功能。它们在植物体内一旦形成，就很少再参与代谢，但是某些果实（如番茄、鳄梨、荔枝、香蕉、菠萝等）在其成熟过程中，需要有纤维素酶与果胶酶及多聚半乳糖醛酸酶等共同作用才能软化。半纤维素是由木糖、阿拉伯糖、甘露糖、葡萄糖等多种五碳糖和六碳糖组成的大分子物质，它们很不稳定，在果蔬体内可分解为单体。在刚采收的香蕉中，半纤维素的含量为 8%～10%，但在成熟香蕉果肉中，半纤维素含量仅为 1% 左右，所以半纤维素既具有纤维素的支持功能，又具有淀粉的贮藏功能。

纤维素和半纤维素是影响果蔬质地与食用品质的重要物质，同时也是维持人体健康不可缺少的辅助成分。纤维素、半纤维素和木质素等统称为粗纤维，虽然它们不具有营养功能，但都能刺激肠胃蠕动，有助于排除人体内的毒素，促进消化液的分泌，提高蛋白质等营养物质的消化吸收率，同时还可防止或减轻如肥胖、便秘等许多现代"文明病"的发生，是维持人体健康必不可少的物质。故有人又将纤维素与水、碳水化合物、蛋白质、脂肪、维生素、矿物质一起，统称为维持生命健康的"七大要素"。人体所需的膳食纤维主要来自于果蔬，随着生活水平的不断提高、动物产品食用量的增加，果蔬在人们日常膳食中的作用也日趋重要。

5. 酶

酶是园艺产品细胞内所产生的一类具有催化功能的蛋白质，体内的一切生化反应几乎都是在酶的参与下进行的。果蔬细胞中含有各种各样的酶，结构十分复杂，它们溶解在细胞汁液中。酶具有蛋白质的共同理化性质，它不能通过半透性膜，具有胶体性质。酶的活性易受温度、酸、碱、紫外线等影响。一切可以使蛋白质变性的因素均可使酶变性失活。下面介绍几种与园艺产品生理代谢过程有关的酶。

（1）氧化还原酶

抗坏血酸氧化酶可使 L-抗坏血酸氧化，使其变为 D-抗坏血酸。在香蕉、胡萝卜和莴苣中广泛分布着这种酶，它与维生素 C 的消长有很大关系。

过氧化氢酶（CAT）和过氧化物酶（POD）酶广泛地存在于果蔬组织中。过氧化氢酶存在于水果、蔬菜的铁蛋白内，可催化如下反应：

$$2H_2O_2 \longrightarrow 2H_2O + O_2$$

呼吸中的过氧化氢酶可防止组织中的过氧化氢积累到有毒的程度。成熟时期随着果蔬氧化活性的增强，CAT 和 POD 的活性都有显著的增高。芒果呼吸作用的增强直接和这两种酶的活性有关。过氧化氢酶和相应的氧化酶可能与乙烯生成有关，过氧化物酶与乙烯的自身催化合成、激素代谢平衡、细胞膜结构完整性、呼吸作用、脂质过氧化等作用有密切关系。POD 的活性是果实成熟衰老的主要指标。研究结果表明，气调贮藏的金冠苹果的 POD 活性有 2 个高峰。在跃变型果实中，随着果实的成熟，POD 的活性增强，在衰老期间 POD 活性的升高是导致叶菜类和果实黄化的一个原因。新鲜果品及其加工制品的 POD 活性高时，往往会引起变色和变味，人们常常用热处理的方法抑制其活性，以减少其不利影响。

多酚氧化酶(polyphenol oxidase，PPO)广泛存在于绝大多数果实中，它所催化的反应常常引起果肉、果心褐变，产生异味或使营养成分损失。这些情况都是生产者和消费者不希望看到的，因此 PPO 是关系到果实品质的重要酶类化合物。园艺产品一旦受到伤害即发生褐变，这种现象多是多酚氧化酶催化的结果。PPO 在有氧条件下进行氧化生成醌，再氧化聚合形成有色物质。PPO 活性的降低标志着果实达到成熟阶段，并且适口性增强，种子开始成熟。研究表明，绿熟杏在 26 ℃存放期间，酚含量和 PPO 活性呈上升趋势；鸭梨在冷藏期间，主要底物绿原酸总体呈下降趋势，PPO 活性随着果心褐变而上升而后下降；荔枝在 4～5 ℃下贮藏时，外果皮褐变加重，PPO 活性增强；柿子在 1 ℃下贮藏，开始 6 周 PPO 活性快速上升，随后略呈下降趋势。采收过程或采后处理过程中的机械损伤会明显加重果实的褐变，所以要严格防止机械损伤。生产上可以通过降低温度、冷藏、采前采后处理的方式来降低 PPO 活性。在园艺产品加工生产上，要根据需要想办法抑制 PPO 活性，抑制果蔬产品的褐变。

（2）果胶酶

果实在成熟过程中，质地变化最为明显，其中果胶酶类起着重要作用。果实成熟时硬度降低，其硬度与半乳糖醛酸酶和果胶酯酶的活性增加呈正相关关系。梨在成熟过程中，果胶酯酶活性的增加标志其已达到初熟阶段。苹果中果胶酯酶活性因品种不同而有很大差异，这也可能与耐贮性有关。香蕉在催熟过程中，果胶酯酶活性显著增加，特别是当果皮由绿转黄时更为明显。番茄果肉成熟时变软，是受果胶酶类作用的结果。

（3）纤维素酶

一般认为果实在成熟时纤维素酶促使纤维素水解引起细胞壁软化，但这一理论还没有被普遍证实。番茄在成熟过程中，纤维素酶活性增加。梨和桃在成熟时，纤维素分子团没有变化。苹果在成熟过程中，纤维素含量也不降低。研究发现，在未成熟的果实中，纤维素酶的活性很高，随着果实增大，其活性逐渐降低；而当果实从绿色转变到红色的成熟阶段时，纤维素酶活性约增加两倍。相反，多聚半乳糖醛酸酶活性则随着果实成熟到过熟都在继续增加，纤维素酶活性则维持不变。

（4）淀粉酶和磷酸化酶

许多果实在成熟时淀粉逐渐减少或消失。未催熟的绿熟期香蕉淀粉含量可达 20%，成熟后下降到 1% 以下。苹果和梨在采收前，淀粉含量达到高峰，开始成熟时，大部分品种下降到 1% 左右。这些变化都是淀粉酶和磷酸化酶所引起的。研究发现，巴梨果实在 -0.5 ℃条件下贮藏 3 个月的过程中，淀粉酶活性逐渐增加，但在从贮藏库取出后的催熟过程中却不再增加。研究表明，经过长期贮藏之后不能正常成熟的巴梨，果实中蛋白质的合成能力丧失，可能是由于某些酶的合成受低温抑制，从而产生低温伤害现象造成的。当芒果成熟时，可观察到淀粉酶的活性增加，淀粉被水解为葡萄糖。

2.2　农产品主要组分在贮藏加工过程中的变化

2.2.1　粮食主要组分在贮藏过程中的变化

1. 蛋白质

粮食在贮藏过程中蛋白质的总含量基本保持不变。研究发现，在 40 ℃和 4 ℃条件下贮藏 1 年的稻米，总蛋白含量没有明显的差异，但水溶性蛋白和盐溶性蛋白明显下降，醇溶蛋白也有下降趋势。据 H. Balling 等报道，大米在常规条件下贮藏，3 年后乙酸溶蛋白明显降低，7 年后所有样品的酸溶性蛋白含量约降低到原来的一半。他认为可能这是部分酸溶性蛋白与大米中糖及类脂相互作用形成其他产物的结果。但有的学者则认为这是稻米蛋白中的巯基被氧化为二硫键所致。

大米经贮藏过夏后，蛋白质中的巯基含量有了明显的变化，巯基含量在很大程度上反映了蛋白质与大米品质变化的关系。大米密闭贮藏过程中蛋白质溶解性的变化见表 2-11。

表 2-11　大米密闭贮藏过程中蛋白质溶解性的变化

蛋白质组分	贮藏前	5 ℃下贮藏 5 个月	25 ℃下贮藏 5 个月	35 ℃下贮藏 5 个月
清蛋白(％，d.b.)				
整籽粒	0.30	0.38	0.25	0.18
外层	1.75	1.44	1.44	0.79
内层	0.29	0.27	0.16	0.17
球蛋白(％，d.b.)				
整籽粒	0.67	0.57	0.59	0.45
外层	1.12	0.71	0.65	0.89
内层	0.60	0.45	0.63	0.44
醇溶蛋白(％，d.b.)				
整籽粒	0.25	0.14	0.08	0.13
外层	0.72	0.19	0.19	0.21
内层	0.22	0.10	0.10	0.11
谷蛋白(％，d.b.)				
整籽粒	5.25	4.90	4.81	3.74
外层	7.93	8.85	7.84	6.00
内层	5.05	4.10	4.36	3.41
全蛋白(％，d.b.)				
整籽粒	6.47	5.99	5.73	4.50
外层	11.62	11.19	10.12	7.89

续表

蛋白质组分	贮藏前	5 ℃下贮藏 5 个月	25 ℃下贮藏 5 个月	35 ℃下贮藏 5 个月
内层	6.16	4.92	5.25	4.13
不溶性蛋白(%, d.b.)				
整籽粒	1.68	1.87	1.98	3.11
外层	3.17	3.58	4.33	6.96
内层	1.27	2.58	1.96	2.93
蛋白提取率(%, d.b.)				
整籽粒	79.3	76.1	74.3	59.0
外层	77.9	75.7	70.0	53.1
内层	80.7	71.9	72.7	58.5

资料来源：粮油贮藏加工工艺学，李里特。

注：d.b. 代表干基。

进一步的研究表明，大米贮藏过程中淀粉粒蛋白质的量明显增加，这种淀粉粒蛋白质量的增加与大米贮藏过程中蛋白质提取率的下降似乎存在着某种关系。

新收获的小麦醇溶性蛋白含量最高，由于小麦的后熟作用，谷蛋白含量逐步增加，在贮藏 4 个月(常规贮藏)的小麦中，谷蛋白与醇溶性蛋白的比例从原来的 0.33∶0.88 转变为 1.3∶1.9。同时新收获小麦的蛋白质中巯基含量比贮藏 4 个月后的巯基含量高得多，但二硫键比贮藏后要低得多。关于小麦蛋白质在贮藏过程中的变化研究较少，特别是小麦蛋白质组分的变化，这种组分上的变化与小麦粉烘焙品质之间有一定的关系。贮藏初期烘焙品质较佳，而贮藏后期烘焙品质变差。经过贮藏的小麦，其相对应的面粉吸水率呈下降趋势，面团的形成时间随种的不同有不同程度的增加。品质好、生活力强的小麦中游离氨基酸表现为谷氨酸含量高，谷氨酸与天门冬氨酸的比值高于 2，若小麦在贮藏过程中这个比值开始下降便可认为小麦开始裂变。

当贮藏 10 个月的大豆(夏季最高粮温 32 ℃)的盐溶性蛋白(球蛋白)减少 20%时，用这种大豆制作的豆腐的品质也很差。

尽管一般认为粮食贮藏过程中总蛋白含量(以其氮含量计算)不发生变化，但研究表明，小麦在贮藏过程中蛋白质含量(百分比)还是有所增加(尽管增加的量很少)，这可能是糖在呼吸过程中损失掉的结果。

Dobczynska 研究了贮藏在各种条件下的小麦中有效赖氨酸(限制性氨基酸)的变化。在前 42 天中变化最大，在以后的 140 天中仅测出微小变化。有效赖氨酸的下降范围从 3.2%(粮食水分 15%，贮藏温度 7～8 ℃)到 19.9%(粮食水分 20%，贮藏温度 20～21 ℃)；在实用条件下(水分 13.0%～13.5%，温度 2～21 ℃，或水分 14%，温度 7～8 ℃)其下降量为 6%～8%。有效赖氨酸损失量随起始水分水平及湿相干燥速率和温度的增加而增加，在氮气条件下干燥不比在空气中干燥优越。

2. 碳水化合物

粮食及其加工产品在贮藏过程中，α-淀粉酶和 β-淀粉酶作用于其中的淀粉，使淀粉转化成糊精和麦芽糖。在贮藏早期，小麦中的淀粉酶活性增加。在特定条件下观察，粮食在贮藏过程中干重增加，这个现象可用水分在淀粉水解过程中被耗掉的事实来解释。因此，淀粉水解产物的干重较原淀粉的干重大。尽管这种水解作用的结果可能引起粮食中还原糖含量显著增加，但是利于淀粉降解的条件通常也有利于呼吸活动，使得糖被消耗掉并转化成二氧化碳和水。在这种条件下（通常含水量为 15% 或更多），粮食损失淀粉、糖，而且干重减少。研究表明，大豆贮藏在水分超过 15% 的条件下，还原糖明显增加，而在这个增加之后是同等质量的非还原糖减少。

玉米贮藏在有利于劣变的条件下时，非还原糖大量散失。小麦在水分为 9%～25%、温度为 29～50 ℃的条件下贮藏 8 天，会在损失非还原糖的条件下产生特征性的还原糖增加，这些变化均发生在外表褐变之前。水分超过 15% 且褐变可看得见以后，玉米的荧光量增加，一些被认为是中间产物的未知化合物在非酶促褐变过程中形成。葡萄糖和果糖的增加并没有蔗糖和棉籽糖降解后所期望的那么多，推测这是由于还原糖与氨基酸的反应。在水蒸气中暴露一天的胚中糖组成发生显著变化，在此期间水分含量从 9.2% 增加到 13%。

气密贮藏 5 个月的大米，还原糖、非还原糖和总糖的变化情况见表 2-12。

表 2-12　气密贮藏大米还原糖、非还原糖和总糖的变化

贮藏条件			外层		内层		整粒	
			贮藏前	贮藏后	贮藏前	贮藏后	贮藏前	贮藏后
碾减率/%	水分/%	温度/℃	还原糖/［g(麦芽糖)/100 g, d.b.］					
7.7	15.6	−20	0.50	0.64	0.08	0.12	0.15	0.16
7.7	15.6	+5	0.50	0.90	0.08	0.13	0.15	0.19
7.7	15.6	+25	0.50	1.54	0.08	0.24	0.15	0.42
7.7	15.6	+35	0.50	1.50	0.08	0.35	0.15	0.47
7.7	13.7	+35	0.50	1.35	0.08	0.15	0.14	0.36
7.7	12.9	+35	0.50	0.94	0.08	0.12	0.14	0.22
12.0	15.5	−20	0.37	0.35	0.07	0.10	0.08	0.10
12.0	15.5	+5	0.37	0.36	0.07	0.14	0.08	0.11
12.0	15.5	+25	0.37	0.6	0.07	0.13	0.08	0.20
12.0	15.5	+35	0.37	0.47	0.07	0.14	0.08	0.17
碾减率/%	水分/%	温度/℃	非还原糖/［g(蔗糖)/100 g, d.b.］					
7.7	15.6	−20	3.52	3.37	0.09	0.08	0.50	0.50
7.7	15.6	+5	3.52	3.26	0.09	0.06	0.50	0.49
7.7	15.6	+25	3.52	0.51	0.09	0.04	0.50	0.14
7.7	15.6	+35	3.52	0.32	0.09	0.02	0.50	0.05
7.7	13.7	+35	3.52	0.12	0.09	0.02	0.47	0.04
7.7	12.9	+35	3.52	1.04	0.09	0.05	0.51	0.15
12.0	15.5	−20	0.86	0.66	0.05	0.03	0.17	0.11

续表

贮藏条件			外层		内层		整粒	
			贮藏前	贮藏后	贮藏前	贮藏后	贮藏前	贮藏后
12.0	15.5	+5	0.86	0.65	0.05	0.02	0.17	0.11
12.0	15.5	+25	0.86	0.12	0.05	0.04	0.17	0.03
12.0	15.5	+35	0.86	0.02	0.05	0.01	0.17	0.01
碾减率/%	水分/%	温度/℃	总糖/%					
7.7	15.6	−20	4.02	4.01	0.17	0.20	0.65	0.67
7.7	15.6	+5	4.02	4.16	0.17	0.19	0.65	0.68
7.7	15.6	+25	4.02	2.05	0.17	0.28	0.65	0.56
7.7	15.6	+35	4.02	1.37	0.17	0.37	0.65	0.52
7.7	13.7	+35	4.02	1.47	0.17	0.17	0.61	0.40
7.7	12.9	+35	4.02	1.98	0.17	0.17	0.65	0.37
12.0	15.5	−20	1.23	1.01	0.13	0.13	0.25	0.21
12.0	15.5	+5	1.23	1.01	0.13	0.16	0.25	0.22
12.0	15.5	+25	1.23	0.81	0.13	0.17	0.25	0.23
12.0	15.5	+35	1.23	0.49	0.13	0.15	0.25	0.18

资料来源：粮油贮藏加工工艺学，李里特。

定量色谱技术测定在不同气体条件下贮藏 56 天的潮湿小麦中单糖和双糖的变化，结果表明，在空气中贮藏的样品中还原糖没有变化或稍有减少，而蔗糖有所减少。然而，用铁氰化物进行非还原糖的评价表明后者的减少并不多。

不同贮藏条件下双糖和三糖含量变化的研究表明，在良好条件下，除蔗糖含量稍有下降外，其他各种糖的浓度基本上无变化。小麦贮藏在高温、高水分条件下，蔗糖和棉籽糖含量下降，仅有在 35.4% 水分条件下贮藏的样品麦芽糖含量大幅度上升。健全小麦贮藏 6 年后总糖含量减少，尤其是非还原糖的减少更为明显。

用定性和定量纸层析研究结果表明，豆类（包括大豆）含有痕量的葡萄糖和果糖及大量的棉籽糖、水苏糖和毛蕊花糖。在 1 个月的贮藏期中，较低级的碳水化合物没有发生变化。在异常贮藏条件（如高温、高湿）下，毛蕊花糖、水苏糖的量稍有下降，蔗糖和棉籽糖的量上升，并可测出游离半乳糖含量。

在良好的贮藏条件下，除蔗糖有微量降低外，其他糖基本上没有变化；高温、高湿条件下贮藏的小麦，其蔗糖、葡萄糖、葡果二糖、棉籽糖含量都下降；只有水分为 35.4% 的小麦样品中麦芽糖含量有显著增加。

淀粉在粮食贮藏过程中由于受淀粉酶作用水解成麦芽糖，麦芽糖又经酶分解形成葡萄糖，因而淀粉总含量降低，但在禾谷类粮食中，由于淀粉含量基数大（占总重的80% 左右），总的变化百分比并不明显，在正常情况下淀粉的量变一般认为不是主要方面。淀粉在贮藏过程中的主要变化是质的变化，具体表现为淀粉组成中直链淀粉含量增加（如大米、绿豆等），米饭的黏性随贮藏时间的延长而下降，胀性（亲水性）增加，米汤或淀粉糊的固形物减少，碘蓝值明显下降，而糊化温度增高。这些变化都是陈化

（自然的质变）的结果。不适宜的贮藏条件会使之加快与增深，这些变化都显著地影响淀粉的加工与食用品质。对于质变的机理，普遍认为是由于淀粉分子与脂肪酸之间相互作用而改变了淀粉的性质，特别是黏度。另一种可能性是淀粉（特别是直链淀粉）间的分子聚合，从而降低了糊化与分散的性能。由于陈化而产生的淀粉质变，在煮米饭时加少许油脂可以得到改善，也可用高温高压处理或减压膨化改善由于陈化给淀粉粒带来的不良变化。

在常规贮藏条件下，高水分粮食由于酶的作用，非还原糖含量下降。但有人曾报道，在较高温度下，小麦还原糖含量先是增加，到一定时期又逐渐下降，下降的主要原因是呼吸作用消耗了还原糖，使其转化成 CO_2 和 H_2O。还原糖含量上升后又下降说明粮食品质开始劣变。

3. 脂质

粮食中脂类的变化主要有两个方面。一是被氧化产生过氧化物和羰基化合物，主要为醛、酮类物质。这种变化在成品粮中较明显，如大米的陈米臭与玉米粉的哈喇味等。原粮中的种子含有天然抗氧化剂，因此具有一定的保护作用，所以在正常的条件下氧化变质的现象不明显。二是被脂肪酶水解产生甘油和脂肪酸。自 20 世纪 30 年代研究人员发现劣质玉米含有较高脂肪酸以来，各国研究者多用脂肪酸值作为粮食劣变的指标。高水分易霉变粮食中脂肪酸的变化更明显，这是因为霉菌分泌的脂肪酶有很强的催化作用。

新收获的粮食脂肪酸值一般在 15 mg KOH/100 g 以内，很少超过 20 mg KOH/100 g，在贮藏过程中逐渐增加，在水分和温度都高的条件下增加较快。

谷物酸败发生在粮食收获、贮藏、加工直到形成产品的一系列过程中，最终可能导致产品品质及可接受性的丧失。酸败的发生是由于各种降解反应所引起的。和其他食品一样，谷物食品中的酸败可能是由于水解或氧化降解所引起的，通常两种都有，水解酸败之后往往会发生氧化酸败。

谷物中的脂肪主要是一些长链（$C_6 \sim C_{18}$）脂肪酰及其相对应的未酰化的游离脂肪酸，它们的味阈值比短链脂肪酸及脂肪酰的味阈值要高得多，因此由长链（$C_{16} \sim C_{18}$）所促成的异味几乎很少，然而谷物中脂肪的水解却有极为重要的作用。首先，由脂肪水解所形成的多元不饱和游离脂肪酸（绝大多数谷物的主要脂肪酸）是后续的氧化反应中所产生的挥发性或非挥发性异味的先导。脂氧合酶引发的氧化降解需要 O_2，且主要作用于未酯化的多元不饱和脂肪酸，在非酶促反应中游离脂肪酸通常较脂肪结合的乙酰酯形成更容易被氧化。其次，游离脂肪酸对许多谷物食品的功能特性有破坏作用，因此通常需要指明最大游离脂肪酸含量，如稻米或玉米中游离脂肪酸含量高时会导致油脂精炼过程中的损失和其他问题，使小麦中 FFA 含量升高，烘焙品质受到影响。此外，所有谷物的脂质中均含有相当比例的不饱和脂肪酸。在玉米、小麦和大麦中亚油酸（18：2）和亚麻酸（18：3）含量均占总脂肪酸含量的 60%，这是潜在的氧化酸败条件。完好的谷粒脂肪氧化相对缓慢，这是因为其反应物是被局限在某些区域的。谷物加工时，组分得以重新分布，氧化反应就会发生。在大多数情况下，这种反应快而广泛。

大米在气密条件下贮藏时脂质及其组成部分的变化见表 2-13。

表 2-13　大米气密贮藏过程中脂质及其组成部分的变化

贮藏条件		外层	内部	整粒
水分含量/%	温度/℃	总脂质/(%，d.b.)		
13.0	5	4.43	0.47	0.67
13.0	25	4.47	0.48	0.67
13.0	35	4.41	0.46	0.66
14.3	25	4.41	0.41	0.61
15.7	25	—	—	0.64
原始样品		4.44	0.45	0.66
水分含量/%	温度/℃	游离脂肪酸/(%，d.b.)		
13.0	5	1.32	0.16	0.20
13.0	25	1.61	0.22	0.29
13.0	35	2.14	0.28	0.38
14.3	25	2.30	0.25	0.36
15.7	25	—	—	0.45
原始样品		1.34	0.15	0.21
水分含量/%	温度/℃	中性脂肪/(%，d.b.)		
13.0	5	2.57	0.27	0.39
13.0	25	2.36	0.22	0.32
13.0	35	1.62	0.13	0.21
14.3	25	1.74	0.12	0.20
15.7	25	—	—	
原始样品		2.53	0.26	0.38
水分含量/%	温度/℃	磷脂/(%，d.b.)		
13.0	5	0.54	0.04	0.08
13.0	25	0.49	0.04	0.06
13.0	35	0.64	0.05	0.08
14.3	25	0.37	0.04	0.05
15.7	25	—	—	0.05
原始样品		0.57	0.04	0.07

4. 维生素

由于粮食贮藏条件及水分含量不同，各种维生素的变化也不尽相同。正常贮藏条件下，安全水分以内的粮食维生素 B_1 的降低比高水分粮食要小得多。

粮食籽粒中含有多种水溶性维生素(如 B 族维生素和 C 族维生素)和脂溶性维生素(如维生素 E)。维生素 E 大量存在于禾谷类籽粒的胚中，是一种主要的抗氧化剂，对防止油品的氧化有明显作用，因此对保持籽粒活力是有益的。维生素 B 的种类很多，其功能各异而存在的部位相同。禾谷类和大豆中维生素 B 的含量均很丰富，在禾谷类中的存在部位主要是麸皮、胚和糊粉层。因此，碾米及制粉精度愈高，维生素 B 的损失也就愈为严重。正常情况下，维生素 B_1、维生素 B_5、维生素 B_6、维生素 E 在原粮中都比较稳定，但在成品粮中则易于分解。维生素 E 在不良的贮藏条件下损失较大。维生素 A 在贮藏过程中损失较大，甚至在低温贮藏中也可能降低，贮藏 1 年以上的玉米维生素 A 可降低 70%，尤其在第 1 年降低特别快，以后则比较缓慢。

5. 酶

（1）淀粉酶

粮食籽粒中的淀粉酶有 3 种，即 α-淀粉酶、β-淀粉酶和异淀粉酶。α-淀粉酶又称为糊精化酶，只能水解淀粉中的 α-1，4 糖苷键。α-淀粉酶对谷物食用品质影响较大。大米陈化时流变学特性的变化与 α-淀粉酶的活性有关，随着大米陈化时间的延长，α-淀粉酶活性降低。高水分粮食在贮藏过程中，α-淀粉酶活性较高，它是高水分粮品质劣变的重要因素之一。小麦在发芽后 α-淀粉酶活性显著增加，导致面包烘焙品质下降。

（2）蛋白酶

蛋白酶在未发芽的粮粒中活性很低。目前研究得比较详细的是小麦和大麦中的蛋白酶。小麦蛋白酶与面筋品质有关，大麦蛋白酶的活性对啤酒的品质有很大影响。小麦籽粒各部分的蛋白酶的相对活力，以胚为最强，糊粉层次之。小麦发芽时蛋白酶的活力迅速增加，在发芽的第 7 天增加 9 倍以上。麸皮和胚乳淀粉细胞中的蛋白酶在休眠或发芽状态下的活力都是很低的。蛋白酶对小麦面筋有弱化作用。发芽、虫蚀或霉变的小麦制成的面粉，因含有较高活性的蛋白酶，易使面筋蛋白质溶化，所以只能形成少量的面筋，极大地损坏了面粉的加工工艺和食用品质。

大米贮藏过程中淀粉酶、蛋白酶活性的变化见表 2-14。

表 2-14 大米气密贮藏过程中几种主要酶活性比较

贮藏条件		α-淀粉酶活性/ (SKB 单位/g)			β-淀粉酶活性/ (mg 麦芽糖/g, d.b.)			蛋白酶活性/ (血红蛋白，单位/g, d.b.)		
水分含量/%	温度/℃	外层	内部	整粒	外层	内部	整粒	外层	内部	整粒
13.0	5	0.65	0.07	0.11	223.81	31.26	44.89	5.77	0.61	1.12
13.0	25	0.47	0.08	0.13	216.00	32.13	42.17	5.36	0.57	1.08
13.0	35	0.86	0.06	0.11	148.06	19.43	27.11	4.22	0.53	0.91
14.3	25	0.62	0.09	0.14	192.22	11.83	25.16	4.23	0.61	1.12
14.3	35	0.38	0.03	0.06	88.20	15.88	20.34	3.89	0.44	0.77
15.7	5	—	—	—	—	—	36.87	—	—	—
15.7	25	—	—	0.13	—	—	30.34	—	—	0.76
15.7	35	—	—	0.06	—	—	18.63	—	—	—
原始样品		1.03	0.07	0.11	—	—	—	6.03	0.63	0.97

（3）脂肪氧化酶

脂肪氧化酶能把脂肪中具有孤立不饱和双键的不饱和脂肪酸氧化为具有共轭双键的过氧化物，造成必然的酸败条件，这种酶能使面粉及大米产生苦味。

（4）过氧化物酶和过氧化氢酶

过氧化物酶对热不敏感，即使在水中加热到 100 ℃，冷却后仍可恢复活性。过氧化氢酶主要存在于麦麸中，而过氧化物酶则存在于所有粮食籽粒中，粮食贮藏过程中变苦与这两种酶的作用及活性有密切关系。

2.2.2 果蔬主要组分在贮藏过程中的变化

1. 果蔬贮藏期间物质的转变

虽然果蔬在贮藏过程中物质的代谢相当复杂，但大致可将其归纳为同类物质之间的复-简变化、物质在量上的消长、物质在果蔬不同部位间的转移和再分配等类型。

同类型物质之间的复-简变化及物质在量的消长是物质分解与合成过程进行的结果。果蔬在生长期间，由于光合作用产生并贮存了大量糖类物质，但在果蔬达到食用成熟前，这些糖类物质多以淀粉和原果胶的形式存在，同时糖类代谢在果蔬组织中积累了大量的有机酸，在未成熟的果蔬中还积存了一定量的鞣质，从而使果蔬组织致密、坚硬、缺乏优良的风味（酸涩味较强）。但在果实成熟或后熟过程中，淀粉不断水解成具有甜味的单糖和双糖，有机酸首先作为呼吸底物被消耗，使果蔬的酸味减弱而甜味增强，果蔬酸甜度（即糖酸比值）趋向合理；鞣质从水溶状态转化为不溶状态，使果蔬的涩味减弱或消失，从而使果蔬的风味优化；原果胶水解成果胶，使果蔬变得脆嫩多汁，口感改善。橘在成熟过程中糖和酸含量的变化见表 2-15。马铃薯在 0 ℃下长期贮存时会变甜，而转移到 3～5 ℃下贮藏时甜味会消失，这是糖和淀粉互变的结果。

表 2-15 橘成熟过程中糖酸含量的变化

日期	果皮色泽	果实直径		果实质量		糖/%			酸/%	糖/酸
		mm	%	g	%	转化糖	蔗糖	总糖		
10.4	绿色	40	100	35	100	0.84	1.78	2.78	2.96	0.9
10.12	初变黄征象	42	105	38	110	1.23	2.59	3.82	2.42	1.6
11.2	表面1/3变黄	46	112	43	125	1.64	3.25	5.09	1.26	4.0
11.16	半变黄	48	120	46	133	1.97	4.36	6.33	1.24	5.1
12.2	黄色	49	123	49	141	2.18	5.23	7.41	1.7	6.3
12.10	黄色	49	123	51	146	2.56	5.74	8.30	1.18	7.0

在果蔬成熟或后熟过程中，伴随着其他物质的代谢，叶绿素逐渐降解消失，而类胡萝卜素和花青素含量明显增加，从而使果蔬的色泽改善。例如，苹果、大枣、番茄等由绿变红；梨、芒果、香蕉等由绿变黄等。番茄在成熟过程中维生素 C 与色素物质的变化见表 2-16。

表 2-16　番茄成熟过程中维生素 C 与色素物质的变化　　　　　（单位：mg/100 g）

成熟程度	维生素 C	类胡萝卜素	叶黄素	番茄红素
绿色	15	0.248	1.544	0
绿而发白	17	0.632	1.220	痕量
肉红色	22	1.265	0.093	1.92
成熟	20	2.703	0.040	2.82
过熟	10	1.123	0.010	2.65

　　维生素 C 是己糖的氧化衍生物，在果蔬成熟或后熟过程中，伴随着糖类代谢，果蔬中维生素 C 的含量增加。同时，在果蔬中形成并积累了醛、酮、醇、酸、酯类物质，使果蔬的芳香味增强。

　　但如果果蔬成熟过度，其食用品质将下降。例如，苹果、梨、柑橘等在贮藏后期变得淡而无味，这是由于糖类和酸类被过度地呼吸消耗所致；青豌豆从甜而柔嫩变得粗糙无味；芹菜、蒜苔等变老，均与糖转化为淀粉和纤维素有关；黄瓜、蒜苔、叶菜类由绿变黄，则是叶绿素分解消失、底色显现的结果；番茄从硬变得软烂、苹果失去脆感而起沙等与果胶水解为果胶酸有关。从表 2-16 也可以看出，当番茄过熟后，其中的维生素 C、类胡萝卜素等色素的含量均减少。所有这些都是果蔬过熟或衰老的表现。

　　果蔬在贮藏过程中，糖含量的增加，除与淀粉有关外，还可能与果胶、半纤维素和纤维素的水解有关。人们在研究中发现，有些不含淀粉的果蔬在贮藏期间，糖含量也有所增加。此外，如果说苹果贮藏期间糖含量增加只是淀粉水解所致，那么苹果中糖的增加量应与淀粉的减少相当，甚至糖的增加量应少于淀粉减少量（因呼吸还在消耗糖）。但事实并非如此，根据资料，莱茵特苹果最初淀粉含量只有 1.4%，而贮藏后糖含量却增加了 4.5%。从此可看出，果蔬在贮藏过程中同类物质之间的复-简变化及量的消长对果蔬的食用品质影响很大。

　　蔬菜采收后，其中所含的许多物质会在组织之间或器官之间转移和再分配，这对蔬菜的品质也有极大的影响。黄瓜在贮藏中，不仅颜色逐渐变黄，而且梗端果肉组织萎缩发糠，花端部分发育膨大，内部种子成熟老化，原来两端均匀的瓜条变成了棒槌形，食用和商品品质大为降低。产生这种变化的原因是，梗端果肉组织中的水和营养物质向前部转移，一部分供给种子继续发育成长，另一部分供给花端生长点继续生长发育，从而造成瓜条的梗端变糠，而花端膨大变粗。大白菜在贮藏中裂球抽苔而外帮脱落，洋葱结束休眠后发芽而鳞茎蔫缩，蒜苔的苔梗老化糠心而苔苞发育成气生鳞茎，萝卜、胡萝卜发芽抽苔而肉质根变糠，所有这些都是物质转移的结果。

　　从以上的分析可以看出，蔬菜在贮藏中的物质转移，几乎都是从作为食用部分的营养贮蓄器官移向非食用部分的生长点。这种物质转移也是食用器官组织衰老的症状，并且同水解作用加强有密切联系。因此，从贮藏的观点来说，物质转移是不利的，但可以利用这一特性来改善某些蔬菜的品质，如可以把结球不充实的甘蓝或尚未长成的花椰菜，带外叶收获后进行假植贮藏，使叶球或花头在贮藏中利用外叶中输送来的养分继续长大充实。

2. 果蔬主要化学成分采后贮藏中的变化

采收以后的果蔬，其化学物质将发生很多变化。这此变化能引起果蔬品质、营养价值、激素代谢、酶系统和果蔬耐贮性和抗病性的变化。下面分别从对果蔬产生影响的各个层面加以介绍。

(1)决定果蔬风味的糖酸含量、组成及其变化

果蔬风味品质主要取决于糖酸含量及其配比关系，高酸低糖的果实口感过酸，低酸高糖的果实口感淡薄，都不符合鲜食要求。一般而言，幼嫩的果蔬含酸量较高，随着发育与成熟，酸的含量会降低，贮藏过程中，有机酸亦可作为呼吸底物被消耗，使果实酸味逐渐变淡。不同种类的果实在不同的贮藏条件下，含酸量下降的速度不同。例如，低温贮藏 130 天，温州蜜柑、脐橙的可滴定酸含量分别由 0.73%、0.95%下降为 0.62%、0.76%；金冠苹果室温下贮藏 80 天后，可滴定酸下降 32%；鸭梨室温下贮藏 42 天后，可滴定酸下降 50%。通常果实发育完成后有机酸的含量最高，随着成熟和衰老其含量呈下降趋势。在贮藏中有机酸下降的速度比糖还快，且温度越高有机酸的消耗越多，造成糖酸比逐渐变大，这也是有的果实贮藏一段时间以后吃起来变甜的原因。

果蔬中有机酸的含量以及有机酸在贮藏过程中变化的快慢，通常被作为判断果蔬成熟度和果蔬贮藏环境是否适宜的一个指标。

蔬菜虽含有多种有机酸，但除番茄等少数蔬菜有酸味外，大部分蔬菜因含酸少而感觉不到酸味。因为果蔬中酸含量的多少并不能完全表示酸味的强弱，其酸味强弱取决于果蔬的 pH 和有机酸的存在状态。在果实中，有机酸多以游离的形式存在，而在蔬菜(如叶菜)中，常是有机酸盐占优势，且酸含量较少。因此，蔬菜酸味大多比水果淡。

(2)色素代谢

1)叶绿素。在正常生长发育的果蔬中，叶绿素的合成作用大于分解作用，外表看不出绿色的变化。采收后的水果蔬菜中叶绿素在酶的作用下水解生成叶绿醇和叶绿酸盐等溶于水的物质，加上光氧化破坏，叶绿素的含量逐渐减少，叶绿素 a 与叶绿素 b 的比例也发生变化，果蔬开始失去绿色而显出其他颜色。对大多数果实来说，最先的成熟象征就是绿色的消失，即叶绿素含量逐渐减少。

叶绿素降解的生化过程目前尚不清楚。一些报道认为，在呼吸高峰期间，苹果和香蕉中叶绿素酶活性最高。叶绿素的降解可能依赖于叶绿素酶，过氧化物酶和脂肪酶也可能参与了叶绿素的降解。

2)类胡萝卜素。由于在未成熟果实和叶片中，类胡萝卜素常与叶绿素并存，而叶绿素含量比例高，如叶中叶绿素一般是类胡萝卜素的 3 倍，掩蔽了类胡萝卜素的显色，所以在感观上仍显绿色。随着果蔬的成熟，叶绿素开始分解，类胡萝卜素的含量迅速增加，它们的颜色才开始逐渐显示出来。

(3)香味物质

果蔬经过贮藏之后，所含的挥发性风味物质含量由于挥发和分解作用而降低，如苹果贮藏时间越长，所含的挥发性物质含量越少。而在低温下贮藏的果蔬，其挥发性物质含量的降低可以得到有效的抑制。不同贮藏方式对于某种果蔬特征性风味物质含量变化的影响是一个值得研究的课题。

（4）营养与功能成分变化

1）碳水化合物。一般的果蔬在成熟和衰老过程中，含糖量和含糖种类也在不断变化。多数果蔬含糖量随着逐渐成熟日益增加，而块茎、块根类蔬菜，成熟度越高，含糖量越低。可溶性糖是果蔬的呼吸底物，在呼吸过程中分解放出热能，果蔬糖含量在贮藏过程中趋于下降。但有些种类的果蔬，由于淀粉水解糖含量有升高现象，这种变化在跃变型果实上比较明显。在树上成熟的早熟和中熟柑橘果实，累积的糖分主要是蔗糖。但伏令夏橙的成熟期在初夏，日平均温度逐日增高，呼吸也加强，所以蔗糖累积不甚显著，而冬季成熟的柑橘，糖分的增加则主要是蔗糖。

2）淀粉。一些富含淀粉的果实（如香蕉、苹果、板栗）在后熟期间淀粉不断水解转化成低聚糖和单糖，但由于呼吸消耗，这一转化未必会引起可溶性固形物增加。淀粉的转化还受到贮藏温度的影响。香蕉果实在热带气温下成熟，淀粉、蔗糖、配糖葡萄糖都在减少，在 $11.7\ ℃$ 下存放然后转入室温贮藏，在 $7\sim8$ 天内表现为淀粉下降，蔗糖、配糖葡萄糖增加。青豌豆采后存放在 $8\ ℃$ 条件下 12 天，糖的含量由 4.5% 降低到 1.2%，而淀粉的含量由 1.82% 增加到 7.1%。在 $0\ ℃$ 下糖向淀粉转化的过程比较慢，但是仍在这个方向上进行，含糖量下降，甜味变淡，品质变劣。豌豆在荚壳里和脱壳后淀粉的转化速率是不同的，在荚壳中淀粉转化得慢，但即使在荚壳里，在 $0\ ℃$ 条件下，糖向淀粉转化的过程仍在进行。因此，豌豆的最大贮藏期不超过 1 个月，比不带荚的绿色豌豆的贮藏期延长 1 倍。马铃薯在不同温度下贮藏时也有这种表现：贮藏在 $0\ ℃$ 环境中，块茎还原糖含量可为 6% 以上；而贮于 $5\ ℃$ 以上环境中，往往不足 2.5%。

3）脂类。在成熟中的芒果里脂类及脂肪酸都有较明显的提高。其中主要的脂肪酸有棕榈酸、硬脂酸、油酸、亚麻酸和亚油酸。不饱和脂肪酸的增加量比饱和脂肪酸多。成熟果实内的脂类含量除油梨外，一般都不高，而且也不会有所增加。但是在芒果中脂类和脂肪酸是很高的。

在高浓度的氧气条件下贮藏，油梨的多聚不饱和脂肪酸有所增加，这说明油梨在成熟过程中，脂类是有些变化的。但是也有人认为油梨在成熟中脂肪含量是稳定的。

香蕉果实含有的酯酸、丙酸、异丁酸和异戊酸等挥发性脂肪酸是以游离态或结合态的形式存在于果肉之中。游离态的异丁酸、丁酸、异戊酸增长很快，并且它们的增长期正与果实风味的发展期相吻合。

4）纤维素和半纤维素。在幼嫩植物组织的细胞壁中充满了含水纤维素，食用时口感细嫩；贮藏中组织老化后，纤维素则木质化和角质化，使蔬菜品质下降，不易咀嚼。果实后熟时，纤维素水解和果胶物质的变化影响果实的硬度。

半纤维素在植物体中有着双重作用，既有类似纤维素的支持功能，又有类似淀粉的贮存功能。香蕉初采时，含半纤维素 $8\%\sim10\%$（按鲜重计），但成熟果内仅存 1% 左右，它是香蕉可利用的呼吸贮备基质。

5）果胶。随着果实成熟，原果胶在果实中原果胶酶的作用下，酯化度和聚合度变小，分解为果胶。果胶易溶于水，存在于细胞液中。成熟的果实之所以变软，是由于原果胶与纤维素分离变成了果胶，使细胞间失去黏结作用，最终形成松弛组织造成的。果胶的降解受成熟度和贮藏条件双重影响。当果实进一步成熟衰老时，果胶继续被果胶酸酶作用，分解为果胶酸和甲醇。果胶酸没有黏结能力，果实变成水烂状态，有的变"绵"。果胶酸进一步分解成为半乳糖醛酸，导致果实解体。果胶物质在果蔬中的变化过程如下：

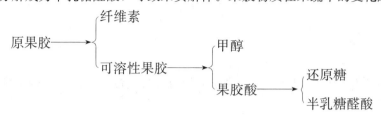

6) 含氮化合物。果实在生长和成熟过程中，游离氨基酸的变化与生理代谢变化密切相关。果实中游离的氨基酸是蛋白质合成和降解过程中代谢平衡的产物。果实成熟时氨基酸中的蛋氨酸是乙烯生物合成中的前体。不同种类果实，不同种类的氨基酸，在果实成熟期间的变化并无同一趋势。

7) 维生素 C。由于果蔬本身含有促使维生素 C 氧化的酶，因而在果蔬贮藏过程中其维生素 C 会逐渐被氧化减少。减少的快慢与贮藏条件有很大关系，一般在低温、低氧环境中贮藏的果蔬，可以降低或延缓维生素 C 的损失。

8) 水分。果蔬内水分含量影响了果蔬嫩度、鲜度和果实的味道，与果蔬的风味品质有密切关系。含水多时水果蔬菜外观饱满挺拔，色泽鲜亮，口感脆嫩。但是果蔬含水量高，也给微生物和酶的活动创造了有利条件，导致其贮藏性能下降，容易变质和腐烂。

果蔬采收后，水分得不到补充，在贮藏和运输过程中容易因蒸腾作用而散失水分，从而引起萎蔫、失重和失鲜，甚至使果实代谢失调、不能正常软化等，造成果蔬品质的下降和贮藏期的缩短。因此，失水常作为保鲜措施的一个重要指标，一般果实失水 5% 以上就会造成较大影响。果蔬贮藏失水程度与果蔬种类、品种以及贮藏环境的温度、湿度都有密切的关系。做好果蔬贮藏过程中水分的控制，对于保持果蔬贮藏品质非常重要，一些果蔬在低温高湿环境中贮藏已经获得了良好的贮藏效果。

2.3 农产品的腐败

2.3.1 果蔬腐败变质

果蔬产品在采后贮运及销售流通过程中腐烂变质的原因，可以归结为生理衰老、机械损伤、侵染性病害以及三者的共同作用。这里要着重指出的是，贮运温度对生理衰老、病菌侵害的进程以及机械损伤的后果均起着重要的制约作用。因此，适宜的冷藏温度对降低腐烂损耗起决定性的作用。任何防腐措施都只有在最适温度下才能充分发挥作用，甚至可以把贮藏寿命看成是温度的函数。有人通过实验，总结出表达绿色番茄贮藏寿命 t 与温度 T 的关系式：

$$t = 97e^{-0.13T}$$

可以认为，在合适的温度范围内，番茄的寿命在表观上是温度的直接函数。如果纯粹从生物学的角度上看，则可以把 100％的产品腐烂看做贮藏寿命的终结。在这种情况下，可以用贮藏寿命的倒数来表达腐烂速率，即

$$腐烂速率＝\frac{1}{t}$$

1. 生理原因

腐烂变质的生理原因包括由于生理衰老导致的抗病性衰退以及各种生理失调引起的生理病害。

2. 病菌侵染

果蔬的绝大部分采后腐烂损失均可归因于由病菌侵染而引起的侵染性病害。导致果蔬病害的微生物主要有真菌、细菌和病毒，其中以真菌最为常见。危害果蔬的病原菌最常见的有两种：青霉属（*Pennicillium*）及葡萄孢属（*Botrytis*），几乎所有的果蔬都能被它们所感染。此外，据估计，还有链格孢属（*Alternaria*）、根霉属（*Rhizopus*）、地霉属（*Gotrichum*）、镰刀菌属（*Fusarium*）等真菌与细菌危害果蔬。在贮运过程中所表现出来的果蔬病害的主要侵染过程可分为田间生长发育期间的侵染（即潜伏侵染）、采收与贮运期间通过伤口或自然孔通的侵染及通过采后生理损伤所造成的侵染 3 类。

3. 机械损伤

机械损伤导致的组织破裂为病菌入侵打开了门户。即使在低温或低湿的环境中，伤口表面上仍可维持一层水膜，有利于真菌孢子及细菌的侵入。据张维一等的观察，伤口感染后很难清除，化学处理也难以达到果蔬深层组织，并且机械损伤可激发乙烯的产生和伤口呼吸强度的成倍增长，进而加速果蔬成熟、衰老进程，而生理衰老可进一步引起抗病性下降。因此，采后机械损伤是采后病害感染的一个重要因素，减少机械损伤是大多数果蔬产品安全贮运的前提。不同的果蔬产品在抵抗损伤的能力和对损伤的敏感程度上有很大差异。甜瓜、西瓜、葡萄、草莓、水蜜桃、叶菜类蔬菜的机械抵抗力差，损伤后极易腐烂。而甘薯、芋芳、马铃薯、老南瓜、洋葱及核桃、板栗等果实，或者具有愈伤的功能，或者由于表皮坚韧而具有较强的机械性能，对于机械损伤的抵抗性较好。

2.3.2　粮食腐败变质

粮食在贮藏的过程中，如果管理不善，则易受到微生物、虫害、鼠害的威胁，从而产生发热、霉变、生虫等一系列问题。几种粮食腐败的早期现象见表 2-17。

表 2-17　几种粮食腐败的早期现象

粮食	发热霉变	陈化
大米	大米表面微觉湿润，籽粒发松易碎、散落性降低，胚乳部分透明感增强，有轻微霉味、糠皮浮起或粘连糠粉，胚脱落处白色减退或发灰	米粒光泽减退、发暗，纵沟呈白色，硬度增加，香气减退或消失、微有酸气

续表

粮食	发热霉变	陈化
稻谷	稻壳微觉湿润，硬度降低，色泽较鲜艳，微有霉味，断面粉白，未熟粒、发芽粒偶见白色或绿色菌落	稻壳光泽减退、发暗，香气减退
小麦	麦粒表面湿润、散落性降低、轻度霉味或表层结露、品温骤升	光泽减退发暗
玉米	籽粒表面湿润、色泽鲜艳、散落性降低、发散甜气味、胚部尖端或碎粒断面偶有白色或绿色菌落、微带霉味	光泽减退发暗、胚部带灰或微黄且有走油现象
大豆	豆粒发软、咬无响声、种皮光泽消失、发暗，常有泥灰粘连，出现轻度霉味，继而豆粒膨胀、有明显柔软感、两子叶靠脐部色泽变红	光泽减退、种皮呈深黄或红黄色且易脱

　　粮食的日常贮藏和长期贮藏都需要识别贮粮的早期劣变以避免经济损失。一些试验方法可用来测定贮粮的品质状况并预测其贮藏性能。这些方法都以贮粮中发生的几种类型的变化为依据，其中包括：①感官表现；②霉菌量增多；③质量损耗；④发芽率或生活力下降；⑤发热；⑥产生毒素；⑦各种生化变化(包括产生霉味、酸味和苦味的变化)。

　　粮食在贮藏变质(特别是自然变质)时，会丧失其自然光泽而外表晦暗。大麦、燕麦、高粱和大豆的常规检验和定等中，常把标志劣变的外观单独作为一种质量因素。任何一种粮食的外观都在一定程度上反映出粮食的健全度。

　　粮食早期劣变时，有可能出现霉味或酸味，异味(霉味或酸味)通常说明粮食正在发热或已严重变质。酸味产生于发酵的粮食，霉味通常由于某些霉菌生长引起，但一般异味只有在粮食变质已相当严重时才会产生。霉变或自然引起的胚损粒、热损粒以及发芽粒反映了性质不同的粮食劣变。胚部变为褐色至黑色的受害粒可以作胚损粒。小麦的胚损粒一般称做病麦。粮食检验员一般把由发热造成的胚乳或胚明显变色(暗红色或赤褐色)的籽粒称做热损粒。上述各种变质粒在水分高、不通风又没有采取相应措施防止变质的贮粮中经常发生。

　　粮食贮藏中发生的虫害也会造成很大一部分损伤粒。害虫呼吸产生大量的热，可引起粮食发热。混有昆虫尸体、碎片和排泄物的粮粒以及有虫眼的小麦、黑麦、大麦和高粱籽粒，检验员都认作损伤粒。单是贮粮中出现害虫本身就可以作为贮粮的一项劣变指标。

第3章 农产品贮藏保鲜基本原理

3.1 呼 吸 作 用

农产品采收后，光合作用停止，但仍是生活着的有机体，在商品处理、运输、贮藏过程中继续进行着各种生理活动，呼吸作用与这些生理生化过程有着密切的联系。通过制约这些过程，从而影响农产品采后的品质变化，成为新陈代谢的主导过程。农产品在采收以后，脱离了母体，不能再继续获得水分和养料，而是不断地失去水分和分解在生长过程中所累积的营养物质，同时也有新物质的合成，但这种合成是建立在分解农产品体内原有物质的基础上的。随着这些物质的消耗，农产品步入后熟和衰老的历程。呼吸作用是农产品采后最主要的生理活动，也是生命存在的重要标志，呼吸停止就意味着死亡。农产品的呼吸速率是组织代谢的最好标志，它与农产品的耐贮性和抗病性有着十分密切的内在联系。在贮藏和运输中，保持农产品尽可能低而又正常的呼吸代谢，是新鲜农产品贮藏和运输的基本原则和要求。因此，研究农产品成熟期间的呼吸作用及其调控，不仅具有生物学的理论意义，而且对控制农产品采后的品质变化、生理活动、贮藏寿命、抗病性等均具有重要意义。

3.1.1 呼吸作用的基本类型

呼吸作用是指生活细胞内的有机物在酶系统的参与下，经过许多中间反应环节，逐步氧化分解并释放出能量的过程。依据呼吸过程中是否有氧的参与，可将呼吸作用分为有氧呼吸和无氧呼吸两大类型，其产物因呼吸类型的不同而有所差异。

1. 有氧呼吸

有氧呼吸是指生物活细胞利用分子氧，将某些有机物质彻底氧化分解形成 CO_2 和 H_2O，同时释放出能量的过程。呼吸作用中被氧化的有机物称为呼吸底物，碳水化合物、有机酸、蛋白质、脂肪都可以作为呼吸底物，其中淀粉、葡萄糖、果糖、蔗糖等碳水化合物是最常被利用的呼吸底物。以葡萄糖作为呼吸底物，有氧呼吸的总反应如下：

$$C_6H_{12}O_6 + 6O_2 \longrightarrow 6CO_2 + 6H_2O + 2.82 \times 10^6 \text{ J}(674 \text{ kcal})$$

这一过程实际上需要经过 50 多个生物化学反应步骤，在有氧呼吸时，呼吸底物被彻

底氧化为 CO_2 和 H_2O，O_2 被还原为 H_2O。在呼吸作用中，氧化作用分为多个步骤进行，呼吸底物在氧化分解过程中形成各种中间产物，能量逐步释放，一部分转移到 ATP 和 NADH 分子中，成为随时可利用的贮备能量，另一部分则以热的形式释放。

有氧呼吸是高等植物进行呼吸的主要形式，通常所提到的呼吸作用主要是指有氧呼吸。

2. 无氧呼吸

无氧呼吸一般是指生物活细胞在无氧条件下，把某些有机物分解成为不彻底的氧化产物，同时释放能量的过程。对于高等植物，这一过程习惯上被称为无氧呼吸，在微生物学中则习惯被称为发酵。高等植物无氧呼吸可产生酒精，其过程与酒精发酵是相同的，反应式如下：

$$C_6H_{12}O_6 \longrightarrow 2C_2H_5OH + 2CO_2 + 1.00 \times 10^6 \text{ J}(24 \text{ kcal}[①])$$

马铃薯块茎、甜菜块根、胡萝卜叶子和玉米胚在进行无氧呼吸时，则产生乳酸，反应式如下：

$$C_6H_{12}O_6 \longrightarrow 2CH_3CHOHCOOH + 7.54 \times 10^4 \text{ J}(18 \text{ kcal})$$

无氧呼吸时除少部分呼吸底物的碳被氧化成 CO_2 外，大部分底物仍以有机物的形式存在，因而所释放的能量远比有氧呼吸少。为了获得等量的能量，机体需要消耗更多的呼吸底物来补充，且无氧呼吸的终产物为乙醛和酒精，对细胞有毒害作用。因此，在农产品贮藏中，无氧呼吸对产品是不利的。但当农产品体积较大时，某些内层组织气体交换比较困难，经常处于缺氧条件，进行部分无氧呼吸也是植物对环境的适应，只是这种无氧呼吸在整个呼吸中所占的比重不大。在农产品贮藏中，不论由何种原因引起的无氧呼吸作用加强，都被看做是正常代谢被干扰和破坏，对贮藏都是有害的。

某些农产品由于贮藏时间过长、包装过严、涂果蜡过厚或涂果蜡后存放的时间过久等原因，长期处于无氧或氧气不足的条件下，通常会产生酒味，这是农产品在缺氧情况下酒精发酵的结果。

3.1.2 呼吸作用相关概念

1. 呼吸强度

呼吸强度是评价呼吸作用强弱常用的生理指标，又称呼吸速率。它以单位鲜重、干重或原生质(以含氮量表示)的植物组织在单位时间内 O_2 的吸收量或 CO_2 的释放量表示。呼吸强度是评价农产品新陈代谢快慢的重要指标之一。农产品的贮藏寿命与呼吸强度成反比，呼吸强度越大，表明呼吸代谢越旺盛，营养物质消耗越快，贮藏寿命越短(表 3-1)。在 20~21 ℃下，马铃薯的呼吸强度是 8~16 mg CO_2/(kg·h)，而菠菜的呼吸强度是 172~287 mg CO_2/(kg·h)，约是马铃薯的 20 倍，因此，菠菜易腐烂变质，

———————————

① 1 cal＝4.1868 J

不耐贮藏。

表 3-1　不同温度下农产品的呼吸强度　　　　　　　[单位：mg CO_2/(kg·h)]

产品	温度/℃					
	0	4~5	10	15~16	20~21	25~27
夏苹果	3~6	5~11	14~20	18~31	20~41	—
秋苹果	2~4	5~7	7~10	9~20	15~25	—
杏	5~6	6~9	11~19	21~34	29~52	—
朝鲜蓟	15~24	26~60	55~98	76~145	135~223	145~300
鳄梨	—	26~60	26~60	26~60	26~60	26~60
香蕉(青)	—	—	—	21~23	33~35	—
成熟香蕉	—	—	21~39	25~75	33~142	50~245
利马豆菜	10~30	20~36	—	100~125	133~179	—
食荚菜豆	20	35	58	93	130	190
草莓	12~18	16~23	49~95	62~71	102~196	169~211
抱子甘蓝	10~30	22~48	63~84	64~136	86~190	—
甘蓝	4~6	9~12	17~19	20~32	28~49	49~63
胡萝卜	10~20	13~26	20~42	26~54	46~95	—
花椰菜	16~19	19~22	32~36	43~49	75~86	84~140
芹菜	5~7	9~11	24	30~37	64	—
甜樱桃	4~5	10~14	—	25~45	28~32	—
柠檬	—	—	11	10~23	19~25	20~28
橘子	2~5	4~7	6~9	13~24	22~34	25~40
黄瓜	—	—	23~29	24~33	14~48	19~55
猕猴桃	3	6	12	—	16~22	—
结球生菜	6~17	13~20	21~40	32~45	51~60	73~91
叶用生菜	19~27	24~35	32~46	51~74	82~119	120~173
荔枝	—	—	—	—	—	75~128
芒果	—	10~22	—	45	75~151	120
蘑菇	18~44	71	100	—	264~316	—
甜椒	—	10	14	23	44	55
成熟马铃薯	—	3~9	7~10	6~12	8~16	—
菠菜	19~22	35~58	82~138	134~223	172~287	—
绿熟番茄	—	5~8	12~18	16~28	28~41	35~51
成熟番茄	—	—	13~16	24~29	24~44	30~52

　　测定农产品呼吸强度的方法有多种，常用的方法有气流法、红外线气体分析法、气相色谱法等。通常叶片、块根、块茎、果实等器官释放 CO_2 的速率用红外线气体分析仪测定，而细胞、线粒体的耗氧速率可用氧电极和瓦布格检压计等测定。

2. 呼吸商

呼吸商(respiratogy quotient，RQ)又称呼吸系数(respiratory coefficient)，是呼吸作用过程中释放 CO_2 与吸入 O_2 的体积比，即 V_{CO_2}/V_{O_2}。植物组织可以利用不同的基质进行呼吸，而不同基质的呼吸商不同，一般认为呼吸商随呼吸底物不同而变化的情况有以下几种。

(1)$RQ=1$

此时，呼吸底物为碳水化合物且被完全氧化。农产品进行有氧呼吸时，消耗 1 mol 己糖分子，则吸入 6 mol O_2，放出 6 mol CO_2，其呼吸系数为 1。

(2)$RQ<1$

以富含氢的物质(如脂肪、蛋白质或其他高度还原的化合物)为呼吸底物，则在氧化过程中脱下的氢相对较多，形成 H_2O 时消耗的 O_2 多，呼吸商就小，其呼吸系数小于 1，以硬脂酸为例：

$$CH_3(CH_2)_{16}COOH+26O_2 \longrightarrow 18CO_2+18H_2O$$
$$RQ=18CO_2 \div 26O_2=0.69$$

(3)$RQ>1$

若进行缺氧呼吸时，由于氧气供应不足或吸氧能力减退，呼吸系数大于 1，缺氧呼吸所占的比重越大，呼吸系数也越大。

一些比碳水化合物含氧多的物质，如以有机酸作为底物时，由于有机酸是比糖氧化程度更高的化合物，所以呼吸系数大于 1，以苹果酸为例：

$$COOHCHOHCH_2COOH+3O_2 \longrightarrow 4CO_2+3H_2O$$
$$RQ=4CO_2 \div 3O_2=1.33$$

RQ 值还与贮藏温度有关。同种水果在不同温度下，RQ 值也不同，如茯苓夏橙在 0~25 ℃时 RQ 为 1 左右，而在 38 ℃时为 1.5。这表明高温下可能存在有机酸的氧化或无氧呼吸，也可能二者兼而有之。在冷害温度下，果实发生代谢异常，RQ 值杂乱无规律，如黄瓜在 13 ℃时 $RQ=1$；在 0 ℃时，RQ 有时小于 1，有时大于 1。

呼吸商越小，耗氧量越大，氧化时所释放的能量越多。植物体内发生合成作用时，呼吸底物不能完全被氧化，使 RQ 增大，如有羧化作用发生，则 RQ 减小。RQ 的大小与呼吸底物和呼吸状态(有氧呼吸、无氧呼吸)有关，故 RQ 的测定能对呼吸底物的类型提供某种线索，并根据 RQ 的变化了解呼吸底物的类型发生了何种变化。

然而，农产品呼吸代谢是一个复杂的综合过程，如果同时进行着几种不同的氧化代谢方式，也可以同时有几种底物参与反应。因此，测得的呼吸商只能综合反应出呼吸的总趋势，不可能准确指出呼吸底物的种类或无氧呼吸的强度。根据农产品的呼吸系数来判断呼吸的性质和呼吸底物的种类具有一定局限性。

3. 呼吸温度系数

在生理温度范围内，环境温度每升高 10 ℃，农产品呼吸强度所增加的倍数即为呼吸

温度系数，以 Q_{10} 表示，它反映了呼吸速率随温度变化和变化的程度。不同种类、品种的
农产品，其 Q_{10} 的差异较大；同一产品在不同的温度范围内 Q_{10} 也不同，通常是在较低的
温度范围内的值大于较高温度范围内的值(表 3-2)。农产品的呼吸作用受到多种酶的调
控，在一定的温度范围内，酶促反应的速率随温度的升高而增大，一般温度每提高
10 ℃，化学反应的速率增大 1 倍左右。在整个呼吸代谢过程中，Q_{10} 是温度的函数，但
不保持恒定。

表 3-2 几种果蔬 Q_{10} 与不同温度范围的关系

蔬菜	0.5~10 ℃	10~24 ℃	水果	5~15 ℃	15~25 ℃
菜豆	5.1	2.5	柠檬(青果)	13.4	2.3
菠菜	3.2	2.6	柠檬(成熟)	2.8	1.6
胡萝卜	3.3	1.9	橘子(青果)	19.8	3.4
豌豆	3.9	2.0	橘子(成熟)	1.5	1.7
辣椒	2.8	3.2	桃(加尔曼)	—	2.1
番茄	2.0	2.3	桃(阿尔巴特)	—	2.25
黄瓜	4.2	1.9	苹果	—	2.6
马铃薯	2.1	2.2			

采后农产品进行呼吸作用的过程中被呼吸消耗的底物，一部分用于合成能量供组织
生命活动所用，另一部分则转移到 ATP 和 NADH 分子中，或以热量的形式释放出来(呼
吸热)。在贮藏过程中，农产品所释放出来的呼吸热会增加贮藏环境的温度，因此，在农
产品贮运期间必须及时散热和降温，以避免贮藏库温度升高，因为温度升高会使呼吸增
强，放出更多的热，形成恶性循环，缩短贮藏寿命。

4. 呼吸热

采后农产品在进行呼吸作用的过程中，消耗呼吸基质并释放能量，释放的能量一部
分用于合成能量供组织维持代谢活动，另一部分能量以热的形式释放出来，这部分热
量称为呼吸热(respiration heat)，通常以 Btu(英国热量单位)表示。1 Btu = 252 cal =
1055.06 J。其计算方法如下：每日产品放出的热量应该等于每千克产品每小时所放出的
CO_2 的毫克量乘以 220。此法计算的呼吸热与用热量计测定的呼吸热很接近。呼吸热的
积累是农产品贮运环境温度升高的原因。

5. 呼吸跃变

一些果实进入完熟期时，呼吸强度急剧上升，达到高峰后又转为下降，直至衰老死
亡，这个呼吸强度急剧上升的过程称为呼吸跃变(respiration climacteric)，这类果实称为
呼吸跃变型果实(climacteric fruits)(图 3-1)。

另一类果实在成熟过程中没有呼吸跃变现象，呼吸强度只表现为缓慢的下降，这类
果实称为非呼吸跃变型果实(non-climacteric fruit)(图 3-2 和图 3-3)。表 3-3 归纳了果实
的两种呼吸类型。绝大多数蔬菜不发生呼吸跃变。

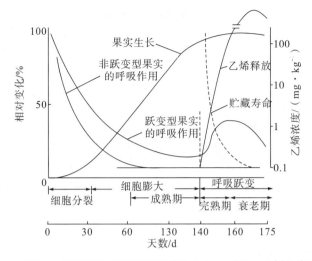

图 3-1 跃变型和非跃变型果实的生长、呼吸、乙烯的产生曲线

　　一般呼吸跃变前期是果实品质提高的阶段，到了跃变后期，果实衰老开始，品质变劣，抗性降低。一些果实的呼吸高峰发生在最佳食用品质阶段，而另一些果实的呼吸高峰则发生在最佳食用品质阶段略前一些。现已证实，凡表现出后熟现象的果实都具有呼吸跃变，后熟过程所特有的除呼吸外的一切其他变化，都发生在呼吸高峰发生时期内，所以研究人员常把呼吸高峰作为后熟和衰老的分界。因此，要延长呼吸跃变型果实的贮藏期就要推迟其呼吸跃变。跃变型果实无论是长在树上还是采收后，都可以发生呼吸跃变，并完成整个后熟过程，但在树上的果实呼吸跃变出现较晚。果实的种类不同，呼吸跃变出现的时间和峰值也不同。原产于热带和亚热带的果实跃变峰值的呼吸强度分别比跃变前高 3~5 倍和 10 倍，但高峰维持时间很短。原产于温带的果实跃变顶峰的呼吸强度比跃变前只增加 1 倍，但跃变高峰维持时间较长（图 3-2）。

　　呼吸跃变期是果实发育进程中的一个关键时期，对果实贮藏寿命有重要影响。它既是成熟的后期，同时也是衰老的开始，此后产品就不能继续贮藏。生产中要采取各种手段来推迟跃变型果实的呼吸高峰以延长贮藏期。

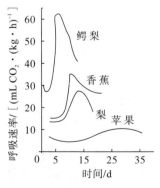

图 3-2　呼吸跃变型果实呼吸强度曲线

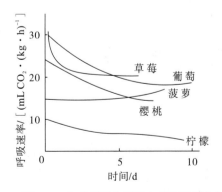

图 3-3　非呼吸跃变型果实呼吸强度曲线

表 3-3　两种呼吸类型的果实

呼吸跃变型果实	非呼吸跃变型果实
苹果(*Malus domestica*)	甜樱桃(*Prunus avium*)
杏(*Prunus armeniaca*)	酸樱桃(*Prunus cerasus*)
鳄梨(*Persea americana*)	黄瓜(*Cucumis sativus*)
香蕉(*Musa* sp.)	葡萄(*Vitis vinifera*)
紫黑浆果(*Vaccinium corymbosum*)	柠檬(*Citrus limon*)
南美蕃荔枝(*Annona cherimola*)	菠萝(*Ananas comosus*)
费约果(*Feijoa sellowiana*)	温州蜜柑(*Citrus unshiu*)
无花果(*Ficus carica*)	草莓(*Fragaria* sp.)
猕猴桃(*Actinidia deliciosa*)	甜橙(*Citrus sinensis*)
芒果(*Mangifera indica*)	树番茄(*Tamarillo*)
香瓜(*Cucumis melle*)	
番木瓜(*Carica papaya*)	
西番莲果(*Passiflora edulis*)	
桃(*Prunus persica*)	
梨(*Pyrus communis*)	
柿(*Diospyros kaki*)	
李(*Prunus* sp.)	
西红柿(*Solanum lyco-persicum*)	
西瓜(*Citrullus lanatus*)	

3.1.3　呼吸代谢的途径

在高等植物中存在着多条呼吸代谢的生化途径，这是植物在长期进化过程中对环境条件适应的体现。植物的呼吸途径主要有糖酵解途径、三羧酸循环、戊糖磷酸途径、乙醛酸循环等。

1. 糖酵解

糖酵解是糖的磷酸化衍生物形成的过程，在这个过程中将己糖转化为 2 分子丙酮酸，其反应式如下：

$$C_6H_{12}O_6 + 2H_3PO_4 + 2NAD^+ + 2ADP \longrightarrow$$
$$2CH_3COCOOH + 2ATP + 2NADH + 2H^+ + 2H_2O$$

由于 1 mol NADH+H^+ 产生 3 mol ATP，由上式可知 1 mol 葡萄糖通过糖酵解氧化为丙酮酸时，可以释放出 8 mol ATP，为各种代谢作用提供能量。之后植物以分裂磷酸盐键的方式利用能量，其反应式如下：

$$ATP \longrightarrow ADP + Pi + 能量$$

无机磷酸盐糖酵解途径的反应程序如图 3-4 所示。

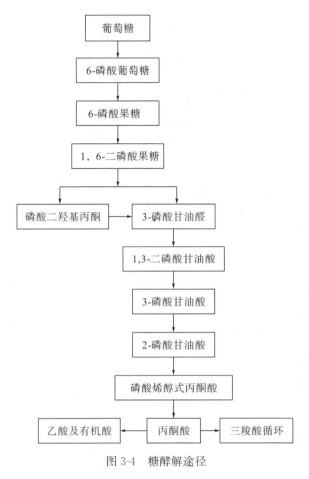

图 3-4 糖酵解途径

2. 三羧酸循环

糖酵解途径的最终产物丙酮酸,在有氧的条件下进一步氧化脱羧,最终生成 CO_2 和 H_2O,在此过程中产生含有三羧酸的有机酸,且过程最后形成一个循环,故这一过程称为三羧酸循环(tricarboxylic acid cycle,TCA)。三羧酸循环普遍存在于动物、植物、微生物细胞中,在线粒体基质中进行。三羧酸循环的起始底物 CoA 不仅是糖代谢的中间产物,也是脂肪酸和某些氨基酸的代谢产物。因此,三羧酸循环是糖、脂肪和蛋白质三大类物质的共同氧化途径,是生物利用糖和其他物质氧化获得能量的主要途径。其反应式如下:

$$CH_3COCOOH + \frac{5}{2}O_2 \longrightarrow 3CO_2 + 2H_2O$$

丙酮酸

三羧酸循环过程如图 3-5 所示。

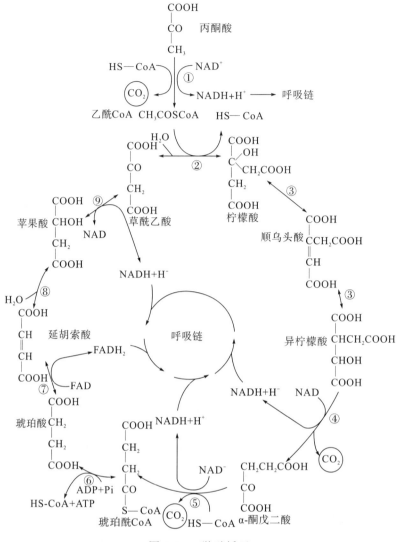

图 3-5　三羧酸循环

每氧化 1 mol 丙酮酸可得到 15 mol ATP，2 mol 的丙酮酸共得到 30 mol ATP，加上糖酵解途径得到的 8 mol ATP，因此每分解 1 mol 的葡萄糖总共可得到 38 mol 的 ATP。

完全氧化 1 mol 葡萄糖可以释放 2815.83 kJ 热量，每 1 mol ATP 最少可以释放出 33.47 kJ 的热量，由此 38 mol ATP 最少可以将 1271.94 kJ 的能量贮存起来，占总释放能量的 45.2%，其余的 1543.90 kJ 能量以热的形式释放出来，约占总释放能量的 54.8%，这部分热量称为呼吸热。

在无氧或其他不良条件下（如果皮透性不良、农产品组织内的氧化酶缺乏活性），丙酮酸就进行无氧呼吸或分子内呼吸，即发酵，此时丙酮酸脱羧生成乙醛，再被 NADH 还原为乙醇或直接还原为有机酸（乳酸）。其反应的第一步是丙酮酸脱羧为乙醛：

$$CH_3COCOOH \xrightarrow{\text{丙酮酸脱羧}} CH_3CHO + CO_2$$

第二步是乙醛还原为乙醇：

$$CH_3CHO+NADH+H^+ \xrightarrow{\text{乙醇脱氢酶}} CH_3CH_2OH+NAD^+$$

3. 戊糖磷酸途径

戊糖磷酸途径(pentose phosphate pathway，PPP)又称己糖磷酸途径(hexose mono-phosphate pathway，HMP)或己糖磷酸支路(shunt)，是葡萄糖氧化分解的一种方式。此途径在胞浆中进行，可分为两个阶段。第一阶段由 6-磷酸葡萄糖脱氢氧化生成 6-磷酸葡萄糖酸内酯开始，然后自发水解生成 6-磷酸葡糖酸，再氧化脱羧生成 5-磷酸核酮糖。$NADP^+$ 是所有上述氧化反应中的电子受体。第二阶段是 5-磷酸核酮糖经过一系列转酮基及转醛基反应，经过磷酸丁糖、磷酸戊糖及磷酸庚糖等中间代谢物最后生成 3-磷酸甘油醛及 6-磷酸果糖，后两者还可重新进入糖酵解途径而进行代谢。戊糖磷酸途径有以下特点和生理意义：①戊糖磷酸途径是葡萄糖直接氧化分解的生化途径，每氧化 1 mol 葡萄糖可产生 12 mol $NADP+H^+$，有较高的能量转化率；②该途径中的一些中间产物是许多重要有机物生物合成的原料，如可合成与植物生长、抗病性有关的生长素、木质素、咖啡酸等；③戊糖磷酸途径在诸多植物中存在，特别是在植物感病、受伤时，该途径可占全部呼吸的 50% 以上。由于该途径和糖酵解三羧酸循环的酶系不同，因此，当糖酵解三羧酸循环受阻时，戊糖磷酸途径则可代替正常的有氧呼吸。在糖的有氧降解中，糖酵解三羧酸循环与戊糖磷酸途径所占的比例，随植物的种类、器官、年龄和环境而发生变化，这也体现了植物呼吸代谢的多样性。

3.1.4 影响呼吸作用的因素

农产品采后的呼吸变化，除由本身的代谢特性、发育阶段等内部因素所决定外，还受到外界因素（如温度、湿度、气体浓度、机械损伤等）的影响，而外界因素的影响仍是通过改变内部因素而发生作用的。

1. 内部因素

(1)种类和品种

不同种类和品种的农产品呼吸强度差异较大，这主要是由其遗传特性所决定的。一般来说，热带、亚热带产品的呼吸强度比温带产品的大，高温季节成熟的产品比低温季节成熟的产品大。就种类而言，浆果类的呼吸强度较大，柑橘类和仁果类果实的呼吸强度较小；叶菜类呼吸强度最大，果菜类次之；作为贮藏器官的根和块茎蔬菜(如马铃薯、胡萝卜等)的呼吸强度相对较小，也较耐贮藏。同一器官的不同部位，其呼吸强度的大小也不同，如蕉柑的果皮和果肉的呼吸强度差异较大。

(2)发育年龄和成熟度

在农产品个体发育和器官发育的过程中，幼龄时期的呼吸强度最大，随着发育的继续，其呼吸强度逐渐下降，但跃变型果实在衰老之前还有短暂的呼吸高峰，待高峰过后，呼吸强度就一直下降。幼嫩蔬菜的呼吸最强，由于其正处于生长最旺盛的阶段，各种代谢活动均十分活跃，且此时表皮保护组织尚未发育完全，组织内细胞间隙较大，便于气体的交换，内层组织也能获得较充足的 O_2。老熟的瓜果和其他蔬菜，新陈代谢强度降低，表皮组织和蜡质、角质层加厚并变得完整，因此，其呼吸强度较低，耐贮藏性加强。此外，块茎、鳞茎类蔬菜在田间生长期间呼吸作用不断下降，进入休眠期，呼吸强度降至最低点，休眠结束，呼吸强度再次升高。

2. 外界因素

（1）温度

温度是影响农产品呼吸作用最重要的环境因素。在 $0\sim35$ ℃，随着温度的升高，酶活性增强，呼吸强度增大。在 $0\sim10$ ℃时，温度系数（Q_{10}）往往比其他范围的温度系数值要大，这说明越接近 0 ℃，温度的变化对农产品的呼吸强度影响越大。因此，在不出现冷害的前提下，农产品采后应尽量降低贮运温度，且保持温度的恒定。

高于一定温度时，呼吸强度在短时间内可能增加，但稍后呼吸强度很快就急剧下降。其原因有两个：一是温度过高导致酶的钝化或失活；二是过高的温度条件下 O_2 的供应不能满足组织对 O_2 消耗的需求，CO_2 过度积累又抑制了呼吸作用的进行。降低温度不但使呼吸减慢，还使跃变型果实的跃变高峰延迟出现，峰的高度降低，甚至不出现跃变高峰，减少干物质消耗。但是如果温度太低，导致冷害，农产品反而会出现不正常的呼吸反应。

（2）湿度

与温度相比，湿度对呼吸的影响较为次要，由于不同种类的农产品对湿度的反应不同，因此无法得出两者之间的确切关系，但湿度对呼吸强度仍具有一定的影响。一般来说，农产品采收后轻微干燥比湿润条件下更有利于降低呼吸强度，这种现象在温度较高时表现得更为明显。例如，在大白菜采后稍微晾晒，使产品轻微失水，有利于降低呼吸强度。柑橘类果实，较湿润的环境条件对其呼吸作用有所促进，过湿的条件使果肉部分生理活动旺盛，果汁很快消失，此时果肉的水分和其他成分向果皮转移，果实的外表表现为较饱满、鲜艳、有光泽，但果肉干缩，风味淡薄，食用品质较差，形成"浮皮"果实，严重者可引起枯水病。低湿不仅有利于洋葱的休眠，还可降低其呼吸强度。但薯蓣类却要求高湿，干燥会促进呼吸，产生生理伤害。此外，湿度过低对香蕉的呼吸作用和完熟也有影响。香蕉在 90% 以上的相对湿度时，采后出现正常的呼吸跃变，果实正常完熟；当相对湿度下降到 80% 以下时，不能出现正常的呼吸跃变，不能正常完熟，即使能勉强完熟，但果实不能正常黄熟，果皮呈黄褐色而且无光泽。

（3）气体成分

气体成分是影响呼吸作用的另一个重要因素。从呼吸作用总反应式可知，环境 O_2 和 CO_2 浓度的变化对呼吸作用有直接的影响。在不干扰组织正常呼吸代谢的前提下，适当降低贮藏环境 O_2 浓度或适当提高 CO_2 浓度，可有效地降低呼吸强度和延缓呼吸跃变的出现，并且抑制乙烯的生物合成，从而延长农产品的贮藏寿命，更好地维持产品品质，这是气调贮藏的基本原理。

O_2 是进行有氧呼吸的必要条件，当 O_2 浓度降到 20% 以下时，植物的呼吸强度便开始下降；当浓度低于 10% 时，无氧呼吸出现并逐步增强，有氧呼吸迅速下降。在氧浓度较低的情况下，呼吸强度(有氧呼吸)随 O_2 浓度的增大而增强，但 O_2 浓度增至一定程度时，对呼吸就没有促进作用，这一 O_2 浓度称为氧饱和点。一般农产品贮藏环境中 O_2 浓度不可低于 $3\%\sim5\%$，有的热带、亚热带作物要高达 $5\%\sim9\%$。但也有例外的情况，如菠菜为 1%，芦笋为 2.5%，豌豆和胡萝卜为 4%。过高的 O_2 浓度($70\%\sim100\%$)对农产品有毒，这可能与活性氧代谢形成自由基有关。但目前也有研究发现，超大气高氧处理反而会降低果实的呼吸强度，如 80% 和 100% 的氧处理能够降低绿熟番茄的呼吸强度。

提高环境中的 CO_2 浓度，呼吸作用也会受到抑制。多数农产品比较适合的 CO_2 浓度为 $1\%\sim5\%$，各种农产品对 CO_2 敏感性差异很大。CO_2 浓度过高会使细胞中毒，导致某些农产品出现异味，如苹果、黄瓜的苦味，西红柿、蒜苔的异味等。但发现高 CO_2 浓度($20\%\sim40\%$)对新鲜果蔬作短时间(几小时至几十小时)处理，有抑制产品呼吸及成熟之效，而产品不至受害，可以用作运输前处理。在空气中香蕉的呼吸跃变在采后第 15 天出现，把 O_2 浓度降低到 10%，可将呼吸跃变延缓至约第 30 天出现，如再配合高浓度的 CO_2(10% O_2+5% CO_2)，则可将呼吸跃变延迟到第 45 天出现，在 10% O_2+10% CO_2 条件下，不出现呼吸跃变。

乙烯是一种促进成熟衰老的植物激素。农产品在采后，自身代谢并积累乙烯，其中一些对乙烯敏感的产品的呼吸作用受到较大的影响。农产品在积累了乙烯的环境中贮藏时，空气中的微量乙烯又能促进呼吸强度提高，从而加快农产品成熟和衰老。因此，贮藏库要通风换气或放入乙烯吸收剂以排除乙烯，防止其过量积累。

(4)机械损伤

农产品在采收、采后处理及贮运过程中很容易受到机械损伤。一般认为，伤口和创面破坏了细胞结构，加速了气体的扩散，也增加了酶与底物接触的机会，必然会加强呼吸作用。组织因受伤引起呼吸强度不正常的增加称为"伤呼吸"。机械损伤对产品呼吸强度的影响其因种类、品种以及受伤程度的不同而不同。

(5)化学物质

在采收前后和贮藏期间进行各种化学药剂处理，如青鲜素(MH)、矮壮素(CCC)、比久(B_9)、6-苄氨基嘌呤(6-BA)、赤霉素(GA)、2，4-D、重氮化合物、脱氢醋酸钠、一氧化碳等，对呼吸强度都有不同程度的抑制作用，其中一些也可作为农产品保鲜剂的重要成分。

3.1.5 呼吸与果蔬耐贮性和抗病性的关系

由于果蔬在采后仍是生命活体，具有抵抗不良环境和致病微生物的特性，才使其损耗减少、品质得以保持，贮藏期得以延长。产品的这些特性被称为耐藏性和抗病性。耐藏性是指在一定贮藏期内，产品能保持其原有的品质而不发生明显不良变化的特性；抗病性是指产品抵抗致病微生物侵害的特性。生命消失，新陈代谢停止，果蔬耐藏性和抗病性也就不复存在。新采收的黄瓜、大白菜等产品在通常环境下可以存放一段时间，而炒熟的菜的保质期则明显缩短，说明产品的耐藏性和抗病性依赖于生命。

农产品采后同化作用基本停止，呼吸作用成为新陈代谢的主导，它直接联系着其他各种生理生化过程，也影响和制约着产品的寿命、品质变化和抗病能力。正常的呼吸作用能为一切生理活动提供必需的能量，还能通过中间产物使糖代谢与脂肪、蛋白质及其他许多物质的代谢联系在一起，使各个反应环节及能量转移之间协调平衡，维持产品其他生命活动的有序进行，保持产品耐藏性和抗病性。然而呼吸作用旺盛造成营养物质消耗加快、品质下降、产品寿命缩短，使耐藏性和抗病性下降。

呼吸作用可防止对组织有害的中间产物的积累，将其氧化或水解为最终产物，进行自身平衡保护，防止代谢失调造成的生理障碍，这在逆境条件下表现得更为明显。呼吸与耐藏性和抗病性的关系还表现在，当植物受到微生物侵染、机械损伤或遇到不适环境时，能通过激活氧化系统，加强呼吸而起到自卫作用，这就是呼吸的保卫反应。呼吸的保卫反应主要有以下几个方面的作用：①采后病原菌在产品有伤口时很容易侵入，呼吸作用为产品恢复和修补伤口提供合成新细胞所需的能量和底物，加速愈伤，不利于病原菌感染；②在抵抗寄生病原菌侵入和扩展的过程中，植物组织细胞壁的加厚、过敏反应中植保素类物质的生成都需要加强呼吸，以提供新物质合成的能量和底物，使物质代谢根据需要协调进行；③腐生微生物侵害组织时，要分泌毒素，破坏寄主细胞的细胞壁并投入组织内部，作用于原生质，使细胞死亡后加以利用，其分泌的毒素主要是水解酶，植物的呼吸作用有利于分解、破坏、削弱微生物分泌的毒素，从而抑制或终止侵染过程。

因此，延长产品贮藏期首先应该保持其有正常的生命活动，不发生生理障碍，使其能够正常发挥耐藏性、抗病性作用，在此基础上，维持缓慢的代谢，才能延长产品寿命及贮藏期。

3.2 蒸 腾 作 用

蒸腾作用是指水分从活的植物体（采后果实、蔬菜和花卉）表面以水蒸气状态散失到大气中的过程，与物理学的蒸发过程不同，蒸腾作用不仅受外界环境条件的影响，而且还受植物本身的调节和控制，因此它是一种复杂的生理过程。

新鲜的农产品组织一般含水量较高（85%～95%），细胞汁液充足，细胞膨压大，组织器官呈现坚挺、饱满的状态，具有光泽和弹性，表现出新鲜健壮的优良品质。采收后，果蔬等农产品失去了母体和土壤所供给的营养和水分，而其蒸腾作用仍在持续进行，组织失水得不到补充。如果贮藏环境不适宜，贮藏器官就成为一个蒸发体，不断地蒸腾失水，细胞膨压降低，组织萎蔫、疲软、皱缩，光泽消退，逐渐失去新鲜度，并产生一系列不良反应。

3.2.1 蒸腾作用对农产品品质的影响

1. 失重与萎蔫

失重又称自然损耗，是指贮藏器官的蒸腾失水和干物质损耗所造成的质量减轻。蒸腾失水主要是由蒸腾作用所导致的组织水分散失；干物质消耗则是呼吸作用导致的细胞内贮藏物质的消耗。因此，农产品采后失重是由蒸腾作用和呼吸作用共同引起的，且失水是主要原因。柑橘贮藏过程中的失重，3/4是由蒸腾作用导致的，1/4是由呼吸作用所消耗的。蒸腾失水使采后农产品在质量上造成失重，在品质上造成失鲜。

一般农产品失水达5%时，就呈现出明显的萎蔫和皱缩现象，新鲜度下降。通常在温暖、干燥的环境中几小时，大部分果蔬都会出现萎蔫。有些果蔬虽然没有达到萎蔫的程度，但失水会影响其口感、脆度、硬度、颜色和风味，使营养物质含量降低，食用品质和商品价值大大降低。

2. 引起代谢失调

农产品的蒸腾失水会引起其代谢失调。水是生物体内最重要的物质之一，在代谢过程中发挥着特殊的生理作用。失水后，细胞膨压降低，气孔关闭，因而对正常的代谢产生不利影响，造成原生质脱水，促使水解酶活性提高，加速大分子物质向小分子转化，而呼吸底物的增加又反过来刺激呼吸作用，使农产品加速衰老变质。例如，风干的甘薯变甜，就是由于脱水引起淀粉水解为糖所致。严重脱水时，细胞液浓度增高，有些离子（如 NH_4^+ 和 H^+）浓度过高会引起细胞中毒，甚至会破坏原生质的胶体结构。失水严重时，还会引起脱落酸含量增加，刺激乙烯合成，促进衰老。

3. 降低耐贮性和抗病性

失水萎蔫破坏了正常的代谢过程，水解作用加强，细胞膨压下降造成结构特性改变，必然影响农产品的耐贮性和抗病性。有研究表明，组织失水萎蔫程度越大，抗病性下降得越剧烈，腐烂率就越高。

4. 发汗和帐壁凝水

果蔬发汗是指在果蔬等农产品贮藏时表面出现水珠凝结的现象，特别是用塑料薄膜帐或袋贮藏产品时，帐或袋壁上的结露现象更为严重，这是因为当空气温度下降到露点以下，过多的水汽从空气中析出，并在农产品表面上凝成水滴。堆藏的农产品，由于呼吸的进行，在通风散热情况不好时，堆内湿度和温度高于堆外，因此当堆内湿空气转移到堆外时，与冷空气接触，温度下降，部分水汽就凝结成水珠，出现发汗现象。贮藏库内温度波动也可造成凝水现象。这种凝结水本身是微酸性的，附着或滴落到农产品表面时，有利于病原菌孢子的传播、萌芽和侵染，导致腐烂，所以在贮藏中应尽量避免凝结水的出现，通常可以采用通风散热或开窗散气等方法，以排除湿热气体。

3.2.2 影响蒸腾作用的因素

1. 自身因素

（1）种类、品种和成熟度

不同种类和品种的农产品由于组织结构和化学成分的不同，它们的蒸腾作用强弱也有很大的差异。一般来说，叶菜类的蒸腾最旺盛，贮藏器官（块根、地下茎、球根、种子等）难以蒸腾，茎菜和果实类介于它们之间。不同种类和品种的农产品均有其特有的蒸腾倾向。就大多数水果和蔬菜来讲，大致可以分为 3 种类型（表 3-4），但这只是一般标准，它还受品种和成熟度影响。

表 3-4 不同水果和蔬菜种类的蒸腾特性

类型	蒸腾特性	水果	蔬菜
A 型	随着温度降低，蒸腾量极度地降低	柿子、柑橘、苹果、梨、西瓜	马铃薯、甘薯、洋葱、南瓜、甘蓝、胡萝卜
B 型	随着温度降低，蒸腾量也降低	枇杷、板栗、桃、葡萄（欧洲种）、李、无花果、甜瓜	萝卜、花椰菜、番茄、豌豆
C 型	与温度无关，蒸腾强烈	草莓、葡萄（美洲种）、樱桃	芹菜、石刁柏、茄子、黄瓜、菠菜、蘑菇

（2）比表面积

比表面积是指单位质量的器官所具有的表面积（cm^2/g）。植物蒸腾作用的物理过程是水分蒸发，而蒸发是在表面进行的，比表面积越大，相同质量的产品所具有的蒸腾面积就越大，失水就越多。不同农产品器官的比表面积差异较大，如叶片比其他器官大出很多，因此叶菜类在贮运过程中更容易失水萎蔫，而贮藏器官（块根、地下茎、球根和成熟果实）比表面积比较小，蒸腾较缓慢。此外，同一器官个体小的比个体大的失水相对多一些。

（3）表面组织结构

表面组织结构对植物器官、组织的水分蒸腾具有显著的影响。蒸腾有自然孔道蒸腾和角质层蒸腾两种途径。自然孔道蒸腾是指通过气孔和皮孔的水分蒸腾。一般情况下，农产品水分蒸腾主要是通过表皮层上的气孔和皮孔进行的，只有极少量是通过表皮直接扩散蒸腾。对于不同种类、品种和成熟度的农产品，由于其气孔、皮孔和表皮层的结构、厚薄、数量等不同，蒸腾失水快慢也不同。

通过植物气孔进行的水分蒸腾叫气孔蒸腾，气孔是植物蒸腾的主要通道。气孔面积很小，多分布在叶面上，主要由它周围的保卫细胞和薄壁细胞的含水程度来调节其开闭，一般叶片的气孔总面积不超过叶面积的 1％，但气孔蒸腾符合小孔扩散规律，因此气孔蒸腾量比同面积自由水面的蒸发量大几十倍以上。叶菜极易萎蔫主要是因为叶面上气孔多、保护组织差，成长的叶片中 90％的水分都是通过气孔蒸腾的。温度、光和 CO_2 等环境因子对气孔的关闭也有影响。当温度过低或 O_2 增多时，气孔不易开放，光照可刺激气孔开放，植物处于缺水条件时，气孔关闭。

通过植物皮孔进行的水分蒸腾叫皮孔蒸腾。皮孔多分布在茎和根上，不能自由开闭，而是经常开放，苹果、梨的表面也有皮孔，使内层组织的细胞间隙直接与外界相通，从而有利于各种气体的交换。但是，皮孔蒸腾量极微，约占总蒸腾量的 0.1％。

角质层的结构和化学成分的差异对蒸腾也有明显的影响。角质的主要成分为高级脂肪酸，蜡质常附于角质层表面或埋在角质层内。角质层本身不易透水，但角质层中间夹杂有吸水能力较大的果胶质，同时角质层还有细微的缝隙，可使水分透过。通常蜡的结构比蜡的厚度对防止失水更为重要。比较而言，由复杂、重叠的片层结构组成的蜡层，要比那些厚但是扁平且无结构的蜡层有更好的防透水性能，主要是由于水蒸气在那些复杂、重叠的蜡层中要经过比较曲折的路径才能散发到空气中去。角质层蒸腾在蒸腾中所占的比重，不仅与角质层的厚薄有关，还与角质层中有无蜡质及其厚薄有关。幼嫩器官表皮层尚未发育完全，主要成分为纤维素，容易透水，随着器官的成熟，角质层加厚，失水速度减慢。

（4）细胞的持水力

细胞的持水力与细胞中可溶性物质和亲水性胶体的含量有关。原生质中含有较多的亲水胶体，可溶性物质含量较高，可以使细胞具有较高的渗透压，有利于细胞的保水，阻止水分向外渗透到细胞壁和细胞间隙。洋葱的含水量一般比马铃薯高，但在相同的贮藏条件下失水反而比马铃薯少，这主要与其原生质胶体的持水力和表面保护层的性质有很大的关系。细胞间隙的大小对失水也有一定的影响，细胞间隙大，水分移动阻力小，移动速度快，有利于细胞失水。

2. 环境因素

（1）相对湿度

湿度分为绝对湿度和相对湿度。绝对湿度是指水蒸气在空气中所占比例的百分数；相对湿度是指空气中实际所含的水蒸气量（绝对湿度）与当时温度下空气所含饱和水蒸气量（饱和湿度）之比。

$$RH（相对湿度）=\frac{A（绝对湿度）}{E（饱和湿度）}\times 100\%$$

农产品采后水分蒸发是以水蒸气的状态移动的，与其他气体一样，水蒸气是从高密度处向低密度处移动。采后新鲜果蔬产品组织内相对湿度在99%以上，因此，当产品贮藏在一个相对湿度低于99%的环境中时，水蒸气便会从组织内向贮藏环境移动。在相同的贮藏温度下，贮藏环境越干燥（即相对湿度越低），水蒸气的流动速度越快，组织的失水也越快（表3-5）。可见，农产品的蒸腾失水率与贮藏环境中的湿度呈显著的负相关关系。

表 3-5　猕猴桃果实在 0 ℃贮藏时环境相对湿度与失重的关系

贮藏条件	环境相对湿度/%	失重1%所需的时间
大帐气调	98~100	3~6 个月
Air-wash 冷藏	95	6 周
普通冷藏	70	1 周

（2）温度

温度的变化主要是促使空气湿度发生改变，从而影响表面的蒸腾速度。温度与空气的饱和湿度成正比，当环境中的绝对湿度不变而温度升高时，空气与饱和水蒸气压增大，可以容纳更多的水蒸气，这就必然使产品更多地失水。相反，温度下降，饱和差减小，当饱和蒸汽压等于绝对蒸汽压时，即发生结露现象，此时产品上会出现凝结水。温度高，水分子移动快，细胞液黏度下降，使水分子所受的束缚力减小，因而水分子容易自由移动，这些都有利于水分的蒸发。当气温过高时，叶片过度失水，气孔关闭，蒸腾减弱。

（3）风速

贮藏环境中的空气流速也是影响产品失重的主要原因之一。空气流动能及时带走呼吸热，使产品降温，但也会增加产品的失水。因为产品周围空气的含水量与产品本身的含水量几乎达到平衡，空气流动时会将这一层湿空气带走，空气的流速越大，这一层湿空气的厚度就减少得越多，增加了产品附近和空气中的水蒸气压差，因此失水增加。空气流速越快，产品蒸腾越强。但强风可能会引起气孔关闭、内部阻力增大、蒸腾减弱。

（4）机械损伤

机械损伤破坏了表面的保护层，使皮下组织暴露在空气中，因而更容易失水。虽然在组织生长和发育早期，伤口处可形成木栓化细胞愈合伤口，但这种愈伤能力随着产品的成熟而减弱，因此，采收和采后操作时要尽量避免机械损伤。此外，表面组织在遭到虫害和病害时也会造成伤口，增加水分散失。

（5）其他因素

蒸腾速率取决于叶内外水蒸气压差和扩散阻力的大小，所以凡是影响叶内外水蒸气压差和扩散阻力的外部因素，都会影响蒸腾速率。在采用真空冷却、真空干燥、真空浓缩等技术时都需要改变气压，气压越低，沸点就越低，越易蒸发，所以气压也是影响蒸腾的因素之一。另外，光照也对蒸腾作用有一定影响。光对蒸腾作用的影响首先是引起气孔的开放，减少气孔阻力，从而增加蒸腾作用，其次光可以提高大气与叶子的温度，增加叶内外水蒸气压差，加快蒸腾速率。

3.3　成熟和衰老作用

3.3.1　成熟与衰老的概念

农产品离开母体后，可以单独维持很久的生命时长，色、香、味等方面完全表现出固有的特性，称为生理成熟（physiological maturity）。根据食用组织器官、鲜食或加工目的的不同，而采用不同的成熟标准，这种成熟称为园艺成熟（horticultural maturity）。多数情况下，生理成熟和园艺成熟是一致的，但由于其作为商品的要求不同，有时也有差别，如香蕉的采收期为生理成熟的 8 成左右，而豆芽是生长初期，这种成熟即被称为园艺成熟。

1. 成熟

成熟（maturition）有的称为"绿熟"或"初熟"，是指果实在开花受精后的发育过程中，完成了细胞、组织、器官分化发育的最后阶段，达到充分长成之时。习惯上把成熟定为果实达到可以采摘的程度，而不是食用品质最好的时候。

2. 完熟

完熟（ripening）是指农产品成熟以后的阶段，果实停止生长后还要进行一系列生物化学变化，逐渐形成本产品固有的色、香、味和质地特征，然后达到最佳食用阶段。所以，成熟和完熟的概念很难准确划分，但二者在成熟的程度上有实质的区别。成熟大多在植株上完成，完熟是成熟的继续，是成熟的终了。完熟既可能发生在植株上，也可能在采后发生。有些果实，如巴梨、京白梨、猕猴桃等果实虽然已完成发育达到成熟，但果实很硬，风味不佳，并没用达到最佳食用阶段，在采后必须经过一段时间贮藏或处理才能达到完熟。完熟时果肉变软，色、香、味达到最佳食用品质，才能食用。这种经过贮藏或处理才能完熟的过程称为后熟（after ripening）。成熟的果实在采后可以自然后熟，而幼嫩果实则不能后熟，如绿熟期的番茄采后可达到完熟，但采收过早，果实未达到绿熟，则不能后熟着色而达到可食用状态。果实完熟后将会表现出本产品的典型风味、质地和芳香气味等特征。

3. 衰老

衰老（senescence）是植物的器官或整个植株体在生命的最后阶段，组织细胞失去补偿和修复能力，胞间的物质局部崩溃，细胞彼此松离，细胞的物质间代谢和交换减少，膜脂破坏，膜的透性增加，最终导致细胞崩溃及整个细胞死亡的过程。食用的植物根、茎、叶、花及其变态器官没有成熟问题，但有组织衰老问题。

农产品的成熟、完熟、衰老不容易划分出严格的界限。虽然概念上有所区别，但三者又相互联系。成熟从广义上说包括了完熟，完熟是成熟的最后阶段。果实最佳食用阶段以后的品质劣变或组织崩溃阶段称为衰老，成熟是衰老的开始，两个过程是连续的，二者不可分割。果实的成熟与衰老都是不可逆的变化过程，一旦被触发，便不可停止，直至变质、解体和腐烂。

3.3.2　农产品成熟衰老过程中细胞组织结构的变化

农产品进入成熟衰老阶段时，其细胞和组织结构都将发生许多的变化。Butler 等（1971）在研究观察了多种植物组织后，提出了植物衰老期超微结构变化的一般性概念，认为植物细胞衰老的第一个可见征象是核糖体数目减少以及叶绿体开始崩溃，此后依次发生内质网和高尔基体消失，液泡膜在细胞器彻底解体之前崩溃，线粒体随之崩溃，细胞核和质膜最后被破坏，细胞发生质膜的崩溃宣告死亡。他们认为，这种变化顺序在许多植物种类和组织中带有普遍性。

J. B. Baker（1975）对番茄成熟各阶段果皮细胞进行了电镜观察，发现在即将达到绿熟期的果实中，叶绿体具有发育良好的片层系统，含有大量的淀粉和少量的嗜锇球。当果实成熟时，淀粉粒消失而嗜锇球增多并变大。到了绿熟阶段后期，一些基粒不再表现为分离的膜，可能是进入了溶胞作用阶段。在转色期，基粒数目减少，在基质中大类囊体的膜仍然可见，结构很像类囊体丛。到了坚熟期，此时正值呼吸跃峰期，有色体形成，其内膜的电子致密区可能是类胡萝卜素的沉积处。在显微镜下观察新鲜材料中转变的质体，常见到基粒与色素晶体共同存在。在质体近周缘的部位出现大量由质体内膜的内褶作用面形成的泡囊，在未熟绿果和绿熟果的叶绿体内泡囊较少。番茄有色体中这些泡囊的作用还不十分清楚，可能与膜的重组和生长有关。从坚熟期到软熟期的一周内，番茄红素大量增加，同时伴随着基质中膜的减少，与类胡萝卜素晶体相联系的电子致密区的缩小以及嗜锇球变大和增多，都表明基质在崩溃和溶解。在番茄、辣椒、甜橙、梨等果实中，叶绿体的衰老与有色体的出现是相一致的。因此，似乎可以肯定果实的颜色因有色体发育而发生变化，这表明衰老的开始。但有些果实的衰老可能发生在果实变色之前。

成熟与衰老是极为复杂的生理生化过程，在此过程中，细胞内各细胞器也先后不同程度地发生解体或破坏。但可以肯定的是，细胞超微结构的变化并不是启动衰老的原因，而是衰老的结果，成熟和衰老必定是由细胞质发生的生命过程所诱导和启动的。

成熟的果蔬产品细胞的细胞壁由 3 部分组成，即胞间层、初生壁及次生壁。在成长和成熟过程中，相关学者对细胞壁超微结构的变化研究较少，但观察到微纤丝结构随着其间的果胶和半纤维素物质的溶解变得松弛而软化。不同发育阶段的农产品，由于细胞壁的结构不同，所形成的细胞和构成的组织也不同。幼嫩的蔬菜柔软多汁，大多为薄壁细胞。随着成熟进程的进一步加快，厚角细胞和厚壁细胞分化增多，使组织更加坚韧，从而质地发生改变。例如，芹菜多纤维，菜豆荚老化多筋，都是由于硬化细胞增多所导致的。

3.3.3 农产品成熟衰老过程中化学成分的变化

1. 物质的合成与水解、转移和再分配

果蔬在贮藏过程中，各类物质的合成与水解的动态平衡是不断变化的。就绝大多数果蔬来说，它们在贮藏中主要都是合成过程逐渐减弱，水解过程不断加强，结果是组织内各类物质的复/简比值减小，积累简单的水解产物。简单物质的积累，特别是单糖的积累，会刺激呼吸作用，又有利于微生物的侵染。果胶物质的转化使原来硬实的组织软化，从而降低果蔬的抗机械损伤性能。

果蔬收获后，其所含物质会在组织之间或器官之间转移和再分配，这对果蔬的品质变化也有极大的影响。例如，黄瓜在贮藏中出现梗端果肉组织萎缩发糠，花端部分发育膨大，内部成熟老化，两段均匀的瓜条变成了棒槌形，食用和商品品质大大降低；大白菜在贮藏中裂球抽苔，肉质根变糠。这些都是物质转移的结果，其共同的特点是物质转移几乎都从作为食用部分的营养贮藏器官转移向非食用部分的生长点。

2. 外观品质

农产品外观最明显的变化是色泽，常作为成熟指标的主要依据之一。果实未成熟时叶绿素含量高，外观表现为绿色，成熟期间叶绿素含量下降，果实底色出现，同时花青素和类胡萝卜素积累，呈现本产品固有的色泽。成熟期间果实产生一些挥发性的芳香物

质，使产品出现特有的香味。茎、叶菜衰老时与果实一样，叶绿素分解，色泽变黄并萎蔫，花则出现花瓣脱落和萎蔫现象。

3. 质地

果肉硬度下降是许多果实成熟的明显特征。有关的酶类在果实的软化中起重要的作用。伴随着果实成熟，一些能水解果胶物质和纤维素的酶类活性增强，水解作用使中胶层溶解，纤维素分解，细胞壁发生明显变化，结构松散失去黏结性，果胶结构发生很大变化，造成果肉软化。引起这些变化的酶主要是果胶甲酯酶（pectin methylesterase，PME、PE）、多聚半乳糖醛酸酶（polygalacturonase，PG）和纤维素酶（endo β-1，4-D-glu-canase）。PE 能从酯化的半乳糖醛酸多聚物中除去甲基，PG 催化果胶水解，使半乳糖醛酸苷连接键断裂，生成低聚的半乳糖醛酸。对果实软化起主要作用的还有纤维素酶，即 β-1，4-D-葡萄糖酶，其活性水平在果实完熟期间显著提高。

4. 风味

随着果实的成熟，果实的甜度逐渐增强，酸度变弱。采收时不含淀粉或含淀粉较少的果蔬，如番茄和甜瓜等，随贮藏时间的延长，含糖量逐渐减少；采收时淀粉含量较高的果蔬，如绿色香蕉果肉淀粉含量高达 20%～25%，采后淀粉水解，碳水化合物成分发生变化，含糖量暂时增加，果实变甜，达到最佳食用阶段后，含糖量因呼吸消耗而下降。通常果实发育完成后含酸量最高，随着成熟或贮藏期的延长逐渐下降，因为果蔬贮藏更多地以有机酸为呼吸底物，其消耗快于可溶性糖。大多数果蔬由成熟向衰老过渡时会逐渐失去风味。衰老的果蔬，味变淡，色变浅，纤维增多。幼嫩的黄瓜，稍带涩味并散发出浓郁的芳香，但当它向衰老过渡时，首先失去涩味，然后变甜，表皮逐渐脱绿发黄，到衰老后期果肉发酸失去食用价值。未成熟的柿、梨、苹果等果实细胞内含有可溶性单宁物质，使果实有涩味，成熟过程中被氧化或凝结成不溶性单宁物质，涩味消失。

5. 香气

不同果实都具有其特定的香气，这是由于它们在成熟衰老过程中产生一些挥发性物质。不同果实所产生的挥发性物质的成分和数量不同，其香气也有差别。果蔬产生的挥发性成分中含有多种化合物，包括酯类、醇类、酸类、醛类、酮类、酚类、杂环族、萜类等，有200 种以上。成熟度对芳香物质的产生有很大影响。桃在未成熟时极少甚至不产生芳香物质；香蕉挥发物质的产生高峰大约在呼吸跃变后 10 天出现。有些果实（如菠萝），甚至可以用香气的明显释放作为完熟开始的标志。一般产生挥发性物质多的品种耐贮性较差，如耐贮的小国光苹果在土窑中贮藏 210 天，乙醇含量仅为 0.89 mg/100 g；检测不出乙酸乙酯，同期红元帅苹果乙醇含量达 14.5 mg/100 g；乙酸乙酯含量为 4.6 mg/100 g。

3.3.4 乙烯对农产品成熟衰老的影响

乙烯是一种简单的不饱和烃类化合物，在正常情况下以气体状态存在。高等植物的器官、组织和细胞都能产生乙烯，乙烯生成量微小，但植物对它非常敏感，微量的乙烯（0.1 mg/m³）就可诱导果蔬的成熟。因此，乙烯被认为是最重要的植物成熟衰老激素。

1. 乙烯的生物合成与调控

（1）乙烯的生物合成途径

乙烯的结构非常简单，有几百种化合物可以反应生成乙烯。乙烯的生物合成研究经历了很长的历史时期，直到现在仍然是采后生理研究的热点。目前对所有微管植物研究发现，乙烯生物合成的主要途径可以概括如下：

$$\text{蛋氨酸} \xrightarrow{\text{蛋氨的腺苷转移酶}} \text{SAM} \xrightarrow{\text{ACC 合成酶}} \text{ACC} \xrightarrow{O_2} \text{乙烯}$$

此途径的主要步骤如下：

1）S-腺苷蛋氨酸（SAM）的生物合成。植物体内的蛋氨酸，首先在三磷酸腺苷（ATP）参与下，由蛋氨酸腺苷转移酶催化而转变为 S-腺苷蛋氨酸（SAM），SAM 被转化为 1-氨基环丙烷羧酸（ACC）和甲硫腺苷（MTA），MTA 进一步被水解为甲硫核糖（MTR），通过蛋氨酸途径，又可重新合成蛋氨酸。蛋氨酸→MTA→蛋氨酸的循环使植物体内的 SAM 一直维持着一定水平。

2）ACC 的合成。由 SAM 合成的 ACC 是乙烯生物合成的直接前体，因此植物体内乙烯合成时从 SAM 转变为 ACC 的过程非常重要，催化这个过程的酶是 ACC 合成酶（ACS），这个过程是乙烯形成的限速步骤。ACS 的相对分子质量为 55000～58000，专一地以 SAM 为底物，以磷酸吡哆醛为辅基，强烈地受到磷酸吡哆醛酶类抑制剂［如氨基氧代乙酸（AOA）和氨基乙氧基乙烯基甘氨酸（AVG）］的抑制。外界环境对 ACC 合成有很大的影响，机械损伤、冷害、高温、缺氧、化学毒害等逆境和成熟等因素均可刺激 ACS 活性增强，导致 ACC 合成量的增加。鳄梨、苹果、番茄等果实在跃变前乙烯产生速率很低，ACS 活性和 ACC 含量也很低，但在跃变期 ACC 含量迅速上升，与乙烯产量升高一致，此时 ACS 活性也相应增加。因此，ACS 的合成或活化是果实成熟时乙烯产量增加的关键。

3）乙烯的合成（ACC→乙烯）。ACC 转化为乙烯的过程是一个酶促反应的过程，也是一个需氧的过程，催化此反应的酶为 ACC 氧化酶（也称乙烯形成酶，EFE），而且多胺、解联偶剂（如氧化磷酸化解偶联剂二硝基苯酚 DNP）、自由基清除剂和某些金属离子（特别是 Co^{2+}）等都能抑制乙烯的产生。EFE 是乙烯生物合成的关键酶，但该步骤不是乙烯生物合成的限速步骤。以细胞匀浆为材料进行试验，发现乙烯的合成停止，但有 ACC 的累积，这说明细胞组织结构对乙烯的合成有影响，但不影响 ACC 的生成。从 ACC 转化为乙烯需要在细胞保持结构高度完整的状态下才能完成，EFE 可能就位于液泡膜和质膜上。

4）丙二酰基 ACC。植物体内游离态 ACC 除被转化为乙烯以外，还可以转化为结合态的 ACC，生成无活性的末端产物丙二酰基 ACC（MACC）。此反应是在细胞质中进行的，MACC 生成后，转移并贮藏在液泡。在逆境条件下所产生的 MACC，在胁迫因素消失后仍然累积在细胞中。植物体内一旦形成 MACC 后，就不能被逆转为 ACC，MACC

的形成成为一个反应胁迫程度和进程的指标。MACC 的生成可看成是调节乙烯形成的另一条途径。

综上所述，乙烯在植物中的生物合成遵循蛋氨酸→SAM→ACC→乙烯途径，其中 ACS 是乙烯生成的限速酶，EFE 是催化 ACC 转化为乙烯的酶。因此，通过调控 ACS 和 EFE，可以达到调控制乙烯生物合成的目的。此外，一些环境条件和因子在乙烯合成的各阶段中，可促进或抑制乙烯的生物合成。

（2）乙烯生物合成的调控

在植物发育过程中，乙烯的生物合成有严格的调控体系。许多外界因素（如逆境、胁迫）也会影响乙烯的生物合成（图 3-6）（Yang. S. F，1980）。

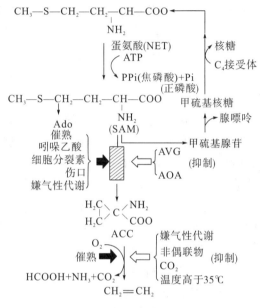

图 3-6　乙烯生物合成的控制

1）外源乙烯对乙烯合成的调控。乙烯对乙烯生物合成的作用具有双重性，可自身催化，也可自我抑制。用少量的乙烯处理成熟的跃变型果实，可诱发内源乙烯的大量增加，使呼吸跃变提前，乙烯的这种作用称为自身催化。

乙烯自身催化作用的机理很复杂。在跃变型果实苹果和梨上发现，乙烯自我催化作用是在 SAM→ACC 和 ACC→乙烯这两步反应中进行的，而参与这两个反应的 ACC 合成酶和 EFE 在跃变前是被抑制的，外源乙烯对这两种酶具有激活作用，因而能促进内源乙烯的生成。非跃变型果实施用乙烯后，虽然能促进呼吸，但不能增加内源乙烯。

乙烯的自我抑制作用进行得十分迅速，如柑橘、橙皮切片因机械损伤产生的乙烯受外源乙烯抑制。在无外源乙烯作用下这种伤乙烯生成量较对照大 20 倍（Riov 和 Yong，1982）。外源乙烯对内源乙烯的抑制作用是通过抑制 ACS 的活性而实现的，对乙烯生物合成的其他步骤则无影响。

2）贮藏环境对乙烯合成的调控。农产品贮藏环境的温度和气体条件能影响乙烯生物合成。许多果实乙烯合成在 20~25 ℃时最快。苹果合成乙烯的最适温度为 30 ℃，高于

30 ℃时乙烯生成会下降，40 ℃时乙烯停止生成。在贮藏实践中发现，用35~38 ℃热处理苹果、番茄、杏等果实，能显著抑制乙烯的合成和果实后熟衰老。一定范围内的低温贮藏也能够大大降低乙烯合成。一般在 0 ℃左右乙烯生成很弱，随温度上升，乙烯合成加速，如荔枝在 5 ℃下，乙烯合成只有常温下的 10% 左右。因此，低温贮藏是控制乙烯生成的有效方式，但冷敏果实于临界温度下贮藏较长时间时，如果受到不可逆伤害，细胞膜结构遭到破坏，EFE 活性不能恢复，乙烯产生量少，果实不能正常成熟，使口感、风味、色泽受到影响。

低 O_2 可抑制乙烯合成，因为乙烯生成的最后一步是需氧过程。一般 O_2 浓度低于 8% 的环境中，果实乙烯的生成和对乙烯的敏感性下降，一些果蔬在 3% 的 O_2 中，乙烯合成能降到正常空气中的 5% 左右。如果 O_2 浓度太低或在低 O_2 环境中放置太久，果实就不能合成乙烯或丧失合成能力。CO_2 是乙烯作用的拮抗物，提高 CO_2 浓度能抑制 ACC 向乙烯的转化和 ACC 的合成。适宜地提高 CO_2 和抑制乙烯合成都可推迟果实后熟，但这种效应在很大程度上取决于果实种类和 CO_2 浓度，3%~6% 的 CO_2 抑制苹果乙烯的效果最好，6%~12% 效果反而下降。

3)胁迫因素导致乙烯产生。逆境胁迫可促进乙烯的合成。胁迫因素很多，包括机械损伤、电离辐射、病原微生物和昆虫侵害、高湿、低湿、化学刺激等。胁迫因子对乙烯合成作用的促进机理也是增加 ACS 的活性。在逆境胁迫条件下，植物组织产生胁迫乙烯具有时间效应，一般在胁迫发生后 10~30 min 开始产生，此后数小时内达到高峰。但随着胁迫条件的解除，又恢复到正常水平。因此胁迫条件下生成的乙烯，可看成是植物对不良条件刺激的一种反应。水解细胞壁的酶类，如多聚半乳糖醛酸酶、纤维素酶以及细胞壁的水解产物(如小分子的多糖残基)都可刺激乙烯的产生，所以在胁迫或受伤时产生的细胞壁的碎片，都可能是刺激乙烯生成的信号。

病原微生物侵染可明显促进寄主释放乙烯。例如，甜橙在 20 ℃下释放很少量的乙烯 [0.05~0.8 μL/(kg·h)]，而接种意大利青霉 3 天后乙烯增长 10~15 倍。果实受病源微生物侵染后，病斑部位和邻近病斑部位乙烯增长 10~15 倍，远离病斑部位乙烯释放量少。

4)化学药物影响乙烯合成。氨基乙氧基乙烯甘氨酸(AVG)和氨基氧乙酸(AOA)、解偶联剂、自由基清除剂、钴离子均可抑制乙烯的生成。乙烯的生理作用也被一些特殊抑制剂所抑制，如作为硝酸银或硫代硫酸银形式的银离子是乙烯生理作用的抑制剂。

5)其他植物激素对乙烯合成的影响。脱落酸(ABA)、生长素(auxin)、赤霉素(GA)和细胞分裂素(CTK)对乙烯的生物合成也有一定的影响。

2. 乙烯的生理作用

(1)促进果实成熟

乙烯可以促进果实成熟、完熟和衰老。无论是跃变型还是非跃变型果实，都会产生一定量的乙烯，这一部分乙烯叫内源乙烯。跃变型果实在发育期和成熟期的内源乙烯相差很大。在果实未成熟时，内源乙烯含量很低，通常在果实进入成熟和呼吸高峰之前乙烯含量开始增加，并且出现一个与呼吸高峰相似的乙烯高峰。

　　植物组织中乙烯积累到一定浓度时，才能启动完熟或呼吸对乙烯产生反应，这个浓度即为乙烯浓度阈值，表 3-6 列出了几种果实的乙烯浓度阈值。不同果实的乙烯阈值是不同的，当乙烯的浓度一旦达到阈值就启动果实成熟，随着果实成熟的进程，内源乙烯迅速增加，而且果实在不同的发育期和成熟期对乙烯的敏感度是不同的。一般来说，随着果龄的增大和成熟度的提高，果实对乙烯的敏感性提高，而诱导果实成熟所需的乙烯浓度也随之降低。幼果对乙烯的敏感度很低，即使使用较高浓度的外源乙烯也难以实现催熟。但对于即将进入呼吸跃变期的果实，只需用很低浓度的乙烯处理，就可诱导呼吸跃变的出现。用浓度为 300 mg/L 的乙烯分别催熟不同成熟度的温州蜜柑，在相同的温度条件下，采时已经开始转黄的果实，处理后 4～5 天完全变黄，而完全青绿的果实，处理后 8～10 天仍未正常变黄。

表 3-6　几种引起果实成熟的乙烯浓度阈值　　　　　　　（单位：mg·m^{-3}）

品种	乙烯浓度阈值	品种	乙烯浓度阈值
香蕉	0.1～0.2	梨	0.46
油梨	0.1	甜瓜	0.1～1.0
柠檬	0.1	甜橙	0.1
芒果	0.04～0.4	番茄	0.5

（2）乙烯与呼吸作用

　　果实在成熟过程中随着乙烯的释放，果实的呼吸强度也相应提高。对跃变型和非跃变型果实，乙烯对呼吸作用的促进存在着差异。

　　1）跃变型果实与非跃变型果实组织内存在两种不同的乙烯生物合成系统。跃变型果实在成熟期间自身能产生较多的乙烯，而非跃变型果实在成熟期间自身不能产生乙烯或产生极微量乙烯，因而果实自身不能启动成熟进程。非跃变型果实必须用外源乙烯或其他因素刺激它产生乙烯才能促进成熟，而跃变型果实则能正常成熟。跃变型果实和非跃变型果实在成熟期间内源乙烯生成量的巨大差异，引起了众多学者的关注。Mcmur-chi 等（1972）将 500 mg/m³ 的丙烯（相当于 5 mg/m³ 乙烯）代替乙烯启动果实成熟，在香蕉上取得了成功，香蕉不仅内部生成了大量的乙烯，而且引起了呼吸跃变。由此，他们提出植物体内存在有两套乙烯合成系统的理论。他们认为所有植物组织在生长发育过程中都能合成并释放出微量乙烯，这种乙烯的合成系统称为乙烯系统 Ⅰ（system Ⅰ）。非跃变型果实或未成熟的跃变型果实所产生的乙烯，都是来自乙烯合成系统 Ⅰ。但是，跃变型果实在完熟期前期合成并释放的大量乙烯，则是由另一个系统产生的，称为乙烯合成系统 Ⅱ（system Ⅱ），它既可以随果实的自然完熟而产生，也可被外源乙烯所诱导。当跃变型果实内源乙烯积累到一定限值时，便出现了自动催化作用，产生大量内源乙烯，诱导呼吸跃变和完熟期生理生化变化的出现。系统 Ⅱ 引发的乙烯自动催化作用一旦开始即可自动催化下去，即使停止施用外源乙烯，果实内部的各种完熟反应仍然继续进行。非跃变型果实只有乙烯合成系统 Ⅰ，缺少系统 Ⅱ，如将外源乙烯除去，则各种完熟反应便终止。

　　跃变型果实系统 Ⅱ 产生乙烯，主要是受到 ACC 合成酶和 EFE 激活作用所致，它们是乙烯生物合成途径中的两个关键酶。当系统 Ⅰ 生成的乙烯或外源乙烯的量达到一定限值时，便激活了这两种酶。研究显示，跃变型果实在呼吸高峰出现以前或外源乙烯处理以前，这两种酶的活性均很低。但进入完熟期以后，这两种关键酶被激活，产生大量内源乙烯，促进果实成熟。

2）跃变型果实与非跃变型果实对外源乙烯的刺激反应不同。对跃变型果实来说，外源乙烯只有在呼吸跃变前期施用才有效果，它可引起呼吸作用加强、内源乙烯的自动催化作用以及相应成熟变化的出现，这种反应是不可逆的，一旦反应发生即可自动进行下去，而且在呼吸高峰出现以后，果实就达到完全成熟阶段。非跃变型果实任何时候都可以对外源乙烯发生反应，出现呼吸跃变，但将外源乙烯除去，则由外源乙烯所诱导的各种生理生化反应便停止，呼吸作用又恢复到原来的水平，非跃变型果实呼吸跃变的出现并不意味着果实已完全成熟。

3）跃变型果实与非跃变型果实对外源乙烯浓度的反应不同。不同浓度的外源乙烯对两种类型的果实的呼吸作用的影响有所差异（图 3-7）。对跃变型果实，提高外源乙烯浓度，果实呼吸跃变提前出现，但跃变峰值的高度不改变。

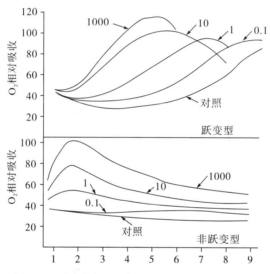

图 3-7　不同浓度的乙烯对跃变型果实和非跃果
实呼吸作用的影响

乙烯浓度的改变与跃变期提前的时间大致呈对数关系。对非跃变型果实来说，可提高呼吸跃变峰值的高度，但不改变呼吸跃变出现的时间。

4）跃变型果实与非跃变型果实内源乙烯含量不同。Burg 等的研究表明，跃变型和非跃变型果实在生长到完熟期间内源乙烯的含量差异很大，一般跃变型果实内源乙烯的含量要高得多，而且在此期间内源乙烯浓度的变化幅度比非跃变型果实大得多（表 3-7）。

表 3-7　几种跃变型和非跃变型果实内源乙烯含量　　　　　　　　　　（单位：$mg \cdot m^{-3}$）

类别	种类	乙烯	类别	种类	乙烯
非跃变型	酸橙	0.3~1.96	非跃变型	橙	0.13~0.32
	菠萝	0.16~0.40		柠檬	0.11~0.17

类别	种类	乙烯	类别	种类	乙烯
跃变型	油桃	3.6~602	跃变型	桃	0.90~20.7
	番茄	3.6~29.8		梨	80
	苹果	25~2500		香蕉	0.05~2.1
	鳄梨	28.9~74.2		芒果	0.04~0.23

(3)乙烯的其他生理作用

乙烯不仅能促进果实的成熟，而且还有许多其他的生理作用，如加速叶绿素的分解，使果蔬产品转黄，降低品质。例如，甘蓝在 1 ℃下，用 10~100 mg/kg 的乙烯处理，5 周后甘蓝的叶子变黄；25 ℃下，用 0.5~5 mg/kg 的乙烯处理会使黄瓜褪绿变黄，膜透性增加，瓜皮呈现水浸状斑点；0.1 mg/kg 的乙烯可使莴苣叶褐变。乙烯也能促进植物器官的脱落，0.1~1.0 mg/kg 的乙烯引起甘蓝和大白菜的脱帮。此外，乙烯可引起农产品的质地发生改变，在 18 ℃下用分别 5、30、60 mg/kg 的乙烯处理黄瓜 3 天，可使黄瓜的硬度下降，处理猕猴桃也有同样效果，主要是由于乙烯提高了果胶酶的活性。

3. 乙烯作用的机理

乙烯是一种小分子气体，在植物体中具有很大的流动性。Teria 等(1972)用乙烯局部处理已长成的绿色香蕉，处理部分的果实先开始成熟，并逐步扩展到未经处理的部分。在香蕉的顶端施用乙烯 3 h 后，发现茎端释放出大量的乙烯，这说明乙烯在果实内的流动快和作用大。对于乙烯促进植物成熟衰老的机理，目前还不十分清楚，主要有以下几种观点。

(1)乙烯改变细胞膜的透性

这种观点认为乙烯的生理作用是通过影响膜的透性而实现的。乙烯是脂溶性物质，在类脂中的溶解度比在水中大 14 倍，而细胞膜是由蛋白质、脂类、糖类等组成的，是磷脂双分子层结构，因此其中的脂质可能是乙烯的作用位点。从细胞水平上看，乙烯的生物合成与细胞原生质膜结构的完整性相联系，同时乙烯又增进细胞膜和亚细胞膜的透性，加强了底物与相应酶的接触，使生化反应容易进行。例如，有人发现乙烯促进香蕉切片呼吸上升的同时，从细胞中渗出的氨基酸量增加，表明膜透性增加，用乙烯处理甜瓜果肉也发现类似的现象。但这是否是乙烯直接作用的结果，仍未能肯定。

(2)促进 RNA 和蛋白质的合成

Turkova 等报道，乙烯促进番茄 RNA 的合成；Hulme 等发现乙烯对呼吸跃变前的果实有增加 RNA 合成的作用，在无花果和苹果中都曾观察到此现象。这一现象表明乙烯可能诱导 RNA 的合成，在蛋白质合成系统的转录阶段起调节作用，导致与成熟有关的特殊酶的合成，促进果实的成熟和衰老。

(3)乙烯对代谢和酶的影响

乙烯诱导高等植物各种生理反应。从理论上说，呼吸上升和其他生理代谢加强，是由于新酶合成或活化，或两者兼而有之。已证实呼吸上升与糖酵解加强相联系，糖酵解又依赖于磷酸果糖激酶(PFK)和丙酮酸激酶(PK)酶的活性。T. Solomas 推测乙烯对糖酵解和呼吸的刺激作用，可能与乙烯使电子传递从细胞色素系统转向非磷酸途径有关，因为无抗氰呼吸的植物组织乙烯不能刺激呼吸上升。

乙烯作用还涉及其他酶活性的影响。许多实验证明乙烯能促进苯丙氨酸解氨酶（PAL）的活性显著提高，积累酚类物质。甘薯块根的薄片切块置于乙烯中，过氧化物酶、多酚氧化酶、绿原酸酶及苯丙氨酸解氨酶的活性都有所提高。乙烯也刺激各种水解酶活性的提高，如淀粉酶、叶绿素分解酶、纤维素酶等与果实成熟有关的酶都可被乙烯所活化。

（4）乙烯受体

根据激素作用受体概念，在乙烯起生理作用之前，首先要与某种活化的受体分子结合，形成激素受体复合物，然后由这种复合物去触发初始生化反应，后者最终被转化为各种生理效应。Burg 等（1976）认为，乙烯对植物发生作用是乙烯在活体内与一个含金属的受体部位结合，对受体产生限制作用，从而影响乙烯作用的发挥。他们还认为，乙烯对受体键的作用取决于 CO_2 和 O_2，其中 CO_2 起抑制作用，O_2 则相反。在高浓度 CO_2 条件下贮藏能延迟果实成熟，这可能是 CO_2 与乙烯竞争受体结合部位的结果。

4. 贮藏运输实践中对乙烯以及成熟的控制

无论是内源乙烯还是外源乙烯都在促进植物的成熟中起了关键的作用。因此，为了延长农产品的贮藏寿命，提高贮藏品质，必须抑制内源乙烯生物合成并清除贮藏环境中的外源乙烯。通过生物技术调节乙烯生物合成是果蔬贮藏保鲜研究的新突破。

（1）控制适当的成熟度或采收期

根据贮藏运输期的长短决定适当的采收期和成熟度。如果果实在本地上市，一般应在成熟度较高时采收，此时的果实表现出最佳的色、香、味状态，充分体现出该品种特性。如用于外销或较长时间贮藏运输的果实，必须适时采收，严格控制采收期，在果实充分长大、养分充分积累、生理上接近跃变期但未达到完熟阶段时采收，这时果实内源乙烯的生成量一般较少，耐藏性较好。但也要注意采收期不宜过早，否则会严重影响果实的质量。如香蕉一般在达到 70%～80% 成熟度时采收，荔枝在 85% 成熟度时采收最宜贮藏，菠萝应在约 60% 成熟度时采收贮运。

（2）避免不同种类果蔬的混放

不同种类或同一种类不同成熟度的果蔬，它们的乙烯生成量差别很大。因此，在果蔬贮藏运输中，尽可能避免把不同种类或同一种类但成熟度不一致的果蔬混放在一起，否则果蔬本身会释放较多的乙烯，便相当于外源乙烯，促进乙烯释放量较少果实的成熟，缩短贮藏保鲜时间。

（3）防止机械损伤

农产品在采收、采后处理、运输、贮藏过程中不可避免地会受到机械损伤。机械损伤可刺激植物组织或器官乙烯的大量增加，内源乙烯含量可提高 3～10 倍。伤乙烯产生后能直接刺激呼吸作用上升，促进酶活性提高，导致果实内营养消耗加速，缩短贮藏寿命。此外，果实受机械损伤后，易受真菌和细菌侵染，真菌和细菌本身可以产生大量的乙烯，又可促进果实的成熟和衰老，形成恶性循环。在贮藏运输过程中，少数果实因机械损伤出现的伤乙烯启动了内源乙烯的自动催化,其结果不仅促使本身提前成熟,还促使整个包装的果实提前衰老成熟,丧失了贮运能力。因此,在采收、分级、包装、装卸、运输和销售等环节中,必须做到轻拿轻放和良好包装,避免产生机械损伤。

(4)控制贮藏环境条件

如前所述,贮藏环境的温度和气体成分对果实内源乙烯的释放都有影响。对大部分果蔬来说,采收后应尽快预冷,在不出现冷害的前提下,尽可能降低贮藏运输的温度,并降低贮藏环境的 O_2 浓度和提高 CO_2 浓度,可显著抑制乙烯的产生及其作用,降低呼吸强度,从而延缓果蔬的成熟和衰老。

(5)乙烯吸收剂和抑制剂的应用

采用乙烯吸收剂清除农产品贮藏环境中较多的乙烯,可显著地延长农产品贮藏时间。乙烯吸收剂已在生产上广泛应用,最常用的是高锰酸钾。高锰酸钾是强氧化剂,可以有效地使乙烯氧化而失去催熟作用。但由于高锰随钾本身表面积小,吸附能力弱,导致其去除乙烯的速度缓慢,因此一般很少单独使用,而是将饱和高锰酸钾溶液吸附在某种载体上来脱除乙烯。常用的载体有硅石、硅造土、硅胶、氧化铝、珍珠岩等表面积较大的多孔物质。利用载体表面积较大和高锰酸钾的氧化作用,显著提高了脱除乙烯的效果。高锰酸钾乙烯吸收剂可将香蕉、芒果、番木瓜和番茄等果蔬的贮藏保鲜时间延长 1~3 倍。在使用中要求贮藏环境密闭,果蔬的采收成熟度宜掌握在生理上接近跃变期的青熟阶段,如香蕉应在 70%~80% 饱满度时采收,番茄宜在绿熟期采收,若成熟度过高或成熟已经开始,乙烯吸收剂的效果就不明显。

1-甲基环丙烯(I-methylcyclopr-opene,1-MCP)是一种新型乙烯受体抑制剂,它对果蔬的采后贮藏、货架寿命以及保持商品价值有显著的影响。1-MCP 是一种环状烯烃类似物,分子式为 C_4H_6,物理状态为气体,在常温下稳定,无不良气味,无毒。1-MCP 能强烈竞争乙烯受体,它通过金属原子与乙烯受体紧密结合,从而抑制内源和外源乙烯的生理作用,控制果实的成熟衰老,其起作用的浓度极低,建议应用浓度范围为 100~1000 $\mu L/L$。在 0~3 ℃下贮藏,1-MCP 对乙烯的抑制作用大多是不可逆的。1-MCP 可抑制番茄、草莓、苹果、鳄梨、李、杏、香蕉等果实采后乙烯的释放,还可延缓气调贮藏下甘蓝叶片的脱绿和减轻叶片的黄化。

(6)利用乙烯催熟剂促进果蔬成熟

用乙烯进行催熟对调节果蔬的成熟具有重要的作用。目前,乙烯已被广泛应用于柑橘、番茄、香蕉、芒果、甜瓜等产品上。用乙烯催熟果蔬的方式可用乙烯气体或乙烯利(液体),在国外有专用的水果催熟库,将一定浓度的乙烯(100~500 mL/L)用管道通入催熟库内。用乙烯利催熟果实的方法是将乙烯利配成一定浓度的溶液,浸泡或喷洒果实,乙烯利的水溶液进入组织后即被分解,释放出乙烯。

(7)生物技术

随着分子生物学技术的不断发展,采用基因工程手段控制乙烯生成已取得了显著的效果,为乙烯合成的控制提供了新途径,如导入反义 ACC 合成酶基因,导入反义 ACC 氧化酶基因;导入正义细菌 ACC 脱氨酶基因,导入正义噬菌体 SAM 水解酶基因等。

3.3.5 其他植物激素对农产品成熟衰老的作用

尽管乙烯对促进果蔬采后成熟衰老起重要作用，但其他主要植物激素（包括脱落酸、生长素、赤霉素和细胞分裂素）对果实成熟与衰老也有一定的调节作用。

1. 脱落酸

脱落酸（ABA）除影响果实脱落外，对促进果实成熟也有一定的影响。许多跃变型果实和非跃变型果实在后熟中 ABA 含量剧增，且外源 ABA 促进其成熟，而乙烯则无效。一些能促进或延缓完熟的处理同时也促进或延缓了 ABA 水平的变化。例如，用冷处理刺激梨完熟或用乙烯刺激葡萄完熟时，果实的 ABA 水平也提高了；反之，用气调法抑制梨的成熟或用苯并噻唑氧乙酸处理葡萄，可以推迟 ABA 水平的上升。因此，ABA 水平与完熟的开始有密切关系，并能刺激完熟过程。相对乙烯来说，ABA 对果实后熟过程中的调控作用更为重要。

2. 生长素

研究表明，内源吲哚乙酸（IAA）可延缓跃变型果实的后熟进程，IAA 的失活是果实成熟启动的必要条件。另外，外源生长素对跃变型果实促进成熟的效应与施用方法和浓度有关。用 IAA 和 2，4-D 真空渗入绿色香蕉切片，发现生长素能促进乙烯生成，使呼吸作用增强，但延缓呼吸跃变出现，同时也延缓成熟；用 2，4-D 溶液浸泡整个香蕉果实，则促进乙烯生成，果肉也迅速成熟，但果皮却保持绿色。这是由于生长素对香蕉果皮和果肉的作用不同：在处理切片时，生长素均匀分布于果皮和果肉，它抑制成熟的作用胜过刺激乙烯生成的作用，因而延缓成熟，但用其处理整个果实时，生长素大部分停留在果皮内，促进果皮生成乙烯，因而加速成熟。

3. 赤霉素

赤霉素（GA）有时能促进果实内源乙烯的生成，有时又能抑制乙烯的生产。有研究报道，用 GA_3 处理苹果和橙子，能促进乙烯生成。但用 GA_3 处理采收后的鳄梨和香蕉切片则降低乙烯的生成。幼小的果实中赤霉素含量高，种子是其合成的主要场所，果实成熟期间水平下降。采后浸入外源赤霉素明显抑制一些果实的呼吸强度和乙烯释放，这在甜柿、番茄、香蕉、杏等果实上都有应用。

4. 细胞分裂素

细胞分裂素（CTK）处理的保绿效果明显。用 6-BA 或激动素（KT）处理香蕉果皮、番茄和绿色的橙子，均能延缓叶绿素的消失和类胡萝卜素的变化。施用细胞分裂素亦能使绿色油橄榄的花色素苷显著增加，但对于呼吸作用及乙烯的生成和果实变软无影响，甚至在高浓度的乙烯中也可延缓果实的变色。用 CTK 渗入香蕉切片，然后放在足以启动成熟的乙烯浓度下，虽然出现呼吸跃变淀粉水解等成熟现象，但果皮的叶绿素消失显著推迟，形成了绿色成熟果。

许多研究结果表明，果蔬成熟是几种激素平衡的结果。果实采后，GA、CTK、IAA 含量都高，组织抗性大，虽有 ABA 和乙烯却不能诱发后熟。随着 GA、CTK、IAA 逐渐降低，ABA 和乙烯逐渐积累，组织抗性逐渐减小，ABA 和乙烯达到后熟的阈值，果实后熟启动。

3.4 休眠和发芽

植物在生长发育过程中遇到不良条件时，为了适应环境，有的器官会暂时停止生长，这种现象称做休眠（dormancy）。例如，一些块茎、鳞茎、球茎、根茎类蔬菜，花卉、木本植物的种子及坚果类果实（如板栗），产品器官在生长过程中体内积累了大量的营养物质，发育成熟后，随即转入休眠状态，新陈代谢明显降低，水分蒸腾减少，呼吸作用减弱，一切生命活动都进入相对静止的状态。休眠中物质消耗少，能忍受外界不良环境条件，保持其活力，当外界环境条件对其生长有利时，又恢复其生长和繁殖能力。因此，休眠是一个积极的过程，是植物在长期进化过程中形成的一种适应逆境生存条件的特性，以度过严寒、酷暑、干旱等不良条件而保存其生命力和繁殖力。对农产品贮藏来说，休眠是一种有利的生理现象。

3.4.1 休眠的类型与阶段

根据休眠发生的原因，可将其分为自发休眠（restperiod）和被动休眠（dormancy）两种。自发休眠指农产品在适合生长的环境条件下也不会发芽，又称为生理休眠；被动休眠是由于外界环境条件的不适因素（如低温、干燥等）引起的，一旦遇到适宜的条件即可发芽，也称为他发性休眠。

农产品的休眠通常要经历以下 3 个阶段：休眠前期（准备阶段）、生理休眠期（深休眠）、休眠苏醒期（强迫休眠）。

第一阶段为休眠前期。此阶段是从生长向休眠的过渡阶段，农产品刚刚收获，代谢旺盛，呼吸强度大，体内的物质由小分子向大分子转化，同时伴随着伤口的愈合，木栓层形成，表皮和角质层加厚，或形成膜质鳞片，以增强对自身的保护，使水分蒸发减少。马铃薯的休眠前期为 2~5 周，在此期间，若经一定的处理，可以抑制其进入生理休眠而开始萌芽或缩短生理休眠期。

第二阶段为生理休眠期。在此阶段农产品的生理作用处于相对静止的状态，一切代谢活动已降至最低限度，外层保护组织完全形成，水分蒸发减少，在这一时期即使有适宜的条件也不会发芽生长，生理休眠期的长短与种类和品种有关。

第三阶段为休眠苏醒期。此时农产品由休眠向生长过渡，体内的大分子物质又开始向小分子转化，可以利用的营养物质增加，为发芽、伸长、生长提供了物质基础。如果环境条件不适，代谢机能恢复受到抑制，器官仍然处于休眠状态，外界条件一旦适宜，便会打破休眠，开始萌芽生长。

具有典型生理休眠的蔬菜有洋葱、大蒜、马铃薯、生姜等。大白菜、萝卜、莴苣、花椰菜及其他某些二年生蔬菜，不具生理休眠阶段，在贮藏中常因低温等因素抑制而处于强制休眠状态。

3.4.2　休眠的生理生化机制

在农产品的休眠期，会观察到原生质和细胞壁分离，胞间连丝中断，原生质不能吸水膨胀。原生质膜上的类脂物质(如脂肪、类脂类疏水胶体)增多，对水的亲合能力下降，组织木栓化，使得保护组织加强，对气体的通透性下降。休眠期过后，原生质重新贴紧细胞壁，胞间连丝恢复，原生质中疏水胶体减少，亲水胶体增加，使细胞内外的物质交换变得方便，对水和氧的通透性增加。

植物体内各种激素对植物的休眠现象起重要的调节作用。研究表明，休眠一方面是由于器官缺乏促进生长的物质，另一方面是由于器官积累了抑制生长的物质。高浓度 ABA 和低浓度外源 GA 可以抑制 mRNA 合成，可诱导休眠；反之，低浓度的 ABA 和高浓度 GA 可以打破休眠，促进各种水解酶、呼吸酶的合成和活化，促进 RNA 合成，并且使各种代谢活动活跃起来，提高 γ-淀粉酶的活性，为发芽作物质准备。ABA 和 GA 都是由异戊间二烯单位构成的，它们由 3，5-二羟基-3-甲基戊酸在代谢中衍生而成，而且通过同样的代谢途径形成，因此这两种物质在生理上又相互作用。绪方等(1960)在研究洋葱时发现，洋葱茎盘中的 IAA 含量在休眠初期较高，此后在休眠中逐渐减少，发芽时转为增加。洋葱芽中的 GA 含量也有同样的规律，与生长抑制物质 ABA 的消长规律正好相反。内源激素的动态平衡是通过活化或抑制特定的蛋白质合成系统来起作用的，酶的作用反映了代谢活性并直接影响到呼吸作用，由此使整个机体的物质能量变化表现出特有的规律，实现休眠与生长之间的转变。

3.4.3　休眠的控制

农产品一过休眠期就会发芽，质量减轻，品质下降，如马铃薯的休眠期一过，不仅薯块表面皱缩，而且产生一种生物碱(龙葵素)，食用时对人体有害；洋葱、大蒜和生姜发芽后肉质会变空、变干，失去食用价值。因此，必须设法控制休眠，防止产品发芽、抽苔，延长贮藏期。

1. 贮藏环境条件

低温、低氧、低湿和高 CO_2 等环境条件均能延长休眠期，抑制发芽。温度是控制休眠的最重要的因素，是延长休眠期、抑制发芽的最安全且有效的措施。虽然高温干燥对马铃薯、大蒜和洋葱的休眠有一定促进作用，但只是在深休眠阶段有效，一旦进入休眠苏醒期，高温便加速了萌芽。板栗在入贮初期，只要保湿条件较好，发芽的可能性不大，但如贮藏到 12 个月以上，就必须进行冷藏。气调贮藏对抑制洋葱发芽和蒜苔苔苞膨大都有显著的效果。

2. 辐照处理

辐照处理马铃薯、洋葱、大蒜、生姜及番薯等根茎类作物，可以在一定程度上抑制其发芽，减少贮藏期间由于其根或茎发芽而造成的腐烂损失。辐照处理的剂量应根据农产品的种类及品种适当选择，一般辐照处理的最适剂量为 $0.05 \sim 15\ kGy$。抑制洋葱发芽的 γ 射线辐照剂量为 $40 \sim 100\ Gy$，在马铃薯上的应用辐照剂量为 $80 \sim 100\ Gy$。农产品辐照以后在适宜条件下贮存，可保藏半年到一年。日本自 1973 年开始在商业上应用辐照处理抑制马铃薯发芽，现已建立每年可处理 $3 \times 10^4\ t$ 的辐照工厂。辐照处理技术已在世界范围内获得公认和推广，目前已有 19 个国家批准了经辐照处理的马铃薯出售。

3. 化学药剂处理

化学药剂处理具有明显的抑芽效果。青鲜素(MH)是目前国内外广泛采用的化学药剂，用 MH 处理洋葱、大蒜等鳞茎类蔬菜，抑芽效果明显，并且能防止根菜糠心变质。采前应用时，一般是在采前两周喷洒，必须将 MH 喷到鳞茎类蔬菜的叶子上，药剂吸收后渗透到鳞茎内的分生组织中并转移到生长点，起到抑芽作用。如果喷药过晚，叶子干枯，没有吸收与运转 MH 的功能，此时鳞茎还处于迅速生长过程中，MH 对鳞茎的膨大便有抑制作用，会影响产量。MH 的浓度以 0.25% 为最好。

萘乙酸甲酯(MENA)对马铃薯发芽有明显的抑制效果。它具有挥发性，薯块经其处理后 $10\ ℃$ 下一年不发芽，$15 \sim 21\ ℃$ 下也可以贮藏几个月，同时可以抑制萎蔫。在生产上使用时，可以先将 MENA 喷到作为填充用的碎纸上，然后与马铃薯混在一块，或把 MENA 药液与滑石粉或细土拌匀，然后涂到薯块上，也可将药液直接喷到薯块上。MENA 的用量与处理时期有关，休眠初期用量要多一些，在块茎开始发芽前处理，用量则可大大减少，美国 MENA 的用量为 $100\ mg/kg$，我国上海等地的用量为 $0.1 \sim 0.15\ mg/kg$。

氯苯胺灵(CIPC)是一种在采后使用的马铃薯抑芽剂，应该在薯块愈伤后使用，因为它会干扰愈伤。CIPC 的使用量为 $1.4\ g/kg$，使用方法为将 CIPC 粉剂分层喷在马铃薯上，密封覆盖 $24 \sim 48\ h$，待 CIPC 汽化后，打开覆盖物。CIPC 和 MENA 两种药物都不能在种薯上应用，使用时应与种薯隔开。

3.5 果蔬采后病害

果蔬采后腐烂变质主要是由 3 个方面的原因引起的：果蔬组织生理失调或衰老、病原微生物侵染、贮运过程中的机械损伤。三者相互影响，最终引起果蔬腐烂。引起果蔬腐烂的病原微生物主要是真菌和细菌，大约有 25 种真菌和细菌具有侵染采后果蔬并进一步引起腐烂的能力。每种果蔬仅受少数几种真菌和细菌的侵染。例如，指状青霉可引起柑橘果实绿霉病，但在苹果和梨果实上则不造成病害；扩展青霉侵害苹果和梨，但不危害柑橘果实。

病原菌有克服寄主防卫的能力，能够在寄主组织的营养、pH、水分条件下生长，合成浸解寄主组织的物质，使所需要的营养物质释放出酶来维持病原菌在寄主体内的寄生性生长发育。因此，在有大量的病原菌存在的情况下，果蔬组织是否腐烂，取决于果蔬组织抗病性的强弱。如果果蔬组织抗病性强，即使有病原孢子存在，也不一定会使果蔬组织发生腐烂。果蔬贮藏在一定的温度、相对湿度和空气成分的环境中，环境条件一方面可以直接影响病原菌，促进或抑制其生长发育，另一方面也会影响果蔬的生理状态，保持或降低果蔬的抗病力。当贮藏环境有利于病原菌而不利于果蔬组织时，就会造成严重的腐烂；反之，若环境不利于病原菌而有利于果蔬组织，病原菌便会受到抑制，腐烂相应减少。综上所述，病原菌、易感病的寄主（果蔬产品）和适宜的环境条件是侵染性病害发生的 3 个基本因素，这三者称为植物病害的三角关系，缺一不可。

3.5.1　采后主要寄生性病害

1. 真菌病害

采后病原真菌较多的是鞭毛菌和半知菌，担子菌较少，其分布有鲜明的地区性特点：热带和亚热带地区较多的病原真菌有炭疽菌属（*Colletotrichum*）、青霉属（*Penicillium*）、球二孢属（*Botryodiplodia*）、疫霉属（*Phytophthora*）、拟茎点霉属（*Phomopsis*）；在北方比较多的病原真菌有葡萄孢属（*Botrytis*）、丛梗孢属（*Monilia*）、黑星孢属（*Fusicladium*）、壳卵孢属（*Sphaeropsis*）；在南方和北方都较多的有根霉属（*Rhizopus*）、交链孢属（*Alternaria*）、镰刀菌属（*Fusarium*）、曲霉属（*Aspergillus*）、地霉属（*Geotrichum*）、长喙壳属（*Ceratocystis*）。交链孢属（*Alternaria*）因为有极强的腐生性，所以也经常构成在植物发病部位的第二次侵染。此外，复端孢属（*Cephalothecium*）、单端孢属（*Trichothecium*）等也经常是构成第二次侵染的主要病原。尾孢属（*Cercospora*）、茎点霉属（*Phoma*）以及叶点霉属（*Phyllosticta*）则经常造成斑点而不造成腐烂，因而引起的损失不大。果蔬采后腐烂主要由真菌病害引起。

（1）半知菌亚门

半知菌都是非转性寄生菌，其危害果蔬贮运产品的病原真菌最多。

1）链格孢属（*Alternaria*）。链格孢属的不同种在采收前后都可造成多种果蔬腐败。症状通常表现为呈褐色或黑色，有扁平和塌陷的斑点，可能带有明显的边缘或表现为大的弥散腐烂区，浅或深入到果蔬肉质部分，在腐烂区域的表面通常先是白色菌丛，以后变褐发黑。采后的黄瓜、番茄、甜椒、茄子、苹果、马铃薯、甘薯、洋葱、柠檬、柑橘均易感染链格孢而得黑腐病。此属真菌适应的温度范围很广，在 $-2\sim0$ ℃ 的低温下也能发展，特别是遭受冷害的甜椒、番茄、甜瓜的冷害斑普遍覆盖有链格孢属丛。链格孢可通过机械伤口、冷害损伤及衰老组织的自然开孔侵入，甚至还可以通过健康的果皮侵入。

2）葡萄孢属（*Botrytis*）。葡萄孢属造成水果和蔬菜田间及采后的灰霉或灰色霉腐病，基本上任何一种新鲜的果蔬产品在贮藏期间都会被葡萄孢所侵害。其中有些果蔬，如生菜、番茄、柑梅、洋葱、草莓、梨、苹果、葡萄等在田间接近成熟阶段就被侵染。腐烂从水果的花蒂或茎端开始或从伤口、裂纹侵入，初期表现为水浸状，以后变成淡褐色，迅速扩展到组织内部。多数果蔬在潮湿条件下，腐烂区表面产生淡灰色或浅灰褐色、团粒状、柔软的霉层。冷湿条件下灰色霉层最严重，甚至在 0 ℃下也可缓慢发展。灰霉菌在苹果、梨、柑橘、葡萄、草莓、番茄、洋葱等肉质水果的贮藏期造成严重损失。

3）镰刀菌属（*Fusarium*）。镰刀菌属主要侵染地下根茎类蔬菜以及结果部位比较低的果实，如黄瓜、番茄等，引起采后粉红色或黄色、白色霉变。在长期贮藏中，柑橘和柠檬的褐腐病也是由镰刀菌造成的。镰刀菌侵染多数发生在田间收获前或收获期间，但危害可发生在田间，也可发生在贮藏期间。长期贮藏的马铃薯受镰刀菌侵害的干腐病非常普通，受害组织最初为淡褐色，以后变成深褐色略干，随着腐烂区域扩大，表皮皱缩、凹陷，出现淡白色、粉红色或黄色的霉丛。甜瓜病部主要发生在果实两端及近地侧面，果皮最初呈现直径为 2～3 cm 的塌陷淡褐色圆斑，果皮开裂，裂缝中常呈现白色霉丝，霉层呈绒垫状，较紧密，病部组织呈海绵状软木质团块，病部果肉与邻近的果肉相分离。组织较软的蔬菜，如番茄、黄瓜镰刀菌发病较快，其特征是有粉红色菌丝体和粉红色腐烂的组织。

4）地霉属（*Geotrichum*）。地霉属会造成柑橘、番茄、胡萝卜和其他果蔬产品的酸腐病。成熟或过熟的果蔬，尤其是贮藏在高湿度的塑料袋里的果蔬，对酸腐病特别敏感。这种真菌在土壤中分布很广，一般在采前或采收时附着在果蔬产品上，并从表皮裂口、剪口及各种伤痕处侵入农产品。病区呈水浸状、发软，容易刺穿，腐烂蔓延迅速，最初侵害果实内部，最后祸及整个果实。受病区域表皮往往裂开，通常填满白色、乳酪样或泡沫样真菌。另外，在表皮有一层水浸状、薄而密集的奶油色的菌层，内部变酸并水化。地霉喜欢高温（24～30 ℃）和高湿，但在温度低至 2 ℃时仍然可以活动。

5）青霉属（*Penicillium*）。青霉属的不同种造成青霉病和绿霉病，这是最普遍的采后病害，侵害柑橘、苹果、梨、葡萄、甜瓜、无花果、甘薯及其他果蔬产品。其中指状青霉引起柑橘果实发生绿霉病，但不侵染苹果和梨；而扩散青霉侵害苹果和梨，但不侵害柑橘果实。青霉菌基本上是采后病害，占柑橘贮运腐烂的 90%，柑橘在田间也可能部分感染此病。青霉菌通过表皮伤口侵入，也可以通过没有受伤的表皮或皮孔进入组织，从发病果实扩展蔓延至健康组织。青霉腐烂最初呈现变色、充水、发软的斑点，病层较浅，很快向深入发展，在室温下只要几天大部分果实就会全部腐烂，腐烂表皮靠近斑点中心出现白霉，以后开始产生孢子，孢子区为蓝色、淡绿色或橄榄绿色，通常外面一圈为白色菌丝带，环绕菌丝外围是一条水浸状组织。贮藏温度较高及果蔬产品表面机械损伤都有利于青霉的发展。有些青霉菌种产生乙烯，刺激呼吸，加速果实衰老。

6）圆盘孢（*Gloesporium*）和刺盘孢（*Colletotrichum*）。圆盘孢（*Gloesporium*）是分生孢子盘，呈盘状或垫状，引起香蕉、桃的炭疽病，苹果的苦腐病。其侵入后暂呈休眠状态，在贮藏期间或生长期发展为轮纹腐烂斑。开始果面上出现淡褐色圆形小病斑，迅速扩大呈褐色或深褐色，最后是黑褐色。随着病斑扩大，果面稍下陷。当直径扩大到 1～2 cm 时，病斑中心生出突起小粒点，初为褐色，随即变成黑色，这是病原菌的分生孢子盘。黑色粒点很快突破表皮，湿度大时，溢出粉红色黏液。有时数小斑融合，形成大斑，高温高湿下传染迅速。

刺盘孢（*Colletotrichum*）主要侵染葫芦科、十字花科果蔬和柑橘类，是炭疽病的病原菌。瓜类果实被侵染，先呈暗绿色水浸状小斑点，后扩大为圆形或椭圆形凹陷的暗褐色至黑褐色斑；凹陷处常龟裂；潮湿环境下，病斑上产生粉红色黏状物。柑橘果实炭疽病多以果蒂或靠近果蒂部开始腐烂，初为淡褐色水浸状，后变成褐色而腐烂，病斑边缘整齐，先果皮腐烂而后引起全部果实腐烂。

（2）接合菌亚门

接合菌的主要特征是菌丝体无隔、多核，细胞壁由甲壳质组成，无性繁殖形成孢子囊，产生不动的孢囊孢子，有性繁殖产生接合孢子。该亚门真菌可以引起果蔬贮藏期间的软腐病，主要包括以下两个属。

1）根霉属（*Rhizopus*）。匍枝根霉和米根霉是引起果蔬软腐的最常见的两种根霉。香蕉、番木瓜、苹果、梨、葡萄、草莓、油桃、杏、李、番茄、辣椒、南瓜、抱子甘蓝等均可被根霉侵染引起软腐。症状开始时呈现水浸状圆形小斑，后变褐色。病斑表面生长灰白色至灰褐色菌丝，菌丝体粗糙，生长迅速。病部果皮脆弱，一碰即破，果肉组织崩溃、液化。贮藏温度对软腐病发生有很大影响，匍枝根霉最适生长温度为 25 ℃，米根霉最适生长温度为 35 ℃，因此软腐病是典型的高温性病害。

2）毛霉属（*Mucor*）。毛霉主要通过伤口侵入，可危害苹果、梨、草莓和甜瓜。罹病果实表皮变成深褐色，呈焦干状，病斑下方果肉呈灰色至白色，变软或木化，但无臭味；在湿润条件下产生大量黑色孢子囊；在 0 ℃长期贮藏中，可发现毛霉引起的腐烂，发生接触传染。

（3）子囊菌亚门

子囊菌亚门中与果蔬采后关系密切的有核盘菌属和链核盘菌属两个属。子囊菌亚门真菌的营养体除酵母菌是单细胞外，一般都具有分枝繁茂、有隔的菌丝体。

1）核盘菌属（*Sclerotinia*）。核盘菌属引起果蔬菌核病的产生。患病部位长出棉絮状菌丝和黑色鼠粪状菌核，但无臭味。核盘菌子囊孢子萌发的温度范围很广，在 0～35 ℃下均可萌发，萌发的适宜温度范围为 5～20 ℃，在 5～10 ℃下经 48 h 发芽率可达 90％以上，对相对湿度要求不严格。菌核一旦形成，不需休眠，只要环境条件适宜即可萌发。在贮藏期间，可通过接触传染到相邻的果实，在 0 ℃冷藏中仍然继续发展。

2）链核盘菌属（*Monilinia*）。链核盘菌属中的果生链核盘菌和核果链核盘菌均可引起桃、李、杏、樱桃等果实的褐腐病。开始症状为呈现小的水浸状斑点，然后迅速变成褐色，病斑在数日内便可扩及全果，造成整个果实软腐，而后在病斑表面长出灰褐色绒状霉丝，即病菌的分生孢子层，孢子层常呈圆形轮纹状排列。

（4）鞭毛菌亚门

鞭毛菌亚门真菌的特征：营养体是单细胞或无隔膜、多核的菌丝体，孢子和配子或者其中一种是可以游动的。无性繁殖形成孢子囊，有性繁殖形成卵孢子。腐霉属（*Pythium*）和疫霉属（*Phytophthora*）是该亚门中与果蔬采后有密切关系的菌属。

1）腐霉属（*Pythium*）。常见的采后腐霉病害是甜瓜、草莓的絮状泄露病，病原为瓜果腐霉、巴特勒腐霉和终极腐霉，感病初期出现水浸状斑点，后迅速扩大呈黄褐色水浸状大病斑，最终导致整个果实腐烂，且在病斑处长出一层白色茂密的菌丝。该真菌生长于潮湿的土壤环境，可直接穿透果皮侵入甜瓜组织，草莓感病后可形成窝穴状腐烂，汁液外流。

2)疫霉属(*Phytophthora*)。果蔬采后常见的疫霉包括枯生疫霉、柑橘疫霉、恶疫霉和辣椒疫霉。疫霉引起柑橘类果实的褐腐病(也称疫腐病),宽皮柑橘、甜橙、柚、柠檬均可被害。此外,番木瓜、苹果、梨、草莓、甜瓜、马铃薯也发现由疫霉引起的腐烂。感病的柑橘果实开始呈淡灰色至褐色斑,发展扩大后保持僵硬和皮革状,并产生刺激性气味;草莓被侵染后通常组织褪色,僵硬也呈皮革状,在潮湿条件下被稀疏的白霉所覆盖,果实软腐,维管束变成褐色;苹果受侵染后呈灰白色至褐色,梨呈褐色。高湿温暖是疫霉发病的必要条件,在 4 ℃下几乎不会引起病害。

2. 细菌病害

与大部分真菌相比,细菌不能直接穿透果实的完整表皮,但可通过自然开孔侵入组织,一般通过损伤处进入。果蔬采后细菌性腐败报道相对较少,仅少数几种细菌引起软腐(表 3-8)(张维一等,1996)。

引起果蔬采后软腐的细菌主要是欧文菌属(*Erwinia*)和假单胞杆菌属(*Pseudomanas*)。欧文菌属包括 6 个种,引起采后果蔬软腐的有胡萝卜软腐欧文菌和大白菜软腐欧文菌两个种。前者引起大多数蔬菜、部分果菜的软腐,特别是马铃薯的黑胫病以及番茄的茎端病;后者则广泛引起各种蔬菜软腐,特别是大白菜。细菌性腐烂在采后症状基本相似,感病组织开始为小块的水浸状,变软,薄壁组织浸解,在适宜的条件下腐烂面积迅速扩大,引起组织完全软化腐烂,腐烂组织产生不愉快的气味。因受病组织和环境不同,症状略有差异。大白菜多汁,柔嫩组织开始呈浸润半透明状,后变褐色,随即变为黏滑软腐状,比较坚实的组织受侵染后,也呈水浸状,逐渐腐烂,最后患部水分蒸发、组织干缩。萝卜受害后呈水浸状褐色软腐,染病部分界线分明,常有汁液渗出。马铃薯块茎外表呈褐色病斑,内部呈糜粥状软腐,干燥后呈灰白色粉渣状。

表 3-8 引起果蔬采后软腐的细菌 (单位:℃)

细菌病原	生长温度			侵染产品
	最低	适宜	最高	
胡萝卜软腐欧文菌(*Erwinia carotovoravar. atroseptica*)	3	27	35	大多数蔬菜,部分果菜,马铃薯
大白菜软腐欧文菌(*E. carotovoravar. carotovora*)	4	27~30	36	大白菜、胡萝卜、大部分蔬菜、某些果菜
菊欧文菌(*E. chysanthemi*)	6	34~37	>40	菠萝等热带、亚热带水果
边缘假单胞菌(*Pseudomanas mariginalis*)	>0.2	25~30	>41	大多数蔬菜
菊苣假单胞菌(*P. cichroii*)	—	30	>40	甘蓝、莴苣
洋葱假单胞菌(*P. cepacia*)	>4	30~35	40~41	洋葱
菜豆荚斑病假单胞菌(*P. viridiflava*)	—	—	—	菜豆

假单胞杆菌属中的边缘假单胞菌最为普遍,可侵染大多数蔬菜及部分果蔬,如黄瓜、番茄等。假单胞杆菌引起的软腐症状与欧文菌很相似,但不愉快气味较弱。边缘假单胞

菌还可以引起生菜组织维管束褐变。

3.5.2 寄主植物的病害生理

1. 呼吸变化

受到病原微生物侵染的植物组织，其呼吸强度增高是普遍反应。寄生或兼寄生的病原细菌或真菌，采前或采后病害均引起呼吸上升。因此，病原物侵染植物组织呼吸强度上升是非特异性反应。呼吸强度增高通常与病状出现同时发生或在症状之前出现上升。在形成孢子时，呼吸强度达到最高值，以后逐渐下降。呼吸释放出的 CO_2 或吸收的 O_2，来自寄主组织和病原微生物两方面的呼吸作用。细菌性病害，O_2 的吸收增加，主要是细菌病原呼吸的结果。真菌性病害，O_2 消耗也增加，主要是病原真菌诱导植物组织的反应，在侵染初期，真菌病原物的呼吸微不足道，在侵染后期真菌呼吸比率高于寄生组织。

受真菌病原侵染的植物组织在呼吸强度增加的同时，"巴斯德效应"消失，也就是说感病植物组织由无氧条件移至有氧条件时，发酵作用并未受到抑制，对呼吸底物的消耗增多，但不能将糖全部分解成 CO_2 和 H_2O，发生有氧发酵，而产生乙醇。此外，受侵染的植物组织呼吸代谢明显倾向磷酸戊糖途径，糖酵解和三羧酸循环削弱。

许多研究表明，当真菌病原侵入植物组织时，抗病性较强的品种比敏感品种呼吸强度有较大的增加。Samedegarad 等(1981)发现抗病性强的植物在病原侵染初期呼吸升高，之后下降，形成一个峰状曲线。而易感病的植物在感病后期，组织崩溃或症状明显时呼吸上升。但有人认为这种变化曲线并不具有普遍意义。

2. 次生代谢物质

许多植物组织被真菌、细菌、病毒侵染后，特别是侵染的局部组织和过敏性反应组织累积大量的醌类、黄酮类、香豆素、萜类、类固醇等次生代谢物质。这些物质与果蔬产品的颜色、结构、风味和抗病性有密切关系，某些次生代谢物质在病原侵染植物组织前就存在，但主要在病原侵染或损伤后，才大量累积并显示抑菌活性。抑制病原孢子发芽，钝化病原菌分泌的水解酶活性或促进细胞壁木质化。这些因病原物的侵染而在植物组织内产生并累积的、具有抑菌活性的次生代谢物质称为植物保护素(phytoalexin)。

3. 乙烯生物合成的变化

乙烯除诱导呼吸跃变及成熟衰老基因和生长发育过程中其他基因的表达外，还参与植物对逆境胁迫的反应，包括植物感病后的病理过程。乙烯合成增加是植物病理最显著的变化之一。陈尚武等(1993)利用匍枝根霉接种"皇后"甜瓜 24 h 后，在接种点出现乙烯释放高峰，在邻近接种点外 20~25 mm 处形成响应病原刺激的应激乙烯高峰。半裸镰孢致腐力较弱，发病较慢，经 72 h 才在外围组织 5~10 mm 处形成应激乙烯高峰。随着病斑扩大，应激乙烯向外推移。在果实成熟度相同的情况下，致腐力弱的半裸镰孢虽然应激乙烯峰出现较晚，但形成的乙烯峰高度远高于致腐力强的葡枝根霉刺激的应激乙烯峰。果实成熟度越低，病原刺激形成的应激乙烯峰就越低。病原菌刺激乙烯释放增加主要是由于其刺激了 ACC 的合成，并激活了 ACC 氧化酶的活性。

3.5.3 采后病害的侵染方式

1. 侵染途径

病原微生物有些在果蔬采收前侵染，有些在采收期间或采后的贮运和销售过程中侵染，从而导致果蔬腐烂。其侵入果蔬组织内部的途径主要有以下几种。

（1）表皮入侵

病原物可以直接穿透寄主表皮细胞而侵染果蔬组织。例如，引起柑橘、油梨、香蕉、芒果、番木瓜等果实炭疽病的盘长孢状刺盘孢和盘长孢，在果实发育期间，当条件湿润时，孢子便可迅速发芽，发芽后的芽管末端膨大形成附着孢，埋藏在表皮或角质层内，到果实成熟时发展成为病痕。

当表皮已发生角质化时，病原菌侵染相对困难，必须具有角质酶的微生物才有可能进入果蔬组织内部，而且需要高温、高湿，尤其是高湿最有利于病原菌穿透表皮，因为其有利于孢子的发芽。

（2）自然孔道入侵

自然孔道入侵即通过气孔、皮孔、花器而进入果蔬组织。大多数真菌和细菌均可通过自然孔道侵入组织。例如，蔬菜中的锈病菌孢子就是由气孔侵入寄主的，其首先在气孔上形成附着器，然后进入气孔的细胞间隙，并能通过细胞壁在细胞内形成吸胞吸收养分；马铃薯块茎采后的细菌性软腐病原菌则一般从块茎皮孔侵入；而侵染草莓的灰霉葡萄孢属分生孢子则是在春季果实开花期间，便在带有水膜的花瓣上或花器其他部位发芽，伸展到花托末端而侵染。

（3）伤口入侵

病原菌从果蔬表面各类伤口、伤疤处侵入，这是果蔬采后病菌的主要侵入途径。尤其从植株上采收、切割果柄带来的损伤是采后病害的重要侵染点。例如，香蕉的冠腐病、黑腐病，菠萝的花梗腐烂，芒果、番木瓜、油梨、甜椒、甜瓜等的茎端腐均是由于病菌通过采收切割伤口侵染果实组织的结果。

（4）生理损伤

组织由于冷、热、缺氧等不良环境因素引起的生理损伤，可使果蔬组织失去抗性，也会导致病原菌侵入果蔬组织。许多果蔬遭受冷害后发病率迅速增加，如低温下窖藏的胡萝卜在温度过低时往往产生菌核病，甚至造成全窖果实腐烂；冷害后葡萄柚茎腐病发病率增加；甜椒、甜瓜在贮藏中的黑斑病和细菌性软腐病也往往是冷害使组织抗性下降导致的。此外，高温也会为一些微生物侵染提供条件，如柠檬在 48 ℃温水中浸泡时易受到青霉菌侵染而腐烂，番茄在类似处理时也会被链格孢所侵染。

2. 潜伏侵染

一些病原物的侵染，尤其是生长早期开始的侵染，由于寄主组织的抵抗，病原物在寄主组织内受抑制而潜伏，暂不显示症状，收获后随着果蔬产品的成熟和衰老，逐渐丧失抗性，病原恢复生长，在寄主表面产生有活力的腐坏病痕。这种病原侵入寄主不即刻发病，而是潜伏至某一时期后才表现症状的现象称为潜伏侵染或静止侵染。例如，盘长孢状刺盘孢侵染所致的香蕉、香木瓜、芒果的炭疽病，孢子发芽几小时后，芽管末端膨大形成附着孢，在侵染过程中紧密地附着在角质层上，有时分泌黏液，部分嵌入角质层中或者在附着孢底部产生纤细的侵染丝，穿透角质层，形成菌丝块。

由于未成熟果实的组织抵抗，病原菌进入休眠阶段。这种潜伏侵染可达数月之久。附着孢抵抗不良环境条件使病原菌进入休眠或静止阶段。不形成附着孢的真菌也能较长期潜伏。潜伏可发生在病原孢子发芽、穿透、附着孢形成和定植各阶段。

3.5.4 病原菌侵染过程

病原菌从接触、侵入到引起寄主发病的过程称为侵染过程（infection process）。通常将它分为侵入前期、侵入期、潜育期和发病期 4 个时期。

侵入前期指从病原菌与寄主接触到病原菌向侵入部位生长或活动，并形成侵入前的某种侵入结构的一个时期。病原菌通过各种途径（如振动、露珠等）进行传播，与寄主接触，并通过生长活动，如真菌休眠结构或孢子的萌发、芽管或菌丝体的生长、细菌的分裂繁殖等进行侵入前的准备，直到到达侵入部位，侵入前期即完成。这一时期病原菌除受寄主的影响外，还受到生物和非生物环境因素的影响。生物因素如果蔬表面存在的拮抗微生物可以明显抑制病原菌的活动；非生物因素中湿度、温度对侵入前期病原菌的影响最大。因此，侵入前期是病原菌侵染过程中的薄弱环节，也是防止病原菌侵染的关键阶段。

侵入期是从病原菌开始侵入到病原菌与寄主建立寄生关系。真菌大都是以孢子萌发以后形成的芽管或以菌丝通过自然孔口或伤口侵入，有些真菌还能穿过表皮的角质层直接侵入，细菌可由自然孔口和伤口侵入。有的病原菌既可在采前侵入也可在采后侵入。侵入期湿度和温度对病原菌的影响最为关键。湿度可左右真菌孢子的萌发、细菌的繁殖，同时还可影响果蔬愈伤组织的形成、气孔的开闭及保护组织的功能；温度则影响孢子萌发和侵入的速度，所以控制贮藏环境适宜的湿度和低温对于抑制病原菌侵入起着至关重要的作用。

潜育期是从病原菌侵入与寄主建立寄生关系到表现出明显的症状。症状的出现就是潜育期的结束。在一定范围内，温度对潜育期的长短影响最大，而此时湿度则显得次要，因为病原菌已侵入寄主组织内部，可以从寄主处获取充足的水分，所以不受外界湿度的干扰。有些病原菌侵入果蔬后，经过一定程度的发展，由于果蔬抗病性强或其生理条件不利于病原菌的扩展，病原菌呈潜伏状态而不表现症状，但随着果蔬的成熟、衰老及抗病性减弱，即可继续扩展并出现症状，这种现象称为"潜伏侵染"。苹果的炭疽病、霉心病，香蕉的炭疽病等均是潜伏性侵染病害。

发病期即显症期，寄主受到侵染后，从开始出现明显症状即进入发病期，此后，症状不断加重。随着症状的扩展，病原真菌在受害部位产生大量无性孢子，细菌性病害则在病部产生脓状物，它们是再侵染的菌源，开始大量产生新的病原菌个体。

3.6 粮食的陈化

3.6.1 粮食陈化的概念

粮食在贮藏期间，随着时间的延长，虽未发热霉变，但由于酶的活性降低，呼吸渐弱，原生质胶体松弛，物理化学性状改变，生活力减弱，其种用品质和食用品质将会下降。粮食的这种由新到陈、由旺盛到衰老的现象，称为粮食陈化(stale)。粮食的陈化不但表现为品质降低，而且还表现为生活力的下降。不含胚的粮食，虽无生活力而言，但表现出品质的下降。粮食陈化是粮食自身发生生理和生化变化的一种自然现象。大体可认为除小麦以外，大多数粮食贮藏1年，即有不同程度的陈化表现。成品粮比原粮更容易陈化，米的陈化以糯米最快。在长期贮藏中，小麦陈化速度比较缓慢，贮藏1年，其种用品质稳定，工艺与食用品质还逐渐改善。

3.6.2 粮食陈化过程中的变化

1. 生理变化

含胚或不含胚的粮食，其陈化的生理变化主要表现为酶的活性和代谢水平的变化。粮食在贮藏期间，生理变化多是在各种酶的作用下进行的。若粮食中酶的活性减弱或丧失，其生理作用也随之减弱或停止。稻谷贮藏初期含有活性较高的过氧化氢酶和 α-淀粉酶，随着贮藏时间的延长，这些酶的活性大大减弱，生活力下降。据测定，稻谷贮藏3年后，过氧化氢酶活性降至原来的 $1/5$，α-淀粉酶活性丧失，而大米在贮藏期间过氧化氢酶活性完全丧失，呼吸亦趋于停止。α-淀粉酶在有胚或无胚的粮食中均存在，对粮食品质的影响很大。陈米煮饭不如新米好吃，主要原因就是陈米中的 α-淀粉酶失去活性，淀粉液化值降低。

2. 化学变化

含胚或不含胚的粮食，其化学成分的一般变化规律是脂肪变化最快，淀粉次之，蛋白质最慢。

(1)脂肪的变化

粮食中脂肪含量虽然较少，但其对粮食陈化影响显著。粮食贮藏期间，脂肪易水解生成游离脂肪酸。特别是环境条件适宜时，贮藏霉菌开始繁殖，大量分泌脂肪酶，加速脂肪水解，使粮食中游离脂肪酸增多，粮食陈化加深。游离脂肪酸不仅使稻米蒸煮品质降低，而且游离脂肪酸进一步氧化可产生戊醛、己醛等挥发性羰基化合物，从而形成难闻的陈米气。脂肪的氧化、水解常同时发生相互影响，但脂肪水解往往引起氧化现象，其氧化产物可使脂肪酶失去活性。

（2）淀粉的变化

贮藏初期，新鲜粮食由于淀粉酶活性强，淀粉很快水解为麦芽糖和糊精，因而加工或食用时，黏度较大，食用品质好。如果继续贮藏，糊精与麦芽糖继续水解，还原糖增加，糊精相对减少，导致黏度下降，粮食开始陈化。如果水分大，温度适宜（25～30 ℃），还原糖继续氧化，生成 CO_2 和 H_2O，或酵解产生乙醇和乳酸，使粮食带酸味，品质变劣，陈化加深，失去食用价值。

（3）蛋白质的变化

粮食陈化过程中，蛋白质的变化表现为蛋白质水解和变性。粮食在贮藏期间，受外界物理、生物等因素的影响，蛋白质会发生水解和变性。蛋白质水解后，游离氨基酸含量增加，酸度增高。蛋白质变性后，空间结构松散，肽键展开，非极性基团外露，亲水性基团内藏，蛋白质由溶胶变为凝胶，溶解度降低，粮食开始陈化。

3. 物理性状变化

粮食陈化时物理性状变化很大，表现为粮粒组织硬化，柔韧性变弱，粮粒质地变脆，稻米起筋、脱糠；淀粉细胞变硬，细胞膜增强、糊化、吸水力降低，持水力下降，粮粒破碎，黏性较差，有陈味。用其制作面包时，面粉发酵力减弱，面包品质下降。粮食陈化的程度与保管时间成正比，保管时间越长，陈化越深。一般隔年陈粮由于水分降低，硬度增加，千粒质量减轻，密度增大，生活力减弱。虽然这对稳定贮藏有利，但因其新鲜度减弱，发芽率降低，因而品质变差。

3.6.3　粮食劣变指标

粮食在日常贮存和长期贮备中都需要识别贮粮的耐贮性和早期劣变以避免粮食损坏与经济损失，一些试验方法可用来测定贮粮的品质状况并预测贮藏性能。这些方法包括：用感官表现来评定粮食的贮藏状况；用活力与发芽率（活的胚有还原力，可用四唑试验来判断粮食生活力的强弱）及非还原糖来衡量粮食的劣变程度；用酸度和脂肪酸值作为早期劣变指标，通过淀粉-碘-蓝试验及蒸煮品质品尝来反映粮食在贮藏中的陈化程度；通过黏度值、降落值（黏度计测定 α-淀粉酶引起的黏度下降）、酶（α-淀粉酶、过氧化物酶、过氧化氢酶等）的活力测定来预测原粮及加工品的食品加工用途。

3.6.4　影响粮食陈化变质的因素

粮食陈化虽然是粮食内部生理生化变化的结果，但贮藏环境条件及贮藏技术措施和粮食陈化均有密切的关系。影响粮食陈化的因素分为内在和外在两个方面。

1. 内在因素

影响粮食陈化的内在因素是种子的遗传性和本身质量。在正常贮藏条件下，小麦、绿豆贮藏的时间长，而稻谷、玉米贮藏的时间短，就是由粮食本身的遗传性决定的。种子本身的质量也决定了陈化速度，籽粒饱满的粮食陈化速度较慢。此外，有些粮食在田间生长的条件也会影响其贮藏性能，如在风调雨顺年景生长的粮食，其贮藏性能要好于气候不利年景生长的粮食。

2. 外在因素

（1）粮堆的温度和湿度

温度和湿度都是影响粮食陈化的主要因素。贮藏环境的温度和湿度较高，会促进粮食的呼吸，加速内部物质分解，且温度达到一定程度又会使蛋白质凝固变性，陈化速度加快。研究表明，粮食在正常状态下贮藏，温度每降低 $5\sim10$ ℃，湿度每降低 1%，贮藏期可延长 1 倍。因此，减缓粮食的陈化速度，首先要把粮食的贮藏温度、湿度控制在一定范围内。

（2）粮堆中的气体成分

当粮食中水分处在安全条件下时，降低粮堆 O_2 浓度，提高 CO_2 浓度，可减缓粮食内部营养物质的分解，降低陈化速度。

（3）粮堆中微生物和病虫害

粮堆中的微生物主要是霉菌，它们不仅能分解粮食中的有机物质，而且有时还会产生毒性物质（如黄曲霉素 B_1）。粮堆中微生物的大量繁殖导致粮食发热，这是加速粮食陈化的主要因素。病虫害不仅会减少粮食的数量，增加虫蚀率，降低发芽率，而且还容易导致粮食的发热、霉变、变色、变味，降低粮食质量。

（4）粮堆中杂质

粮堆中的杂质直接关系到贮藏的稳定性。一些杂质（如草子）体积小，胚占比例大，呼吸强度大，产生湿热多；另一些杂质（如叶子、灰尘、粉屑等）往往携带大量的微生物、螨、害虫等随粮食入库进仓，而粉状细小的杂质往往又容易堵塞粮堆内的孔隙，影响粮堆的散热、散湿，使粮堆局部结露、霉变、发热，从而发生病害。

（5）化学杀虫剂

一些化学杀虫剂能与粮食发生化学反应，加速粮食分解劣变的过程，如溴甲烷中的溴可以和粮食中不饱和脂肪酸的双键发生加成反应，小麦、面粉能吸收少量的磷化氢，生成磷酸化合物。因此，从延缓粮食陈化的角度而言，要尽量减少化学药剂使用的剂量和次数。一般同一批粮食，每年只宜熏蒸一次。

综上所述，影响粮食陈化的因素是多方面的，陈化的趋势是不可逆转的，但我们可以采取相应的手段和措施来减缓粮食陈化的速度。

第4章 农产品贮藏技术

农产品贮藏技术在人类文明发展史上占有重要地位。为了保存食物，抵抗严酷的自然灾害，人类利用山洞、地洞保存食物，或通过风干、火烤等方式防止腐烂，或用冰块使食物降温而保持其可食性。这些方式被长期采用，并被古代学者以文字记载于著名典籍中，如《天工开物》、《农政全书》、《资治通鉴》等。农产品贮藏技术产生于人类的生产实践，虽然早期的农产品贮藏方式原始、粗放，但却蕴含着科学的原理，是被实践证明的确实有效的方法。时至今日，有些原始的农产品贮藏技术一直在应用。随着现代科技的发展和人们对农产品贮藏质量要求的提高，在原始的农产品贮藏技术基础上，又出现了许多现代农产品贮藏技术。

新鲜采收的农产品必须经过清理、挑选、分级、保鲜处理、包装、装卸、运输、贮藏、销售等一系列环节。国外多将上述过程称为"采后处理"，国内则常称为"商品化处理"。经验证明，只有科学合理地进行农产品的采后商品化，才能降低腐败率，提高上市产品的品质和价格，促进农民增收和农业产业链的良性循环。事实上，上述的商品化环节，有时或有些是贮藏的前处理环节，旨在增进贮藏效果；有时或有些是贮藏后的处理环节，是为了进一步改善贮藏后的产品品质，满足流通与货架陈列的需要。由此看来，一般所说的"贮藏"，实际是广义的，不单指"贮藏"，而是指从采后到餐桌的贮运及保鲜的全过程。

本章主要讨论常温贮藏、低温贮藏、气调贮藏、干燥贮藏、辐照保藏、化学保藏等的原理，各种设施的结构特点，主要设备、性能与应用方面的内容，也将涉及技术领域中特色明显、应用价值较高的研究成果与创新思路。

4.1 常温贮藏

常温贮藏(normal temperature storage)也称简易贮藏(simple storage)，是在长期生产实践基础上积累经验而形成的一种利用自然环境的温度、湿度实现贮藏的方法，是目前我国农村及家庭普遍采用的贮藏方式，具有悠久的历史。

常温贮藏的主要特点是贮藏场所因地制宜、结构简单、建造容易、费用低廉，采用自然调节方式控制贮藏温度，贮藏效果差，应用受限制。

常温贮藏的形式主要包括堆藏、沟藏(埋藏)、窖藏和常温通风贮藏4种类型。在实际应用中，应根据农产品的种类选择不同的常温保藏方式。

4.1.1 堆藏

1. 定义及原理

堆藏是将农产品堆在室内或室外平地上，利用气温调节堆内温度、湿度的简单贮藏方式。该贮藏方法适用于价格低廉或自身较耐贮藏的果蔬产品，如大白菜、洋葱、甘蓝、冬瓜、南瓜，也可以将苹果、梨和柑橘临时堆藏。

2. 特点与性能

堆藏产品的温度主要是受气温的影响，受地面温度影响也较大，所以秋季容易降温而冬季保温困难。一般适用于温暖地区晚秋收获的农产品的暂时贮藏和越冬贮藏，在寒冷地区只作为秋冬之际的短期贮藏。

3. 贮藏工艺

通常堆藏产品的堆高为 $1\sim2$ m，宽度为 $1.5\sim2$ m，长度根据果蔬产品的数量而定。一般在堆体表面顶盖一定的保温材料，如塑料薄膜、秸秆、草席和泥土等。根据堆藏的目的及气候条件控制堆体的通风和掩盖，以维持堆内适宜的温湿度条件。防止果蔬的受热、受冻和水分过度蒸发，保证产品品质。

4. 应用举例

通常大白菜采收的数量大，适于采用堆藏的方法暂时性保藏。由于大白菜在贮藏过程中易发生失水萎蔫和脱帮腐烂，适宜的贮藏条件为 (0 ± 1) ℃温度，$95\%\sim98\%$ 相对湿度。堆藏一般作为大白菜预贮藏、少量贮藏和短期贮藏的方式，冬季最低气温不低于 -7 ℃的地区均可采用。

白菜采收后，经过整理、晾晒，在露天或室内将白菜堆成数排，底部相距 30 cm 左右，其根朝内，头朝外，逐层向上，逐渐缩小距离。堆放时，菜要挤紧，每层菜间要交叉斜放一些细架杆，以便支撑菜体。堆 $5\sim6$ 层后，两排菜根部相接，然后在堆顶菜根朝下竖放一层菜，菜堆上部和两头用草帘等覆盖保温，并通过席帘的启闭来调节菜堆内的温度和湿度。

菜堆的北侧有时可设置风障，阻挡冷风吹袭，以利保温。有的在菜堆的南侧设置荫障，遮蔽阳光直射，以利降温和保持低温。荫障主要是在入贮初期设置，在严冬时可拆除或移到北面改为风障。风障和荫障应有一定的高度，以便菜堆在其遮挡范围之内，同时也应有一定的紧密度和厚度，才能起到遮挡作用。

4.1.2　沟藏

1. 定义及原理

　　沟藏又称埋藏，是将农产品置于沟槽内，并用土、塑料薄膜、秸秆、草席等覆盖农产品，以保温保湿的一种地下封闭式贮藏方式。利用沟的深度和堆土的厚度调节产品环境的温度(图 4-1)。

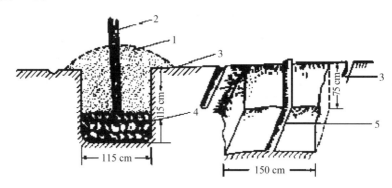

图 4-1　果蔬沟(埋)藏示意图

1. 覆土；2. 通风把；3. 排水沟；4. 果蔬产品；5. 通风沟

2. 特点与性能

　　沟藏主要是利用土及其他覆盖物的保温、保湿性以维持贮藏环境中的温度和湿度相对稳定。封闭式沟藏方式具有一定的自发气调作用，从而获得适宜的控制果蔬的综合环境条件。产品堆放在地面以下，所以秋季降温效果较差而冬季的保温效果较好。

3. 贮藏工艺

　　沟藏时需要贮藏沟，贮藏沟应该选在平坦干燥、地下水位较低的地方；沟以长方形为宜，长度视果蔬贮藏量而定；沟的深度视当地冻土层的厚度而定，一般为 1.2~1.5 m，应避免产品受冻，沟的宽度一般为 1~1.5 m；沟的方向要根据当地气候条件确定，在较寒冷地区，为减少冬季寒风的直接袭击，沟的方向以南北向为宜，在较温暖地区，多为东西向，并将挖起的沟土堆放在沟的南侧，以减少阳光的照射和增大外迎风面，从而加快贮藏初期的降温速度。

　　沟藏产品在采收后首先要进行预贮，使其充分散去田间热，降低呼吸热，在土温和产品温度都接近贮温时，再入沟贮藏。贮藏期间主要是采取分层掩盖、通风换气和风障、荫障设置等措施尽可能地控制适宜的贮藏温度。随着外界气温的变化逐步进行覆草或铺土、设立风障和荫障、堵塞通风设施，以防降温过低而使产品受冻。为了能观察沟内产品的温度变化，可用竹筒插一支温度计，以随时掌握产品的温度情况，同时在贮藏沟的左右开挖排水沟，以防外界雨水的渗入。

4. 应用举例

萝卜(胡萝卜)性喜冷凉多湿的环境条件，比较耐贮藏和运输。萝卜(胡萝卜)没有明显的生理休眠期，在贮藏期遇到适宜的条件便发芽，同时使肥大肉质根中的水分和营养向生长点转移，造成产品糠心。此外，贮藏温度过高、空气干燥、水分蒸发快也会造成糠心。萝卜(胡萝卜)适宜的沟藏条件是 0~3 ℃温度，90%~95%相对湿度。

沟藏方法选择地势平坦干燥、土质较黏重、排水良好、地下水位较低、交通便利的地方挖贮藏沟，将经过挑选的萝卜(胡萝卜)堆放在沟内，最好与湿沙层积。直根在沟内的堆积厚度一般不超过 0.5 m，以免底层产品出现热伤。若在产品面上盖土时，则以后随气温下降分次加土，最后与地面齐平，并在 1 周后浇水 1 次，浇水前应先将坡土平整踩实，以使水均匀缓慢地下渗。

4.1.3 窖藏

1. 定义及原理

窖藏是利用窖体的保护作用，使窖内温度、湿度、气体组成受外界环境影响较小，因而创造一个温度、湿度、气体组成都比较稳定的环境的贮藏方法。其原理是利用构成窖体的土及空气的热不良导性和窖的密封性，使窖内温度、湿度恒定，进而延缓窖内农产品的变质。窖藏时可以配备一定的通风设施，管理人员可以进出，以便物料的存取。

2. 特点与性能

窖藏在地面以下，受土温的影响很大；若设有通风设施，受气温的影响也很大。其影响的程度因窖的深度、地上部分的高度以及通风口的面积和通风效果而异。窖藏与沟藏相比，既可利用土壤的隔热保湿性以及窖体的密闭性保持其稳定的温度和较高的湿度，同时又可以利用简单的通风设施来调节和控制窖内的温度和湿度，并能及时检查贮藏情况，随时将产品放入或取出，操作方便。

3. 贮藏方式

窖藏的方式很多，常见的主要有棚窖和井窖。

(1) 棚窖

棚窖是在地面挖一长方形的窖身，以南北向为宜，并用木料、秸秆、泥土掩盖成棚顶的窖型。棚窖是一种临时性的贮藏场所，在我国北方地区广泛用于贮藏苹果、梨、大白菜、萝卜、马铃薯等。

棚窖根据入土深浅可分为半地下式和地下式两种类型(图 4-2)。在温暖或地下水位较高的地方多用半地下式，一般入土深 1.0~1.5 m，地上堆土墙高 1.0~1.5 m。在寒冷地区多用地下式，宽度有 2.5~3 m 和 4~6 m 两种。长度不限，视贮量而定。

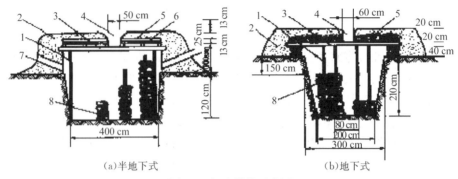

（a）半地下式 （b）地下式

图 4-2 棚窖结构示意图

1. 支柱；2. 覆土；3. 横梁；4. 天窗；5. 秸秆；6. 擦木；7. 气孔；8. 白菜

窖内的温度、湿度可通过通风换气来调节。因此，在窖顶开设若干个窖口（天窗），供产品出入和通风之用，对大型的棚窖还常在两端或一侧开设窖门，以便果蔬下窖，并加强贮藏初期的通风降温作用。

（2）井窖

井窖是一种深入地下的封闭式的土窖，窖身全部在地下，窖口在地上。窖身可以是一个 ［图 4-3(a)］，也可以是几个连在一起 ［图 4-3(b)］。通常在地面下挖直径为 1 m 的井筒，深 3~4 m，底宽 2~3 m。四川南充地区的吊井窖是目前普遍采用的井窖形式。井窖主要是通过控制窖盖的开、闭进行适当通风换气，从而将窖内的热空气和积累的 CO_2 排出，使新鲜空气进入。在窖藏期间，应根据外界气候的变化采用不同方法进行窖藏。入窖初期，应在夜间经常打开窖口和通风孔，加大通风换气，以尽量利用外界冷空气冷却，快速降低窖内及产品温度；贮藏中期，外界气温下降，应注意保温防冻，适当通风；贮藏后期，外界气温回升，为保持窖内低温环境，应严格控制窖口，关闭通风孔，同时及时检查，剔除腐烂变质产品。

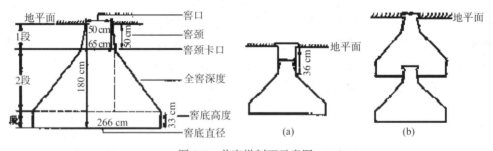

图 4-3 井窖纵剖面示意图

4．应用举例

（1）梨的棚窖贮藏

中国梨的贮藏温度一般为 0 ℃左右，而大多数洋梨品种适宜的贮温为 -1 ℃，适宜于窖藏的空气相对湿度为 85%~95%。

窖藏梨时，窖深 2 m、宽 5 m、长 15 m 左右，窖顶用椽木、秸秆、泥土做棚，其上设两个天窗，面积均为 2.5 m×1.3 m，窖端设门，高 1.5 m、宽 0.9 m。堆垛上部距窖顶留出 60~70 cm 的空隙，垛之间也保留通道，以便贮藏期间入窖检查。

入窖初期，门窗要敞开，利用夜间低温通风换气。当窖温降到 0 ℃时，关闭门窗，并随气温下降，窖顶分次加厚土层，最后使土层厚达 30 cm 左右。冬季最冷时注意防寒保温，有好天气且温度为 0 ℃时适当开窗通风，调整温度、湿度及气体条件。春季气温回升，利用夜间低温适当通风，以延长梨的贮藏期。

（2）井窖

柑橘类属热带、亚热带果实，不同品种、不同种类的耐贮性差异很大。一般甜橙适宜的贮藏条件为 1~3 ℃温度，90％~95％相对湿度。

四川南充地区的甜橙主要采用井窖贮藏。通常在入窖前需进行井窖的灌水增湿以及消毒杀菌。先在窖底铺一层薄稻草，将甜橙沿窖壁排成环状，果蒂向上依次排列放置 5~6 层，在果实交接处留 25~40 cm 的空间，以供翻窖时移动果实。窖底中央留一块空地，供检查时备用。贮藏初期果实呼吸旺盛，窖口上的盖板应留有空隙，以便降温排湿，当果实表面无水汽后，即将窖口盖住。以后每隔 15~20 天检查一次，及时拣出褐斑、霉变、腐烂的果实。若发现温度过高、湿度过大，则应揭开窖盖，通风换气，调节温度、湿度。同时注意排除窖内过多的 CO_2。

4.1.4 通风贮藏

1. 定义及原理

通风贮藏是将产品置于通风库内，利用自然低温空气，通过通风库对流换气并带走热量，达到控制贮温的一种贮藏形式(图 4-4)。

2. 特点与性能

通风库是通风贮藏的核心单元，它与窖窖相似，但建筑结构比窖窖复杂，有较为完善的隔热建筑和较灵敏的通风设备，操作比较方便，可充分利用冷热空气对流进行库内外的热交换，库房设有隔热结构，保温效果好。因此，通风库降温和保温效果比起一般的窖窖等简易贮藏库大有提

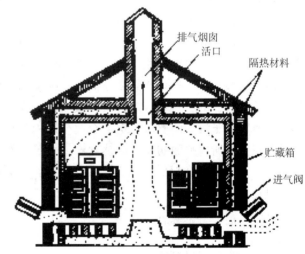

图 4-4　通风库构造与空气流动示意图

高。但是，通风库贮藏的原理仍然是依靠自然气流调节库内温度。在气温过高或过低的地区和季节，如果不附加其他辅助设施，通风库也很难维持理想的贮藏温度。

3. 贮藏工艺

通风贮藏的工艺控制主要分为入库前、入库时和入库后 3 个阶段。

（1）入库前

果蔬贮藏前，要彻底清扫库房，刷洗和晾晒所有设备，将门窗打开进行通风，然后进行库房消毒。以 0.1%～0.4% 的过氧乙酸或 3%～5% 的漂白粉溶液喷洒，也可用浓度为 40 mg/m³ 臭氧处理，兼有消毒和除异味的作用；在进行熏蒸消毒时，可将各种器具一并放入库内，密闭 24～48 h，再通风排尽残药。库坡、库顶及架子、仓柜等用石灰浆加 1%～2% 的硫酸铜刷白。由于通风库贮量较大，为使果蔬产品入库时尽可能获得较低的温度，应该在产品入库前对空库进行通风，充分利用夜间冷空气预先使库温降低，保证通风库的低温条件。

（2）入库时

为了保证果蔬的质量，除应适时采收外，还应及时入库。果蔬采收后，应在阴凉通风处进行短时间预贮，然后在夜间温度低时入库。各种果蔬都应先用容器盛装，再在库内堆成垛，垛与垛之间或与库壁、库顶及地面间都应留有不小于 40 mm 的空隙，以利空气流通。几种果蔬同时贮藏时，原则上各种果蔬应分库存放，不要混合，以便分别控制不同果蔬的温度、湿度使各种果蔬不致互相影响。产品入库时，通常会带入一定的田间热，因此入库时间最好安排在夜间，以利于入库后立即利用夜间的低温通风降温。入库后应将通风设施（包括排风扇、门、窗）全部打开，尽量加大通风量，使产品温度尽快降下来，以免影响贮藏效果。

（3）入库后

贮藏稳定一段时间后，应随气温、库温的变化，灵活开闭调节通风口以控制温度。一般秋季气温较高时，可在凌晨 4～5 时通风；而白天气温较高时则应关闭所有通风口，以维持库内的较低温度。相反，冬季严寒时，则可在午后 1～2 时通风。气温低于产品冷害温度时一般须停止通风。温度更低时，则须加强保暖措施，把所有的进排气口用稻草等隔热性能较好的材料堵塞。通风贮藏库的温度与湿度之间的关联度比较大。通风库的通风主要服从于温度的要求，但也会改变库内的相对湿度。一般来说，通风量越大，库内湿度越低，所以贮藏初期常会感到湿度不足，而中后期又觉湿度太高。湿度低可以喷水增湿，但湿度过高则比较麻烦，除应适当加大通风量外，还可辅以除湿措施，如用石灰、氯化钙等以降低湿度。

4. 应用举例

以马铃薯的通风贮藏为例。马铃薯的食用部分为地下块茎，收获后一般有 2～4 个月的生理休眠期，时间长短因品种不同而异。新鲜马铃薯的适宜贮藏温度为 3～5 ℃，但用作煎薯片或炸薯条的马铃薯，应贮藏于 10～13 ℃ 的环境中。贮藏的空气相对湿度为 80%～85%。湿度过高易腐烂，过低易失水皱缩。同时，应避光贮藏，因为光会促使马铃薯发芽，增加龙葵苷等毒素的含量。

4.2 低温贮藏

低温贮藏在农产品保藏中应用广泛。农产品在采收后生命并未终结，而会经过成熟、后熟及变质的生理变化。这些变化与温度有密切关系。如果采后贮运温度偏高，往往会使果蔬出现过早衰老现象，如糠心、内部褐变、粉绵化等病状。温度过高还会影响某些果蔬的正常催熟，如香蕉在催熟时，一般于 20~22 ℃下即可变黄，若温度高于 28 ℃，则会抑制有关酶的活性，使果皮颜色难以变黄（青皮熟）。长期贮藏的番茄一般于绿熟期采收，在正常温度下，半个月左右就可达到完熟，而在 30 ℃以上催熟时，番茄红素的形成将受到抑制而影响其脱绿变红。肉类在高温时容易变质。

低温是影响农产品采后生命活动的重要环境限制因素之一。当环境温度低于 10 ℃时，大多数生物体的生命活力就会受到影响，甚至造成死亡。温度也与很多生化反应密切相关，反应速度随温度降低而下降。农产品贮藏的稳定性严重受微生物和酶类引起的生化反应影响，而低温可以在很大程度上降低由微生物和酶引起的农产品腐败变质。因此，低温贮藏在农产品保藏中应用广泛。

根据温度的不同，低温贮藏主要可以分为冷藏和冻藏两种。从食品贮藏角度考虑，常常把用人为方式获得的、高于食品冻结点又低于 10 ℃的温度环境中的贮藏称为冷藏，通常也称为机械冷藏；而把温度低于农产品冻结点以下的温度环境中的贮藏称为冻藏。

4.2.1 冷藏

农产品冷藏时，通常需要将其置于冷库，并采用制冷机释放冷量，从而实现对冷库的降温。同时，利用冷库中的控温、控湿系统，实现对冷库温度和湿度的控制。

冷库按结构不同可分为土建冷库和组合冷库（活动冷库）；按使用性质可分为生产性冷库、分配性冷库和零售性冷库；按冷藏容量可分为大型冷库（容量为 10000 t 以上）、中型冷库（容量在 1000~10000 t）和小型冷库（容量在 1000 t 以下）。

在冷库冷藏中，制冷机是产生冷量和实现冷藏的关键。

1. 制冷机的原理与设备

（1）制冷机的原理

制冷机的工作原理是以氟利昂 R22 等制冷剂为冷媒，在热交换器中连续蒸发氟利昂，并通过热交换器来冷却室内空气。

具体操作如下：在冷藏库中配备安装制冷设备，通过制冷设备的工作，使制冷剂循环地发生气态-液态互变，不断吸收库内热量并将其传递到库外，从而使库内温度降低，并维持所需要的恒定低温。图 4-5 所示为制冷系统示意图。

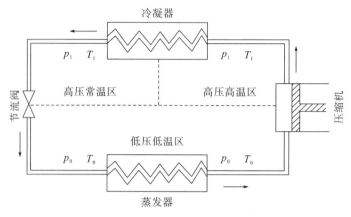

图 4-5　单级制冷系统示意图

压缩机将冷藏库内蒸发系统中的气化制冷剂通过吸收阀抽到压缩汽缸中，压缩到可以凝结的程度，然后将压缩的气体制冷剂经过油分离器送到冷凝器，经过风冷或水冷等冷却过程促使其液化并使其流入贮液器中保存起来。液态制冷剂在高压下通过膨胀阀之后，压力骤减，制冷剂由液态变为气态，蒸发器吸收周围空气的热量，降低库中的温度，气化后的制冷剂流回压缩机中，进行下一次循环。

（2）制冷设备

1）制冷压缩机。目前广泛应用的是压缩式制冷机，按其机械结构可分为活塞式和旋转式，前者更常用。压缩机是制冷系统的心脏，来自蒸发器的低压气态制冷剂被抽吸进入汽缸并被压缩为高压气体，高压气体经排气阀送入冷凝器。压缩机重复不断地进行抽吸、压缩、排气过程，从而使低压气态制冷剂成为高温高压气态制冷剂。

2）冷凝器。高温高压气态制冷剂在冷凝器中与水或空气进行热交换，温度降低液化，然后流入贮液器中贮存。

3）蒸发器。蒸发器是高压制冷剂释压气化吸热，从而完成热交换的设备，被吸热降温的物质可以是空气、水或浓盐液，再以它们为冷媒去降低库内温度。

4）节流阀和膨胀阀。两者的作用均为控制制冷剂流量，它们同时也是压力变化的转折点。节流阀为手控阀门，膨胀阀由于带有温度感应部件而具有自动节流的作用。

（3）制冷剂

制冷剂是指在制冷机械反复不断运动中起着热传导介质作用的物质。理想的制冷剂沸点低，气化潜热大，临界压力小，易于液化，无毒、无刺激性气味，不易燃烧、爆炸，对金属无腐蚀作用，漏气容易检测，来源广、价格较低。

在实际应用中，很难有一种物质同时具备以上特点，在应用时只能根据具体需要选择制冷剂。以往的果蔬冷藏库较多地使用氮气和氟利昂系列作为制冷剂，大型冷库则主要用氮气。出于环保考虑，含氟的制冷剂已被淘汰，目前开发了 HFC-134a 等过渡性制冷剂（表 4-1）。基于可持续发展考虑，NH_3、CO_2、碳氢化合物等环境友好型制冷剂又重新受到重视，并逐步在制冷系统中应用。

表 4-1　不同冷藏设施所用制冷剂的替代情况

制冷用途	原制冷剂	替代制冷剂
大型离心机	CFC-11(氯氟化合物)	HFC-123(氢氟化合物)
冷水机组	CFC-12(氯氟化合物)，R500 HFC-134a(氢氟化合物)	HCFC-22(氢氟氯化合物) HFC 混合制冷剂
冷库和低温冷冻	CFC-12(氯氟化合物)	HFC-134a(氢氟化合物)
冷藏机组	HCFC-22(氢氟氯化合物)，R502 NH₃(天然工质)	HCFC-22，HFC 或 HCFC 混合制冷剂 NH₃(天然工质)，HFC-134a(氢氟化合物)
冰箱冷柜	CFC-12(氯氟化合物)	R600a，HC(碳氢化合物)及其混合物制冷剂，HCFC 混合制冷剂

2. 冷藏库的建设

冷藏库是农产品冷藏的最重要设施，冷藏库的建设应考虑多种因素。基于运营成本的考虑，冷库目的容量和能耗无疑是最关键的技术经济指标。这与建设材料的选择及隔热结构设置是否合理关系密切。

(1)冷库隔热结构的设计计算

当库温低于外界温度时，库外的热量会通过库壁传到库内，使库温升高，要阻止这种热传递，必须设置一定厚度的隔热层。在热工学计算中，围护结构最重要的技术经济指标就是导热系数 K 或热绝缘系数 $M(K=1/M)$。围护结构设计并非是 K 值越小越好、隔热层越厚越好，而是根据分析计算，求出合理的 K 值，比较简便的方法是依据单位面积耗冷量控制指标计算相应的 K 值。

当库内温度要求在 −30～10 ℃ 范围时，可利用下面的经验公式计算：

$$K = 0.6978 - 0.0083\Delta t \tag{4-1}$$

式中，K——围护结构的传热系数，$W/(m^2 \cdot K)$；

Δt——库外温度与库内温度之差，K。

求出 K 值后，隔热层厚度可按下式计算：

$$\delta = \lambda\left[\frac{1}{K} - \left(\frac{1}{a_1} + \frac{\delta_1}{\lambda_1} + \frac{\delta_2}{\lambda_2} + \cdots + \frac{\delta_n}{\lambda_n} + \frac{1}{a_2}\right)\right] \tag{4-2}$$

式中，δ——隔热层材料的厚度，m；

λ——所用隔热材料的导热系数，$W/(m \cdot K)$；

K——围护结构的传热系数，$W/(m^2 \cdot K)$；

λ_1，λ_2，$\cdots$，λ_n——各建筑材料的导热系数，$W/(m \cdot K)$；

δ_1，δ_2，$\cdots$，δ_n——各层建筑材料的厚度，m；

a_1，a_2——围护结构外表面与内表面的放热系数，$W/(m^2 \cdot K)$。

a_1，a_2 的取值参考表 4-2。

表 4-2　冷库围护结构的 a_1 和 a_2　　　　　　　　［单位：W/(m² · K)］

结构部位和工作条件	a_1 或 a_2
屋面及外墙的外表面，无防风设施时	23.3
外墙外部紧邻其他建筑或有防风设施时	11.6
外墙及屋顶内表面，内墙表面	
1. 冻结间有强力通风装置	20.1
2. 冷藏间有冷风机	17.4
3. 库房内无强力通风装置	8.1
冷库内楼板上下的表面	8.1
库房地坪为土壤时	8.1

注：厚度为 1 m。

［例 4-1］某工程确定采用双层砖墙中充填软木板隔热，内、外砖强厚度分别为 25、37 cm，如果库外平均温度为 30 ℃，库内设计温度为 0 ℃，试确定围护结构传热系数并计算软木板的厚度。

解：根据式(4-1)可知

$$K = 0.6978 - 0.0083 \times (t_外 - t_内)$$
$$= 0.6978 - 0.0083 \times (30 - 0)$$
$$= 0.4488 \left[W/(m^2 \cdot K) \right]$$

如库外无防风设施，库内无强力通风装置，查表 4-2 得 a_1 为 23.3，a_2 为 8.1，查得砖的导热系数为 0.79 W/(m · K)，软木砖的导热系数为 0.058 W/(m · K)，则隔热层软木板厚度为

$$\delta = 0.058 \times \left[\frac{1}{0.449} - \left(\frac{1}{23.3} + \frac{0.25}{0.79} + \frac{0.37}{0.79} + \frac{1}{8.1} \right) \right] \approx 0.074 \text{ (m)}$$

因此，软木板厚度应大于等于 7.4 cm。

冷库的总耗冷量也是冷库设计的重要参数，它主要由围护结构的耗冷量、产品的需冷量、冷库通风换气的冷量损失和冷库操作过程的冷耗组成。冷量的计算方法如下：

$$Q_总 = Q_1 + Q_2 + Q_3 + Q_4 \tag{4-3}$$

式中，$Q_总$——冷库的总耗冷量，kJ；

　　　Q_1——冷围护结构的耗冷量，kJ；

　　　Q_2——产品的耗冷量，kJ；

　　　Q_3——冷库通风换气的冷量损失，kJ；

　　　Q_3——冷库操作过程的冷耗，kJ。

　　　$Q_总$、Q_1、Q_2、Q_3、Q_4 的计算方法可参考《化工原理》中的热量衡算。

（2）冷库围护结构的防潮隔气及设计计算

冷库围护结构的隔热层必须保持干燥，否则隔热性能将会大大降低。隔热层受潮是因为库内外水蒸气压的差异。在大多数情况下，冷库库内温度总是低于库外温度，库外

水蒸气分压大于库内水蒸气分压，即冷库外空气中水蒸气含量高于库内。因此，当外部水蒸气通过外墙向内墙渗透时，水蒸气容易在围护结构的低温区域凝结或凝固，致使隔热层受受潮。

冷库围护层一般采用沥青和油毡、塑料薄膜、薄金属板等作防潮层，防潮层应设置在隔热材料的高温侧。

1)水气渗透阻。水气渗透阻 H(m^2·h·kPa/kg)可用下式计算：

$$H = \frac{\delta}{\mu} \tag{4-4}$$

式中，δ——防潮材料的厚度，m；

μ——防潮材料的渗透系数，kg/(m·h·kPa)。

2)散湿率 β。各构造层表面的散湿能力称散湿率，用 β 表示。无风时 β 取 10 g/(m^2·h·kPa)，有风时 β 取 5 g/(m^2·h·kPa)。

3)渗透率。渗透率 M(kg/h)可用下式计算：

$$M = \frac{1}{H} \tag{4-5}$$

4)各构造层界面温度。各构造层界面温度 t_i(℃)可用下式计算：

$$t_i = t_W - (t_W - t_N)\frac{(R_W + \sum R_{i-1})}{R_0} \tag{4-6}$$

式中，t_W——冷藏库外界面温度，℃；

t_N——冷藏库内温度，℃；

R_W——围护结构外表面热阻，m^2·℃/W；

$\sum R_{i-1}$——第 i 层前面的热阻，m^2·℃/W；

R_0——围护结构总热阻，m^2·℃/W。

5)各构造层水蒸气分压力。各构造层水蒸气分压力 P_i(kPa)可用下式计算：

$$P_i = P_W - (P_W - P_N)\frac{(H_W + \sum H_{i-1})}{H_0} \tag{4-7}$$

式中，P_W——冷藏库外水蒸气分压力，kPa；

P_N——冷藏库内水蒸气分压力，kPa；

H_W——围护结构外表面渗透阻，m^2·h·kPa/kg；

$\sum H_{i-1}$——第 i 层前面的渗透阻，m^2·h·kPa/kg；

H_0——围护结构总渗透阻，m^2·h·kPa/kg。

[例 4-2] 冷藏库外墙构造见表 4-3，库外空气参数 $t_W = 35$ ℃，$\varphi_W = 70\%$，饱和水蒸气分压力 $P_{BW} = 5.55$ kPa，库内参数 $t_N = -23$ ℃，$\varphi_N = 90\%$，饱和水蒸气分压力 $P_{BN} = 0.095$ kPa。试计算总热阻 R_0、总渗透阻 H_0、界面温度 t_i、界面内水蒸气分压力 P_i。

表 4-3　冷藏库外墙构造

构造层与界面		构造层厚度/mm	构造层热导率λ/	构造层渗透系数 μ/
界面	构造层		[W·(m²·℃)⁻¹]	[kg·(m·h·kPa)⁻¹]
外表面	水泥砂浆	20	0.928	0.091
A	砖墙	370	0.87	0.106
B	水泥砂浆	20	0.928	0.091
C	二毡三油	10	0.174	0.0038
D	稻壳	600	0.151	0.456
E	砖墙	120	0.87	0.106
F	水泥砂浆	15	0.928	0.091

解：根据资料可知：

$$a_W=11.6\,[\mathrm{W/(m^2\cdot K)}]$$
$$a_N=23.2\,[\mathrm{W/(m^2\cdot K)}]$$
$$\beta_W=76\,[\mathrm{g/(m^2\cdot h\cdot kPa)}]$$
$$\beta_N=23.2\,[\mathrm{g/(m^2\cdot h\cdot kPa)}]$$
$$P_W=P_B\varphi_W=5.55\times70\%=3.885\,(\mathrm{kPa})$$
$$P_N=P_{BN}\varphi_N=0.095\times90\%=0.086\,(\mathrm{kPa})$$
$$\Delta t=t_W-t_N=35-(-23)=58\,(\text{℃})$$
$$\Delta P=P_W-P_N=3.385-0.086=53.799\,(\mathrm{kPa})$$

总热阻 R_0、总渗透阻 H_0、界面温度 t_i、界面内水蒸气分压力 P_i 的计算见表 4-4 和表 4-5。

表 4-4　各层总热阻 R_0、总渗透阻 H_0 的计算

层别	界面	热阻 R_i 计算式	热阻 R_i/ (m²·℃·W⁻¹)	累计	渗透阻 H_i 计算式	渗透阻 H_i/ (m²·h·kPa·kg⁻¹)	累计
外表面	库外	$\dfrac{1}{a_W}$	0.086	0.086	$\dfrac{1}{a_W}$	0.013	0.013
1	外表面	$\dfrac{\delta_1}{\lambda_1}$	0.022	0.108	$\dfrac{\delta_1}{\mu_1}$	0.220	0.233
2	A	$\dfrac{\delta_2}{\lambda_2}$	0.425	0.533	$\dfrac{\delta_2}{\mu_2}$	3.491	3.724
3	B	$\dfrac{\delta_3}{\lambda_3}$	0.022	0.555	$\dfrac{\delta_3}{\mu_3}$	0.220	3.944
4	C	$\dfrac{\delta_4}{\lambda_4}$	0.057	0.612	$\dfrac{\delta_4}{\mu_4}$	2.632	6.576
5	D	$\dfrac{\delta_5}{\lambda_5}$	3.935	4.547	$\dfrac{\delta_5}{\mu_5}$	1.316	7.892
6	E	$\dfrac{\delta_6}{\lambda_6}$	0.138	4.687	$\dfrac{\delta_6}{\mu_6}$	1.132	9.024
7	F	$\dfrac{\delta_7}{\lambda_7}$	0.026	4.701	$\dfrac{\delta_7}{\mu_7}$	0.165	9.189

续表

层别	界面	热阻 R_i 计算式	热阻 R_i/ ($m^2 \cdot \text{℃} \cdot W^{-1}$)	累计	渗透阻 H_i 计算式	渗透阻 H_i/ ($m^2 \cdot h \cdot kPa \cdot kg^{-1}$)	累计
内表面	内表面	$\dfrac{1}{a_N}$	0.043	4.744	$\dfrac{1}{\beta_N}$	0.026	9.215
合计		$R_0 = R_w + \sum R_i + R_N$		4.744	$H_0 = H_w + \sum H_i + H_N$		9.215

表 4-5　各分界面温度 t_i、界面内水蒸气分压 P_i 的计算

分界面	界面温度 t_i/℃	界面水蒸气分压力 P_i/kPa	水汽饱和压力/kPa	相对湿度/%
计算式	$\Delta t = t_w - t_N = 58$ $t_i = t_w - \left(\Delta t \dfrac{\sum R_{i-1}}{R_0} \right)$ $= 35 - \left(\dfrac{58}{4.744} \times \sum R_{i-1} \right)$ $= 35 - 12.226 \sum R_{i-1}$	$\Delta P = P_w - P_N = 3.799$ $P_i = P_w - \left(\Delta P \dfrac{\sum H_{i-1}}{H_0} \right)$ $= 3.885 - \left(\dfrac{3.799}{9.215} \times \sum H_{i-1} \right)$ $= 3.885 - 0.412 \sum H_{i-1}$		$\varphi_i = \dfrac{P_i}{P_B}$
库外	$t_w = 35$	$P_w = 3.885$	5.55	70
外表面	$t_{外表面} = 35 - 12.226 \times 0.86 = 34$	$P_{外表面} = 3.885 - 0.412 \times 0.013 = 3.88$	5.25	74
A	$t_A = 35 - 12.226 \times 0.108 = 33.7$	$P_A = 3.885 - 0.412 \times 0.233 = 3.79$	5.16	73
B	$t_B = 35 - 12.226 \times 0.533 = 28.5$	$P_B = 3.885 - 0.412 \times 3.724 = 2.35$	3.84	61
C	$t_C = 35 - 12.226 \times 0.555 = 28.3$	$P_C = 3.885 - 0.412 \times 3.944 = 2.26$	3.80	59
D	$t_D = 35 - 12.226 \times 0.612 = 27.5$	$P_D = 3.885 - 0.412 \times 6.576 = 1.18$	3.65	32
E	$t_E = 35 - 12.226 \times 4.547 = -20.6$	$P_E = 3.885 - 0.412 \times 7.892 = 0.63$	0.12	结冰
F	$t_F = 35 - 12.226 \times 4.685 = -22.3$	$P_F = 3.885 - 0.412 \times 9.024 = 0.17$	0.10	结冰
内表面	$t_{内表面} = 35 - 12.226 \times 4.701 = -22.5$	$P_{内表面} = 3.885 - 0.412 \times 9.189 = 0.10$	0.10	结冰
库内	$t_N = 35 - 12.226 \times 4.744 = -23.0$	$P_N = 3.885 - 0.412 \times 9.215 = 0.088$	0.095	93

4.2.2　冻藏

　　农产品和食品经过冻结后,应置于冻藏间贮藏,简称冻藏。贮藏期间应尽可能使产品温度和贮藏间温度处于平衡状态以抑制产品的各种变化。由于冻结产品在冻藏时,其80%以上的水冻结成冰,故能达到长期贮藏的目的。

1. 农产品和食品的冻藏温度

　　我国目前冷库冻藏间的温度一般为 $-18 \sim -12$ ℃,而且要求昼夜温差不得超过 1 ℃。如库温升高,不得高于 -12 ℃。当冻藏温度为 -18 ℃时,要求空气相对湿度为 96% ~ 100%,而且只允许有微弱的空气循环,产品在冻结时,其温度必须降到不高于冻藏间的温度 3 ℃,再转库贮藏。例如,冻藏间的温度为 -18 ℃,则产品的冻结温度应在 -15 ℃以下。但在生产旺季,对于就地近期销售的产品,冻结温度允许在 -10 ℃以下;长途运输中装车、装船的产品冻结温度不得高于 -15 ℃;外地调入的冻结产品,其温度如高于−8 ℃时，应复冻到温度−15 ℃后方可进行冻藏。

产品在出库过程中，低温库的温度升高不应超过 4 ℃，以保证库内产品的质量。

表 4-6 列举了国际冷冻协会(IIR)所推荐的一些冷冻食品在不同冻藏温度下的实用贮藏期。从表中可以看出，在同一冻藏温度下，不同产品的冻藏期大体上存在如下规律：植物性产品的冻藏期长于动物性产品；在植物性产品中，蔬菜的冻藏期长于水果，在水果中，加糖水果的冻藏期长于不加糖的水果；畜肉的冻藏期长于水产类，在畜肉中，牛肉的冻藏期最长，羊肉次之，猪肉最短，少脂鱼的冻藏期长于多脂鱼，而虾、蟹的冻藏期则处于少脂鱼与多脂鱼之间。为了保持冻结水产品的良好品质，近年来，国际上冷藏库的贮藏温度趋向于低温化，国际冷冻协会对水产品的冻藏温度做了如下推荐：少脂鱼类(如鳕鱼、黑线鳕)为−20 ℃，多脂鱼类(如鲱鱼、鲐鱼)为−30 ℃。如果少脂鱼类需要贮藏 1 年以上，则其冻藏温度必须达到−30 ℃。为了保持库内温度的稳定，水产品在冻结装置中的冻结终温应达到−20 ℃。英国对所有冻结鱼类制品推荐的冻藏温度为−30 ℃，这已被欧洲众多的冷库经营者所采用。美国认为水产品的冻藏温度应在−29 ℃以下，因为该温度下由细菌引起的腐败已完全被抑制，其他不良变化的进行速度也大为减缓。日本为了保持金枪鱼的鲜红色，采用了−60～−40 ℃的超低冻藏温度。

表 4-6 一些冷冻农产品和食品的实用贮藏期 (单位：d)

序号	名称	贮藏期		
		−18 ℃	−25 ℃	−30 ℃
1	加糖的杏或樱桃	12	18	24
2	不加糖的草莓	12	18	24
3	加糖的草莓	18	>24	>24
4	柑橘类或其他水果果汁	24	>24	>24
5	扁豆	18	>24	>24
6	胡萝卜	18	>24	>24
7	花椰菜	15	24	24
8	结球甘蓝	15	24	>24
9	带棒的玉米	12	18	24
10	青豆	18	>24	>24
11	菠菜	18	>24	>24
12	牛白条肉	12	18	24
13	包装好的烤牛肉和牛排	12	18	24
14	包装好的肉糜	10	>12	>12
15	小牛白条肉	9	12	24
16	小牛烤肉和排骨	10	10～12	12
17	羊白条肉	9	12	24
18	烤羊肉和排骨	10	12	24
19	猪白条肉	6	12	15

续表

序号	名称	贮藏期		
		−18 ℃	−25 ℃	−30 ℃
20	烤猪肉和排骨	6	12	15
21	小拉长	6	10	
22	腌制肉（新鲜而未经熏制）	2~4	6	12
23	猪油	9	12	12
24	小鸡和火鸡	12	24	24
25	油炸小鸡	6	9	12
26	可食用内脏	4		
27	液态全蛋	12	24	24
28	多脂肪鱼	4	8	12
29	少脂肪鱼	8	18	>24
30	比目鱼	10	24	24
31	龙虾和蟹	6	12	15
32	虾	6	12	12
33	真空包装的虾	12	15	18
34	蛤蜊和牡蛎	4	10	12
35	白脱	8	12	15
36	奶油	6	12	18
37	冰淇淋	6	12	18
38	蛋糕（干酪蛋糕、巧克力蛋糕、水果蛋糕等）	12	24	>24

　　另外，冻藏温度的变动也会给冻结水产品的品质带来很大的影响。例如，在−23 ℃或−18 ℃下贮藏的鳕鱼片，如把它放置在−12~−9 ℃温度下两周，其贮藏期缩短为原来的一半。因此，冻品在冻藏中的品质管理，不仅要注意贮藏期，更重要的是要注意冻藏温度及其变动对冻品品质的影响。因此，必须十分重视冻品的冻藏温度，严格加以控制，使其稳定、少变动，只有这样才能使冻结食品的优良品质得到保证。

　　根据不同产品品种和国际市场客户的要求，我国水产品冷库的冻藏温度正在逐步降低，已有部分冷库的库温达到−22、−25、−28 ℃，最低的达到−40 ℃以下。

2. 农产品和食品冻藏时的变化

（1）物理变化

　　1）冰结晶变大。这种现象会对冻品的品质带来很大的影响。因为巨大的冰结晶使细胞受到机械损伤，蛋白质发生变性，解冻时汁液流失量增加，使口感、风味变差，营养价值下降。

　　2）干耗和冻结烧。农产品和食品在冷却、冻结、冻藏的过程中都会发生干耗。冻品的干耗主要是由于产品表面的冰结晶直接升华而造成的。冷藏室的围护结构隔热不好、外界传入的热量多、冻藏室内收容了品温较高的冻结产品、冻藏室内空气温度变动剧烈、冻藏室内蒸发管表面与空气之间温差太大、冻藏室内空气流动速度太快等，都会使冻品的干耗现象加剧，开始时仅仅在冻品的表面层发生冰晶升华，长时间后深部冰晶逐渐升华。这样不仅使冻品脱水，造成质量损失，而且冰晶升华后留存在细微空穴里，增加了冻品与空气的接触面积。在氧的作用下，冻品中的脂肪氧化酸败，表面发生黄褐变，使外观品质下降，口味、风味、质地、营养价值都变差，这种现象称为冻结烧。冻结烧部分的产品含水率非常低，接近 2%～3%，断面呈海绵状，蛋白质脱水变性，食品质量严重下降。

（2）化学变化

1）蛋白质的冻结变性。在冻藏过程中，冻藏温度的变动和冰结晶的变大，会增加蛋白质的冻结变性程度。

2）脂类的变化。冷冻鱼脂类的变化主要表现为水解、氧化以及由此产生的油烧、褐变，使鱼体的外观品质及风味、口感和营养价值下降，对人的健康有害。

（3）色泽变化

果蔬在冻藏过程中，有时因氨气泄漏会造成食品变色，如胡萝卜由红变蓝，洋葱、卷心菜、莲藕由白变黄等。凡是在常温下所发生的变色现象，在长期的冻藏过程中都会发生，只是速度十分缓慢。

蔬菜烫漂不足，在冻藏中就会变色；相反，烫漂时间过长，会立即促进变色反应而变成黄褐色。

葡萄、草莓、李子、苹果等呈现紫红色，主要在果皮、果肉中存在花色素。花色素是水溶性色素，在加工中如水洗、烫漂时都会大量流失，如草莓、茄子、樱桃等水煮后，其色泽减退、变暗或者完全消失。花色素对温度和光都敏感，含花色素的果蔬随冻藏时间的延长而变色，变色速度随冻藏温度的降低而减慢。大多数花色素能与金属离子反应生成盐类，并呈现灰紫色，所以含有花色素的速冻果蔬，不宜用铁罐包装，如果用铁罐，应在内壁涂上涂料。

桃和苹果以片状冻结时，在冻藏中产生褐变，这是酚醛类物质和酶氧化作用的结果，这种氧化程度随品种的不同而有相当大的差别。将桃和苹果片在糖液中浸渍或脱气除氧，使其具有防止氧化的效果，若在糖液中添加一些抗氧化剂，则能进一步抑制冻藏中的变色。速冻果蔬要尽量贮藏在 −18 ℃以下，若温度过高，就会产生明显的褐变。

（4）变味

果蔬的香味是由本身所含有的各种不同的芳香物质所决定的。这些芳香物质在加工过程中，如温度过高，则很快分解，香味消失。因此，水果在速冻前一般不经过烫漂处理；有的蔬菜，如青椒、黄瓜等，若经过烫漂，就会失去原有的清香味。果蔬在冻藏中，酶的作用会使其产生一些生物化学变化，导致味道发生变化。例如，毛豆、甜玉米等冻结时，即使在 −18 ℃的低温下，在 2～4 周内也会产生异味而使味道发生变化。这种变化主要是毛豆、甜玉米中的油脂，在酶的作用下，酸值、过氧化值和 TBA 等增加的结果。为了防止这些变化，在速冻前要进行烫漂处理。又如，杨梅在冻藏中产生异味，是由于冻结杨梅中的芳香油与羰基类化合物的平衡受到破坏，如果冻藏温度降低，这种破坏作用就会减弱。

4.3 气调贮藏

农产品的气调(controlled atmosphere，CA)贮藏是在传统冷藏保鲜的基础上发展起来的保鲜技术，是利用其他交换系统，改变贮藏室内空气中的 O_2 和 CO_2 组成而进行冷却贮藏的技术。CA 贮藏可以大幅度降低果蔬的呼吸强度和自我消耗，抑制催熟激素乙烯的生成，减少病害的发生，延缓果蔬的衰老进程，比单纯的冷藏能更好地保持果蔬鲜度，从而延长了果蔬的贮藏期。

早在 19 世纪早期，法国学者 J. E. Berad 发现采后果实具有呼吸作用，果实的成熟必须有 O_2。其后各国有关果实采后成熟机制的研究进展不够明显。1916~1920 年，英国科学家 F. Kidd 和 E. West 在前人的基础上对 CA 贮藏进行了系统的研究，其研究成果商业化，在英国建成了第一个苹果气调库。二战以后，许多欧美国家在加快研究步伐的同时，迅速把气调技术应用于商业性贮藏，配套的气调设施陆续被开发并投入使用，从而使 CA 贮藏技术水平不断提高，现已实现了机械化和自动化。我国气调贮藏始于 20 世纪 70 年代，经过引进、消化、吸收国外先进技术和设备，加上我国科研人员的不断的研究和探索，气调贮藏技术得到迅速发展，现已具备自行设计和建造各种气调库和气调设备的能力。

4.3.1 气调贮藏的原理

空气中一般 O_2 约占 21%，CO_2 约占 0.03%，其余为氮气和一些惰性气体。鲜果采后仍是有生命的，在贮藏过程中仍然进行着正常的以呼吸作用为主导的新陈代谢活动，主要表现为果实消耗 O_2，同时释放出一定量的 CO_2 和热量。在环境气体成分中，CO_2 和由果实释放出的乙烯对果实的呼吸作用具有重大影响。

影响气调贮藏的主要因素有 O_2、CO_2 和温度。降低贮藏环境中的 O_2 浓度和适当提高 CO_2 浓度，可以抑制果实的呼吸作用，从而延缓果实的成熟、衰老，达到延长果实贮藏期的目的。较低的温度和低 O_2、高 CO_2 能够抑制果实乙烯的合成，削弱乙烯对果实成熟衰老的促进作用，从而减轻或避免某些生理病害的发生。另外，环境中低 O_2、高 CO_2 具有抑制真菌病害的滋生和扩展的作用。

1. O_2 的作用

果蔬在采收后，会继续吸收空气中的 O_2 以维持生命，当空气中 O_2 的浓度低于大气水平时，果蔬的呼吸作用就会受到抑制。在生理生化方面，O_2 浓度降低会产生以下主要效应：①降低呼吸强度，减少底物的氧化消耗；②减少乙烯的生成量；③减少维生素 C 的氧化损失；④延缓叶绿素的降解；⑤改善不饱和脂肪酸间的比例；⑥延缓原果胶的降解；⑦抑制酶促褐变。

对于呼吸跃变型果实，低 O_2 可推迟呼吸高峰的出现并降低 CO_2 峰值。

国内外许多研究指出，当 O_2 浓度从 21% 下降至 7% 时，果蔬的呼吸作用会受到明显的抑制。引起大多数果蔬无氧呼吸的 O_2 临界浓度为 2%~2.5%。在调节 O_2 浓度时，须注意

不同果蔬对 O_2 的敏感性和对低浓度 O_2 的耐受性。环境中 O_2 浓度的降低对好氧型微生物的活动不利。

2. CO_2 的作用

CO_2 浓度升高对呼吸产生抑制作用，同时在生理生化方面产生如下主要效应：①抑制成熟过程中的合成反应，如蛋白质、色素的合成；②抑制琥珀酸脱氢酶、细胞色素氧化酶等呼吸酶的活性；③降低呼吸强度，延缓呼吸高峰的出现；④延缓原果胶降解；⑤抑制乙烯的产生，并且是乙烯催熟作用的竞争性抑制剂；⑥明显影响早采果蔬的叶绿素稳定性；⑦减少挥发性成分的生成。

CO_2 的生理效应受不同果蔬对 CO_2 的敏感性的影响。大量实验表明，过高的 CO_2 浓度将导致果蔬 CO_2 中毒。许多果蔬在 CO_2 浓度高于或等于 15% 时，就会出现变色、风味恶化、不能正常成熟等症状。但短时间的高 CO_2 处理，往往产生明显的保鲜效果。据报道，用 25%~35% 的 CO_2 处理脱粒菜豆，有效地防止了运输途中的腐烂，且无中毒现象发生。

3. 温度

在农产品保鲜中，温度是不可替代的基本因素。温度具有主导性作用，但温度与 O_2、CO_2、相对湿度、乙烯之间的相互作用才是引起农产品生理变化的原因。

(1)贮藏温度

不同种类的产品，都有其可以忍受的最低温度。在此温度以上，存在着一个狭窄的温度区间，该温度区间是农产品新陈代谢受抑制和品质保持的最适合温度区间，这一温度区间就是贮藏温度。

(2)环境因素间的相互作用

在农产品贮藏期间，温度、O_2、CO_2、乙烯等因子之间是相互联系和制约的，在贮藏上，这些因子组合的变化会表现出拮抗或增效作用。拮抗是指一种有利因素的作用被另一种不利因素削弱，或一种不利因素的危害可为另一种有利因素所减轻。例如，当苹果内部开始产生乙烯时，将其转移到适宜的低温环境中，此时苹果产生乙烯的速率即受抑制。增效是指一种有利因素的作用会因另一种有利因素的协同而增强。例如，在贮温适宜的时候配合低 O_2 或在 O_2 和 CO_2 配比满足果蔬生理要求的前提下，再提供适宜低温，均会有效地增强单一因子的作用，更好地保持果蔬品质、延长贮藏期。

(3)稳定的贮温

贮温忽高忽低的变化会对果蔬生理产生刺激，尤其是在接近 0 ℃ 的温度附近，刺激作用更加明显。CA 贮藏由于兼顾了温度、O_2 和 CO_2 三个主要因素，各因素间可以产生相互作用。在相同条件下，CA 贮藏温度可以比冷藏提高 1 ℃ 左右。

4. 确定气调技术参数的原则

(1)O_2、CO_2 与贮藏的关系

在一般情况下，低 O_2、高 CO_2 可以抑制产品的呼吸作用，从而延缓衰老。但新鲜农产品对低 O_2、高 CO_2 的耐受有一个限度，超过这一临界点，产品就会发生无氧呼吸，积累乙醛、乙醇而使风味劣化，进而失去商品价值。这一临界点称为临界 O_2 浓度和临界 CO_2 浓度。临界浓度因产品不同而差异极大，大多数产品的临界 O_2 浓度为 $1.5\%\sim2.5\%$，有些产品，如绿熟番茄和香蕉，用极低的 O_2 浓度(低于 1%)作短时间处理可抑制后熟，使其转入空气中后后熟仍较缓慢，但实际应用时需十分谨慎。目前，我国生产上 CA 贮藏应用的 O_2 浓度为 $3\%\sim5\%$，苹果 CA 贮藏的 O_2 浓度为 3%左右，发达国家采用超低氧气调的 O_2 浓度约为 1%，特别要注意控制果实内部的乙醇含量。同样，短时间的高 CO_2 处理也有一定的保鲜效果。对一些能忍受高 CO_2 的产品，在运输前进行高 CO_2 处理可以减少变质损耗，金冠苹果能忍受 20% 的 CO_2 浓度，高 CO_2 处理可显著抑制金冠苹果果肉软化和表皮变黄。一般绿色产品能忍受的 CO_2 浓度较高，而果肉结构紧密的果蔬都对高 CO_2 忍受能力差，容易发生 CO_2 中毒。对大多数果蔬来讲，CO_2 临界浓度不超过 15%，CO_2 安全浓度为 $3\%\sim5\%$。超低氧气调的 CO_2 浓度的确定必须以 O_2 浓度为依据，经超低氧气调的 CO_2 浓度在 1%左右。

(2)O_2、CO_2 和温度的组合与贮藏的关系

无论采用何种贮藏方式，温度都是首要的环境因素。只有在确定了贮藏温度后，才能确定气体组分指标。低温与 CO_2 有协同作用，CO_2 与 O_2 有拮抗作用。随着温度的降低，产品对低 O_2、高 CO_2 的耐受力降低，即气调环境加剧低温伤害。因此，一般气调贮藏温度要高出普通冷藏温度约 0.5 ℃，以避免由低 O_2、高 CO_2 诱导的低温伤害。在气调库经常可以见到，靠近冷风机处的果实易发生冷害，距冷风机越远，冷害发生率越低。5 ℃是石榴冷藏的最佳温度，在同样的温度下，进行气调贮藏则发生大面积的冷害。在这种情况下，就应该适当提高环境温度。同样，CO_2 伤害在低温和低 O_2 时显得更为严重，适当提高 O_2 浓度或提高温度，可减轻 CO_2 伤害。在超低氧气调贮藏中，由于 O_2 浓度在 1%左右，果蔬对如此低的 O_2 浓度很敏感。因此，贮藏中的温度指标比低氧气调还要高一些，CO_2 则相对更低。这些条件之间的相互协同、相互制约的关系，在贮藏中是经常存在的，对于贮藏管理非常重要。在气调贮藏中，温度与 O_2、CO_2 三个因素互为条件，互相制约。只有三个因素达到最佳配合，才能充分体现气调贮藏的优越性。当其中的一个条件发生变化时，其他条件也应随之改变，才有可能维持一个较为适宜的综合环境。每一种产品都有其最适宜的气调贮藏条件，这种最适的条件组合因品种、产地、成熟度以及贮藏阶段等不同而有所变化。表 4-7 是不同产地富士苹果的气调贮藏条件，由此可见，同一品种在不同产地所采用的气调参数不同。

表 4-7　不同产地富士苹果的气调贮藏条件

产地	温度/℃	$O_2/\%$	$CO_2/\%$
澳大利亚(南方)	0	2	1
澳大利亚(维多利亚)	0	$2\sim2.5$	2
巴西	$1.5\sim2$	$1.5\sim2$	$0.7\sim1.2$
法国	$0\sim1$	$2\sim2.5$	$1\sim2$
日本	0	2	1
美国(华盛顿)	0	$1\sim2$	$1\sim2$

　　Dellino 根据多年的实践经验，总结了气调在果蔬贮藏上的应用情况和贮藏参数（表 4-8 和表 4-9），供贮藏时参考。

表 4-8　部分果实气调贮藏的条件组合

水果名	O_2/%	CO_2/%	温度/℃	备注
杏	2～3	2～3	0～5	
鳄梨	2～5	3～10	10～13	a
金冠	1～1.5	<3	0	a 美国
嘎啦	2	<1	3.5～4	a 英国
爱达红	1.25	<1	3～4.5	a 英国
乔纳金	2	<1	1.5～2	a 英国
富士	2	1	0.0	a 日本
红星	3	5	0.0	a 美国
红星	1～1.5	<2	0.0	a 美国
西洋梨	2	<1	−1～−0.5	a 英国
香蕉	2～5	2～5	12～16	a
乌饭果	2～5	10～12	0～5	a
樱桃	3～10	10～15	0～5	a
弥猴桃	1～2	3～5	0	a，c
柠檬	5～10	0～10	10～15	b
芒果	3～5	5～10	10～15	
橘子	5～10	0～5	0～5	b
木瓜	2～5	5～8	10～15	
桃	1～2	3～5	0～5	
柿子	3～5	5～8	0～5	
菠萝	2～5	5～10	8～13	b
李子	1～2	0～5	0～5	a
木莓	5～10	15～20	0～5	a
红醋栗	2～5	12～20	0～5	a
草莓	5～10	15～20	0～5	a

注：a—商业应用；b—不考虑商业获利；c—长期贮藏用的最低乙烯条件。

表 4-9　几种蔬菜的气调贮藏条件

蔬菜名	O_2/%	CO_2/%	温度/℃	备注
洋蓟	2～3	2～3	0～5	
芦笋	—	10～14	0～3	a
花茎甘蓝	1～2	5～10	0～5	a
球茎甘蓝	1～2	5～7	0～5	
大白菜	3	5	0	b

续表

蔬菜名	$O_2/\%$	$CO_2/\%$	温度/℃	备注
网纹甜菜	3～5	10～20	2～7	
莴苣	1～3	0	0～5	b，c
洋葱	3	5	0	c
马铃薯	—	—	4～7	
甜玉米	2～4	5～10	0～5	
西红柿	3～5	3～5	10～15	a

注：a—用于运输；b—用于商业长期贮藏；c—贮藏在相对湿度为65％～70％的条件下。

低 O_2、高 CO_2 的气体控制模式容易发生低 O_2、高 CO_2 伤害，并由此加剧腐烂，这一点在自发气调包装上尤为突出。因此，关于气体成分的控制，近年来高 O_2（21％～100％）贮藏是研究的采后处理技术热点之一。研究表明，高 O_2 可抑制某些细菌和真菌的生长，减少果蔬贮藏中的腐烂，降低果蔬的呼吸作用和乙烯合成，减缓组织褐变，降低乙醛、乙醇等异味物质的产生，从而改进果蔬的贮藏品质。因此，高 O_2 处理在果蔬保鲜方面具有潜在应用价值。

5. 气体调节的方式

气调库的气体成分从刚封库时的正常空气成分转变到所设定的气体指标，有一个降 O_2、升 CO_2 的过渡期，称之为降氧期。在降氧期之后，使 O_2 和 CO_2 稳定在设定指标范围内的时期称为稳定期。降氧方法以及稳定期的气体管理与气调库的类型、选配的设备有关，最终表现在保鲜效果的差异上。

（1）自然降氧

自然降氧是气调环境封闭后，靠产品的呼吸作用使 O_2 逐渐下降并积累 CO_2 的方法。一般有两种形式。

1）人工换气法。当 O_2 降至设定的低限或 CO_2 上升到设定的高限时，开启封闭的气调环境，部分或全部换入新鲜的空气，再重新封闭。

2）调气法。在双高指标和 O_2 单指标两种气体控制方式中，降氧期用吸收剂或其他简易的方法去除超过指标的 CO_2，待 O_2 降至设定的指标后，定期或连续输入空气，使气体成分稳定在设定的指标范围内。在塑料大帐内加石灰、硅窗大帐、硅窗袋的调气方法属于此类。在降氧设备出现故障时，在气密库内也使用自然降氧法进行气调。这种方式降氧速度缓慢，气体成分变化幅度大，不能迅速有效地抑制产品衰老。

（2）快速降氧

快速降氧即人为快速地降低贮藏环境中的 O_2，使降氧期缩短为1天或几小时。快速降氧也有两种形式。

1）气流法。预先按设定的气体成分指标配置好气体，把这种混合气体输入气调环境中以取代其中的空气，以后用一定的气流速度稳定贮藏环境内的气体指标。小型的气调试验装置多用此法，这种方法能够很快达到设定的气体指标，并且始终维持气体成分稳定。商业的气调贮藏用此法代价太大,难以推广。

2)充氮法。气调库的气体成分调节方式一般采用充气置换式,即通过制氮机(图 4-6)制取浓度较高(一般不低于 96%)的氮气,并将其通过管道充入库内,同时将 O_2 浓度较高的库内气体通过另一管道排出库外,如此连续进行。如果设定的 O_2 浓度指标为 3%,在库内的 O_2 浓度降至 5%左右时,停止人工降氧,然后通过产品自身的呼吸作用继续降氧,并提高 CO_2 浓度,达到设定的库内气体指标。在产品耗氧和人工补氧之间,建立起一个相对稳定的平衡系统,使库内的气体成分稳定在一个较小的范围内。人工降氧缩短了降氧所需的时间,显著提高了保鲜效果,对延长贮藏期提供了稳定可靠的保障,但对库体建筑、设备、技术的要求也复杂得多。

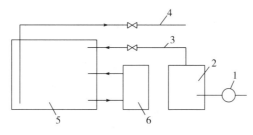

图 4-6 制氮降氧系统示意图

1. 空压机;2. 制氮机;3. 进气管;4 排气管;5. 气调贮藏间;6. CO_2 洗涤器

4.3.2 气调贮藏库的管理

由于气调贮藏是高投入、高效益的产业,因而要求贮藏的产品品质好、成熟度适中、采收后及时入库。在贮藏过程中,要严格控制温度、湿度、气体成分,并做好产品的质量检测。

(1)温度

在入库前 7~10 天应开机进行梯度降温,至新鲜产品入贮之前使库温稳定保持在设定的温度,为贮藏做好准备。产品在入库前应先预冷,以散去田间热。入库速度要快,尽快装满封库。封库后的 2~3 天内应将库温降至最佳贮温范围内,并始终保持这一温度,避免产生温度波动。

(2)湿度

湿度管理的重点是管理好加湿器及其监测系统。贮藏实践表明,宜在库内温度稳定以后再开启加湿器,启动过早会增加产品霉烂,启动过晚则会导致产品失水。加湿要注意使库内水汽分布均匀,避免水汽在小范围内聚集,增加霉菌侵染引起的产品腐烂,影响贮藏效果。由于湿度传感器在低温高湿下容易失真,因此,湿度的控制和调节,在很大程度上仍要依靠管理人员的经验。

(3)气体成分

气体成分管理的重点是库内 O_2 和 CO_2 浓度的控制。当产品入库结束、库温基本稳定之后,即应迅速降低 O_2 浓度。一般低氧贮藏库内 O_2 浓度一次降至 5%左右,再利用产品自身的呼吸作用继续降低库内 O_2 浓度,同时提高 CO_2 浓度,直到达到设定指标,这一过程需 7~10 天。而后即靠脱除多余的 CO_2 和补充 O_2 的办法，使库内 O_2 和 CO_2 稳定在适宜的范围之内，直到贮藏结束。

(4)产品质量

从入库到出库要定期进行产品质量检测，内容包括产品的外部感官性状和风味、保鲜程度、果肉硬度、可溶性固形物含量、微生物侵染性病害和生理性病害的发生情况。气调贮藏中尤其要注意生理性病害，如苹果虎皮病、高 CO_2 伤害、低 O_2 伤害、低温伤害等的发生率，并随时对检测结果进行分析，以指导下一步的贮藏管理。在贮藏的后期应该增加检测的频次。

4.3.3 超低氧气调贮藏

气调贮藏自 20 世纪 50 年代发展以来，技术在不断地进步，其标志是 O_2 浓度的控制指标在不断下降，至 20 世纪 90 年代中期，超低氧气调在欧美发达国家得到了推广应用。O_2 浓度在 2% 以下的气调贮藏称为超低氧气调贮藏。

目前，气调贮藏在发达国家主要以超低氧气调为主。大多数情况下，O_2 浓度指标在 1% 左右。北美国家在新红星苹果上推广应用 0.7% 的 O_2 浓度以控制虎皮病的发生。到 20 世纪末，超低氧气调的应用占到了气调贮藏的 30% 以上，应用的果品有苹果、西洋梨、猕猴桃、香蕉等，除欧美发达国家以外，智利、韩国、以色列等国家也有应用。在一定的 O_2 浓度范围内，果蔬的呼吸作用随着 O_2 浓度的降低而下降。在 0 ℃ 时，苹果贮藏在 3% O_2 和 3% CO_2 的条件下，呼吸强度约为空气中的 60%，乙烯释放量为空气中的 55%；而在 1% O_2 和 1% CO_2 的条件下，呼吸强度仅为空气中的 25%~30%，乙烯释放量为空气中的 27%。由于超低氧大大降低了果实的呼吸强度和乙烯产量，因此，超低氧在保持果实硬度、抑制叶绿素和有机酸降解等方面具有极显著的效果。在大幅度延长贮藏期的同时，超低氧贮藏几乎完全避免了由衰老引起的生理性病害。以苹果为例，新红星苹果超低氧气调的贮藏期可达 10~11 个月，虎皮病、衰老崩溃的发生率小于 0.1%；而低氧气调贮藏期只有 4~5 个月，虎皮病、衰老崩溃的发生率为 2%~10%，有些年份甚至更高。红富士苹果超低氧气调的贮藏期可达 11 个月，硬度保持在 7.3 kg/cm^2 左右，虎皮病的发生率小于 0.3%；而低氧气调的贮藏期仅为 6~8 个月，虎皮病的发病率为 1%~7%。在超低氧贮藏技术出现之前，对容易发生虎皮病的苹果和西洋梨品种，采后用二苯胺处理果实以防止虎皮病发生。但二苯胺对人和环境都有危害，已经被一些发达国家列为限制使用的化学品。超低氧气调的出现完全替代了二苯胺的使用，实现了安全贮藏。

超低氧贮藏也有不足之处，它对果实等园艺产品挥发性风味物质的形成有极显著的抑制作用，长期超低氧贮藏的果实在货架期挥发性风味物质形成的种类和数量比低氧气调的还要少。超低氧气调贮藏不仅气体指标低，而且对气体指标的变化幅度也要求控制在很小的范围内。因为气体指标的波动较大，有可能造成气体伤害。因此，超低氧贮藏对库体和设备都有很高的要求：库体气密性要求在 300 Pa(30 mmH_2O) 限定压力下，半压降时间不低于 30 min；对制氮机的氮气纯度要求在 97% 以上，最高纯度要达到 99%；

对库内温度的波动也要求在很小的范围内。由于温度波动影响呼吸强度，并引起气体成分变化，所以要求温度传感器有较高的准确度和精确度。只有在硬件达到这些要求的气调库内，才有可能成功地进行超低氧气调贮藏。

4.3.4　减压贮藏

减压贮藏(hypobaric storage)又叫低压贮藏、真空贮藏，是气调贮藏的进一步发展。减压贮藏就是将贮藏产品放在一个坚固的密闭容器内，用真空泵抽气把贮藏场所的气压降低，形成一定的真空度，使贮藏室内的 O_2 和 CO_2 分压同时下降，起到类似气调贮藏作用的一种贮藏方法。根据果蔬特性和贮藏温度，贮藏室压力可降至 1/10 个标准大气压(1.01325×10^4 Pa)甚至更低。新鲜空气经过压力调节器和加湿器不断引入贮藏容器，每小时更换 1~4 次，并一直保持稳定的低压，用以除去各种有害气体。这种减压条件下园艺产品的贮藏期比常规冷藏可延长 1 倍。减压处理最先在番茄、香蕉等果实上进行试验，效果明显，现已证明对其他许多蔬菜也很有效。例如，只要使气压下降 6666~13332 Pa，就可使芹菜、莴苣等的贮藏期延长 20%~30%。目前商业化贮藏仍处于试验阶段。

1. 减压贮藏的原理

减压贮藏的原理是通过降低气压，使空气中各种气体组分的分压都相应降低。例如，气压降至正常的 1/10，空气中的 O_2、CO_2、乙烯等的分压也都降至原来的 1/10。这时空气各组分的相对比例并未改变，但它们的绝对含量则降为原来的 1/10，O_2 的含量只相当于正常气压下的 2.1%，所以减压贮藏也能创造一个低 O_2 条件，从而起到类似气调贮藏的作用。

由于植物组织内气体向外扩散的速度与该气体在组织内外的分压差及其扩散系数成正比，扩散系数又与外部的压力成反比，所以减压处理能够大大加速组织内乙烯向外扩散，减少内源乙烯的含量。据测定，当气压从 1.01325×10^5 Pa 降至 2.6664×10^4 Pa 时，苹果的内源乙烯约减少 4 倍。在减压条件下植物组织中其他挥发性代谢产物(如乙醛、乙醇、芳香物质等)也都加速向外扩散。这些作用对防止果蔬组织完熟衰老都是极其有利的，并且一般是气压越低作用越明显。

另外，减压贮藏还有保持绿色、防止组织软化、减轻冷害和一些贮藏生理病害的效应。例如，菠菜、叶用莴苣、青豆、青葱、水萝卜、蘑菇等在减压贮藏中都有保色作用。据报道，一些果蔬的冷害与其在组织中积累乙醛、乙醇等有毒挥发物有关，减压贮藏可从组织中排除这些有毒挥发物，从而减轻冷害。

总之，减压贮藏能够降低果蔬呼吸强度，抑制乙烯的生物合成，推迟叶绿素的分解，抑制类胡萝卜素和番茄红素的合成，减缓淀粉的水解、糖的增加和酸的消耗等过程，能排除有害气体，并防止和减少各种贮藏生理病害。因此，减压贮藏明显要比冷藏效果好(表 4-10 和表 4-11)。

表 4-10 部分蔬菜在冷藏和减压条件下的贮藏期

种类	贮藏期/d		种类	贮藏期/d	
	冷藏	减压贮藏		冷藏	减压贮藏
青椒	16~18	50	结球莴苣	14	40~50
蕃茄(绿熟)	14~21	60~100	黄瓜	10~14	41
蕃茄(红熟)	10~12	28~43	菜豆(蔓生)	1~13	30
葱(青)	23	15			

表 4-11 部分水果在冷藏和减压条件下的贮藏期

品种	温度/℃	贮藏期/d		压力/Pa	品种	温度/℃	贮藏期/d		压力/Pa
		冷藏	减压贮藏				冷藏	减压贮藏	
苹果	−1~0.4	60~270	240~270	7999.3	芒果	10		21~28	2660
梨	−1~0.6	75~95	150~180	6666.1	桃	0~1	14~21	28~35	10640
柑橘	4	72	157	332.5~13332.2	樱桃	0~2	14	28	10640
草莓	0~2	5~7	28~35	10640	木瓜	10	7~12	28	2660
菠萝	5	9~12	24~30	11970					

减压贮藏的一个重要问题是，在减压条件下组织易蒸散干萎，因此必须保持很高的空气湿度，一般需在 95% 以上。但湿度很高会加重微生物病害，所以减压贮藏最好配合应用消毒防腐剂。另一个问题是刚从减压中取出的产品风味不好，要在放置一段时间后才可以恢复。

2. 减压贮藏技术的应用

采用减压贮藏的苹果，在保持果肉硬度及良好的食用品质、降低果实组织内部乙烯产生率、防止贮藏期间的生理病害方面，都有比一般冷藏和气调贮藏更好的效果。虽然试验研究中用减压技术贮藏苹果、香蕉、番茄、菠菜、生菜、蘑菇等均获得了很好的效果，延长了产品的贮藏期和货架期，但由于减压贮藏库建筑费用高、难度大，故减压贮藏目前尚未应用于生产。

4.3.5 自发气调包装贮藏

自发气调包装(modified atmosphere packaging，MAP)技术是一项应用于食品的、仅通过对物理因素进行调节而实现食品保鲜的新技术。当前 MAP 技术已广泛地应用于各类食品，但就理解 MAP 技术的原理、选择包装材料、提高分析解决食品 MAP 保鲜中的实际问题的能力而论，果蔬 MAP 保鲜具有较好的代表性。由于严格意义上的气调贮藏库造价高、设备和技术复杂、对管理要求严格，在很多国家和地区难以实现商业应用，但气调技术的基本原理却是明确而易于应用的。采用高分子合成塑料薄膜包装果蔬，由于呼吸的不断进行，而自行调节包装袋中的 O_2 和 CO_2 含量，使之符合气调储藏的要求这一气调技术称为

"自发气调"或者"改变气体贮藏"。自发气调的不足之处主要有以下几个方面：①包装内前期降氧缓慢，后期 CO_2 过高，极易使果蔬受到伤害；②在全过程中，包装内的气体组合难以满足果蔬实际的生理需求。因此，自发气调与 MAP 技术是不同的。

1. 果蔬 MAP 保鲜技术的含义

MAP 技术指采用不同于大气组成的混合气体置换食品包装内原来的空气，并利用材料特有的透气性和阻气性，使果蔬始终处于较适宜的气体环境中，延缓变质和防止腐败，从而达到贮藏保鲜的目的。

2. 果蔬 MAP 保鲜的主要技术环节及原理

（1）确定适合于某种产品的 CO_2/O_2

组合通过测定产品的呼吸强度，再根据其主要生理特性，就可以确定该产品保持正常的生命活动而不致发生代谢异常所适合的 CO_2/O_2 组合，并采用气体配比机，配合成 CO_2/O_2 配比符合这一要求的混合气体，用这种气体去置换产品包装袋内的空气。这样就使得产品从一开始就处于适合的气体环境中，不再出现包装内前期降氧缓慢的问题。

（2）选择适合的包装膜种类

果蔬采收后仍是活体，不停地吸收 O_2 呼出 CO_2，如将果蔬放到一密闭的环境中，由于 O_2 被不断消耗，CO_2 不断增加，果蔬有氧呼吸强度下降乃至出现无氧呼吸而导致生命终止。这表明，包装后袋内气体浓度是不断变化的，为了使产品始终处于适合的气体环境中，就需要膜所具有的气体渗透性能够使得外界的 O_2 不断渗入膜内以补充消耗掉的 O_2，同时使膜内不断积累的 CO_2 向大气扩散以免产生危害。气体交换达到这种状态时的标志就是果蔬的呼吸率（CO_2/O_2）与所选的这种膜对 CO_2 和 O_2 的渗透比相等。也就是说，要使果蔬始终处于较适宜的气体环境中，关键在于膜的 CO_2/O_2 渗透比要与所包装产品的呼吸率一致。因此，选择适合的包装膜至关重要。

由于果蔬种类极其繁多，品种特性又有差异，因此在实施果蔬的 MAP 保鲜时，不可能每一种果蔬都有满足其最佳气体组合的膜。过去，限于合成材料工业的技术水平，适合于果蔬的高渗透性包装膜十分缺乏，现在这一状况已经扭转，高渗透性包装膜种类已增加了很多，但仍然不能完全满足果蔬 MAP 保鲜的需要，有时就会存在果蔬的呼吸率与选定薄膜的气体渗透比存在一定差异的现象，在选择包装膜时，只能尽可能缩小这种差异。

（3）膜厚度的确定

对于某种特定果蔬的包装体系，影响包装袋内 CO_2 浓度的因素不只是包装膜的气体渗透比，包装袋的容积以及果蔬的呼吸强度、包装量等也同样会影响 CO_2 浓度。上述各项因子都是在实施包装操作前必须确定的。因此，膜的厚度可用以下计算式算出：

$$\delta = \frac{A\rho(a_2 - a_1)}{MR} \tag{4-8}$$

式中，a_1——袋内 CO_2 浓度，%；

a_2——袋外 CO_2 浓度，%；

M——果蔬质量，kg；

R——果蔬呼吸强度，mL/(kg·h)；

A——包装膜面积，cm^2；

ρ——膜对 CO_2 的渗透率，mL·μm/(cm^2·h·atm)，1 atm=101325 Pa；

δ——膜厚度，μm。

3. 温度

果蔬 MAP 保鲜时，由于温度变化引起果蔬呼吸强度的变化幅度大于引起薄膜气体渗透性变化的幅度。当其温度升高时或从低温环境移向高温环境时，呼吸耗 O_2 和释放 CO_2 的速度就会超过膜的气体渗透比。此时，这一包装膜就不再适应果蔬 MPA 保鲜的需要。因此，在果蔬 MAP 保鲜时，仍然应尽可能地结合低温贮藏并防止温度波动，才有利于降低呼吸强度和控制微生物的侵染。

如果没有低温条件，则必须掌握环境温度的变化幅度及其对该种果蔬呼吸强度造成影响的程度，以便在选择包装膜时予以充分考虑。

4.4　干燥贮藏

粮食安全关系到国家安全。对世界大多数国家而言，粮食都是重要的战略储备。由于粮食贮量巨大，为了保证贮粮不变质，通常对粮食进行干燥贮藏(drying storage)。农产品中还有干菜、干果也需以干燥状态进入贮藏环境。这两大类产品干燥目的相同、原理一致，在贮藏中存在的主要问题及对环境条件的要求也很类似。本节主要讨论粮食干燥贮藏。

刚收获的粮食，水分一般偏高。干燥的目的就是使粮食的水分降低至相对安全水分，防止粮食萌动发芽和由真菌、细菌生长引发的热量，阻止螨和其他害虫的生长，使粮食保管达到稳定、安全的要求。为了保证粮食质量，干燥时既要快速又要有效，采用的干燥方法应适当，否则脱水效果差，影响粮食营养价值和商品价值。

4.4.1　干燥贮藏的原理

干燥的粮食含水量大大降低，细胞原来所含的糖分、酸、盐类、蛋白质等浓度升高，渗透压增大，使入侵的微生物发生质壁分离，正常的发育和繁殖受到抑制或停止，达到了防止粮食腐败变质、延长贮藏期的目的。

一般来讲，干燥的粮食水分含量要求降低到使酶的活动和微生物、害虫等所引起的质量下降可忽略不计的程度，即粮食的相对安全水分。表 4-12 列出了常用粮食贮藏的相对安全水分。

表 4-12　常见粮食贮藏的相对安全水分　　　　　　　　　　　（单位:%）

种类	温度/℃								
	0	5	10	15	20	25	30	35	40
籼稻	—	18	17	16	15	15	13.5	13	—
粳稻	—	19	18	17	16	16	14.5	14	—
大米	18	<16	<16	<15	<14	<13.5	<13	<12	<11
小麦	18	17	16	15	14	13	12	—	—

1. 干制机理

粮食里的水分不仅以液态存在于细胞壁和细胞内含物中，而且也以气态存在于细胞的间隙里。水分是通过蒸发作用从粮食中除去的，因此水分只能以气态排出。粮食内的液态水变成气态时会产生水蒸气压，空气内的水蒸气也有水蒸气压，干燥能否进行，关键取决于这两个水蒸气压的差值。

湿粮食放置在空气中，如果粮食表面的水蒸气压高于周围空气的水蒸气压，则表面的水分就会向空气中蒸发，从而造成表面与内部水分密度的差异，水分由内部向表面扩散，扩散到表面的水分又向周围空间蒸发，如此进行下去，湿粮食的水分就不断减少。直至粮食内水分的水蒸气压与该条件下的空气中水分的水蒸气压相等，粮食内水分的蒸发作用就停止，粮食中的水分不会减少也不会增加，这时粮食中的水分称为平衡水分。反之，若空气中的水蒸气压高于粮食内水分的水蒸气压，则粮食会从空气中吸收水分，使含水量增加，不利于粮食的干燥。

粮食平衡水分的高低取决于空气相对湿度的大小。相对湿度越大，平衡水分越高；相对湿度越小，平衡水分越低，粮食也越干燥。粮食干燥过程就是降低空气中水分的水蒸气压，使粮食内部水分不断向外散发的过程。粮食的干燥实际就是水分的表面蒸发与内部扩散的结果。

粮食干燥时所需要的热量可通过传导、对流、辐射三种传热方式提供。以传导方式提供热量是使粮食原料与热的传递介质相接触；以对流换热方式提供的热量是通过热空气对流交换的；以辐射换热提供的热量分为日光干燥、红外线和微波加热等。粮食的干制过程实质上就是热和质的传递过程，即粮食从外界获取热量，使本身所含的水分向外扩散和蒸发。

若粮食水分的绝对含量为 x（%，干基），在干燥过程中粮食的含水量随着时间 τ 的延长而逐渐下降。设 $x = f(\tau)$，x 与 τ 的则关系曲线 $f(\tau)$ 称为粮食的干燥曲线。若在 $d\tau$ 时间内粮食水分含量的变化为 dx，则 $dx/d\tau$ 称为粮食的干燥速率。显然，$dx/d\tau$ 也是时间 τ 的函数，设 $dx/d\tau = \varphi(\tau)$，则曲线 $\varphi(\tau)$ 称为干燥速率曲线。

粮食从外界获得的热量和因水分蒸发等原因损失的热量在整个干制过程中并不总是保持平衡，因而粮食的温度（T）也是时间（τ）的函数。设 $T = \psi(\tau)$，则关系曲线 $\psi(\tau)$ 称为粮食温度曲线。把粮食干制过程中的干燥曲线、干燥速率曲线和温度曲线绘制在同一图中，就可完整地表达粮食干制过程中传质和传热的特性和过程，如图 4-7 所示。

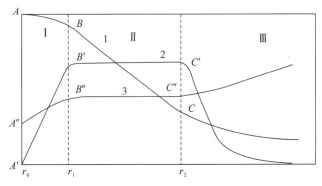

图 4-7　食品干制过程热质传递曲线

1. 食品干燥曲线；2. 食品干燥速率曲线；3. 食品温度曲线

2. 干制工艺条件

粮食干制工艺条件的选择以干制时间短、制品质量高、能源消耗少为合理。粮食干燥要注意控制相对湿度、温度以及空气流动速度。具体的工艺条件根据粮食的种类和干燥的方法而异，如粮食的热风干燥，其工艺条件包括粮食的温度以及热空气的温度、相对湿度和空气流速等。

粮食干制过程的实质是热质传递过程。因此，凡是影响水分蒸发和转移的因素以及影响热量传递的因素均影响粮食的干制过程，它们与干制时间、制品质量、能源消耗有着密切关系。

（1）温度

在一定的温度下，当空气中的水分达到最大含量时，称为饱和状态，此时的含水量叫做饱和含水量。空气的饱和含水量随着温度的升高而增加。空气的温度对干制的速度和干制品的质量有明显的影响。传热介质的温度低，粮食表面水分蒸发的速度就慢，导湿系数也小，干制时间长。传热介质温度高，粮食表面水分蒸发的速度就快。若粮食内部水分的扩散速度小于表面水分的蒸发速度，则水分蒸发就会从表面向内层深处转移（即外层干燥越快，传热介质温度越高，外层温度上升就越快），并迅速与粮食内层建立温度梯度。由于温度梯度与湿度梯度的方向相反，阻碍水分由内层向外层扩散，因此外层温度继续上升，直至与周围介质温度相同。粮食表面由于过度受热而硬化，发生收缩、龟裂现象，导致干制品质量降低。为了保证粮食表面水分蒸发能按一定的速度进行，避免在粮食内部建立起阻碍水分向外扩散的温度梯度，就必须控制传热介质的温度，既不能过低，也不能过高，应尽量使水分蒸发的速度等于水分扩散速度。在恒速干燥阶段，粮食的含水量大，粮食吸收的热量全部用于水分蒸发所需的潜热，粮食表面温度不会上升，其温度也不会高于空气的湿球温度。在这一阶段，粮食内部不可能形成温度梯度。为了缩短干燥时间，在控制水分蒸发速度不高于内部水分扩散速度的前提下，应尽可能地提高传热介质的温度，加快干燥速度。粮食在干燥过程中，含水量在不断减少，为了保证粮食品质，就必须随时调整传热介质的温度，以保证水分的蒸发速度等于内部水分的扩散速度，延长恒速干燥时间。在降速干燥阶段，由于粮食内部水分扩散速度减慢，应降低传热介质温度，使粮食表面水分蒸发速度减慢，与水分扩散速度一致，避免粮食表面温度上升过高而影响粮食质量。

（2）空气相对湿度

空气相对湿度是指空气的实际含水量与相同温度条件下空气饱和含水量的比值，用百分比表示。在空气含水量不变的情况下，相对湿度是随着温度升高而降低的。采用空气作为干燥介质时，空气的相对湿度与粮食的干燥具有密切的关系。空气的相对湿度越低，湿度计中干球温度与湿球温度的差值也就越大。在恒速干燥阶段，粮食表面的温度与湿球温度相等，一旦降低空气的相对湿度，介质与粮食表面的温差就增大，粮食干燥的速度必然变大；若相对湿度增大，则介质与粮食表面的温差就减小，干燥速度减慢。在降速干燥阶段，为了防止粮食表面水分蒸发过快，通常采用提高相对湿度的方法，这样不仅能有效地控制水分的蒸发，而且还能防止粮食表面干裂。

根据粮食的吸湿等温线，在一定的温度下，空气相对湿度越低，粮食的平衡水分含量就越小，因此空气的相对湿度和温度的高低还决定粮食干制时的脱水量。在干制末期，必须按照干制预期的平衡水分，根据该粮食的吸湿等温线调节空气的相对湿度。

（3）空气流速

潮湿粮食表面水－空气界面上空气薄膜对流换热系数越大，粮食表面水分的蒸发速度就越快。而对流换热系数随着空气流速的加快而增大，所以空气流速加快，被带走的水分越多，粮食的干燥速度就越大，干燥效果也就越好。在恒速干燥阶段，加大空气流速不仅可增大传热介质与粮食的换热量，使更多的水分蒸发，而且还能及时把粮食表面周围的饱和湿空气带走，促进粮食内水分进一步蒸发。在降速干燥阶段，必须降低空气的流速，减小粮食水分的蒸发速度，以防止粮食表面干裂。这是因为水分从粮食内蒸发出来，是通过毛细管逐渐传递的，干燥过快会使表皮毛细管孔道失水过快而硬化闭塞，粮食内的水分不易再向外散发（即"外干内湿"），有时甚至引起粮食爆腰、龟裂，增加稻谷等粮食的碎米率。

（4）大气压力

根据克劳修斯－克拉贝龙方程式，水的沸点与大气压的关系为

$$\lg \frac{p_2}{p_1} = \frac{\Delta H}{2.303R} \frac{T_2 - T_1}{T_1 T_2} \tag{4-9}$$

式中，T_1——大气压力为 p_1 时水的沸点；

T_2——大气压力为 p_2 时水的沸点；

ΔH——水的相变热；

R——气体常数。

由式 4-9 可知，水的沸点随着大气压力的减小而降低，在较低的温度下粮食内的水分以沸腾的形式蒸发。粮食干燥的速度及其温度取决于真空度和粮食受热的程度。由于在低气压、低温度条件下进行干燥，因而既可缩短干燥时间又能获得良好品质的粮食。冷冻干燥必须在严格的低温低压下进行。根据水的相图（图 4-8）可知，纯水处于三相点时，外压为 609 Pa，温度为 0.0099 ℃。因此，只有当冷冻粮食处于 OB 线的下方时，粮食内纯水形成的冰晶才能直接升华为水蒸气。由于粮食内的水分溶有溶质，起冻结点均低于 0 ℃，故冻结粮食的三相点低于纯水的三相点，并随粮食种类而异。真空加热干燥就是利用这一原理。

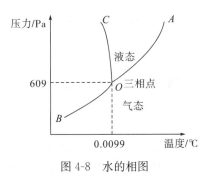

图 4-8 水的相图

4.4.2 干燥与脱水方法

粮食的干燥是指从粮食中除去一定量的水分。干燥方法可分为自然干燥和人工干燥两类(表 4-13)。

表 4-13 粮食干燥方法分类

干燥方法			处理方式	适用粮食种类
自然干燥			日晒、阴干、风干	各种粮食、果干类及干鱼类
人工干燥	加压		加热→加压→突然喷出	低水分的粮食
	常压	风干	自然风	各种粮食、果干类及干鱼类
		对流	热空气气流→通风机	各种粮食
		高频电场	高频电场	水分含量较低的粮食
		声波场	声波场	水分含量较低的粮食
		辐射与对流	辐射器、空气	水分含量较低的粮食
	减压	真空	减压、常温或低于 70 ℃	适应与热敏性的粮食
		冷冻	减压、低于 0 ℃	适应与水分较大的粮食

1. 自然干燥

自然干燥法是利用日晒、阴凉、风吹等自然环境条件使粮食脱水干燥的方法。粮食在太阳光的辐射能和干燥空气的作用下，温度随之上升，粮食内的水分因受热向表面周围的介质蒸发，增加了粮食表面的空气湿度，使之与周围空气形成温度差和湿度差，在空气自然对流循环或干燥空气的吹拂下，粮食的水分不断地向空气中蒸发，最终使粮食水分含量降至与空气温度和相对湿度趋于平衡状态，此时干燥粮食仍然保持一定量的平衡水分。自然曝晒法是选择晴朗天气将粮食摊开，利用阳光和空气传热，使粮食受热蒸发水分，以达到降低水分的目的。晒干法方法简便，又节约能源，还可利用太阳光中的紫外线杀灭病菌。但是晒粮需具备相当面积的晒场，有时要受气候条件的限制。

2. 人工干燥法

人工干燥法是人为控制环境条件对粮食进行脱水干燥的方法，这种干燥方法的形式很多，适用范围广，按工作压力分为常压干燥法、加压干燥法和减压干燥法 3 种类型。

（1）常压干燥法

常压干燥法是指在通常大气压下，采用适宜温度使粮食的水分通过反复内扩散和表面外扩散蒸发干燥的方法。常压干燥法按照设备不同可分为自然风干燥、热风干燥、微波与远红外线干燥等。

（2）减压干燥法

真空干燥是物料在常温、减压条件下，加速水分蒸发的干燥方法。在真空状态下，物料即使采用常温干燥，其中的水分仍能进行内部扩散、内部蒸发和表面蒸发。其优点是干燥速度快，不发生表面硬化现象，但耗能大。

4.4.3　影响干燥贮藏效果的因素

1. 水分蒸发速率

干燥是粮粒水分向外部环境蒸发的过程。这一过程与粮粒的化学成分、组织结构、表面积、环境温度、相对湿度、气流速度、与气流的接触面积等多项因素有关。对同一种粮食，其干燥速度主要取决于空气的温度、相对湿度、流速和气流与粮食的接触面积。空气越干燥、温度越高、流动越快、接触面越大，则干燥速度越快。

粮粒水分向外扩散时，首先是粮粒表面的水分向外蒸发脱除（即外扩散），然后内部水分沿着组织内毛细管逐渐向外移动（即内扩散），移动到表层后再向环境扩散。脱水前期，含水量高，毛细管畅通，又处于干燥环境中，所以水分的移动和蒸发都很快。随着干燥的进行，粮粒收缩变干，毛细管缩小，水分的转移变得较为困难，此时内扩散速度下降，粮粒的干燥速度也必然下降。如果环境温度过高，外扩散过快，表层因快速脱水而变硬、结壳，不仅会造成粮粒脱水困难，还会使淀粉受热膨胀导致表皮破裂，生产上称为爆腰。爆腰的粮粒易断裂，粮食品质易劣变。

由此可知，只有水分的内外扩散协调进行，才能防止结壳、爆腰的出现。除控制好干燥的温度、环境相对湿度、气流速度以外，使粮粒均匀受热、促进粮粒内部的传热也是至关重要的。

2. 干燥方法

（1）日光自然干燥

日光自然干燥要求晒场空旷、通风，地面坚固、平整、光滑、略有倾斜。此法依靠日晒和风吹使粮粒脱水，因此要充分利用日照，促进通风。粮层厚度要控制在 3～6 cm，约 15 min 全面翻动 1 次，使脱水均匀。北方地区还应防止过低气温使粮食遭受冻害。日光自然干燥受制于天气条件，需要很多劳动力和大面积晒场，干燥效率低，在抢收季节应配合人工加热或机械干燥。

（2）人工加热干燥

采用燃料燃烧产生热气流对粮食加热，使其脱水。这种人工加热设备一般包括燃烧炉、鼓风机、烘干机、冷风通道、冷却装置、输送装置等主要部分。我国现已开发出适应不同干燥量、具有不同机械自动化程度的各种烘干机，可以固定或流动作业。在农村，因地制宜设计建造的简易烘房和烘干机也有多种形式。在实际生产中应严格根据粮食种类、原始含水量确定适合的热气温度和粮粒受热温度，一般粮粒受热温度为 30~60 ℃，热气温度为 50~140 ℃。粮粒在烘干出机前不能吹冷风，而应以热风吹拂逐渐降温，进一步降低水分含量，防止粮粒爆腰形成碎米。

3. 环境的相对湿度

在较高的环境相对湿度下，即使是干燥合格的粮食，也会慢慢吸收空气中的水分而使含水量升高，所以保持仓内空气的干燥是必要的。

4. 环境温度

气温对仓温的影响极大，由于气温随季节变化和时间变化都较为明显，要特别防止季节、高温时段气温对仓温的影响。同时，温度对相对湿度的影响会引起贮粮水分平衡的变动。在 30 ℃左右时，早籼稻的水分必须控制在 13％以下，但如降温到 5 ℃左右，则水分控制在 16％以内就可安全贮藏。

5. 病虫害

病虫害是影响粮食安全贮藏的重要因素。除降低仓温和相对湿度以外，清除杂质，使粮食在安全水分标准以下，保持仓贮环境的清洁，入贮前杀灭虫霉均为保证粮食安全贮藏的重要措施。在大容积的仓内，虫霉危害始终较难控制，现采用 γ 射线或电子射线辐照粮食，在安全剂量范围内可使虫霉得到有效控制，且成本低廉。此外，O_3 也是高效无毒无残留的杀菌杀虫剂。在传统的有害熏蒸剂已被逐步淘汰之时，可以选用双乙酸钠这种安全性高、效果好的防腐剂。

针对危害粮食的虫害特性，人为造成低 O_2 环境也有较好的效果。关键措施是必须首先保证粮粒达到脱水标准，并利用一切可能条件使粮温下降，在低温干燥情况下进行密闭。这样不仅能抑制虫霉危害，还能减轻气温回升后带来的不利影响。

4.4.4　干燥贮藏技术

1. 收获后的预处理技术

各类粮食收获后预处理的目的都是相同的。在没有良好冷藏条件的情况下，粮食的干燥不可取代。就稻谷而言，如干燥后常温贮藏，则含水量须控制在 13％~15％。小麦吸湿力强，常温贮藏时，含水量在 12.5％以下为宜；玉米和大豆常温下贮藏含水量要求为 12.5%。

根据粮种、含杂量、破碎率、保藏温度、保藏期等的不同，含水量要求会有一定变化。入库前粮食还需通过预处理除杂，散热降温。有条件的地方最好进行 γ 射线辐照处理。

2. 贮藏方法

（1）通风贮藏

采用自然通风和机械通风使粮堆降温降湿，但应选择在外温低于粮温、空气干燥的时候进行，南方冬季和北方地区适合采用通风贮藏，但要防止过低气温的不利影响。

（2）缺氧贮藏

要求密闭所用材料气密性较好，有一定的机械强度，粮堆处于干燥低温状态，同时要求采用机械抽气或生物方式使粮堆 O_2 浓度下降到要求的指标。

（3）低温贮藏

南方冬季和北方地区可利用自然低温进行贮藏。在温度较高的季节和地区，采用机械制冷可快速达到所需低温并维持其稳定。此外，在一定深度的地层中，建立地下仓是一种科学而经济的低温贮粮方式。

4.4.5 干燥贮粮管理

贮粮管理主要包括入库粮的品质检测，贮期中环境、仓房、粮堆的动态监测和调节，粮食水分、酸值、黏度、感官指标等品质参数的过程检测，粮仓清洁与虫霉防治，粮食分类存放、堆码与进出库管理等方面的内容。

不同的贮粮方法管理方面有所不同，必须制定管理规范，做好检测记录，发现问题及时处理。

4.5 辐 照 保 藏

我国食品辐照的研究始于 1958 年，当时中国科学院同位素委员会组织了全国 12 个单位对稻谷杀虫、马铃薯保鲜等进行了有计划的研究，包括营养成分的分析、毒理学试验、人体试验等。20 世纪 70 年代初，在国家科委的支持下，我国先后在郑州、成都、济南、上海、北京等地成立了食品辐照研究协作组，开展了辐照杀虫，抑制发芽，鱼、肉、蛋的辐照保藏，水果保鲜及葡萄酒促进陈化等工作。1991 年国家科委设立了"农副产品辐照加工贮藏保鲜商业化研究"项目，由中国农业科学院原子能利用研究所主持，全国 13 个单位承担，对 11 种食品进行商业化研究，取得了可喜成果。"九五"期间，国家科委又设立攻关项目，研究制定了 30 多种辐照食品的加工工艺标准，大大推动了辐照食品保藏的发展。国家卫生部于 1984 年 11 月颁布了洋葱、大米、马铃薯、大蒜、蘑菇、香肠、花生仁 7 种辐照食品的卫生标准；1986 年 9 月增加了辐照苹果的卫生标准；1994 年 2 月批准了扒鸡、花粉、果脯、生杏仁、番茄、猪肉、荔枝、薯干酒、熟肉制品等辐照食品的卫生标准;1997 年 6 月 16 日批准颁布了豆类、谷物及其制品、干果果脯类、熟畜禽肉类、冷冻包装畜禽肉类、香辛料类、新鲜水果、蔬菜类食品的辐照卫生标准。到 2001 年,我国共批准了六大类几十种辐照食品上市。

4.5.1 辐照保藏的原理

辐照保藏食品是利用电离辐射(高能辐射)辐照各种食品进行杀虫、灭菌(病毒)和抑制某些生理活动来延长谷物、豆类、干鲜果品、蔬菜、肉类以及水产品等的贮藏期。由于食品辐照加工过程中无需对食品进行加热,所以又被称为冷巴斯德杀菌法(cold pasteurization)。目前主要采用 ^{60}Co-γ 射线或加速器产生的电子束作为辐照源,利用射线与物质的相互作用所产生的物理、化学和生物效应来达到灭菌保鲜的目的,广泛应用于延缓果蔬的呼吸、抑制发芽、杀灭谷物及食品中的寄生虫及微生物、延长货架期及检疫处理等方面。

1. 辐照剂量单位

吸收剂量(absorbed dose)是任意介质吸收电离辐射的物理量,它直接与辐射效应相关,与电离辐射的种类及能量无关,通常以 D 表示。若电离辐射给予某一体积内物质的平均能量为 dE,该体积内物质的质量为 dm,则 $D = dE/dm$,其单位是戈瑞(Gy),1 Gy=1 J/kg=100 Rad。吸收剂量率是单位质量的被照射物质在单位时间内所吸收的能量,$\overset{\cdot}{D} = dD/dt$,单位是 Gy/s。

2. 辐照的化学效应

(1)水溶液的辐照效应

水是生命物质的主要成分,是辐照在机体中引起电离的主要物质。生物分子辐照损伤主要是水辐照产生的自由基与生物分子反应的结果。辐照对水的直接作用是引起水分子的电离、激发和超激发,这些原初变化形成 H·、·OH 与 e$^-$(aq),并进一步发生反应或扩散到溶液中,与溶质分子发生反应。水的辐解产物继续发生如下反应:

辐解激发的水分子(单线态或三线态)中一部分分解为氢原子和·OH:

$$H_2O^* \longrightarrow H\cdot + \cdot OH$$

慢化电子通过自身感应电场与若干个水分子结合成水合电子:

$$e^- + nH_2O \longrightarrow e^-(aq)$$

一部分电子和一部分水合电子与氢离子或水合质子发生中和反应:

$$e^-[或\ e^-(aq)] + H_3O^+ \longrightarrow H + H_2O$$

以上反应使射线沿径迹形成浓度很高的自由基 H·、·OH 和 e$^-$(aq),这些自由基中一部分在刺团里相互反应形成 H_2 和 H_2O_2,大部分从刺团中扩散到整个溶液,作为水辐解的自由基产物。刺团内的主要反应如下:

$$H \cdot + \cdot OH \longrightarrow H_2O \qquad k = 3.2 \times 10^{10} \ L/(mol \cdot s)$$

$$H \cdot + H \cdot \longrightarrow H_2 \qquad k = 1.3 \times 10^{10} \ L/(mol \cdot s)$$

$$\cdot OH + \cdot OH \longrightarrow H_2O_2 \qquad k = 5.3 \times 10^9 \ L/(mol \cdot s)$$

$$e^- (aq) + \cdot OH \longrightarrow OH^- \qquad k = 3.0 \times 10^{10} \ L/(mol \cdot s)$$

$$e^- (aq) + e^- (aq) \longrightarrow H_2 + 2OH^- \qquad k = 5.4 \times 10^9 \ L/(mol \cdot s)$$

$$e^- (aq) + H \cdot \longrightarrow H_2 \qquad k = 2.5 \times 10^{10} \ L/(mol \cdot s)$$

$$\cdot OH + H_2O_2 \longrightarrow H_2O + HO_2 \cdot \qquad k = 2.7 \times 10^7 \ L/(mol \cdot s)$$

如果观察辐射的损伤，则羟自由基 $\cdot OH$ 和水合电子 $e^-(aq)$ 是两个最重要的水辐解自由基，生物分子的许多辐射化学变化都是与它们起化学反应的结果：前者是强氧化性物质，后者是强还原性物质。当有氧存在时，还会产生过氧氢自由基和超氧阴离子，其反应式如下：

$$H \cdot + O_2 \longrightarrow HO_2 \cdot \qquad k = 1.9 \times 10^{10} \ L/(mol \cdot s)$$

$$e^- (aq) + O_2 \longrightarrow O_2^- \qquad k = 2 \times 10^{10} \ L/(mol \cdot s)$$

这两种自由基实际上处于化学平衡状态：$HO_2 \cdot \longleftrightarrow H^+ + O_2 \cdot$，$pK = 4.69$，在 $pH < 4.5$ 时 $HO_2 \cdot$ 占主要部分，$pH > 5$ 时 $O_2 \cdot$ 占主要部分。超氧阴离子 $O_2 \cdot$ 被认为是导致细胞损伤的重要因素，它对生物分子的损伤主要不是通过与生物分子的直接反应，而是通过由它产生的羟自由基或单线态氧间接地引起生物分子的损伤。氢原子是相对水合电子较弱的还原剂，常与有机物发生脱氢反应，如 $H \cdot + CH_3OH \rightarrow H_2 + \cdot CH_2OH$，在与二硫化物作用时会使二硫键断裂成 $S \cdot + HS$。$HO_2 \cdot$ 是次级自由基，具有一定的氧化能力，但比 $\cdot OH$ 弱得多，它与绝大多数有机物不发生反应，自身相遇发生歧化反应，生成过氧化氢：$2HO_2 \cdot \rightarrow H_2O_2 + O_2$。过氧化氢与大多数有机物不发生反应，但可与有机自由基反应，如 $H_2O_2 + \cdot COOH \rightarrow CO_2 + H_2O + \cdot OH$。

（2）蛋白质的辐照效应

蛋白质的生理活性不仅取决于一级结构，同时还取决于高级结构，而维持高级结构的次级键（如氢键等）的键能较弱，容易受到破坏。不同种类的蛋白质对辐照的敏感性及反应各不相同，食品蛋白质受到辐照会发生脱氢、脱羧、交联、降解、疏基氧化、释放硫化氢等一系列复杂的化学反应，由此导致蛋白质的结构、功能及物理性质的改变。辐照产生的化学反应不仅与蛋白质本身的组成、结构、浓度有关，而且与环境中盐类、pH、含氧量等因素有关。

（3）脂类的辐照效应

脂肪或脂肪酸照射后会发生脱羧、氧化、脱氢等作用，产生氢、烃类、不饱和化合物等。脂肪的辐照氧化取决于脂肪的类型、不饱和度、照射剂量及是否有氧等。通常情况下，饱和脂肪对辐照稳定，不饱和脂肪容易发生氧化，氧化程度与辐照的剂量成正比。天然脂肪在低于 50 Gy 下辐照时，脂肪质量指标只发生非常微小变化，剂量在 100～1000 Gy 时，酸值、反式脂肪酸含量、双键位置的移动以及过氧化值等才明显上升，200～900 Gy 照射可使卵磷脂脂质体的过氧化值随着剂量提高而增加。在电离辐射的作用下，生物膜的脂类也可发生过氧化，如大鼠与狗的红细胞脂类经 50 Gy 或 100 Gy 照射后,脂类过氧化值显著增加,同时红细胞发生溶血,有些科学家认为生物膜损伤是辐照损伤的重要原因。

(4)糖类的辐照效应

低分子糖类在进行照射时,不论是在固态或液态,随辐照剂量的增加,都会出现旋光度降低、褐变、还原性及吸收光谱变化等现象。水合电子与葡萄糖在水溶液中的反应较慢,·OH 与葡萄糖反应是从羰基位置抽氢,在无氧、大剂量照射时,会生成一种酸式聚合物,有氧存在时不产生聚合物。多糖的辐解会导致醚键断裂,使淀粉和纤维素被降解成较小的单元。

在低于 200 kGy 的剂量照射下,淀粉粒的结构几乎没有变化,但直链淀粉、支链淀粉、葡聚糖的分子断裂,碳链长度降低。直链淀粉经 200 kGy 照射,其平均聚合度从 1700 降低到 350;支链淀粉的链长降低到 15 个葡萄糖单位以下。果胶辐照后也断裂成较小单元。多糖类辐照后能使果蔬纤维素松脆,果胶软化。

(5)维生素的辐照效应

维生素可以分为水溶性与脂溶性两类。水溶性维生素中维生素 C 与维生素 B_2 对辐射最敏感,而烟酸对辐射十分稳定;脂溶性维生素中维生素 E 较敏感,维生素 K 较稳定。维生素的辐照稳定性因食品组成、气相条件、温度及其他环境因素的变化而显著变化,在通常情况下,混合溶液中的维生素比单纯溶液中的维生素的稳定性高。

(6)核酸的辐射化学

DNA 是细胞最重要的生物大分子,因核酸的分子量很高,因此极易受到射线本身和水辐解自由基的攻击,而核酸的化学结构只要有微量改变,也能导致细胞生物功能发生重大改变。核酸的辐射损伤有多种方式,如碱基的损伤、核糖的损伤、核酸的交联等。碱基的损伤可能为脱氢、开环、游离等,发生这类损伤的概率有氧存在时为无氧时的两倍。DNA 的糖基损伤主要由间接作用引起,其中又主要由·OH 引起,因为 e^-(aq)几乎只与碱基作用,与核糖及磷酸的作用不显著,氢原子主要与碱基发生加成反应。·OH 约有 80%攻击碱基,20%攻击核糖,对核糖的攻击造成戊糖开环和磷酸酯键断裂,引起 DNA 链的断裂,并释放出无机磷酸和碱基。

4.5.2　辐照保藏的应用

食品辐照处理的目的主要是杀菌、灭虫、抑制食物原料的生理劣变等,辐照剂量取决于食品的种类、辐照目的和要求的食品保存期,过量的辐照会损害食品的品质并产生安全隐忧。

1. 食品的辐照杀菌

(1)辐照剂量与杀菌效应

如果对一定数量的活细菌(N_0)用不同剂量照射后培养,观察能形成可见菌落的存活细菌数(N),以此可以描绘出剂量-存活率曲线。如以存活率对数标值为纵坐标,以辐照剂量为横坐标,则细菌的辐照效应有 3 种类型的存活率曲线,即指数型、乙状型和混合型(图 4-9)。

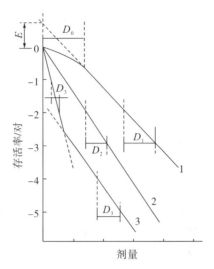

图 4-9　微生物辐照后的存活率曲线

1. 乙状型；2. 指数型；3. 混合型

单靶单击的微生物存活率曲线呈指数型；单靶多击的微生物存活率曲线呈乙状型，将此曲线的直线部分延长与纵轴相交，纵轴上的 E 值就表示达到钝化所需打击次数的理论数。混合型曲线由两条相交的指数曲线组成，表示微生物群体中既有辐射敏感性强的，也有敏感性弱的，是一个混合群体。直线的斜率通常采用 D_{10} 值来表示，是杀灭 90% 微生物所需的吸收剂量。

D 值除可以从上述的存活曲线中求出外，也可以先测定出照射剂量(D_i)，再通过下式求得：

$$D = \frac{D_i}{\lg N_0 - \lg N}$$

式中，N_0——辐照前细菌数；

N——经 D_i 照射后的存活菌数。

乙状型存活曲线是某些耐辐照微生物所特有的，在实验辐照生物学中常用的剂量值有 D_{10} 和 D_0，D_0 表示耐辐照细菌对辐照损伤的修复能力，可由存活曲线中直线部分外推得到。

（2）微生物对辐照的敏感性

D 值反映了微生物对辐照的敏感性，也称为钝化系数。微生物对辐照的敏感性，在不同属、不同种或不同菌株间变化幅度都非常大，这一点和热力杀菌及药物杀菌的情况相同。在一般情况下，细菌芽孢的抗性比营养型细菌强；在不产芽孢的细菌中，革兰氏阴性菌对辐照比较敏感。真菌属于真核细胞，构造比较复杂，酵母的辐照抗性比霉菌强，部分假丝酵母的抗性与细菌芽孢相同，霉菌的辐照抗性接近无芽孢细菌或比无芽孢细菌弱。

（3）影响微生物辐照敏感性的因素

微生物辐照敏感性与微生物本身的生理状态、照射时与照射后的环境条件及辐照品质等因素都有关。

1）温度对微生物辐照敏感性的影响。微生物的辐照钝化剂量随照射温度的不同而有较大变化。若温度在常温范围内，则对杀菌效果影响不大，如 γ 射线对肉毒杆菌的芽孢在 0~65 ℃下辐照，温度对杀菌效果都没有影响。如果在低温状态下，则钝化剂量随温度降低而增大，菌体更耐辐照，这是因为低温限制了辐照产生的自由基的扩散，减少了其与酶分子相互作用的机会，如在−78 ℃下对金黄色葡萄球菌进行辐照时，其 D 值是常温时的 5 倍，在−196 ℃用 γ 射线照射肉毒杆菌时的 D 值是 25 ℃时的 2 倍。高温下照射由于高温与辐照协同作用，微生物加速死亡，如上述肉毒杆菌 25 ℃时的 D 值为 3.4 kGy，95 ℃时为 1.7 kGy。

应该指出，微生物对辐照的敏感性与对热的敏感性无关。以肉毒杆菌的敏感度为 1，则其他菌 D_{10} 与肉毒杆菌 D_{10} 的比值为相对敏感度（表 4-14）。

表 4-14　微生物的相对敏感度

菌种	相对敏感度		菌种	相对敏感度	
	对热	对辐射		对热	对辐射
肉毒杆菌	1.0	1.0	产气杆菌	3.0	0.5
枯草杆菌	0.3	5.5	大肠杆菌	约 1013	36

2）氧对微生物辐照敏感性的影响。辐照处理时有无分子态氧存在，对杀菌效果有显著的影响。一般情况下，杀菌效果因氧的存在而增强，这种现象被称为氧效应（图 4-10）。纯氧环境下的 D 值与纯氮环境下的 D 值之比称为氧增效比(m)，大肠埃希杆菌的 m 为 2.9，弗氏志贺菌的 m 为 2.92，酿酒酵母的 m 为 2.4。细菌芽孢在空气环境中对射线的敏感性也大于在真空和含氮环境下的敏感性，这个结论已经通过对肉毒杆菌、芽孢杆菌、凝结芽孢杆菌和枯草芽孢杆菌芽孢的研究得到了证实。但在稀水溶液中，氧的增强作用很小，有时不增强甚至起保护作用，因为氧是自由基的良好清除剂。

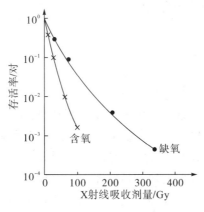

图 4-10　大肠杆菌的存活曲线

3）水分活度对微生物辐照敏感性的影响。细胞的含水量对其辐照抗性有很大的影响。在低水分活度下，辐照的间接作用受到限制。研究表明，随着水分活度的下降，D 值有增大的趋势。

4）细胞状态对微生物辐照敏感性的影响。辐照前微生物经历的培养条件对其辐照敏感性影响很大。处于引发期的细胞对辐照具有最强的抗性，而对数期的细胞敏感性最强；

经过厌氧培养的细胞比经需氧培养细胞的抗性强。

5）环境因素对微生物辐照敏感性的影响。环境酸度对微生物辐照抗性的影响不大，如枯草芽孢杆菌的芽孢 pH 在 $2.2 \sim 10.0$ 之间变化、蜡状芽孢杆菌 pH 在 $5.0 \sim 8.0$ 之间变化时，辐照抗性均没有明显差异。介质对辐照抗性也有影响。化学物质对辐照的影响较大，有些物质对菌体有保护作用，有些可促进其死亡，也有一些无明显影响。有机醇类、L-半胱氨酸、抗坏血酸钠、乳酸盐、葡萄糖、氨基酸等食品成分能降低辐照的杀菌效果。一般认为这是因为这些物质消耗了 O_2 而使氧效应消失或捕捉了活性强的自由基。

6）辐射剂量率和方式对微生物辐照敏感性的影响。对于修复能力强的微生物（如耐辐照微球菌），低剂量率或分次照射会降低致死效率，提高耐辐照能力；对于非常干燥的细菌及芽孢，剂量分次给予将增加致死效应，这是辐照产生的长寿命自由基和氧效应引起的。关于计量率的影响，如果辐照中氧的消耗速度比能补偿的快，则高剂量率能增大 D_{10} 值。^{60}Co 的 γ 射线的剂量率通常是 $1\ kGy/h$ 量级，而高能电子剂量率高达 $1000\ kGy/h$。因此，对于同一生物体照射同样剂量，这种剂量率差别将导致失活效应的不同。但有些研究结果认为剂量率对杀菌效果的影响并不显著。

（4）杀菌剂量的选择

辐照杀菌必须考虑初始微生物污染的水平、产品杀菌要求程度、杀菌剂量及剂量不均匀度、辐照可能对产品造成的损伤、加工成本等。对于给定的环境条件，杀菌剂量（SD）的大小取决于给定的允许最终污染微生物数（N）和初始存活的污染微生物数（N_0），如果存活率曲线有"肩"，则还需要加上 D_0，即 $SD = D_{10} \lg(N_0/N) + D_0$。

大多数国家用耐辐照的短小芽孢杆菌 E601 芽孢作为微生物参考标准，由此推算出 $25\ kGy$ 的剂量可以保证灭菌效果。北欧四国选用更耐辐照的尿链球菌 A21、球形芽孢杆菌 C1A 及大肠杆菌 T1 噬菌体作为微生物参考标准，根据微生物初始污染水平的差别采用不同的剂量。

2. 食物发芽的辐照

马铃薯、洋葱、大蒜等蔬菜在收获后有一个休眠期，休眠过后就会发芽。马铃薯发芽后会产生有极强毒性的龙葵素；洋葱一经发芽很快就由鳞茎抽出叶子，把储存于鳞茎的营养物质转供叶子生长，致使洋葱大量腐烂；大蒜萌芽后就开始散瓣、干瘪。

马铃薯收获后约有 100 天的休眠期，在此期间用 $8 \sim 20\ kGy$ 剂量的 γ 射线照射就能有效地抑制其发芽。辐照处理后的块茎色泽不变，品质很好，少量芽线非常纤弱，一触即脱。如果不加处理，马铃薯不仅周身是芽，而且严重萎缩脱水，失去食用价值。洋葱经受 $5\ kGy$ 剂量的 γ 射线照射便有良好的抑制发芽效果。实验表明，未经照射的洋葱的芽苗长达 $10 \sim 15\ cm$，而辐照组洋葱无一发芽。用 $15\ kGy$ 和 $20\ kGy$ 剂量照射时，在整个贮藏期未见有芽生长。剂量过高会使生长受到致死性破坏，长期贮藏后会形成洋葱烂心。利用 $4\ kGy$ 以上 γ 射线辐照大蒜可以达到季产年销之目的。辐照后的蒜头经近 180 天贮藏，全都饱满、不分瓣、不出芽、不空皮、色泽正常，感官品尝辣味与新鲜无异。

3. 食物虫害的辐照控制

玉米象是粮食仓贮中的主要害虫之一，它严重危害仓贮中的玉米、小麦和大米等多种谷物；豌豆象是危害豌豆生产和贮藏的主要害虫。王传耀等对粮食仓贮害虫玉米象和豌豆象的辐照致死剂量进行了研究，研究用玉米象是用消毒灭菌后的小麦碎粒作饲料，在 25～30 ℃、65%～70% 条件下由人工饲养 30 天的成虫；豌豆象是将含有豌豆象虫卵的豌豆放在 25～30 ℃、65%～70% 相对湿度下发育而成的成虫。玉米象辐照剂量为 0.2、0.4、0.6、0.8、1.0、1.5、2.0、2.5 和 3.0 kGy，剂量率为 0.08 kGy/min；豌豆象增加一组 0.1 kGy，剂量率为 0.0497 kGy/min。辐照温度均为 18～25 ℃。实验结果显示，玉米象成虫辐照致死率随着辐照剂量的增加而增加，辐照后 3 周的对照组成虫死亡率为 13.6%，而 0.4 kGy 辐照的为 51.80%，0.8 kGy 辐照的为 99.7%，1.0 kGy 以上则全部死亡。在同一剂量辐照组，玉米象死亡率随着保持时间的延长而增加。例如，经 0.6 kGy 辐照，第一周死亡率为 11.2%，第二周为 56.7%，第三周为 97.3%，第四周则全部死亡，而对照组第四周仍有 49.2% 的成活率。对豌豆象成虫致死的研究也显示了类似的结果，辐照 2 周后对照组死亡率为 0.8%，而 0.4 kGy 辐照的为 3.9%，0.8 kGy 辐照的为 47.2%，1.0 kGy 以上辐照的全部死亡。用同一剂量如（0.8 kGy）辐照后的死亡率为 0.8%，2 周死亡率为 47.2%，4 周则全部死亡。

芒果实蝇是我国对外植物检疫对象，该虫食性杂、繁殖快，是严重危害水果的主要害虫之一，可随被害果实的运输而远距离传播。陈可珍等用 ^{60}Co-γ 射线辐照对芒果实蝇进行 0.15～1.20 kGy 剂量的辐照处理，发现 ^{60}Co-γ 射线对芒果中的芒果实蝇老熟幼虫有杀灭效果，未被杀死的幼虫可以化蛹，但不能羽化。幼虫全部死亡或化蛹所需时间随辐照剂量的增大而缩短，最长的需 40 天，最短的仅需 7 天。水果营养成分分析表明，经 0.60 kGy 和 0.90 kGy 辐照后，水果总酸度和维生素 C 与对照相比无明显差异。

不育性昆虫技术是指把害虫照射到亚致死剂量，使其损失繁殖能力，但仍保持交尾能力的技术。正常的雌虫与经辐照的雄虫交配后产下的卵不能孵化，从而达到根治虫害的目的。例如，美国在库拉索岛上连续 5 代释放经辐照处理的不育雄性羊旋皮蝇，最终使这种寄生蝇在该岛上完全消失。

4. 果蔬成熟期的辐照延缓

果蔬的完熟是一种自然衰老的过程。在呼吸高峰以前，果实的细胞很健康，果肉组织紧密；呼吸高峰之后的果实变软，叶绿素消失，开始衰老。利用适当剂量的 γ 射线照射果实，能使果实的呼吸受到适当抑制，生理代谢维持在较低水平，延缓果实跃变期的出现，从而延长果蔬的贮藏期。过高的剂量反而会破坏果品的组织而加速熟化。芒果、草莓、番茄、香蕉、番木瓜、菠萝、橘子、桃子等经辐照后都能推迟完熟期，延长贮藏期。用 1 kGy 剂量对芒果辐照可延长货架寿命 12 天，4 kGy 剂量使薯茄推迟完熟期，商品寿命延长 8 天，蘑菇经 1.6 kGy 剂量辐照后呼吸强度下降，生长延缓，延迟破膜及开伞，表面锈斑减少，颜色保持新鲜白色，而且表面较干爽。

5. 酒类辐照

辐照能够促进酒类的陈化。对白兰地新酒进行 1.33 kGy 剂量的辐照，可以得到 3 年老酒的效果，经过气相色谱分析，辐照后没有新物质的产生或某种组分的消失，但是色谱峰高度有所变化，辛酸乙酯、正己酸乙酯、正丁酸丁酯等成分有不同程度的提高。辐照黄酒可以使氨基酸的含量有所增加，改善了黄酒的风味和营养，香气浓郁、醇厚、爽口。对用薯干酿制的白酒进行辐照，可以减少杂油醇等有害成分，除去新酒的苦涩辛辣味，增加总酸、总酯等有益成分，使酒味变得绵甜、醇和。对曲酒的辐照同样使其质量明显改善。

6. 食品加工参与物的辐照

在这些方法中，食物本身并未受到辐照，但加工用水和器具等经一定剂量辐照杀菌，可以防止加工过程的污染，降低食品变质的可能性。

4.6 化 学 保 藏

化学保藏是食品保藏的重要方式之一，是食品科学研究的一个重要领域，有着悠久的历史。盐渍和烟熏保藏是古老的的食品化学贮藏方法。但是，利用化学制品的化学保藏方式直到 20 世纪在 90 年代才发展起来。随着化学工业和食品科学的发展，食品化学保藏也获得新的进展。

4.6.1 化学保藏的定义

根据美国食品药物管理局(FDA)1979 年的定义，任何添加到食品中用于防止或者延迟食品变质的添加物都可称为化学保藏剂，但是不包括盐、糖、醋、香料以及熏烟或者主要功能为杀虫和具有草药功能的物质。

通过正确选择化学保藏剂，很多食品产品的货架寿命显著提高。比如，抗氧化剂的使用可以使一些含油脂食品的货架期提高 200% 以上。通过复合使用一些防腐剂或者其他功能的添加剂，可以同时控制化学和生物学方面的变质，从而进一步提高食品产品的货架寿命。但是对于一个特定的食品体系，正确选择合适的保藏剂并不容易。首先需要确定变质的原因，然后通过模拟体系研究可能的保藏体系，最后在实际体系中判断效果。

目前添加到食品中与保藏有关的化学制品包括化学防腐剂，抗氧(化)剂、保鲜剂等。化学保藏已应用于食品生产、运输、贮藏等方面，例如在饮料、罐头、果蔬制品、面糖制品、快餐食品等的加工生产中都用到了化学保藏剂，就目前趋势来看化学保藏仍将会有较大的发展。

4.6.2　化学保藏的应用

过去，食品化学保藏仅局限于防止或延缓由于微生物引起的食品腐败变质。随着食品科学技术的发展，食品化学保藏已不满足于单纯抑制微生物的活动，还包括了防止或延缓因氧化作用、酶作用引起的食品变质。

目前食品化学保藏已应用于食品生产、运输、贮藏等方面，例如在罐头、果蔬制品、肉制品、糕点、饮料等的加工生产中都用到了化学保藏剂。食品化学保藏使用的化学保藏剂包括防腐剂、抗氧化剂、脱氧剂、酶抑制剂、保鲜剂和干燥剂等。化学保藏剂种类繁多，它们的理化性质和保藏机理也各不相同。有的化学保藏剂作为食品添加剂直接参与食品的组成，有的则是以改变或控制食品外界环境因素对食品起保藏作用。化学保藏剂有人工化学合成的，也有从天然物质内提取的。经过许多科学家多年的潜心研究，现已开发了多种天然防腐剂，并且发现天然防腐剂对人体健康无害或危害很小，有些还具有一定的营养价值和保健作用，是今后保藏剂研究的方向。化学保藏剂按照保藏机理的不同，大致可以分为三类，即防腐剂、抗氧（化）剂和保鲜剂，其中抗氧（化）剂又分为抗氧化剂和脱氧剂。

4.7　果蔬采后商品化处理

果蔬采后商品化处理对延长果蔬保藏期，改善果蔬品质非常重要。果蔬收获后到贮藏、运输前，根据其种类、贮藏时间、运输方式及销售目的，进行一系列处理。目的是减少采后损失，使果蔬产品做到清洁、新鲜、美观，有利于销售和食用，提高其耐贮性和商品价值。

果蔬产品的采后商品化处理就是为保持和提高产品质量并使其从农产品转化为商品所采取的一系列措施的总称。主要包括整理、挑选、清洗、分级、预冷、包装等环节。可以根据产品的种类，选用全部措施或只选用其中的某几项措施。

果蔬产品的采后预处理一般是在田间完成，这就有效保证了产品的贮藏保鲜效果，减少了采后的腐烂损失。所以加强采后处理已成为我国果蔬产品生产和流通中迫切需要解决的问题。果蔬采后商品化处理流程如图 4-11。

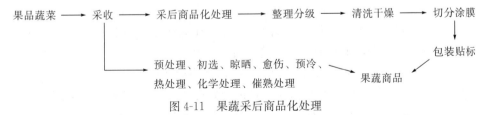

图 4-11　果蔬采后商品化处理

4.7.1　整理与挑选

果蔬产品从田间收获后，往往带有残叶、败叶、泥土、病虫污染等，须进行适当的处理。因为带有残叶、败叶、泥土、病虫污染的产品，不仅没有商品价值，而且严重影响产品的外观和质量，更重要的是携带大量的微生物孢子和虫卵等有害物质，成为采后病虫害感染的传播源，引起采后果蔬产品的大量腐烂，造成经济损失。

清除残枝败叶只是整理的第一步，有的产品还需进一步的修整，并去除不可食用的部分，如根、叶、老化部分等。叶菜采收后的整理特别重要，因为叶菜类采收时带的病、残叶很多，有的还带根。单株体积小、重量轻的叶菜还要进行捆扎。其他的茎菜、花菜、果菜也应根据产品的特点进行相应的整理，以获得较好的商品性和贮藏保鲜性能。挑选是在整理的基础上，进一步剔除受病虫侵染和受机械损伤的产品。

很多产品在采收和运输过程中都会受到一定的机械伤害。受伤产品极易受病虫、微生物侵染而发生腐烂。所以必须通过挑出病虫感染和受伤的产品，减少产品的带菌量，降低产品受病菌侵染的机会。挑选一般采用人工方法进行。在果蔬产品的挑选过程中必须戴手套．注意轻拿轻放，尽量剔除受伤产品，同时尽量防止对产品造成新的机械伤害，这是获得良好贮藏保鲜效果的保证。

4.7.2　分级

分级是产品商品化生产的必需环节，是提高商品质量及经济价值的重要手段。产品收获后将大小不一、色泽不均、受虫害或受到机械损伤的产品按照不同销售市场所要求的分级标准进行大小或品质分级。产品经过分级后，商品质量大大提高，减少了贮运过程中的损失，并便于包装、运输及市场的规范化管理。果蔬产品在生长发育过程中，由于受多种因素的影响，其大小、形状、色泽、成熟度、病虫伤害、机械损伤等状况差异甚大，即使同一植株的个体，甚至同一枝条的果实性状也不可能完全一样，而从若干果园收集起来的果品，必然大小不一，良莠不齐。只有按照一定的标准进行分级，使其商品标准化，或者商品性状大体趋于一致，才有利于产品的收购、包装、定价、销售。

1. 分级标准

在国外果蔬分级有国际标准、国家标准、协会标准和企业标准四种。水果的国际标准是 1954 年在日内瓦由欧共体制定的，许多标准已经过重新修订，目的是为了促进经济合作和发展。目前已有 37 种产品有了国际标准，这些标准和要求，在欧盟国家水果和蔬菜进出口贸易中是强制性的。国际标准一般标龄较长，其内容和水平受西方各国国家标准的影响。国际标准虽属非强制性的标准，但一般水平较高。国际标准和国家标准是世界各国都可采用的分级标准。

2. 分级方法

(1)手工分级

这是目前国内普遍采用的分级方法。这种分级方法有两种。一是单凭人的视觉判断,按果蔬的颜色、大小将产品分为若干级。用这种方法分级的产品,级别标准容易受人心理因素的影响,往往偏差较大。二是用选果板分级,选果板上有一系列直径大小不同的孔,根据果实横径和着色面积的不同进行分级。用这种方法分级的产品,同一级别果实的大小基本一致,偏差较小。人工分级能最大程度地减轻果蔬的机械伤害,适用于各种果蔬,但工作效率低,级别标准有时不够严格。

(2)机械分级

机械分级不仅可消除人为因素的影响,更重要的是能显著提高工作效率。有时为了使分级标准更加一致,机械分级常常与人工分级结合进行。目前我国已研制出了水果分级机,大大提高了分级效率。美国、日本的机械分级起步较早,大多数采用电脑控制。他们除对容易受伤的果实和大部分蔬菜仍采用手工分级外,其余果蔬产品一般采用机械分级。

4.7.3 清洗、防腐、灭虫与打蜡

果蔬产品由于受生长环境或贮藏环境的影响,表面常带有泥土污物,影响其商品外观。所以产品上市销售前常进行清洗、防腐、涂蜡,由此可以改善商品外观,提高商品价值,减少表面的病原微生物,减少水分蒸腾,保持产品的新鲜度,抑制呼吸代谢,延缓衰老。

4.7.4 包装

果蔬产品多是脆嫩多汁的商品,极易遭受损伤。为了保护产品在运输、贮藏、销售中免受伤害,对其进行包装是必不可少的。

果蔬产品包装是标准化、商品化的手段之一,也是保证安全运输和贮藏的重要措施。有了适合的包装,就可能使果蔬产品在运输中保持良好的状态,减少因互相摩擦、碰撞、挤压而造成的机械损伤,减少病害蔓延和水分蒸发,避免果蔬产品散堆发热而引起腐烂变质,包装可以使果蔬产品在流通中保持良好的稳定性,提高商品价值和卫生质量。同时包装是商品的一部分,是贸易的辅助手段,为市场交易提供标准的规格单位,免去销售过程中的产品过秤,便于流通过程中的标准化,也有利于机械化操作。适宜的包装对于提高商品质量和信誉十分重要。发达国家为了增强商品的竞争力,特别重视产品的包装质量。而我国对果蔬产品的包装还不十分重视。

4.7.5　催熟和脱涩

1. 催熟

催熟是指销售前用人工方法促使果实加速完熟的技术。为了提早上市，以获得更好的经济利益，或为了长途运输，需要提前采收，这时采下的果实成熟度不一致，很多果实青绿、果肉坚硬、风味欠佳、缺乏香气，不受消费者欢迎。为了保障这些产品在销售时达到完熟程度，确保其最佳品质，常需要采取催熟措施。催熟可使产品提早上市，使未充分成熟的果实尽快达到销售标准或最佳食用成熟度及最佳商品外观。催熟多用于香蕉、苹果、洋梨、猕猴桃、番茄、蜜露甜瓜等。

（1）香蕉的催熟

为了便于运输和贮藏，香蕉一般在绿熟坚硬期采收，绿熟阶段的香蕉质硬、味涩，不能食用，运抵目的地后应进行催熟处理，使香蕉皮色转黄，果肉变软，脱涩变甜，产生特有的风味和气味。具体做法是，将绿熟香蕉放入密闭环境中，保持 $22\sim25℃$ 和 90% 的相对湿度，香蕉会自行释放乙烯，几天就可成熟。有条件时，可利用乙烯催熟，在 $20℃$ 和 $80\%\sim85\%$ 的相对湿度下，向催熟室内加入 $1\ g/m^3$ 的乙烯，处理 $24\sim28\ h$，当果皮稍黄时取出即可。

为了避免催熟室内累积过多的 CO_2（超过 1% 时，乙烯的催熟作用将受影响），每隔 $24\ h$ 要通风 $1\sim2\ h$，密闭后再加入乙烯，待香蕉稍现黄色时取出，可很快变黄后熟。此外，还可以用熏香法，将一梳梳的香蕉装在竹箩中，置于密闭的蕉房内，点线香 30 余枝，保持室温 $21℃$ 左右，密闭 $20\sim24\ h$ 后，将密闭室打开，$2\sim3\ h$ 后将香蕉取出，放在温暖通风处 $2\sim3\ d$，香蕉的果皮由绿变黄，涩味消失而变甜变香。

（2）柑橘类果实的脱绿

柑橘类果实特别是柠檬，一般多在充分成熟以前采收，此时果实含酸量高，果汁多，风味好，但是果皮呈绿色，商品质量欠佳。上市前可以通入 $0.2\sim0.3\ g/m^3$ 的乙烯，保持相对湿度 $85\%\sim90\%$，$2\sim3\ d$ 即可脱绿。

蜜柑上市前放入催熟室或密闭的塑料薄膜大帐内，通入 $0.5\sim1\ g/m^3$ 的乙烯，经过 $15\ h$ 果皮即可褪绿转黄。柑橘用 $0.2\sim0.6\ g/kg$ 的乙烯利浸果，在 $20℃$ 下 2 周即可褪绿。

（3）番茄的催熟

将绿熟番茄放在 $20\sim25℃$ 和相对湿度 $85\%\sim90\%$ 下，用 $0.1\sim0.15\ g/m^3$ 的乙烯处理 $48\sim96\ h$，果实可由绿变红。也可直接将绿熟番茄放入密闭环境中，保持温度 $22\sim25℃$ 和相对湿度 90%，利用其自身释放的乙烯催熟，但是催熟时间较长。

（4）芒果的催熟

为了便于运输和延长芒果的贮藏期，芒果一般在绿熟期采收，在常温下 $5\sim8\ d$ 自然黄熟。为了使芒果的成熟速度趋于一致，尽快达到最佳外观，有必要对其进行催熟处理，目前国内外多采用电石加水释放乙炔催熟，具体做法是，按每千克果实需电石 2 g 的量，用纸将电石包好，放在装果箱内，码垛后用塑料帐密封，24 h 后将芒果取出，在自然温度下很快转黄。

（5）菠萝的催熟

将 40％的乙烯利溶液稀释 500 倍，喷洒在绿熟菠萝上，保持温度 23～25℃和相对湿度 85％～90％，可使果实提前 3～5 d 成熟。

2. 脱涩

脱涩主要是针对柿而采用的一种处理措施。柿有甜柿和涩柿两大品种群，甜柿品种的果实在树上充分长成后可自然脱涩，采收后，即可食用。涩柿含有较多的单宁物质，成熟后仍有强烈的涩味，采后不能立即食用，必须经过脱涩处理才能上市。柿的脱涩就是将体内的可溶性单宁通过与乙醛缩合，变为不溶性单宁的过程。我国生产栽培以涩柿品种居多，果实成熟采收后仍有强烈的涩味而不可食用，必须经过脱涩处理才能食用。

涩柿采收后，随其自然成熟也会脱涩，只是脱涩时间较长，而且对于单宁含量特别高的品种往往脱涩不彻底。实践中最常见的脱涩方法有以下几种。

（1）CO_2 脱涩

将柿装箱后，密闭于塑料大帐内，通入 CO_2 并保持其浓度 60％～80％，在室温下 2～3 d 即可脱涩。如果温度升高，脱涩时间可相应缩短。用此法脱涩的柿子质地脆硬，货架期较长，可进行大规模生产。但有时处理不当，脱涩后会产生 CO_2 伤害，使果心褐变或变黑。

（2）酒精脱涩

将 35％～75％的酒精或白酒喷洒于涩柿表面上，每千克柿果用 35％的酒精 5～7 mL，然后将果实密闭于容器中，在室温下 4～7 d 即可脱涩。此法可用于运输途中，将处理过的柿用塑料袋密封后装箱运输，到达目的地后即可上市销售。

（3）温水脱涩

将涩柿浸泡在 40℃左右的温水中，使果实产生无氧呼吸，经 20 h 左右，柿即可脱涩。温水脱涩的柿子质地脆硬，风味可口，是当前农村普遍使用的一种脱涩方法。用此法脱涩的柿子货架期短，容易败坏。

（4）石灰水脱涩

将涩柿浸入 7％的石灰水中，经 3～5 d 即可脱涩。果实脱涩后质地脆硬，不易腐烂，但果面往往有石灰痕迹，影响商品外观，最好用清水冲洗后再上市。

（5）鲜果脱涩

将涩柿与产生乙烯量大的果实（如苹果、山楂、猕猴桃等）混装在密闭的容器内，利用它们产生的乙烯进行脱涩，在 20℃左右的室温下，经过 4～6 d 即可脱涩。脱涩后的果实质地较软，色泽鲜艳，风味浓郁。

（6）乙烯及乙烯利脱涩

将涩柿放入催熟室内，保持温度 20℃左右和相对湿度 80％～85％，通入 1 g/m³ 的乙烯，2～3 d 后即可脱涩。或用 0.25～0.5 g/kg 的乙烯利喷果或蘸果，4～6 d 后也可脱涩。果实脱涩后，质地软，风味佳，色泽鲜艳，但不宜贮藏和长距离运输，必须及时就地销售。

（7）干冰脱涩

将干冰包好放入装有柿果的容器内，然后密封 24 h 后将果实取出，在阴凉处放置 2~3 d 即可脱涩。在处理时不要让干冰接触果实，每 1 kg 干冰可处理 50 kg 果实。用此法处理的果实质地脆硬，色泽鲜艳。

脱涩的方法多种多样，可根据各自的条件及脱涩后的要求（软柿或硬柿，货架寿命的长短及品质好坏等），选择适宜的脱涩方法。

4.7.6 预冷

1. 预冷的概念和作用

预冷是将新鲜采收的产品在运输、贮藏或加工以前迅速除去田间热，将其体温降低到适宜温度的过程。当水果和蔬菜收获以后，特别是热天采收后带有大量的田间热，再加之采收对产品的刺激，呼吸作用很旺盛，释放出大量的呼吸热，对保持品质十分不利。

预冷的目的是在运输或贮藏前使产品尽快降温，以便更好地保持水果蔬菜的生鲜品质，提高耐藏性。预冷可以降低产品的生理活性，减少营养损失和水分损失，延长贮藏寿命，改善贮后品质，减少贮藏病害。

预冷较一般冷却的主要区别在于降温快慢上。预冷要求尽快降温，必须在收获后 24 h 之内达到降温要求，而且降温愈快效果愈好。多数果蔬产品收获时的体温接近环境气温，高温季节达到 30℃以上。在这样高的温度下，其呼吸旺盛，后熟衰老变化速度快，同时腐烂变质。如果将这种高温产品装入车进行长途运输或者入库贮藏，即使在有冷藏设备的条件下，其效果也是难以如愿的。有研究指出，苹果在常温下（20℃）延迟 1 d，就相当于缩短冷藏条件（0℃）下 7~10 d 的贮藏寿命。

2. 预冷方式

预冷的方式有多种，一般分为自然预冷和人工预冷。人工预冷中有水冷却、空气冷却、真空预冷、冰接触预冷等方式。各种方式都有其优缺点，其中以空气冷却最为常用。预冷时应根据产品种类、数量和包装状况来决定采用何种方式和设施。

（1）自然降温

自然降温冷却是最简便易行的预冷方法。就是将产品放在阴凉通风的地方使其自然散热。例如我国北方许多地区用地沟、窖洞、棚窖和通风库贮藏产品，采收后在阴凉处放置一夜，利用夜间低温，使之自然冷却，次日气温升高前入贮。这种方法虽然简单，但冷却的时间长，受环境条件影响大，而且难以达到产品所需要的预冷温度。在没有更好的预冷条件时，自然降温仍然是一种应用较普遍的好方法。

（2）水冷却

水冷却是以冷水为介质的一种冷却方式，水比空气的比热容大，当果蔬产品表面与冷水充分接触，产品内部的热量可迅速传至体表而被水吸收。将果蔬浸在冷水中或者用冷水冲淋，达到降温的目的。冷却水有低温水（一般在 0~3℃）和自来水两种，前者冷却效果好，后者生产费用低。目前使用的水冷却装置有喷淋式、浸渍式，即流水系统和传送带系统方式。水冷却的速度涉及许多因素，如冷却介质的温度和运动速度，果蔬产品体积和导热系数的大小，产品堆积的形式和包装方式等。生产中应根据这些制约因素，设法加快冷却速度。水冷却有较空气冷却降温速度快、产品失水少的特点；最大缺点是促使某些病菌的传染，易引起产品的腐烂，特别是受到各种伤害的产品，发病更为严重。因此，应该在冷却水中加入一些防腐药剂，如加入一些次氯酸或用氯气消毒。水冷却器应经常用水清洗，以减少病原微生物的交叉感染。用水冷却时，产品的包装箱要具有防水性和坚固性。流动式的水冷却常与清洗和消毒等采后处理结合进行；固定式则是产品装箱后再进行冷却。商业上适合用水冷却的果蔬有柑橘、桃、胡萝卜、芹菜、甜玉米、菜豆等。

（3）空气冷却

空气冷却是使冷空气迅速流经产品周围使之冷却。有冷库空气冷却和强制通风冷却法。冷库空气冷却是将收获后的果蔬产品直接放在冷藏库内预冷。由空气自然对流或风机送入冷风使之在果蔬产品包装箱的周围循环，箱内产品因外层和内部产生温度差，再通过对流和传导逐渐使箱内产品温度降低。这种方法制冷量小，风量也小，冷却速度慢，一般需要 24 d 甚至更长时间。但操作简单，冷却和贮藏同时进行。当冷却效果不佳时，可以使用拥有强力风扇的预冷间。

目前国外的冷库都有单独的预冷间，可用于苹果、梨、柑橘等耐藏的产品。但对易变质腐烂的产品则不宜使用，因为冷却速度慢，会影响贮藏效果。冷库空气冷却时产品容易失水，95％或以上的相对湿度可以减少失水量。

（4）真空预冷

真空预冷是将果蔬放在真空室内，迅速抽出空气至一定真空度，使产品体内的水在真空负压下蒸发而冷却降温。压力减小时水分的蒸发加快，如当压力减小到 533.29 Pa（4 mmHg）时，水在 0℃就可以沸腾，说明真空冷却速度极快。在真空冷却中，大约温度每降低 5.6℃失水量为 1％，但由于被冷却产品的各部分几乎是等量失水，故一般情况下产品不会出现萎蔫现象。

这种方式的特点是降温速度快、冷却效果好、操作方便。真空冷却的效果在很大程度上取决于果蔬的表面积、组织失水的难易程度以及真空室抽真空的速度。因此，不同种类的果蔬真空冷却的效果差异很大。生菜、菠菜、莴苣等叶菜最适合用真空冷却，纸箱包装的生菜用真空预冷，在 25～30 min 内可以从 21℃下降至 2℃，包心不紧的生菜只需 15 min。

还有一些蔬菜（如石刁柏、花椰菜、甘蓝、芹菜、葱、蘑菇和甜玉米）也可以使用真空冷却，但一些表面积小的产品（如多种水果、根茎类蔬菜、番茄等果蔬）由于散热慢而不宜采用真空冷却。真空冷却对产品的包装有特殊要求，包装容器要求能够通风。

（5）加冰冷却包装

加冰冷却是一种古老的方法，就是在装有产品的包装容器内加入细碎的冰块，一般采用顶端加冰。它适用于那些与冰接触不会产生伤害的产品或需要在田间立即进行预冷的产品，如菠菜、花椰菜、孢子甘蓝、萝卜、葱等。如果要将产品的温度从 35℃降到 2℃，所需加冰量应占产品总重的 38％。虽然冰融化可以将热量带走，但加冰冷却降低产品温度和保持产品品质的作用仍是很有限的。因此包装内加冰冷却只能作为其他预冷方式的辅助措施。

总之，在选择预冷方式时，必须要考虑现有的设备、成本、包装类型、距离销售市场的远近以及产品本身的特性。在预冷期间要定期测量产品的温度，以判断冷却的程度，防止温度过低产生冷害或冻害，造成产品在运输、贮藏或销售过程中变质腐烂。几种预冷方法的比较见表 4-15。

表 4-15 几种预冷方法的比较

预冷方法		优缺点
空气冷却	自然对流冷却	操作简单易行，成本低，适合大多数种类果蔬；但冷却速度慢，效果较差
	强制通风冷却	冷却速度较快，但须要强制通风设备，果蔬水分蒸发大
水冷却	喷淋式，浸泡式	操作简单易行，成本低，适合于体表面积小的果蔬产品，但病毒容易通过水进行传播，感染产品
冰冷却	碎冰直接接触	冷却速度较快，但需制冰机制冰，碎冰易使产品受到伤害，耐水性差的果蔬及包装不宜使用
真空冷却	降温、减压（可达 4.6 mmHg）	冷却速度快，效率高，不受包装限制；但需设备，成本高，局限适用品种，一般以经济价值较高的产品为宜

3. 预冷原则

采收的果蔬要及早进入预冷过程和尽快达到预冷要求的温度。采后要尽早进行预冷处理，并根据果蔬种类选择最佳预冷方式。一次预冷的数量要适当，要合理包装和码垛，尽快使产品达到预冷要求的温度。

预冷的最终温度要适当，一般各种果蔬的冷藏适温就是预冷终温的大致标准。还可以根据销售时间的长短、产品的易腐性、变质快慢、酶活性高低和化学成分变化的快慢来适当调整终温。预冷要注意防止产品的冷害和冻害。

预冷后，必须立即把产品贮入已调好温度的冷藏库或冷藏车内。实现产品预冷主要通过热传导和水分蒸发，所以导热和蒸发能力大小直接影响预冷速度。而这两者既受到产品特性的影响，又受到预冷条件的影响。

因此，第一要根据产品特性选择适宜的预冷方式；第二要调节预冷条件使其有利于产品冷却。加强空气对流，加快水的流动，加大果蔬与冷媒（水、风、冰）的温差，降低环境湿度和气压（真空预冷），合理包装和码垛都有利于产品的冷却。

4.7.7 愈伤

果蔬产品在收获、分级、包装、运输及装卸等操作过程中，常常会造成一些机械损伤，伤口感染病菌而使产品在贮运期间腐烂变质，造成严重损失。这些操作不论是手工作业还是机械作业，伤害往往是难以避免的。为了减少产品贮藏中由于机械损伤造成的腐烂损失，首要问题在于各个环节都应精细操作，尽可能减少对果蔬产品造成机械损伤。其次，通过愈伤处理，使轻度受损伤的果实在处理后的腐烂率降低，将果实在 2.1 ℃下进行愈伤处理，然后在 1 ℃下贮藏 14 周，处理果和对照的腐烂果率分别为 13％和 50％。

1. 愈伤的条件

果蔬产品愈伤要求一定的温度、湿度和通气条件，其中温度对愈伤的影响最大。在适宜的温度下，伤口愈合快而且愈合面比较平整；低温下伤口愈合缓慢，愈伤的时间延长，有时可能不等伤口愈合已遭受病菌侵害；温度过高对愈伤也并非有利，高温促使伤部迅速失水，由于组织干缩而影响伤口愈合。愈伤温度因产品种类而有所不同，例如马铃薯在 21~27 ℃下愈伤最快，甘薯的愈伤温度为 32~35 ℃，木栓层在 36 ℃以上或低温下都不能形成。

就大多数种类的果蔬产品而言，愈伤的条件为 25~30 ℃，相对湿度 85％~90％，并且通气条件良好，使环境中有充足的 O_2。

2. 果蔬产品种类及成熟度对愈伤的影响

果蔬产品愈伤的难易在种类间差异很大，仁果类、瓜类、根茎类蔬菜一般具有较强的愈伤能力；柑橘类、核果类、果菜类的愈伤能力较差；浆果类、叶菜类受伤后一般不形成愈伤组织。因此，愈伤处理只能针对有愈伤能力的产品。值得强调的是，愈伤处理虽然能促使有些产品的伤口愈合，但这绝非意味着果蔬产品的收获、分级、包装、贮运等操作中可掉以轻心，忽视伤害对贮运带来的不利影响。

另外，愈伤对轻度损伤有一定的效果，受损伤严重的则不能形成愈伤组织，很快就会腐烂变质。愈伤作用也受产品成熟度的影响，刚收获的产品表现出较强愈伤能力，而经过一段时间放置或者贮藏，进入完熟或者衰老阶段的果蔬产品，愈伤能力显著衰退，一旦受伤则伤口很难愈合。愈伤时组织内的化学成分也发生一定的变化，例如甘薯愈伤时部分淀粉转变成糊精和蔗糖，原果胶转变成可溶性果胶，部分蛋白质分解，使非蛋白氮增加，表现出一系列水解过程的加强。

4.7.8 晾晒

晾晒处理也称贮前干燥或者萎蔫处理。采收下来的果实，经初选及药剂处理后，置于阴凉或太阳下，在干燥、通风良好的地方进行短期放置，使其外层组织失掉部分水分，以增进产品贮藏性的处理称为晾晒。果蔬产品收获时含水量很高，组织脆嫩，因此贮运中易遭受损伤；或因蒸腾作用旺盛，使贮运环境中湿度过大，促使微生物活动而导致腐烂。有些种类的果实，因含水量高而发生某些贮藏生理病害，使其质量和贮藏性能受到影响。因此，根据果蔬产品种类、贮藏方式及重要条件，进行适当的贮前晾晒处理是必要的。这种处理主要用于柑橘、叶菜类(大白菜和甘蓝)以及葱蒜类蔬菜。

对于晾晒的果蔬而言，不论采用哪种晾晒条件，都应注意做到晾晒适度。晾晒失水太少，达不到晾晒要求而影响贮藏效果；但晾晒过度，产品由于过多地失水，不但造成数量损失，而且也会对贮藏产生不利影响。

果蔬采后处理是上述一系列措施的总称，根据不同的果蔬产品特性和商品要求，有的需要采用上述全部处理措施，有的则只需要其中的几种，生产中可根据实际情况决定取舍。

4.8　新兴农产品贮藏技术

微生物是导致农产品腐败变质的主要原因，因此，国内外学者对农产品的杀菌技术做了深入探讨，以形成延长农产品保藏稳定性的新技术。

食品中的有害微生物不仅影响食品的加工品质和保藏稳定性，而且受到有害微生物污染的食品被消费者食用后会出现中毒等现象。因此如何除去食品中的有害微生物是食品加工与保藏、食品卫生及食品质量安全的重要内容。在食品加工过程中通常采用高温干燥、烫漂、巴氏杀菌、冷冻及添加化学试剂等方法除去食品中的微生物，但是这些方法都有诸多缺点，如处理时间长、杀菌不彻底、不易实现连续生产、影响食品原有风味和营养成份等。为了改善传统杀灭食品中微生物的方法之不足，最大限度地保持食品中的天然色、香、味和营养成分，近年来，国内外学者探讨了许多食品杀菌新技术，如超高温杀菌技术、欧姆加热杀菌技术、超高压杀菌技术、脉冲强光杀菌技术、紫外光杀菌技术、超声波杀菌技术、磁场杀菌技术、高压脉冲电场杀菌技术、感应电子杀菌技术等。

4.8.1　超高温瞬时杀菌技术

超高温瞬时杀菌（ultra-high temperature）是利用食品的品质及营养成分等遭到破坏所需要的温度和时间与杀灭微生物所需的温度和时间两者之间有很大差异的规律而建立的杀菌方法。超高温瞬时杀菌的条件为温度 $135\sim150℃$，加热 $2\sim8$ s，然后再迅速冷却到 $30\sim40℃$。

超高温瞬时杀菌技术具有杀菌效果好、杀菌时间短、对物料中营养成分破坏少等特点。超高温瞬时杀菌技术常和食品无菌包装技术相结合。目前这种杀菌技术已广泛应用于杀菌乳、果汁及各种饮料、豆乳、酒等产品的杀菌中。

4.8.2　欧姆加热杀菌技术

欧姆加热（Ohmic heating）又称为通电加热、直接电阻加热（direct resistance heating）、纯电阻加热（electro-pure processing），是利用电流通过物料时由于物料的电阻特性而产生的热量加热物料。欧姆加热杀菌技术的主要原理就是利用了欧姆加热时对食品的热效应而将食品中的微生物杀灭。

欧姆加热杀菌技术克服了传导、对流及辐射加热杀菌时物料内部的加热速率受温度梯度、物料组成及状态变化等因素的影响，实现了对物料的快速均匀杀菌作用。欧姆杀菌技术适于粘度较高及含有颗粒的液体物料，如液态蛋制品、果汁、肉汤、布丁等。欧姆加热杀菌还可以对一些耐热菌进行杀灭，如浓缩苹果汁中耐热菌（酸土芽孢杆菌）、酸土脂环芽孢杆菌等。英国 APV 食品加工中心的试验结果显示，欧姆加热对含有大颗粒的食品和片状食品都有较好的杀菌作用，如马铃薯、胡萝卜、蘑菇、牛肉、鸡肉、片状苹果、菠萝、桃等。

4.8.3 脉冲强光杀菌技术

脉冲强光杀菌技术是通过用强烈的白光闪照食品，进而杀灭食品表面的微生物，其杀菌机理可能是白光中的紫外光及其他波段的光协同作用的结果。微生物是由水、蛋白质、碳水化合物、脂肪和无机物等复杂化合物构成的一种凝聚态物质。脉冲强光具有穿透性，当闪照时，脉冲强光可能作用于其活性结构上，进而起到光催化、提供能量等作用。这会使微生物中的蛋白质、核酸等发生变性，从而使细胞失去生物活性，达到杀菌的目的。

脉冲强光杀菌技术不仅能杀灭大多数微生物，而且比紫外灯的杀菌效果更好。由于脉冲强光只处理食品的表面，因而对食品的风味和营养成分破坏很小。目前脉冲强光杀菌技术已在很多食品中得以应用，如烘烤食品、海产品、肉类、水果和蔬菜等，它可降低微生物的污染，延长食品的货架期。

4.8.4 紫外线杀菌技术

紫外线杀菌技术主要利用微生物被紫外线照射时，细胞内的部分氨基酸和核酸吸收紫外线，引起细胞内的核酸、蛋白质、脂类发生化学变化，使细胞质变性，从而杀灭微生物。波长在 250~260 nm 的紫外线杀菌效果最明显，比近紫外线(波长 300~400 nm)的杀菌效果大 1000 多倍。不同种类的微生物对紫外线的抵抗能力不同，如酵母菌和丝状菌对紫外线的抵抗能力比细菌强，病毒和细菌对紫外线的抵抗能力类似。

目前紫外线杀菌技术主要用于食品厂用水的杀菌、液状食品杀菌、固体表面杀菌、食品包装材料杀菌及食品加工车间、设备器具、工作台的杀菌。单独使用紫外光的杀菌效果较差，常需要和其他方法配合使用，才能起到较好的杀菌效果，如霉菌在紫外光和酒精的共同作用下杀灭效果好。紫外光照射会对一些食品的加工带来不利的影响，特别是脂肪和蛋白质含量较高的食品。这些食品经紫外光照射后会发生脂肪氧化、蛋白质变性、变色等品质劣化现象。食品中的维生素、叶绿素等也易受紫外线的照射而破坏。

4.8.5 超声波杀菌技术

超声波杀菌技术主要是利用超声波对介质的空化作用，使液态食品中产生局部瞬间高温变化、局部瞬间高压变化，从而在极短的时间内杀灭微生物。

目前超声波杀菌技术在食品中的应用主要是用于液态食品的杀菌，如果蔬汁饮料、酒类、牛奶、酱油等食品。超声波杀菌技术与高温加热杀菌工艺相比，既不会改变食品的色、香、味，也不会破坏食品组分。在实际应用中，单独使用超声波的杀菌效果没有将超声波与其他杀菌方法相结合时效果好。

4.8.6　脉冲磁场杀菌技术

脉冲磁场杀菌技术是利用 2～10 特拉斯的强脉冲磁场对介质的非热效应（感应电流效应、洛伦兹力效应、电离效应和在脉冲磁场作用下微生物的自由基效应）进行杀菌的技术。磁力杀菌技术具有杀菌时间短、杀菌效率高、杀菌过程介质的温升小，在杀菌同时保持了食品原有的风味、色泽及营养成分等，杀菌不污染产品、无噪声，适用范围广等特点。

目前磁力杀菌技术主要用于各种罐装或封装产品、酒类产品如啤酒、黄酒、低度曲酒、各种果酒等，液态食品如牛奶、豆奶、果蔬汁饮料及矿泉水、纯净水、自来水及其他饮用水的杀菌。

4.8.7　高压电场杀菌技术

高压电场（high-voltage electric field）杀菌技术包括高压脉冲电场杀菌技术和高压静电场杀菌技术。高压脉冲电场杀菌技术是利用脉冲强电场破坏微生物细胞膜以杀灭微生物的技术。一般认为脉冲电场杀菌原理为在外电场的作用下微生物细胞膜的电位差增大，提高了细胞膜的通透性，使膜的强度降低。另外，外加电场的快速脉冲变化，对细胞膜产生振荡效应。这两种作用最终导致微生物细胞膜的破坏。细胞膜是细胞与外界环境的天然屏障，细胞膜破裂进而导致细胞的死亡。高压静电场杀菌技术的作用机理目前还没有定论，可能也与静电场对提高微生物细胞膜的通透性有关。

超高压脉冲电场杀菌技术具有处理时间短、能耗低、传递快速等优点，杀菌后能保持食品原有的口味和质地，因而被广泛地用于食品杀菌。脉冲电场能有效地杀灭与食品腐败有关的几十种细菌，特别是果汁饮料中的黑曲霉、酵母菌。高压静电场在食品工业中主要用于改善食品的加工工艺，如静电分离、静电熏制、静电干燥、静电保鲜、静电解冻等。高压静电场杀菌技术在液态果汁和固态的豆腐干、鱼丸、芹菜、酱油等食品的杀菌中都有应用，不仅可以改善食品的风味，而且可以获得较好的杀菌效果。

4.8.8　臭氧杀菌技术

臭氧杀菌技术是利用臭氧的强氧化性来实现对微生物的杀灭作用。臭氧杀菌的机理是臭氧首先作用于微生物细胞膜，使细胞膜受损伤而破坏其新陈代谢，导致细胞溶解、死亡；臭氧还能使细胞活动所必需的酶、DNA 和 RNA 失去活性，而影响其正常的生理功能。臭氧杀菌时除可直接利用臭氧气体进行杀菌，也可以将其溶解于水，形成臭氧水进行杀菌。

臭氧杀菌技术具有高效、广谱、无残留等特性，因此在食品工业得到了广泛应用。目前臭氧杀菌技术主要用于食品车间和冷库、食品设备和容器的消毒；饮用水生产、食品原料清洗、果蔬保鲜、分割肉、水产品、鸡蛋、酿酒工业等的杀菌。

4.8.9 远红外线杀菌技术

远红外线是波长在 $40 \sim 1000\ \mu m$ 的电磁波。远红外线的穿透能力强，当用远红外线照射食品时，食品中的水分子、蛋白质、核酸等含氧、氮、炭及氢原子的化合物会吸收远红外线的能量，内能增加。这时水分子汽化蒸发，食品的水分活度降低，导致微生物不能生存；食品中含氮的蛋白质、核酸等化合物吸收能量后原有的振动频率遭到破坏，导致微生物代谢障碍、活性消失等。这些原因可能是远红外线对食品具有杀菌作用的主要原理。

将远红外线用于食品杀菌不会影响食品的营养成分及色泽，远红外线的吸收程度也不受物料色泽的影响。远红外线不仅可用于一般的粉状和块状食品的杀菌，而且还可用于坚果类食品，如咖啡豆、花生和谷物的杀菌、灭霉以及袋装食品的直接杀菌。目前远红外线在食品加工中的应用还有点心、肉等的烘烤，烹调食品的保温，冷藏食品的快速加热，油炸食品如炸鱼、炸虾、炸土豆片等的炸制，无水食品的加工，酒、调味品、水果的催熟，肉类制品、谷物、面粉的杀菌等。

4.8.10 等离子体杀菌技术

空气等离子体(one atmosphere uniform glow discharge plasma，OAUGDP)是通过一个 $8.5\ kV/cm$ 以上的电场作用于空气而产生的等离子体，这种等离子体内含有活性氧，如原子态氧和氧自由基。这些活性氧可快速破坏微生物细胞膜结构，从而导致微生物的死亡。空气等离子体对革兰氏阳性及阴性菌、菌体孢子和细菌病毒都有明显杀灭作用。

空气等离子体杀菌技术具有适用于热敏性物料的杀菌、杀菌后无毒副产物、杀菌效果明显而且成本低等特点，因此在食品加工及去污处理方面都有潜在的应用价值。

4.8.11 生物酶杀菌技术

生物酶杀菌是利用一些酶使细菌的新陈代谢被破坏、对细菌产生毒副作用、破坏细胞的细胞膜成分、钝化细胞中的酶等方式杀灭微生物。如溶菌酶和葡萄糖酶，这两种酶可以通过破坏杀革兰氏阳性菌的细胞膜而杀死细菌。

4.8.12 微生物预报技术

1. 微生物预报技术的概念

所谓微生物预报技术是指借助计算机微生物数据库，在数字模型基础上，在确定的条件下，快速对重要微生物的存活和死亡进行预测，从而确保食品在生产、运输、贮存过程中的安全和稳定，打破传统微生物检验受时间约束而结果滞后的特点。其基本内容可归结为以下三点。

1)对食品中残留的可能导致食品腐败的微生物进行大量的实验，研究它们各自和相互间的特性，以及与其他栅栏因子(如温度、pH 值、水分活性等)的关系，了解这些微生物在单一栅栏因子条件和不同栅栏因子交互效应下的生长繁殖等。将研究结果标准化，以便机械系统能加以识别，将这些结果组成一数据库。

2)通过最佳模拟数字化研究和计算机程序化计算，使上述数据相互连接且具有外推性，即广泛预测性，将所有结果构成一完善的数字化集合，以作为微生物预报的模型基础。

3)科学工作者将以上数据和模型资料有机组合，以软件方式建立咨询中心。这样食品加工企业、商业系统、研究机构、卫检部门，甚至法律部门都可以对其加以应用。

2. 微生物预报技术体系的建立

对微生物预报技术而言，微生物数据库和数字模型是其必要的前提条件。另外，还需一个用户界面友好的软件。微生物数据库是过去 10 年国外科学家们在实验室经过艰苦努力建立起来的，它贮存的是不同微生物在不同生长介质中的 pH 值、水分活性值、培养温度及有氧、无氧条件下惰性气体的关系数据。数字模型的最简单形式为经验公式，以此预报微生物生长、死亡规律。科学家们常常针对一定问题，选择相应模型，使人们在数据库的支持下，能预知目前状态下病菌的活动状况，并可借助计算机绘出相应曲线，从中人们可了解某些试验中无法确定的中间状态值。另外，实验状态的模型，可使人们预知目前条件下病菌的生长情况、生长数量，并比较预期实际值的符合程度。如果不十分相符，可以改进模型。其他学者发表的不同食品中某些病菌的增长数据，也可用于修正试验模型；利用这些模型和微生物数据库，可以计算食品中毒性增长程度。例如，这些模型可以预报沙门氏菌在不同温度、pH 值、食盐浓度、亚硝酸盐条件下的增长情况，所有结果都贮存于软件中。微生物预报学的应用需以大量实验和理论为基础，是一项重要而艰巨的工程，需要国际间的大力合作。对此，欧共体等各国正进行大量的工作，众多的科学工作者也正在此领域不懈地努力。

尽管微生物预报技术还处于起步阶级，但可望迅速发展成为食品设计中的主要工具并广泛应用于食品加工。该技术将食品设计中所需的有关微生物的选择试验，准确限定于较小范围，大大减少了产品设计的时间和资金耗费。

3. 微生物预报技术、栅栏技术和危害分析与关键控制点系统的结合应用

栅栏技术应用于食品设计和食品优化，通过计算机快速预估加工食品的可贮性和质量特性，这也涉及到微生物预报技术的内容。而微生物预报技术的实施必须与栅栏技术和危害分析与关键控制点管理系统相结合。在食品贮藏领域，人们使用风险估价危害分析与关键控制点管理系统，并用其进行食品加工过程控制；使用栅栏技术及多种天然保鲜因子于食品防腐保质，同时将微生物预报技术渗透于二者之中，进行设计方案优化时，

安全、稳定、美味的食品就全方位迅速地被设计出来。可见，多因素条件下，微生物预报技术是实现多领域相互渗透，从而实现结果优化的强有力工具，它对指导食品加工和进行食品设计有重要意义。新观念、新方法、新工具，从而实现新发展是信息时代的根本特点之一。同时，也是微生物预报技术得以产生、发展的原因所在。

微生物预报技术(PM)是建立于计算机基础上的对食品中微生物的生长、残存和死亡进行的数量化预测的方法，在不进行微生物检测分析条件下快速对产品货架寿命进行预测。为实现这一目的，需要两个信息库：一是食品内各种微生物在不同温度、水分活性值、pH 值、防腐剂等条件下特性的详情信息库；二是包括每一条件下对这些微生物进行判断和预测的数字化信息库。此外，还需对这两种信息资料进行交互矢合作出智能判断。然而信息库的建立，需要考虑与食品安全和质量相关的栅栏，而所有栅栏甚至其中主要的栅栏也绝非在一个简单的预报模式中所能包括。目前这一模型仅依据于温度、pH 值、水分活性值、盐或保湿剂、亚硝酸盐、乳酸及其他防腐剂等几种主要栅栏因子及其相互作用。因此，微生物预报技术虽不能成为以量化方式通向栅栏技术的途径，但可将数个最为重要的栅栏因子作为基础建立模型，较为可靠地预报出食品内微生物生存死亡情况。鉴于很多相辅栅栏尚未纳入预报系统，预报结果也就更为谨慎，比实际的更为保险。

4. 微生物预报技术的作用及意义

微生物预报技术是使用数字方法描述环境因素对微生物生长的影响，其作用主要是：

1)可帮助和指导管理者贯彻危害分析与关键控制点管理系统于食品生产。外部多因素出现时，可决定关键控制点，并可决定竞争实验是否必需，同时对危害分析与关键控制点管理系统清单(菜单)给予补充。

2)在安全可以设计出来、但无法检验出来的思想指导下，可以预报产品配方变化对于食品安全和货架期的影响，并进行新产品货架期和安全性的设计。

3)可以预报产品在贮存和流通中，在不同的包装条件下微生物的变化，并客观估价该过程有无失误。例如，有些软件可预告微生物引起食物中毒的征兆，表明哪些方面的卫生监控做得不够，指出如何改进；或者人们给定某一产品设计的数值，则计算机可显出该产品中相应的各组分及性质；另外，人们从事食品生产过程中，防止有害病原菌的侵入是必要的。

4)可大量节约开发研究的时间和资金。在传统方式中，了解食品中的微生物状况常常需要花费大量的时间和资金，尤其是在多因素的状态下。如果人们使用了微生物预报技术，可以省去大量的竞争试验和接种试验，从而节约了时间和资金。

4.8.13　其他

除了以上几种杀菌技术外，还有激光杀菌及声光杀菌技术。激光杀菌技术主要是利用激光的热效应及非热效应来杀灭菌。激光杀菌效率高、速度快、效果好，国外已有将激光杀菌技术用于食品无菌包装中，但是由于激光光束照射面积小，激光设备昂贵，使用维修也较麻烦，所以没有大规模应用。声光杀菌技术是将声波和激光联合应用，通过纵波和横波的叠加，产生更高能量，同时利用激光和声波的其他效应，进而起到杀菌的作用。

第 5 章 农产品加工基础原理

5.1 粮油加工品的分类及特点

5.1.1 粮油加工的概念

种植业所收获的产品包括粮、棉、油、果、菜、糖、烟、茶、菌、花、药、杂，这些统称为农产品。粮油产品是农产品的重要组成部分，是狭义的农产品，一般即指粮油原料。粮油原料主要是农作物的子粒，也包括富含淀粉和蛋白质的植物根茎组织，如稻谷、小麦、玉米、大豆、花生、马铃薯、甘薯等。粮油原料的化学组成是以碳水化合物、蛋白质和脂肪为主。其加工的粮油成品是人们食物的主要来源。对粮油原料进行精深加工和转化，可制得若干种高附加值的食品和工业、医药等行业应用的原辅料。

以粮食、油料为基本原料，采用物理机械、化学、生物工程等技术进行加工转化，制成供食用以及工业、医药等行业应用的成品或半成品的生产领域统称为食品工业。按加工转化的程度不同，可分为粮食、油脂加工业；粮油食品制造业；粮油化工产品制造业。传统意义上，粮油加工主要是指谷物的脱皮碾磨和植物油的提取，加工产品主要是米、面、油以及各种副产品。随着社会发展和科技进步，粮油加工不断向高水平、深层次扩展，粮油食品制造业的比例增加，粮油化工产品制造业正在兴起，从原料到各种产品的加工转化是一个不可分割的系统，粮油加工的内涵已经扩大。综上所述，以粮食、油料为基本原料加工成为粮食、油脂成品，制成各种食品和工业及化工产品的过程都属于粮油加工的范畴。

5.1.2 粮油加工品的分类

1. 按加工程度分类

分为初加工制品和深加工制品两种。

1）初加工（粗加工）制品：是为了保持粮油原料原有的营养物质免受损失或者为适应运输、贮藏和再加工的要求，经过适度加工而成的符合一定质量标准的粮油成品。例如大米、面粉、高粱米、小米、黍米以及部分油料的脱壳、熟化（预处理）等。该过程工艺原理和加工技术简单，易于进行，但商品价值低。

2)深加工(精加工)制品：是指在初加工产品的基础上进一步开展的，经过较为精细加工而成的制成品。如粮食经过再加工可制成面包、面条、饼干、粉丝、粉条、酱油及酒类，豆类可提取植物蛋白等，这些均为深加工过程。该过程加工产品种类繁多，工艺原理复杂，技术要求程度高，是增加农产品产值，提高加工食品经济效益的重要途径。

2. 按粮油制品加工原料的不同分类

粮油制品的原料包括谷物类、薯类、豆类、油料类等。

1)谷物类加工：谷物类包括小麦、稻谷、玉米与杂粮。它们都有发达的胚乳，内含丰富的淀粉，一般作为主食食用。稻米、小麦、玉米是我国的三大重点加工谷物。杂粮是小宗粮豆作物的俗称，泛指生育期短、种植面积少(国家统计不列明细)、种植地区和种植方法特殊、有特种用途的多种粮豆。杂粮包括：荞麦、糜子、谷子、高粱、燕麦、青稞、薏苡、籽粒苋、绿豆、小豆、豇豆、芸豆、蚕豆、豌豆、小扁豆、鹰嘴豆等。谷物类加工又可分为面制品加工、米制品加工、玉米及杂粮食品加工。

2)薯类加工：薯类的品种繁多，产量极大，淀粉含量一般为20%~40%，是工业上生产淀粉、葡萄糖、味精、酒精及浆纱的极好原料，还可以加工成粉丝、粉皮及各种方便食品，以及作为烹饪菜肴的辅助材料，用途广泛。而用作加工原料的薯类，最主要的是甘薯、马铃薯、木薯。它们的食用部分是块根或块茎，干物质主要是淀粉。它们可作主食，也可作蔬菜，而木薯需脱毒后食用。

3)豆类加工：豆类包括黄豆、蚕豆、豌豆、扁豆等。豆类的种子无胚乳，但有两片发达的子叶，含有丰富的蛋白质、脂肪或淀粉。豆类在我国主要作副食食用，但大豆、花生也用作为油料。豌豆既可作油料，也可作豆制品加工的原料，主要用来提取蛋白质。扁豆及蚕豆等一般制成小食品等。

4)油料加工：植物油料是用来制取油脂的植物原料，含有丰富的脂肪，并具有工业提取价值。油料经过压榨或溶剂浸提得到符合一定质量标准的油脂成品称为油品。

按照经济用途的不同，油料分为食用油料和工业用油料，加工后的油品相应称为食用油品和工业用油品。食用油料如大豆、花生、油菜籽、葵花籽、棉籽、芝麻、米糠、玉米胚、小麦胚等。从油料中制取的油品一般要经过精炼后才能使用。食用油品的等级质量因精炼程度不同而不同。食用油品也是加工的主要原料，可进一步加工成各类油脂制品，如人造奶油、起酥油等。工业用油料是指制取的油脂有异味或毒素而不宜供人食用，只是以工业用途的油料，如桐籽、乌桕籽、蓖麻籽等。

粮油制品分类以此为前提，又可细分为：

1)面制品：由小麦制成面粉进而再加工成的一系列产品，包括面条类(挂面、龙须面、方便面)和馒头、面包、饼干、糕点等。

2)米制品：稻谷加工成大米再进一步加工而成，或由稻谷直接加工，包括米饭、方便米饭、米制小食品(大米加工)和蒸谷米(稻谷直接加工)。

3)玉米制品：淀粉(淀粉深加工)；玉米主食、膨化食品、玉米罐头(甜玉米、玉米笋)、胚芽产品等。

4)淀粉制品：以各种原料生产的淀粉再进一步加工而成，包括淀粉糖(葡萄糖、果葡糖浆、淀粉糖浆)和变性淀粉(氧化、接枝、酯化、醚化等)。

5)豆制品:包括传统豆制品(以大豆为原料)和新兴豆制品(以脱脂豆粕为原料)。

6)油料制品:各种植物油及精炼油等。

3. 其他分类方法

1)按加工的最终产品分类,总体上可分为食品加工与轻化工业两类,具体分类如下:

①主食米面制品加工:如馒头、面包、挂面等。

②淀粉、糖料加工:制糖工艺自古就有,粮油加工品中淀粉、糖料加工指从富含淀粉的原料(如玉米、薯类等)之中提取淀粉,并可进行制糖或借助酶解等手段分解转化的过程。

③发酵产品和酿酒加工:包括用来生产味精、淀粉、酶制剂、柠檬酸、酱油、豆腐乳和一些食品添加剂加工,以及白酒、啤酒、黄酒、葡萄酒、酒精等不同产品的发酵制备。

④休闲食品的加工:如糖果、饼干、巧克力制品、薯片等儿童食品。

⑤饮料、冷饮加工:如我国较多见的软饮料、冰淇淋。

⑥速冻食品、方便食品加工:如速冻汤圆、速冻馒头、方便粥、方便米饭等。

⑦饲料加工:家禽家畜食物和补充各种营养成分的粗饲料、精饲料和各种配合饲料的加工。

⑧油料加工:油料包括油菜籽、大豆、花生、棉籽、芝麻等,加工成的产品有食用油和工业用油之分。

⑨农副产品综合利用加工:农副产品中维生素、抗生素、抗氧化剂等活性成分以及植物蛋白等的提取、应用,可食性淀粉蛋白膜的研究制备等。

⑩轻化工业中的粮油产品加工:包括糠醛生产、纤维板生产、秸秆制品加工工艺(材料及其编织技法)等。

2)根据加工方法和加工产品,粮油加工的研究内容包括以下 7 个方面:

①粮食的碾磨加工:包括稻谷制米、小麦制粉、玉米及杂粮的粗制品如玉米粉、玉米渣等。粮食的碾磨加工,既要减少营养损失,又要精细加工,为食用和进一步加工新的食品打基础。

②以米、面为主要原料的食品加工:包括挂面、方便面、焙烤食品、米粉及以玉米、豆类等杂粮为原料的早餐食品等。

③植物油脂的提取、精炼和加工:包括各种植物油的提取,如大豆、花生、油菜子、榛子、玉米胚芽、米糠等油脂的提取方法,油脂的精炼和加工等。

④淀粉生产:包括从玉米、马铃薯以及豆类等富含淀粉类的原料中提取天然淀粉并得到各种副产品的生产工艺过程。

⑤淀粉的深加工与转化:包括淀粉制糖、变性淀粉的生产、淀粉的水解再发酵转化制取各种产品的过程。

⑥植物蛋白质产品的生产:包括传统植物蛋白质食品和新蛋白食品如豆腐、豆奶、浓缩蛋白、分离蛋白和组织蛋白的制备。

⑦粮油加工副产品的综合利用：包括麦鼓、稻壳、米糠、胚芽、皮壳、废渣、废液、糖蜜等的加工和利用。

5.2   粮油加工基础原理

5.2.1   粮油加工的目的

粮油加工业以大宗谷物和杂粮、薯豆类、油料及其加工副产品为基本原料，应用粮油加工学技术原理和营养学原理，生产各种米、面主食及油料加工品、主餐食品、方便食品、焙烤食品、营养保健食品、婴儿食品及改进相关的粮油加工装备，旨在提高饮食的营养效价，改善膳食结构，提高居民的健康水平和身体素质。谷物是我国大宗农产品。它主要给人类提供 $50\%\sim80\%$ 的热能和 $40\%\sim70\%$ 的蛋白质。油料加工是指以植物种子、果实等为原料提取油脂的工艺。它包括了从大豆、花生、米糠、玉米胚芽等各种不同油料作物收获后的干燥、清理、分选、贮藏及输送，油料的预处理、预榨、浸出、精炼、包装与副产品的精深加工等全过程。油料加工品不仅可供食用，还可制作肥皂、油漆、甘油、油墨、润滑油、香料等。制油后的饼粕富含蛋白质，是良好的精饲料和肥料。大豆、花生等的饼粕还可提取食用蛋白或加工成其他食品。

5.2.2   影响粮油加工的原料特征

1. 粮油原料的物理特征

粮油原料的物理性质，在一般的加工检验工作中常作为鉴定其品质的标志。粮油原料品质的优劣就其本质讲，主要取决于其所含的化学成分。粮油原料的形状、粒度、硬度、比重、容重等可作为较方便判断其品质的指标。这些物理性质对粮油原料的贮藏、运输、加工方式及所用机械的工作原理、工作效率等都具有一定的影响。

（1）粮粒的色泽、气味和表面状态

各种粮食、油料籽粒都有其自然色泽、气味及表面状态，它是评定粮油原料商品价值的重要标志。

1）色泽：每种粮油籽粒都具有一定的颜色，有的有两种以上的色泽，如稻谷、小麦。

研究色泽的意义：新鲜的粮粒、油料籽粒具有正常的色泽，腐烂变质的、成熟不足的都能从色泽上得以反映。因而通过观察其表面色泽即可判断其品质如何。

2）气味：每种粮食、油料都有其自身所固有的正常气味。如被污染或腐败则气味明显改变，所以一般从气味判断粮食的新鲜程度。

3）表面状态：粮油籽粒的表面有光滑和粗糙之分。表面光滑的粮粒流动性强，容易产生自动分级，便于分离。表面粗糙的流动性差，另外在反复运输及装卸也容易使表面起毛。所以表面状态从侧面反映出原料性质。

总之，色泽、气味及表面状态都可以用来鉴定其品质及粮油原料的种类。

（2）粮油籽粒的形状及大小

1）形状：粮油籽粒的形状关系到种子的流动性及谷堆、油料堆的静止角。清理及分级常利用粒型的不同而进行。

2）粒度：每个籽粒大小用尺寸表示叫粒度，单位毫米。它的测量方法为逐粒测量（游标尺、千分尺）。

①粒度分级与均一性：如果一批粮油原料种子粒度接近，那么称粒度均一性高，便于加工清理；若粒度差别大，则容易产生自动分级，不便于贮存。

②粮油原料品质与粒度大小、粒度均一性的关系：粒度大，内含营养成分多，出品率高，品质好；粒度均一性高，加工机械效率高，加工成本低，有利于分级加工。判断粒度大小及均一性的方法是筛选法。

（3）表示粮油原料品质的参数

1）比重：指粮油籽粒的重量与体积之比。它的计算公式为：

$$\delta = P / V$$

其中，P 为重量（g），V 为体积（cm³），δ 单位为 g/cm³。

粮油籽粒不同成分的比重不同，如淀粉的比重为 1.48～1.61 g/cm³，纤维素的比重为 1.25～1.4 g/cm³，蛋白质的比重为 1.3 g/cm³，脂肪的比重为 0.93 g/cm³。组成籽粒的成分不同，籽粒比重也不同。不同的籽粒比重差异很大，同一籽粒不同部位的比重也不同。

比重的测定方法有排液法、混合法。利用比重可进行粮油原料的清理及选种。

2）千粒重：指一千粒风干种子的绝对重量。籽粒大时用百粒重表示。

千粒重的测定可抽取具有代表性的样品，随机取 1000 粒，测其重量。子粒越饱满，千粒重越大，所以千粒重在一定程度上能反映出胚乳在籽粒中所占的比例，估计出品率或用于农业生产估计产量。

3）容重：指单位容积内所容纳的粮油籽粒的重量。它的单位为 g/L。

粮油原料容重越大，表示籽粒越充实、饱满、干燥。随着制粉工业的发展，容重已成为衡量原粮工艺性能、特别是小麦制粉品质的主要指标。我国小麦的定等就是以容重作为指标进行的。以容重大小来评价谷物或油料品质时，由于谷物富含淀粉，油料富含脂肪，所以前者以容重大的为佳品，后者因含油量高，反以容重低为好。

4）孔隙度：整个粮堆或油料堆占据一定的容积，其中籽粒并非充满整个容积的全部，各个籽粒之间存在一定的空隙，这种空隙占料堆总容积的百分比称为孔隙度。

孔隙度的计算如下：

$$S = (W - V / W) \times 100\% = (1 - 容重 / 比重 \times 1000) \times 100\%$$

其中，S 为孔隙度（%），W 为粮堆总体积（L），V 为粮粒体积（L）。

籽粒间孔隙度大，则通风性能优良。

5）比重、容重、千粒重的关系：比重、容重、千粒重成直线相关，但三者各有侧重，由于样品数量不同，代表性也不同。

（4）散落性与自动分级

粮油原料相对是一个大而复杂的整体，在这个整体里可以把某一籽粒当作一个质点，这个质点处在料堆中有液体的流动性，但是它又受到其他籽粒对它的阻力，显示出固体的特性，这样籽粒就既具有液体的流动性，又具有固体性质，所以形成的料堆是一带锥度的斜面，显示出其散落性。

粮油原料的散落性表示方法有静止角和自流角。

1)静止角(自然坡角)：指粮油籽粒自然下落所形成的料堆斜面与水平面之夹角。

粮油籽粒的散落性强弱与自然坡角成负相关。影响静止角的因素包括：水分、杂质含量及种类、粮粒形状及表面特性等。

2)自流角：粮油籽粒从斜面上自动滚落时，斜面与水平面所构成的角度。测定时取10克样品，放在浅木槽中测定。

影响自流角的因素有：粮油原料的水分含量、杂质含量及种类、籽粒形状等，还包括所选用的材质。自流角是一个角度范围值，应用在工厂设计及管路布局上；静止角在粮油原料贮存中会影响到仓容。

3)自动分级：粮油原料的料堆是一个大而复杂的整体，包含着性质不同的组成部分，当粮食受外力作用时，这些性质不同的组分受到外界影响，由于本身物理特性的不同而发生重新分布，即性质相似的组分趋向聚集在同一部位，从而失去了整个料堆的均匀性，结果引起各部位原料品质的差异，即产生自动分级。

自动分级现象是由于各组分散落性不同引起的，而散落性又是由各组分的摩擦力不同和受到外力影响而引起的。

自动分级的利弊：自动分级可以用来精选粮油原料，把混杂在料堆内的杂质和细小粮粒分离出来；但自动分级会引起料堆的不均匀性，加速霉变，影响原料检验时样品的代表性，给运输、贮藏、检验带来不便。

(5)粮油原料的导热性

粮油料堆存在传通热能的性能，料堆内外之间和料堆内部进行的热传递和热交换叫做导热性。导热性对粮油原料温度变化起着直接的影响，又与水的运动状况密切相关，对粮油原料贮藏有重要影响。不同物质的导热系数不同(表5-1)，但整体来讲，粮油原料的导热系数较小，是热的不良导体。空气的导热性(37℃空气的导热系数约0.027)不如粮食，水的导热性(37℃饱和水的导热系数约0.63)比粮食强，所以在密闭条件下，粮食的导热系数随着粮食水分的增加而增大，随着粮食中空气量的增大而减少。疏松而干燥的粮食，不易受外界高温的影响，紧密而潮湿的粮食，则不易保持稳定的温度。粮食的导热性较差，一方面以利用这一特性，低温入库，隔热保冷，在外温变化较大时，受影响相对较小，延缓升温速度，为低温贮藏提供条件；另一方面，粮温高时不易迅速冷却，一旦粮油原料发热霉变，不易发现，造成储料损失。同时，由于原始粮温不一致，料堆内温差较大，易引起低温部分结露。

表 5-1　不同粮油原料的导热系数

种类	水分/%	温度/℃	导热系数/[W/(m·℃)]
稻谷	10.9	36.28±0.50A	0.1054±0.0001D
小麦	10.1	36.56±0.40A	0.1418±0.0002A

续表

种类	水分/%	温度/℃	导热系数/[W/(m·℃)]
玉米	11.0	34.78±0.31B	0.1362±0.0006B
大豆	6.9	34.45±0.06A	0.1274±0.0003C

（6）粮油原料的品质标准

1）粮油原料的品质：粮油原料的品质是就其共性及具体用途而讲的，即考察营养成分和具体用途。

2）品质标志：实际工作中，以色泽、气味、水分及杂质含量等作为衡量其品质的检验项目，同时对不同用途的粮油原料有其相应的具体指标。

3）检验方法：分为感官检验和仪器检验。

（7）粮食的结构力学性质

在粮食加工过程中，原粮籽粒在加工机械的作用下，所表现的各种不同性能就是它的结构力学性能。这种性能与其本身的组织结构密切相关，也与所受力的性质及外界条件有关。

1）组织结构与力学性能：原粮籽粒一般有皮层、胚和胚乳组成，三者的组织结构不同，它们受力作用时所表现出的力学性能也不同。豆科作物和不少油料作物的籽粒是由皮层和种胚两部分组成，胚乳部分在种子发育过程中逐渐消失，成熟籽粒没有胚乳。

皮层：由纤维素、半纤维素、木质素、果胶等成分组成，内有许多空细胞，容易吸水，不易碾碎，韧性大。

胚：内含胶体性质的物质，具有一定的韧性，容易被压扁而难以破碎成粉。

胚乳：为贮藏性组织，其中填充具有一定结构的淀粉粒，淀粉粒间又有许多蛋白质作粘结材料，所以具有一定的脆性。它占整个粮粒体积的 80%，它的结构对加工工艺影响最大。

2）力学性质试验：可进行的有压碎试验、剪切试验、折断试验和抗粉碎试验。

3）影响粮粒力学性质的因素：主要是胚乳结构、水分含量和温度。

2. 粮油原料的生物特征

一般说来，基本的粮油原料（籽粒）都是有生命的活体。粮油原料的生命活动及其表现出来的各种生物学特性，对于粮油原料的安全贮藏、营养保持，对于加工工艺、加工产品质量都有重要的影响。

（1）休眠

各种植物的种子在适宜的条件下会萌发，生成新的植株，这是植物的重要生存机能。相反，未完成生理成熟的种子，即使给予适宜萌发的条件，也不会萌发，这称为生理休眠。不同种类作物的种子，生理休眠的期限长短不同。同一作物的种子，收获期或收获后的环境条件不同，休眠期的长短也不同。各种作物种子的休眠期少则 3~5 天，长的可达 30~50 天，甚至更长。

种皮的不透气性、种皮的机械障碍、种子内部的抑制素、种子未完成生理成熟等都会造成种子休眠。对于粮油原料的种子，休眠的主要原因是种子未完成生理成熟。种子生理成熟的过程叫后熟。粮油原料在后熟期发生一系列的生化改变，主要表现为淀粉、蛋白质以及脂肪等有机物的继续合成。在后熟期间，粮油原料籽粒品质进一步提高。

种子休眠现象对于作为播种用的种子来说具有重要意义，对于要长期贮存或加工利用的粮食或油料，要掌握其后熟期所发生的生化改变，为收获后的粮油原料创造适宜的后熟条件，有目的地抑制或促进后熟。通过生理休眠的粮食、油料在不适宜萌发的条件下不会萌发，这称之为被动休眠，这是植物的一种生存适应性，也是粮油原料可以安全贮藏的主要依据。如果已通过生理休眠的粮食、油料，给予适宜萌发的条件也不发芽，而出现霉烂现象，则是说明这些粮油原料已经失去活力，陈化程度已增加，或由于贮存条件不利，其食用品质已开始下降。

（2）呼吸

粮油作物籽粒的呼吸作用主要有有氧呼吸和无氧呼吸，在贮藏期间呼吸作用的强弱明显影响其品质和储粮安全。呼吸作用强度大，原料的有机物质分解迅速，营养价值降低幅度大，品质快速降低。但在正常的贮粮环境下，呼吸作用被有效控制，因呼吸所消耗的有机物的量是较小的。

呼吸作用产生 CO_2 和水，并放出热能，水和热量在粮堆中不易散失，易造成粮堆内部温度升高，水分含量增加，这有利于微生物的繁殖，从而导致粮油原料的霉变，甚至失去加工及食用价值。故粮油原料在贮藏期间，要采取各种措施，如降低含水量、降低贮粮温度，适当密闭，创造缺氧环境以及使用化学药剂等，以降低呼吸强度，保持原料品质，延长保存期限。

（3）萌发

收获后的粮油原料，在有一定生命力的情况下，都可以作为种子用。具有生命活力的籽粒一旦遇到适宜条件，很快恢复正常生长，显示出强大的生命力。在粮食贮藏期间，必须采取严格措施，使之处于强迫休眠状态。

种子萌发的主要条件包括水分、温度和氧气。水分是种子萌发的首要条件。只有种子细胞内的自由水增多，才有可能使种子的一部分贮藏物质转化为溶胶状态，同时使各种酶由钝化状态转变为活化状态而产生催化作用。在通常情况下，种子应与水直接接触，才能吸收到足够的水分。但稻谷、小麦、大麦和黑麦等，在饱和的水汽中也能吸收到萌发所需的足够水分，因此这些粮食在贮藏期间，要防止粮堆中产生结露、浸水等现象，保持干燥。

种子发芽也要求一定的温度。许多作物种子，如稻谷，在恒温下发芽不良，而在变温中发芽良好。因为恒温中贮藏物质大部分用于呼吸作用，用于胚的发育较少。在变温中，高温使贮藏物质大量转化为可溶性物质，低温下，则呼吸减弱，可溶性物质主要用于胚的生长。同时，变温可促进皮层胀缩破裂，提高酶活性，促进内外气体交换，有利于发芽。氧气也是种子发芽的必要条件，不同作物种子发芽时需氧含量不同，水稻发芽的需氧含量就小于麦类。

种子在发芽期间，发生一系列复杂的生理生化反应。但主要是呼吸作用和有机物质的转化。有机物质转化以水解作用为主，如谷类种子的淀粉转化为糊精和麦芽糖，而后又进一步水解为葡萄糖。油料种子在萌发时，脂肪必须首先水解为脂肪酸和甘油，再进一步转化为糖类，才能供胚所利用。因此，在油料种子萌发过程中，脂肪含量迅速减少，而脂肪酸和蔗糖的含量显著增加。含蛋白质较多的种子在萌发时，蛋白质也在分解。

综上所述，种子发芽后，营养成分、食用品质和加工成品率都会大大降低。在粮油原料贮藏期间，绝对不允许温度、湿度高到促使发芽的程度，否则就会造成严重的劣变后果。当然，在某些加工利用过程中，需要发芽效果，如制备麦芽是为了活化淀粉酶类，有利于啤酒生产中的糖化。

（4）种子陈化

种子在生理成熟期，活力达到最高水平。其后，它们经历着生存能力降低的不可逆变化，这些不可逆变化的综合表现即为陈化。陈化的最终结果是发芽力的丧失。在发芽力下降和丧失之前，种子陈化就已经开始了。陈化过程实质上包括酶系统的降解，酶活力的降低，主要贮藏养分的转化，抗逆性和耐储性下降。用陈化的种子进行发芽试验，则萌发速度减慢，畸形苗增多，成苗的整齐度下降。加工用的粮油原料陈化到一定程度，品质下降，具体表现为：籽粒变色，如变褐色或变灰，游离脂肪酸含量增加，失去新鲜粮油原料所固有的香气，籽粒皮层透性加大，容易受真菌的感染，营养品质下降等。过度陈化的粮油原料，其加工产品的品质明显下降，如发芽率低于55％的玉米，已不适宜生产淀粉。

粮油原料陈化的速度与贮藏条件有密切的关系。贮藏条件适宜，可以延缓陈化。研究试验说明：种子含水量每降低1％或种子贮藏温度每降低5℃，寿命可延长一倍，表明保持干燥和低温是延缓陈化的重要因素。但含水量不是越低越好，一般以4％～6％为界，当水分低于这条界线时，种子中发生脂质的自动氧化，所产生的自由基往往引起酶的钝化、膜的损伤、组蛋白变性以至染色体突变等。当水分在临界线上继续上升至与75％相对湿度相平衡时，就会加速陈化过程，如果此时温度又高，则种子将会在短期内严重劣变。另外，防止储粮害虫的发生，抑制储粮霉菌的繁育，采用通风加工机械，降低加工温度，都是延缓粮油种子陈化的可行措施。

3. 粮油原料的营养特征

粮油加工品是人类的主要食物，粮油原料又可作为家饲动物的饲料。可以说，粮油原料是人的生命活动以及动物生长繁育的重要营养源。粮油原料的成分和物质特征是评定加工产品价值的重要依据。

虽然粮油原料的果实或种子的形状、大小、理化特性等方面有一定差异，但其所含有的主要化学物质种类基本相同，即碳水化合物、蛋白质、脂肪、维生素、水和矿物质等。这些营养物质是植物自身储备在种子内供生长发育、繁育后代的物质基础。例如，种子的萌发，各类生理生化活动的进行，植株的早期发育都有赖于这些化学物质。富含这些营养物质的植物种类在人们的培育下成为栽培作物，其收获的产品就成为人们加工利用的主要原料。

同一种原料中各种物质成分的含量相对稳定，但也会随生长过程中的气候条件、土壤条件、农业技术管理等因素的不同而有所变化，当然这种变化的幅度较小。但不同的粮油原料之间各种化学物质的比例存在较大差异，这也是划分不同原料品种的依据。

粮油原料的各种营养物质在籽粒的不同部分分布并不平衡。从加工学的观点来看，有营养价值而又耐藏的化学成分都应当保留，而人体不能消化吸收的成分则必须尽量除去，因此需进一步了解粮油原料中各种化学成分的分布，了解营养物质在籽粒不同部位的分布情况，这对于粮油原料的质量评价，特别是对于加工利用的工艺程序、途径、产品方案的制订都有重要意义。

5.3 果蔬加工品的分类及特点

5.3.1 果蔬加工的定义

传统意义上的果蔬加工是以新鲜的果蔬为原料，根据其理化性质、加工适应性，采用一定的加工工艺处理，消灭或抑制果蔬中存在的有害微生物，保持或改进果蔬的食用品质，制成不同于新鲜果蔬的产品的过程。随着科技的进步，果蔬产品花样的翻新，传统的果蔬加工定义与个别工艺已不相适应，如依靠产品本身的耐贮性、抗病性等使产品得以保存，属于果蔬加工学和果蔬保藏学的交叉产物。

5.3.2 果蔬加工的分类

中国果蔬资源丰富，据调研，2011 年全国水果种植面积 1306.67 万公顷，比 2010 年增加 5% 左右，果品产量近 1.42 亿吨，蔬菜产量 6.77 亿吨，丰富的果蔬资源为果蔬加工业的发展提供了充足的原料，由于其理化性质各异，保藏方法又各不相同，相关的果蔬制品也有很大变化，为便于了解和研究果蔬产品，我们先将其进行分类。

不同的分类方法：

1) 按物态分：果蔬产品可分为固态、液态、混合态、粘弹体态；

2) 按酸度分：以 pH 4.5 为分界线，划分成低酸性($pH \geqslant 4.5$)、酸性($pH < 4.5$)两大类产品；

3) 按含水量分：根据水分活度一般分为干制品($Aw < 0.65$)、半干制品($0.65 \leqslant Aw \leqslant 0.85$)、湿制品($Aw > 0.85$)；

4) 按原料分：主要体现原料特征，如强化食品、功能性食品等；

5) 按加工工艺分：

① 罐制品：将经过一定处理的果蔬原料装入包装容器中，经杀菌和灭酶，密封后使包装容器内处于商业无菌状态，罐内与外界环境隔绝而不被微生物再污染，从而使果蔬制品在室温下长期保存。罐制品具有经久耐藏，食用方便，安全卫生等优点，其供应不受季节影响，能常年满足消费者需求。

② 汁制品：指挑选和清洗后的新鲜果蔬通过直接压榨或提取而得的汁液，人工加入其他成分后叫果汁、菜汁饮料或软饮料。可分为原果蔬汁、浓缩果蔬汁、果汁粉等，由于其营养丰富，食用方便，种类较多而发展迅速，新工艺新技术在果蔬汁加工上的应用，使果蔬汁的生产和消费保持强劲的增长势头，并呈现"绿色、营养、环保、健康"等特色。

③速冻制品：原料经过预处理后，在 30 min 或更短时间内，使果蔬内的水分迅速形成细小的冰晶体，然后在低温条件下贮存的一类加工品。速冻工艺对果蔬制品的细胞、组织危害轻，能较好保持其新鲜色泽、风味和营养物质，可与新鲜果蔬相媲美，深受人们的推崇。

④糖制品：利用高浓度糖液的渗透脱水作用，有效抑制果蔬制品中微生物的生长繁殖，防止腐败变质，达到长期保藏不坏的目的。糖制品中的果酱类对原料要求不严，除果蔬正品外，各种等外品、各成熟度的自然落果，酸、涩、苦味和野生果均可制得。

⑤腌制品：腌制品主要应用于蔬菜腌渍领域，可分为盐渍菜类、酱渍菜类、糖醋渍菜类、盐水渍菜类、清水渍菜类、菜酱类六大类，也可用全新的腌制工艺腌渍不同种类的水果以满足消费群体的需求。其基本原理主要是利用食盐的防腐作用、微生物的发酵作用、蛋白质的分解作用及其他一系列的生物化学作用，抑制有害微生物的活动和增加产品的色香味，增强制品的保藏性能。腌制品具有较好的安全性，在保质期内一般不会出现质量问题。制法简单，成本低，易保存，风味各异。低盐、增酸、适甜是其发展方向。现代科学研究证实，腌制品具有增进食欲，帮助消化，调整肠胃功能等作用，为健康食品。

⑥干制品：果蔬干制品是指原料经洗涤、去皮、切分、热烫、烘烤、回软、分级、包装等工艺加工而成的制品，含水量一般在 $10\% \sim 20\%$。这是一种既经济又大众的加工方法，原料易得，生产技术容易掌握，成品具有重量轻，体积小，携带、食用方便，营养丰富而又易于保存运输等优点。随着干制技术的不断提高，干制品的营养更加接近鲜果和蔬菜，在各个领域都有市场潜力。

⑦果酒和果醋制品：以果实或果酒为原料经醋酸发酵而酿制的调味品，称果醋，如苹果醋等。果醋酿造取材广泛，几乎所有果实均可制作，残次落果及果品加工过程中削除的皮、心，酿酒后的酒渣、酒脚等废弃部分，也可作为制醋原料。

将果实或果汁液经过酒精发酵，或将发酵的果酒经蒸馏而制成的含醇饮料，称为果酒。前者称为发酵酒，如红葡萄酒、白葡萄酒等；后者称为蒸馏酒，如各种果实的白兰地酒，果酒是一种低酒精度饮料，除有一般酒香外，还具有各种果实的果香味和营养成分，有益于人的身体健康，颇受国外消费者喜爱。

⑧副产品的综合利用：所谓果蔬副产品的综合利用就是用物理的、化学的、生物的方法等通过一条龙的加工体系，对原料的果、皮、肉、种子等各个部分及残次落果和果蔬加工过程中废弃部分加以充分的综合利用，让其发挥最大的经济效益和社会效益。果蔬中天然色素、果胶、芳香油的提取和果实皮渣的综合利用是目前研究的热点。

5.3.3 果蔬加工的特点

1. 果蔬加工的作用

果蔬加工业作为一种潜力产业，在我国农业和农村经济发展中的地位日趋重要，已成为我国广大农村和农民最主要的经济来源和新的经济增长点，成为极具外向型发展潜力的区域性特色、高效农业产业和我国农业的支柱性产业，具有十分重要的战略意义。

　　1)增加花色品种，更好地满足市场需要，是果蔬产品生产与销售、消费的重要环节。

　　2)通过加工，改善果蔬风味，提高果蔬产品质量。

　　3)果蔬加工可调节地区平衡，实行周年供应，丰富市场，解决果蔬季节性、地区性问题。

　　4)可以变一用为多用，变废为宝，搞好综合利用，提高经济价值。

　　5)可以更好开发我国现有的野生资源，促进了农业生产和农村经济的发展。

　　6)可以出口创汇，增加国家外汇储备。

　　7)安排剩余劳动力，促进社会稳定和繁荣。

2. 果蔬加工对产品的基本要求

　　在果蔬业加工过程中要选择合适的原料，根据原料的理化性质来确定加工产品，对进厂的原料应及时妥善处理；及时进行杀菌处理或创造不利于微生物生长繁殖的环境；选择合适的加工工艺条件；设备及包装材料稳定，不和原料、辅料发生不良反应；注意工厂环境卫生；制成品包装完善，保存的环境适宜，同时需要具备清洁卫生、营养丰富、美味可口、形态美观、长期保存、食用方便等特点。

3. 加工特点

　　果蔬加工业作为食品工业的一个重要部门，原料、工艺和设备三者缺一不可。在一定的工艺、设备条件下，原料的产量和质量非常重要。加工同时还受以下几个因素影响：环境(如温度、湿度、光照、空气成分等)、时间(季节性)、投料顺序(工艺)、原料组成等。

4. 企业规模

　　果蔬加工业对企业规模要求可大可小，设备可简可繁。但随着社会的发展，企业规模不断扩大，行业集中度日益增高，小规模企业抗风险能力差，产品单一，竞争力弱，为了提高行业竞争力和增强抗击市场风险的能力，我们需要不断地实现公司的规模化、网络化、信息化以及果蔬产、供、销一体化经营。

5.4　果蔬加工原理及原料的预处理

5.4.1　果蔬加工原理

　　果蔬加工的根本任务就是根据原料的基本化学组成、组织结构、采后生理等通过各种加工工艺和技术处理，使果蔬达到长期保存、经久不坏、随时取用的目的。

1. 果蔬败坏的原因及控制

在世界范围内约有 25% 的果蔬产品因腐烂变质而不能利用，有些易腐水果和蔬菜的采后损失率高达 30% 以上。在我国水果采后损失率约为 25%，蔬菜则高达 40%～50%。由于果品蔬菜含有丰富的营养成分，所以极易造成微生物感染，同时，果蔬自身的呼吸作用也会造成变质、变味等不良影响。

果蔬加工原理是在充分认识食品败坏原因的基础上建立起来的，食品败坏不仅仅指腐烂，还指不符合食品食用要求的味变、色变、质变以及分解等。败坏后的产品改变了原来的性质和状态，外观不良，风味减损，甚至成为废物。造成食品败坏的原因是复杂的，主要原因有微生物败坏、酶败坏和理化败坏三个方面。

（1）微生物因素

引起果蔬败坏的主要微生物有细菌、霉菌、酵母菌。有害微生物的生长、发育是导致食品腐败变质的主要原因。不管什么制品，如被有害微生物感染，轻则产品变质，表现为生霉、酸败、发酵、混浊、腐臭变色等现象，重则不能食用，甚至误食后造成中毒死亡。含蛋白质高的食品易造成腐败，腐败会产生一系列有毒物质，并有恶心味；含碳水化合物高的食品易造成酸败，脂肪类食品易被霉菌污染而发生霉味，严重破坏果蔬加工品的营养成分。引起感染的原因：原料不洁；杀菌不完全、卫生条件不符合要求；加工用水被污染；包装、密封不严；保藏剂浓度不够等。

（2）物理因素

物理因素主要是温度、湿度、光线和机械伤害等。如高温不但能促进各种物理和化学变化，而且导致其加工品的营养成分、重量、体积、外观和质地等发生不良变化，温度过低会使果蔬原料遭受冻害，破坏产品组织结构，光线能促进果蔬及其加工品内的生物化学作用，使食品变色、变味。

（3）化学因素

氧化、还原、分解、合成、溶解等，都能引起不同类型和不同程度的败坏。其表现为变色、变味、软烂和各种营养素特别是维生素的损失。如各种金属离子与食品中的化学成分发生化学反应而引起变色等。

（4）酶败坏

微生物中含有的能使食品发酵、腐败、酸败的酶以及新鲜果蔬自身的酶（如脂肪氧化酶、多酚氧化酶等）必须由热、辐射等手段加以钝化，杜绝它们在果蔬内继续发生催化反应，以免造成果蔬制品腐败变质，影响果蔬产品的色、香、味和营养价值。与微生物败坏相比，程度较轻，但普遍存在，会导致制品不符合标准，其中某些败坏成为加工中的难题。

2. 果蔬加工前的保藏方法

新鲜原料的贮存分为短期贮存和较长期贮存两类：短期贮存是装在箱、筐内整齐的码放在清洁、干燥、阴凉、通风良好、不受日晒雨淋的地方。较长期贮存一般在冷藏库中进行，但不能超过期限。根据加工原理，食品保藏方法可以归纳为五类：抑制微生物和酶的保藏方法、利用发酵原理的保藏方法、运用无菌原理的保藏方法、应用防腐剂保藏的方法、维持食品最低生命活动的保藏法，以下为几种常用的方法：

1）气调保藏：改变贮藏环境中的气体成分，通常是增加二氧化碳浓度，降低氧气浓度，同时还要控制环境中的温度来保持果蔬新鲜度，分为人工气调和自发气调两大类；

2）盐腌处理保藏：采用高浓度食盐贮存半成品原料，在加工成品时再经过脱盐处理，适用于干果、蜜饯类原料的半成品；

3）硫处理保藏：常用方法有熏硫法和浸渍法。亚硫酸的强还原性，可减少溶液或植物组织中氧气含量，致使微生物缺氧窒息死亡；能抑制氧化酶的活性，可防止原料中维生素 C 损失，同时具有一定的防虫、杀虫作用；

4）防腐剂处理保藏：一般用山梨酸钾和苯甲酸钠，添加量按国家最新标准执行。其保存效果取决于添加量、果蔬汁的 pH 值、果蔬汁中微生物种类、数量、储存时间长短、储存温度等；

5）无菌大罐保藏：无菌大罐贮存保存半成品，它是无菌包装的一种特殊形式。是将经过巴氏杀菌并冷却后的半成品，如果蔬汁或果浆在无菌条件下装入已灭菌的大罐内，经密封而进行长期保存；

6）低温贮存：分为速冻和缓冻。低温抑制了酶和微生物的活动，能较好保持制品的品质；

7）干制法贮存：干制法贮存可以为人工干制、风干、晾干、晒干等。此法贮存半成品安全、无毒、体积小，方便贮存，贮存期长。在加工时再用清水浸泡，恢复新鲜品质。

5.4.2　果蔬加工保藏对原料的要求及预处理

果蔬加工保藏对原料的要求高，"七分原料、三分工艺"充分说明了原料在加工过程中的重要性，因为其直接影响产品的质量，用不合格的原料来加工产品，其产品的感官质量和理化指标都会下降，大大削弱市场竞争力。所以所选的原料必须要求有合适的种类品种、合适的成熟度，原料需新鲜、完整、卫生以及良好的适应性，以满足果蔬加工优质、高产、高效、低耗、低成本等要求。

1. 加工保藏对原料的要求

（1）原料的种类和品种与加工的关系

果蔬的种类和品种繁多，但并不是所有的种类和品种都适合加工，总的要求：合适的种类、品种；适当的成熟度；新鲜、完整、卫生的状态。正确选择合适的种类、品种是生产品质优良的加工品的首要条件。如何选择，要根据各种加工品的制作要求和原料本身的特性来决定。

制作干制品时要求原料水分含量低，干物质含量高，粗纤维少，可食部分多，色、香、味好的种类和品种；用于罐藏、冷冻、果脯制品的原料必须要肉厚、食用部分多、质地紧密、糖酸比、外观、颜色等适中；制作果汁、果酒的原料一般首选汁多、可溶性固形物高、酸度适当、风味芳香独特及果胶含量少的种类和品种。

（2）原料的成熟度与加工的关系

果蔬加工期间，原料的适时采收是保证原料质量的最重要环节。其成熟度和采收期适当与否直接关系到加工产品的质量高低和原料损耗大小。一般将成熟度分为可采成熟度、加工成熟度、生理成熟度。可采成熟度指果实充分膨大成长，基本上完成了生长发育过程，体积停止增长，种子已发育成熟，已可采收，但风味还未达到顶点。从外观观察，果实开始具有原料的色泽，但风味欠佳，果实硬，果胶含量丰富，糖酸比值低，生产上俗称五六成熟。加工成熟度指果实已具备该品种应有的加工特征，分为适当成熟和充分成熟，如制造果汁、果酒、果干类的原料要求充分成熟，才能获得优质的产品；制造果脯、蜜饯、罐头的原料要求熟度适中，约八成熟，这样的原料组织坚硬，耐煮。生理成熟度又称过熟，这时的果实质地、色香味、营养价值都有不同程度的降低，任何加工品都不提倡在这个时期进行加工。但制作葡萄的加工品应在此时采收，因为这时的果实含糖量高，色香味最佳。

（3）果蔬新鲜度与加工的关系

果蔬多属于易腐农产品，加工用的原料越新鲜，加工品质也就越好，损耗也比较低。果蔬要求从采收到加工的时间尽量短，不仅有利于防止微生物侵染，避免给以后的消毒杀菌带来困难，更有利于保证成品的品质，而按原定的杀菌公式即有可能导致加工品的杀菌不足，若增加杀菌时间或升高杀菌温度则会导致食用品质和营养成分的下降，这也是工厂要建在原料基地附近的一个重要原因。生产部门根据工厂的设备和加工能力的大小进行分批采收，以保证提供加工性能良好的新鲜原料。不同的原料，采摘后加工的时间范围也不一样，如柑橘、苹果应在 $3\sim7$ d 内进行加工，桃子要求在采后一天内进行加工，葡萄、草莓等必须在 12 h 内进行加工。

2. 果蔬加工用水的要求及处理

在果蔬加工中，生产用水可分为三大部分：一是锅炉用水，对水的硬度要求很高；二是生产车间的清洗用水；三是用于洗涤原料、容器，煮制，冷却，浸漂及调制糖盐溶液的用水。

凡是与果蔬直接接触的用水，应符合《生活饮用水卫生标准》；完全透明，无悬浮物；无异臭异味；无致病细菌、耐热性物质及寄生虫卵；不含对健康有害的有毒物质。此外，水中不应含有硫化氢、氨、硝酸盐和亚硝基盐，也不应有过多的铁、锰等盐的存在，否则会引起加工品的变色，影响外观。

水的硬度是以水中氧化钙的含量来衡量，即硬度 1° 相当于 1 L 水中含 10 mg 的氧化钙。水的硬度也能影响加工品的质量。在果蔬加工中，水的硬度过大，水中钙镁离子和果蔬中的有机酸结合形成有机酸盐沉淀引起制品的混浊，影响外观。因此，除制作腌制品和蜜饯制品时要求较大硬度的水质，其他加工品一般要求中等硬度水或较软水，一般硬度在 $8°\sim16°$。

果蔬加工用水量大，要求水质好。一般来源于地下深井或自来水厂的，可直接作加工用水；来源于江河、湖泊、水库的水，必须经过一定的处理后才能用作加工用水。

（1）澄清

天然水中的杂质可分为悬浮物、胶体、溶解物质三大类，为了保证果蔬加工用水的要求，需用絮凝、混凝、沉淀等方法清除水中杂质。

1）自然澄清：将水静置于贮水池中，待其自然澄清。主要是除去水中的粗大悬浮物质。

2）过滤：即将水通过颗粒状介质层分离不溶性杂质的过程，用水量不大，可用沙滤器。

3）加混凝剂澄清：主要除去水中细小悬浮物质和胶体物质。混凝剂在水中可水解产生异性电荷，与胶体物质发生电荷中和而凝集下沉。

常用的混凝剂为铝盐和铁盐，如明矾和三氯化铁。

（2）软化

为了满足生产用水的要求需要降低水中溶解的离子成分，包含软化和除盐两方面内容。软化一般用加热法、石灰软化法、石灰-纯碱软化法和离子交换法。

1）加热法

可降低暂时硬度，其反应：

$$Ca(HCO_3)_2 \xrightarrow{\text{加热}} CaCO_3 \downarrow + H_2O + CO_2 \uparrow$$

$$Mg(HCO_3)_2 \xrightarrow{\text{加热}} MgCO_3 \downarrow + H_2O + CO_2 \uparrow$$

2）加石灰与碳酸钠法

加石灰可暂时使硬水软化：

$$Ca(HCO_3)_2 + Ca(OH)_2 \longrightarrow 2CaCO_3 \downarrow + 2H_2O$$

$$Mg(HCO_3)_2 + Ca(OH)_2 \longrightarrow MgCO_3 \downarrow + CaCO_3 \downarrow + 2H_2O$$

加碳酸钠能使永久硬水软化：

$$CaSO_4 + Na_2CO_3 \longrightarrow CaCO_3 \downarrow + Na_2SO_4$$

$$MgSO_4 + Na_2CO_3 \longrightarrow MgCO_3 \downarrow + Na_2SO_4$$

石灰先配成饱和溶液，再与碳酸钠一同加于水中搅拌。碳酸盐类沉淀后，再过滤除去沉淀物。

3）离子交换法

硬水通过离子交换剂层软化，即得到软水。用来软化硬水的离子交换剂：钠离子交换剂、氢离子交换剂。阳离子交换剂中的 Na^+ 和 H^+ 将水中的 Ca^{2+} 和 Mg^{2+} 等阳离子置换出来，使水得以软化；因离子交换剂中的 OH^- 可将水中的 Cl^-、HCO_3^-、SO_4^{2-}、CO_3^{2-} 等阴离子置换出来，除去水中离子而成去离子水。其交换反应如下：

$$CaSO_4 + 2NaOH \longrightarrow Na_2SO_4 + Ca(OH)_2$$

$$Ca(HCO_3)_2 + 2NaOH \longrightarrow 2NaHCO_3 + Ca(OH)_2$$

（3）消毒

消毒处理，指杀灭水中的病原菌及有害微生物，防止因水中的致病菌导致消费者发生疾病，并非将全部微生物杀死。目前，常用的方法有氯化消毒法，臭氧消毒、紫外线消毒和微波消毒。

1）氯化消毒：简单有效，是目前使用最广泛的方法。常用药剂漂白粉，氯胺，次氯酸钠等。

2）臭氧消毒：臭氧是特别强烈的氧化剂，其瞬时灭菌能力强于氯。臭氧的使用一般要随时制取随时使用，对细菌及其孢子都有很好的灭菌作用。

3）紫外线杀毒：以波长 265～266 nm 杀菌力最强。目前有专门的高压汞灯用于紫外线消毒，并已广泛应用，但其没有持续杀菌能力，且对水质要求高。

4）微波消毒：微波消毒最大优点是节能、作用温度低，热损失较慢、对生物体作用无选择性、无污染而且消毒迅速，是消毒方法中最为理想的一种。

（4）除盐

软化过的水一般含有大量的盐类及酸，为了得到中性的软水，一般用电渗析法与反渗透法除盐。

电渗析法作用原理：利用具有选择透过性和良好导电性的离子交换膜，在外加直流电场的作用下，根据异性相吸，同性相斥的原理，使水分别通过离子阴、阳交换膜而净化。

反渗透法作用原理：溶液在一定压力下，通过反渗透膜，将其中溶剂分离出来，使水分离或溶液浓缩，从而达到除盐的目的。

3. 原料预处理

果蔬原料预处理对产品的品质、工艺和生产影响很大。不同的果蔬加工制品其原料预处理方法的具体细节也各不相同，要根据加工制品的要求和原料理化性质等特点选择合适的预处理方法，一般加工前的预处理包括拣选、分级、清洗、去皮、去核、切分、烫漂、工序间的护色等工序。为了保证质量、降低损耗、顺利完成加工过程，必须重视果蔬加工前的处理工作。

（1）拣选

拣选是挑出腐败的、破碎的、未成熟的果蔬以及混在原料中的异物，一般在拣选输送带上手工进行（图 5-1）。选别时，首先选除霉烂、病虫害的严重不合格果品，其次是畸形、品种不一、成熟度不一致、破裂或机械损伤不合要求的果品应分别选除，分别加以

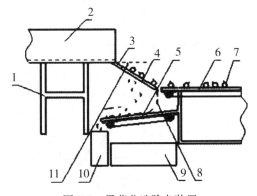

图 5-1 果蔬分选除杂装置

1. 机架；2. 流送槽；3. 固定板；4. 除杂辊；5. 网状杂质输送带；6. 下一级
果蔬处理装置；7. 果蔬；8. 杂质；9. 集水槽；10. 杂质收集箱；11. 夹角 a；

利用。拣选工作主要靠感官检测和电子机械检测，如电子鼻、核磁共振等。对浆果类水果应增设磁选装置以除去带铁的杂物，以免损坏破碎机。

（2）分级

分级是按原料的大小、质量、色泽和成熟度进行分类，便于加工操作、降低原料的消耗，而且使以后各工序的处理获得一致性，更重要的是得到均匀一致的产品，保证了产品质量。大多数果蔬需要分级，特别是需要保持果蔬原来形态的灌制品原料。分级的方法：大小分级可采用手工和机械分级；重量分级可采用盐水浮选法分级；成熟度和色泽分级可采用目视估测法、灯光法和电子测定仪装置进行色泽分级，如速冻酸樱桃常用灯光法进行成熟度和色泽分级；糖度分级用近红外无损检测技术等。

在日本，在水果检测领域得到应用的计算机技术、无损伤检测技术以及自动化控制技术的发展为现代分级检测技术提供了广阔的空间，使分级检测技术正在由半自动化向全自动化、外部品质检测向内部品质检测、复杂化向简单化和方便化、规格标准的文字化向数字化、机械设备结构的复杂化向简单化、数据的人工管理向计算机管理方向转化。而无损伤检测作为高科技技术已被广泛应用。

（3）清洗

原料清洗的目的是洗去果蔬表面附着的灰尘、泥沙和大量的微生物及部分残留的化学农药，保证产品清洁卫生。

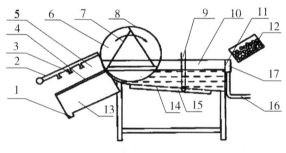

图 5-2 果蔬清洗机

1. 排水口；2. 喷淋管组；3. 喷头；4. 算条；5. 淋洗室；6. 转移转轮；7. 算版；8. 圆形端板；9. 进所管；
10. 洗水槽；11. 喷水孔；12. 果蔬；13. 集水槽；14. 喷气孔；15. 喷气腔室；16. 进水管；17. 喷水腔室

清洗的方法根据原料被污染程度，耐压耐摩擦程度，以及表面状态的不同，采用不同的方法及机械来进行。一般分为手工清洗和机械清洗两类。手工清洗简单易行，主要用于易损伤原料，如杨梅、草莓等。清洗机械种类多（图 5-2），可分为浸洗式、喷淋式、摩擦搅拌式、振动式、刷洗式等，超声波清洗为振动清洗的一种，主要通过超声波"空话作用"实现的，具有清洗效果好、安全环保、损伤小、节能等优点。清洗用水应符合饮用水标准。清洗时，常在水中加入盐酸、氢氧化钠、高锰酸钾等化学药剂，可减少或除去残留农药、虫卵，降低微生物耐热芽孢的数量。

（4）去皮

去皮是因为大部分果蔬原料外皮粗糙、坚硬，且常伴有不良气味，对加工制品有不良影响。去皮能够除去果蔬不可食用部分，除去酸涩等不良气味，提高加工品质量，还可去除霉烂、机械损伤的部分。去皮的方法主要有手工去皮、机械去皮、热力去皮、化学去皮等。

1)手工去皮：用特别的刀、刨等工具人工剥皮，去皮干净、损失少，劳动效率低。常用于柑桔、苹果、柿、枇杷、芦笋、竹笋、瓜类等。

2)机械去皮：主要用于比较规强的果蔬原料，如旋皮机，主要用于苹果、梨、柿、菠萝等；擦皮机，主要用于土豆、甘薯、胡萝卜等；专用去皮机械用于青豆、黄豆等。机械去皮效率高、质量好，但对去皮原料有分级要求。

3)碱液去皮：是利用碱液的腐蚀性来使果蔬表面中胶层溶解，从而使果皮分离。碱液去皮常用氢氧化钠，腐蚀性强且价廉，常在碱液中加入表面活性剂如2-乙基已基磺酸钠，使碱液分布均匀以帮助去皮。碱液去皮时碱液的浓度、处理的时间和碱液温度，应视不同果蔬果料种类、成熟度、大小而定。经碱液处理后的果蔬必须立即在冷水中浸泡、清洗、反复换水直至表面无腻感，口感无碱味为止。漂洗必须充分，否则可能导致 pH 上升，杀菌不足，产品败坏。有浸碱法和淋碱法两种。碱液去皮具有适应性广、损失率少、原料利用率高、节省人工设备等优点(表 5-2)。

表 5-2　几种果蔬碱液去皮条件

果蔬种类	NaOH 浓度/%	碱液温度/℃	处理时间/min
桃	2.0~6.0	>90	0.5
苹果	8~12	>90	1~2
胡萝卜	4	>90	1~1.5
马铃薯	10~11	>90~1.0	2

4)热力去皮：果蔬用短时高温处理后，使表皮迅速升温，果皮膨胀破裂，与内部果肉组织分离，然后迅速冷却去皮，适合于成熟度高的桃、李、杏等。热去皮的热源主要有蒸汽和热水。此法原料损失少，色泽好，风味好。

5)酶法去皮：在果胶酶的作用下，柑桔的囊瓣中果胶水解，脱去囊衣，关键是要掌握酶的浓度及酶的最佳作用条件如温度、时间、pH 值等。

6)冷冻去皮：将果蔬在冷冻装置中冻至达轻度表面冻结，然后解冻，使皮松驰后去皮，此法适用于桃、杏、番茄等，质量好但费用高。

7)真空去皮：将成熟的果蔬(如桃、番茄)先行加热，使其升温后果皮与果肉易分离，接着进入有一定真空度的真空室内，适当处理，使果皮下的液体迅速"沸腾"，皮与肉分离，然后破除真空，冲洗或搅动去皮。

果蔬去皮方法很多，各有其优缺点，我们应根据实际的生产条件、果蔬的状况而采用，也可以把多种方法结合在一块使用，如将原料预先进行热处理，再用碱液去皮，目的是为了缩短浸碱或淋碱时间。

(5)切分、去核、去心、修整

切分的目的是由于体积较大的果蔬原料在加工时为了保持适当形状的需要；去心去核主要是除去不可食用部分；罐藏加工时为了保持良好的外观形状，需对果块在罐装前进行修整。

方法：小量生产一般借助专用小型工具手工完成；规模生产常用专用机械如劈桃机，用于切分桃子，主要原理是圆盘锯将其锯成两半；多功能切片机，可用于果蔬的切片、切块、切条、切丝等，为目前使用最广泛的切分工具；专用切片机，如菠萝切片机、青刀豆切端机、甘蓝切条机、蘑菇定向切片刀等(图 5-3)。

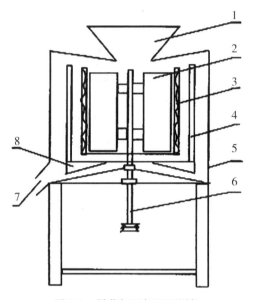

图 5-3　果蔬切丝切丁两用机

1. 料斗；2.S 型推料刮板；3. 鱼鳞筛孔刀；4. 栅格切
丁刮刀；5. 外筒；6. 机轴；7. 出料口；8. 出料刮板

（6）抽空

由于某些果蔬如番茄内部组织疏松，含空气多，对加工特别是罐藏不利，容易使产品发生变色、组织松软、装罐困难以致造成的开罐后固形物不足、加速罐内壁的腐蚀速度、降低罐头真空度等，需进行抽真空处理，即原料在一定介质里置于真空状态下，使内部气体释放出来，代之为糖水和盐水，抽真空的方法有干抽法和湿抽法。其控制的条件和参数有真空度、温度、抽气时间和蔬菜受抽面积。

（7）烫漂

烫漂也称预煮，这是许多加工品制作工艺中一道重要的环节，不仅仅用作护色，还有其他许多作用。烫漂处理好坏，将直接关系到加工制品的质量(表 5-3)。

1)烫漂的作用：

①钝化氧化酶和过氧化酶类，减少氧化变色和营养损失；

②增加细胞通透性，有利于水分蒸发；同时热烫处理的干制品复水性好；

③排除果肉组织内的空气；

④减少降低原料中的污染物，有害微生物和虫卵；

⑤除去果蔬原料中的不良气味，减少苦味、涩味及辣味；

⑥使原料质地软化，果肉组织变得富有弹性。

2)烫漂处理方法:

最常用的有热水烫漂和蒸汽烫漂两种,热水烫漂是在不低于 90℃的温度下烫漂 2~5 min,一些特殊情况除外,如菠菜和小葱只能在 70℃左右的温度下热烫几秒钟,否则其组织结构将会受到严重损伤;蒸汽法是将原料装入蒸锅或蒸汽箱中,用蒸汽喷射数分钟后立刻关闭蒸汽并冷却取出,其优点是避免营养物质大量损失,但必须有较好的设备(表5-3)。

表 5-3　蔬菜烫漂对营养成分的损失

种类及状态	维生素 C/%			矿物质/%			蛋白质/%		
	A	B	C	A	B	C	A	B	C
胡萝卜	16	44	32	6	16	9	10	10	9
青豌豆	29	40	16	12	16	5	9	15	4
青刀豆	7	18	18	9	11	15	1	10	3
甘蓝	31	48	11	10	23	17	5	12	11
马铃薯	32	34	39	7	9	10	8	10	10

注:A 为热水烫漂 1 min,B 为热水烫漂 6 min,C 为蒸汽烫漂 3 min.

(8)硬化

是指一些果蔬制品,要求具有一定的形态和硬度,而原料本身又较为柔软、难以成型、不耐热处理等,为了增加制品的硬度,常将原料放入石灰、氯化钙等稀溶液中浸泡。因为钙、镁等金属离子,可与原料细胞中的果胶物质生成不溶性的果胶盐类,从而提高制品的硬度和脆性。一般进行石灰水处理时,其浓度为 1%~2%,浸泡 1~24 h;用氯化钙处理时,其浓度为 0.1%~0.5%。经过硬化处理的果蔬,必须用清水漂洗 6~12 h。经过硬化过的蜜饯类制品质地松脆,硬度和耐煮性都比较高;一些罐藏和速冻生产中加入氯化钙,提高了原料的硬度,防止了产品的软烂等。

(9)工序间的护色

果蔬在加工过程中由于去皮切分放置在空气中,很容易变成褐色,即褐变,从而影响外观,也破坏了产品的风味和营养价值,发生的变化分为酶促褐变和非酶褐变。酶促褐变中参加褐变反应的酶是多酚氧化酶。果实中含有的单宁物质、绿原酸、酪氨酸等是氧化酶起作用的基质,氧化后生成的有色物质,形成褐变,影响加工品的外观和风味,并破坏维生素 C 和胡萝卜素等营养物质。果蔬中叶绿素的存在会引起非酶褐变,羰氨反应也会产生非酶褐变。

非酶褐变的类型包括美拉德反应、焦糖化褐变、抗坏血酸褐变。主要用以下方法控制非酶褐变:①低温可延缓非酶褐变的过程。②用亚硫酸盐处理可以抑制羰氨反应。③羰氨反应在碱性条件下较易进行,降低 pH 值可抑制褐变。④使用不易发生褐变的糖类,如蔗糖。⑤适当添加钙盐,钙盐有协同二氧化硫抑制褐变的作用。⑥降低产品浓度可降低褐变速率。

例如对于由脱镁叶绿素引起的非酶褐变可以采用增加镁盐的方法防止,而对由羰氨反应引起的褐变,可以通过降低原料中还原糖的含量或在加工前用二氧化硫处理消除。

酶促褐变是指在有氧存在时，酚酶（多酚氧化酶、儿茶酚酶）很容易将果蔬中含有的酚类物质氧化成醌，再进一步形成羟醌，羟醌进行聚合，形成黑色素物质。防止酶促褐变可从以下三方面着手：

1）选择单宁、酪氨酸含量少的加工原料。酶褐变与原料中的单宁、酪氨酸含量成正比。甜瓜、番茄、莓果类、柑桔类均不易变色，因为反应基质和酶含量少。桃品种中有些易变色，有些不易变色。

2）钝化酶是防止酶促褐变的重要措施：

①热烫处理：将去皮、切分的原料迅速用沸水或蒸汽热烫（果品 2~10 min，蔬菜 2~5 min），可以破坏氧化酶的活性，使酶钝化，从而防止酶褐变，以保持水果蔬菜鲜艳的颜色。氧化酶在 71~74℃，过氧化酶在 90~100℃，约 5 分钟左右失去活性。一般要注意以下事项：组织很嫩的蔬菜可在 70℃左右烫漂；烫漂时间随原料的种类而异，一般为 2~10 min；果蔬烫漂后，一般应采用流动水或冷风冷却。

②食盐溶液浸泡法：食盐能减少水中溶解的氧，从而能抑制氧化酶的活性。食盐还有高渗透压的作用，也能使酶细胞脱水而失去活性，在 1%~2% 浓度的溶液中，能抑制酶 3~4 h，在 2.5% 的溶液可抑制酶 20 h，一般采用 1%~2% 浓度的食盐溶液即可。在生产上也有用氯化钙溶液处理果实原料，既能护色，又能增加果肉的硬度。

③亚硫酸盐溶液的浸泡：利用亚硫酸的强还原作用，破坏果实组织内氧化酶系统的活性，可防止氧化变色。也可用熏硫法，按每吨原料燃烧硫磺 2~3 kg。

3）控制氧的供给。

在加工或保藏果蔬产品时，创造缺氧条件，如用抽空的方法把原料周围及原料组织中的空气排除出去，抑制氧化酶的活性，也可防止酶促褐变。例如真空处理、抽气充氮、加用糖液、使用去氧剂都是常用的控制氧气的方法。易变色的品种（如长把梨）用 2% 食盐、0.2% 的柠檬酸、0.02%~0.06% 的偏重亚硫酸钠溶液作抽空母液；不易变色的品种只用 2% 的食盐溶液作抽空母液；一般果品用糖水作抽空母液，在 500 mm 汞柱的真空度下抽空 5~10 min。

5.4.3　果蔬半成品的保存

由于果蔬成熟期短，季节性强，产量大，收获时期集中，如果不及时加工完，就会发生腐败变质。为了保住原料，延长加工期限，有必要对原料进行一定处理以半成品的形式保存起来。半成品的保存一般用盐腌处理、硫处理、防腐剂、无菌大罐保存来处理新鲜果蔬原料。

1. 盐腌处理

高浓度的食盐溶液具有高渗透压、低水分活度、低氧溶解量，使微生物的活动受到抑制，好气性微生物难以滋生，同样作用施加于植物细胞组织，使之生命活动终止，从而避免了其生理活动引起的品质变质。

盐腌处理方法分为干腌和水腌两种。干腌用于成熟度高、水分多、易渗透的原料，用盐量为原料的 14%～15%，可晒干或烘干制成干坯长期保存。水腌适用于成熟度低、水分少、不易渗透的原料，一般用 10% 的食盐水淹没果蔬，短期保存。

但是在盐腌过程中，果蔬中可溶性固形物要损失一部分，后续再加工的漂洗脱盐也会使其中大部分营养物质流失，严重降低了果蔬的营养价值。

2. 硫处理

常用二氧化硫或亚硫酸(盐)来处理新鲜果蔬，除了不适于作整形罐头外经硫处理的原料可用于其他任何加工品，这种方法最大的优点是有效而简便。

3. 防腐剂

在半成品中，应用防腐剂或再配以其他措施来控制微生物生长繁殖，保证原料的质量，这也是一种十分广泛的保存方法。但必须严格按照国家标准执行。不过目前许多发达国家已经禁止使用化学防腐剂来保存半成品。

4. 无菌大罐保存

在世界范围内，这种方法始于 20 世纪 50 年代，20 世纪 60 年代起就大量应用于果蔬加工中。无菌大罐保存系统主要有巴氏杀菌系统、管路、大罐以及附属设备如空气过滤器、空气压缩机或氮气发生器等。该法贮藏工艺先进，可以明显减少因热处理造成的产品质量变化。虽然该法设备投资费用高、操作工艺严、技术性强，但消费者对加工品质量要求越来越高，这种工艺也将会被广泛应用和推广。

第 6 章　油脂加工

植物油是人类生活的必需品，具有重要的生理功能，是人体必需脂肪酸的主要来源。植物油脂工业是我国粮油食品工业的重要组成部分，是农业的后续产业，是食品工业、饲料工业、轻工业和化学工业等的基础产业，在国民经济中占有重要的地位。油脂尤其是起酥油，在食品加工过程中，能改善和增进食品的口感和风味。油脂又是重要的工业原料，如油脂可以直接用于生产肥皂、润滑油、油漆等。另外，植物油料中还含有蛋白质、糖类、磷脂、维生素等多种营养物质，例如大豆中含有丰富的蛋白质，所以经过取油后的大豆饼粕可以用于生产饲料或食用大豆蛋白产品。

6.1　油　　料

6.1.1　油料的分类

植物油料种类很多，资源非常丰富。凡含油率达到10％以上且具有制油价值的植物种子或果肉，均可称为油料。

按照油料的植物学属性来分，可以分为两类。一年生草本油料：油菜籽、花生、芝麻、棉籽、大豆、米糠、亚麻、葵花籽、玉米胚、小麦胚芽等；多年生木本油料：常见的木本油料植物有文冠果、黄连木、棕榈、光皮树、麻风树、油茶、椰子树、绿玉树等。

6.1.2　油料的籽实结构及化学组成

1. 形态结构

虽然各种油料的外形各异，但它们都有共同的基本结构，即都有壳、种皮、胚、胚乳、子叶等组成部分。通过种皮，我们可以鉴别油料的种类和质量。大部分油料的油脂都存在于胚中，胚乳是胚发育时营养的主要来源，内有脂肪、蛋白质、糖类、维生素及微量元素等。但是，有些油料在籽粒成熟后就没有胚乳了，如大豆、花生、油菜籽、棉籽等，而芝麻、蓖麻籽等则有胚乳结构，无胚乳的种子，其营养物质存储于胚中。

2. 细胞结构

同其他有机体一样，油料种子也是由大量的细胞组成。虽不同油料的细胞大小、形状及其生理功能不相同，但其基本构造是一致的，都由是细胞壁和细胞内容物等组成。细胞内容物有原生质体、细胞核、糊粉粒、线粒体等，油脂主要存在于原生质体中。细胞壁具有一定的硬度和渗透性，用机械外力可以使细胞壁破裂，水和有机溶剂能通过细胞壁而渗入达到浸出油脂的目的。

3. 油料种子的主要化学组成

不同的油料种子的化学成分及其含量不尽相同，但是各种植物油料中一般都含有脂肪、蛋白质、糖类、脂肪酸、磷脂、色素、蜡质、烃类、醛类、酮类、醇类、油溶性维生素、水分等物质。

（1）油脂

油脂是油料种子中的主要化学成分，是在油料种子成熟过程中由糖转化而形成的一种复杂混合物。油脂是一分子甘油和三分子高级脂肪酸形成的中性酯，故又称为甘油三酸酯。在甘油三酸酯分子中与甘油结合的脂肪酸均相同时，则称为单纯甘油三酸酯；如果组成甘油三酸酯的分子中的三个脂肪酸不同时，则称为混合甘油三酸酯。构成油脂的脂肪酸有饱和脂肪酸和不饱和脂肪酸两大类，最常见的饱和脂肪酸有软脂酸、硬脂酸、花生四烯酸等；不饱和脂肪酸主要有油酸、亚油酸、亚麻酸、芥酸等。当甘油三酸酯中不饱和脂肪酸含量较高时，油脂在常温下呈液态而称为油；当甘油三酸酯中饱和脂肪酸含量较高时，油脂在常温下呈固态而称为脂。

通常，油脂中的脂肪酸的不饱和程度可以用碘价来表示。碘价是指用 100 克油脂吸收碘的克数，碘价越高则油脂中脂肪酸的不饱和程度越高。

另外，纯净的油脂中不含游离脂肪酸，但是油料在未完全成熟、加工或储存不当时，能够引起油脂的分解而产生游离脂肪酸，油中游离脂肪酸的存在，使油脂的酸度增加从而影响油脂品质。油脂中的游离脂肪酸的含量可以用酸价来表示。酸价是指 1 克油脂中的游离脂肪酸被中和所需要的 KOH 的毫克数，酸价越高则油脂中游离脂肪酸越多，就会增加油脂的酸度从而降低油脂的品质。

（2）蛋白质

蛋白质是由氨基酸组成的高分子复杂化合物。根据蛋白质分子形状可以将其分为线蛋白和球蛋白两种。球蛋白是油料种子中的蛋白质的主要成分，其含量可占总蛋白质含量的 80％ 以上。按照蛋白质的生理功能，油料种子中的蛋白质可以分为结构蛋白、贮藏蛋白和酶蛋白三类。如在细胞原生质体的膜结构中的膜蛋白就属于结构蛋白。酶蛋白是细胞中各种生化反应的催化剂，其中对油脂生产比较重要的酶类有脂肪酶、脂肪氧化酶、磷脂酶、脲酶等；另外某些油料中还含有硫酸酯酶和糖甙酶等，如在油菜籽中有芥子酶。贮藏蛋白是油料种子蛋白质的主体，如在大豆中约占总蛋白质的 70％ 左右，贮藏蛋白没有酶的活性，仅仅是一种贮藏物质。

在油料种子中，蛋白质主要存在于种子的原生质体中的凝胶部分，所以蛋白质的性质对油料的油脂提取有较大的影响。如蛋白质在加热、干燥、压力以及有机溶剂等作用下会发生变性；蛋白质和糖类发生作用而生成深色化合物；蛋白质也可以和棉酚反应生成结合棉酚；另外蛋白质在酸、碱或酶等的作用下能够发生水解作用，最后得到各种氨基酸。

（3）糖类

糖类是含有醛基和酮基的多羟基化合物，按照糖类的复杂程度可以将其分为单糖和多糖两类。糖类主要存在于油料种子的皮壳中，仁中含量很少，在成熟的油料种子中，糖类含量一般都很小，尤其是在高含油量的油料中，糖类含量更少。其对油脂制取工艺有一定的影响，如糖类在高温下能够与蛋白质等物质发生反应而生成深色的化合物。

（4）类脂物

类脂物在油料中的含量不大，但是其种类复杂。油料中的类脂物有可皂化物质和不可皂化物质两类。可皂化物质，是指可以皂化的酯类物质，其与甘油三酸酯的结构相类似，主要有甘油一酸酯、甘油二酸酯、脂肪酸、磷脂、糖酯、蜡、甾醇酯等。不可皂化物质，是指仅能溶解于油脂，但其化学结构与酯类无关的非酯类物质，主要有色素、甾醇类、烃类等。

（5）其他成分

油料种子中除了有上述的化学成分以外，还含有植酸盐、葡萄糖甙、醛类、醇类等物质。

另外，在某些油料种子中还含有一些特殊成分，如花生中的黄曲霉毒素、芝麻中的芝麻酚、蓖麻籽中的蓖麻碱、大豆中的胰蛋白酶抑制素、凝血素和异黄酮等等，这些成分对油脂生产和产品品质会产生一定的影响。

6.1.3　油料种子的物理性质

油料种子的物理性质，如容重、散落性、自动分级、空隙度、吸附性、导热性等物理性质，对油料的输送、加工、储存等都有着直接或间接的影响。

油料的散落性取决于其形状、大小、表面特性、容重、水分含量、杂质含量及其贮藏条件等许多因素。不良的贮藏条件下，将使油料出汗、返潮、水分增加、真菌滋生，使油料的散落性降低，严重的发热结块甚至使油料的散落性丧失。

自动分级与油料散落性和不均匀性有较大关系。而自动分级对油料的贮藏又不利，因为自动分级使油料堆组分重新分配，杂质较多的部位，往往水分较高，空隙度较小，虫霉容易滋生，极容易发热霉变，甚至蔓延危及至整个油料堆。

空隙度与密度之和为 100%，油料空隙度的存在，就决定了料堆内外气体交换的可能性，是油料正常生命活动的环境。油料的空隙度大，气体流通及降温散湿就容易，对油料的贮藏有利。

一般把油料吸附各种蒸汽和气体的性能称为吸附性。而油料对水汽的吸附性与解吸性能称为吸湿性。影响吸附性能的因素主要是环境中气体的性质、浓度、温度及油料的组织结构、化学成分、有效吸附表面大小等。环境中的气体浓度愈大、气体性质愈活泼、气温高于油料的温度时，油料的吸附作用越强；油料表面粗糙、组织疏松、蛋白质含量高、有效吸附表面大的，油料的吸附性能就强些。

油料传递热量的性能称为油料的导热性。影响油料堆导热性的主要因素是油料的组成成分、含水量、空隙度、贮藏方式、料堆部位等。油料堆的导热性较差，油料的不良导热性可以使低温入库的油料保持长时间的低温状态进行安全贮藏，但是也会因油料堆中的热量不能及时散失而对安全贮藏产生不利的影响。

6.2 油料的预处理

油料的预处理，就是指在制油前对油料进行清理除杂、剥壳脱皮、破碎、软化、压坯、膨化、蒸炒等一系列工序的处理。其目的就在于除去杂质，改善油料的制油性能，以满足不同制油工艺的要求，提高油脂产品和副产品的质量。根据油料品种和油脂制取工艺的不同，所选用的预处理工艺和方法也有差异。

6.2.1 油料清理

1. 油料清理的目的

油料在收获、运输和贮藏过程中会混入一些杂质，尽管油料在贮藏前常常会进行初清，但仍会含有少量杂质，不能满足油脂生产的要求。所以，在制取油脂前还需要进一步地清理。清理的目的在于除去油料中的杂质，将杂质含量降到工艺要求的范围之内，以保证油脂生产的工艺效果和产品质量。

油料中通常含有灰尘、泥砂、石子、茎叶、不完善粒、其他种类的油料种籽等。这些杂质大多数会吸附一定数量的油脂而存在于饼粕中，造成油分损失使得出油率降低；同时某些杂质还会使油脂色泽加深或增加油中的沉淀物而影响成品油脂的质量；另外，杂质的混入往往会降低油脂生产设备的效率，致使生产环境的卫生不好控制。

通过清理，可以提高设备的生产处理能力、提高出油率、提高油脂及饼粕的质量、保证设备的安全和车间卫生。

2. 油料清理的方法和要求

对油料进行清理的方法，主要是根据油料种子与杂质在粒度、比重、形状、表面状态、硬度、磁性、气体动力学等物理性质上的差异，采用风选、筛选、比重分选、磁选等方法和利用相应的设备，将油料中的杂质去除。选择清理设备时应该视原料含杂情况而定，力求设备简单，清理工艺流程简短，以提高除杂的效率。

清理杂质后的油料，应当不得含有石块、铁杂等大杂质，总杂质含量应当符合相应的工艺要求，例如花生、大豆等含杂量要求不得超过 0.1%，棉籽、油菜籽、芝麻等的含杂量不得超过 0.5%。

6.2.2　油料剥壳及仁壳分离

1. 剥壳的目的

大多数油料都带有皮壳,除大豆、油菜籽、芝麻等含壳率较低外,其他油料如花生、棉籽、葵花籽等的含壳率则高达 20% 以上。含壳率较高的油料在加工时必须进行脱壳处理,而含壳率较低的油料只在考虑其中蛋白质的利用时才进行脱皮处理。

皮壳虽然含油率较低,但是在制油过程中皮壳会吸附油脂而降低出油率,所以通过剥壳和脱皮,可以提高出油率。

通过剥壳和脱皮,可以提高毛油的质量。因为若不去除皮壳,则油料中的色素将会使油脂色泽加深,皮壳中的胶质蜡等物质也会增加毛油的精炼难度。

另外,可提高设备生产处理能力和减少设备损耗,利于压坯等工序的进行。因为皮壳体积大且较坚硬,皮壳的存在会降低设备的生产能力和增加设备损耗。

2. 剥壳的方法和设备

不同的油料皮壳性质、仁壳结合情况、油料种子的形状和大小等各不相同,根据油料的特点尤其是外壳的机械性质——强度、弹性和塑性,来选择不同的方法和设备以进行剥壳。用于油料剥壳的方法主要有:

1)摩擦搓碾法。利用粗糙工作面的搓碾作用使油料皮壳破碎而达到脱壳的目的。如常用于棉籽的剥壳的圆盘剥壳机,就是利用了摩擦搓碾法原理。圆盘剥壳机还可以用于花生果、油桐籽、油茶籽等的剥壳,还可以用于油料和饼块的破碎。

2)撞击法。借助壁面或打板的撞击作用使油料皮壳破碎而进行剥壳,常见的设备如离心剥壳机,其主要用于葵花籽,也能用于油桐籽、油茶籽及核桃等油料的剥壳。

3)挤压法。利用轧辊的挤压作用使油料皮壳破碎,常见的设备为轧辊剥壳机,主要用于蓖麻籽的剥壳。

4)剪切法。借助锐利工作面的剪切作用使油料皮壳破碎,常见的设备为刀板剥壳机,其是棉籽剥壳的专用剥壳设备。另外,齿辊剥壳机是一种新型的棉籽剥壳设备,其利用了两个有速度差异的齿辊对油料的剪切和挤压作用,从而实现对棉籽的剥壳和破碎目的。

6.2.3　油料生坯的制备

无论是采用压榨法还是溶剂浸出法从油料种子中提取油脂,均需先把油籽轧制成适合取油的料坯。而为了保证轧坯的工艺效果,通常需要在轧坯之前对油料进行破碎和软化。

1. 油料的破碎

破碎的目的就是为了使油料料粒具有一定的粒度以符合轧坯的条件,增加油料颗粒的表面积以利于软化操作的进行,通过对大压榨饼块的破碎使其粒度变小以利于油脂的浸出。

破碎后要求不出油、不成团、少成粉、油料粒度应均匀且符合工艺要求,如大豆在制油前通常要求被破碎为 4~6 瓣。常见的破碎方法有撞击、剪切、挤压、碾磨等,油料破碎的设备主要有齿辊破碎机、锤式破碎机、圆盘剥壳机等。

2. 油料的软化

软化则是通过调节油料的水分和温度,以改变油料的硬度和脆性,使油料具有适宜的弹性和塑性,减轻轧坯时对轧坯机械的磨损,减少轧坯时的粉末度和粘辊现象,保证坯片的质量。

当油料中含水量较高时,应在对其加热的同时适当地去除水分,但要注意软化温度不要过高,以达到最佳的软化效果;当油料中含水量较低时,则可在加热的同时适量加入水蒸气以进行润湿。比如,新收获的油菜籽有较适宜的水分含量和弹塑性就不需要软化而进行直接轧坯;陈年菜籽含水量常在 8% 以下在轧坯前一般需要进行软化过程;大豆虽然含水量适宜但其塑性较差,故大豆在轧坯前一般都要进行软化操作。

软化后要求油料料粒具有适宜的弹性和塑性且内外均匀一致,能够满足轧坯的工艺要求。软化设备主要有层式软化锅和滚筒软化锅。

3. 轧坯

油料通过清理、破碎和软化后,在轧坯机轧辊机械力的作用下油料由粒状轧制成片状的过程称为轧片。经轧坯后制成的片状油料称生坯,生坯经过蒸炒后得到的料坯叫做熟坯。

轧坯的目的就是破坏油料细胞组织结构,以增大油料的表面积,大大缩短油脂从油料中排出来的路程,从而有利于油脂的制取,也有利于后面蒸炒工序的操作。

轧坯过程应当要求料坯厚薄均匀、粉末度小、不露油,尤其是当油料含油率较高时更要注意,若露油就会出现粘辊现象而影响轧坯操作的顺利进行。轧坯机中的主要工作构件就是轧辊,主要有光面辊和表面带有槽纹的轧辊。轧辊的结构与轧辊的速度对轧坯效果有重要影响。

6.2.4 生坯的干燥

生坯干燥的目的就是为了满足溶剂浸出法取油时对入浸料坯水分的要求。在植物油脂生产中,主要是对大豆生坯的干燥,因为大豆压坯时水分常在 11%~13%,而大豆生坯的适宜入浸水分在 8%~10%。干燥时要求干燥效率高而不增加生坯粉末度。常用的设备有平板干燥机和气流干燥输送机。

6.2.5 油料的挤压膨化

油料的挤压膨化,主要应用于大豆生坯的膨化浸出工艺,在油菜籽生坯、棉籽生坯以及米糠等的膨化浸出工艺中也得到了应用。还可以对整粒油料如大豆做挤压膨化处理以供压榨取油之用。

1. 油料挤压膨化的目的

油料挤压膨化是为了增加油料生坯的容重和多孔性，并彻底破坏油料的细胞结构和钝化油料中的酶类，以提高油脂的浸出效率和浸出速度，提高毛油和湿粕的质量。生坯或油料经过挤压膨化处理后，可以用于膨化浸出制油工艺、也可以用于压榨制油工艺。

2. 油料的挤压膨化原理

油料的挤压膨化是指利用挤压膨化设备将已经破碎轧坯或整粒油料，在膨化机的高温、高压、剪切、混合等作用下，使油料的细胞结构被彻底破坏，使蛋白质变性和酶类钝化，当物料被挤出膨化机时因内外压力的突然变化而使物料中水分迅速挥发，使物料急剧膨胀而形成内部多孔和组织疏松的膨化状物料。这样的过程，就叫油料的挤压膨化。

6.2.6 料坯的蒸炒

料坯的蒸炒就是指生坯经过湿润、加热、蒸坯、炒坯等一系列工序后而成为熟坯的处理过程。料坯蒸炒的过程是压榨法取油生产中一道十分重要的工序。

1. 蒸炒的目的

通过蒸炒，借助水分和温度的作用，可以调整料坯的组织结构，使料坯的可塑性和弹性得以适当调整以符合压榨工艺的要求；

通过蒸炒，可使油料的细胞结构彻底地破坏，使蛋白质变性和酶类钝化，油脂聚集，同时降低油脂的黏度和表面张力而有利于油脂的流动，从而提高油脂的制取效率；

另外，通过蒸炒，还可以改善饼粕和毛油的品质，并降低毛油精炼的负担。但是，料坯中的部分蛋白质、糖类、磷脂等物质在蒸炒过程中，会和油脂发生结合或络合反应，产生褐色或黑色物质，而使油脂色泽加深。

2. 蒸炒的要求

蒸炒时应做到炒好的熟坯生熟均匀，内外一致，同时熟坯的水分、温度及结构性能都要满足制油工艺要求。

3. 蒸炒的类型

用于蒸炒的方法主要有湿润蒸炒和干蒸炒两种。

湿润蒸炒，是指先把生坯加以润湿至适当水分，再经蒸坯和炒坯工序，使料坯的水分、温度和结构性能达到制取油脂的工艺要求。湿润蒸炒是油脂生产工业中常用的一种蒸炒方法。

干蒸炒，就是指只对料坯进行加热和干燥而不进行湿润。干蒸炒主要用于制取小磨香油时对芝麻的炒籽和制取浓香花生油时对花生仁的炒籽，也应用于可可籽榨油时对可可籽的炒籽等。

蒸炒方法及工艺条件应根据油料品种、油脂用途、取油工艺路线等来选择。

6.3 植物油脂的制取

6.3.1 机械压榨法

压榨法制油是一种古老而实用的制油技术。早在 5000 年以前，古代劳动人民已经懂得用挤压籽仁的方法获得油脂。原始压榨机有杠杆榨、楔式榨、人力螺旋榨等，如早在 14 世纪初我国即有锲式榨油的记录。在 17 世纪时我国农书《天工开物》中就详细记载了水代法制油的工艺方法，那里处于原始的手工作坊式生产阶段。随着 1795 年布拉默氏水压机的发明，动力压榨制油机械取代了传统的以人畜为动力的压榨机械，并广泛地应用于榨油生产。1895 年，我国在辽宁营口建造了第一座水压机榨油厂。直到 1900 年美国 Anderson 发明了连续式螺旋榨油机，从此，连续式螺旋榨油机成为压榨法制油的主要设备。由此，植物油脂制取过程的机械化、连续化而得以实现。

1. 压榨法取油的特点

压榨取油法就是指借助机械外力的作用将油脂从油料中挤压出来的一种取油方法。其具有工艺简单、需要配套的设备少、对油料的品种适应性较强、生产灵活、成品油质量较好的优点；但是压榨后的饼粕中残油率较高、压榨动力消耗大、压榨零部件易磨损。

2. 压榨法取油的基本原理

料坯颗粒在机械外力的作用下，油料中的油脂液体部分与非油脂物质的凝胶部分发生了两个不同的变化。在压榨的过程中，主要发生的是物理变化如物料的变形、油脂分离、摩擦发热、水分蒸发等。但由于温度、水分、微生物等的影响，同时也会产生某些生物化学方面的变化，如蛋白质变性、酶的钝化和破坏、某些物质的结合等。压榨时，榨料粒子在压力作用下内外表面相互挤紧，致使其液体部分和凝胶部分分别产生两个不同的过程，即油脂从榨料坯中被分离出来的过程和油饼的形成过程。

（1）油脂从榨料坯中被分离出来的过程

在压榨的开始阶段，油料料粒发生变形并在个别接触处结合，料粒的间隙缩小，油脂开始被压出；在压榨的主要阶段，料粒进一步变形结合，其内空隙缩得更小，油脂被大量压出；在压榨的结束阶段，粒子结合完成，其内空隙的横截面突然缩小使得油路被显著封闭，此时油脂很少被榨出。在解除压力后的油饼可能会由于弹性变形而膨胀，其内形成细孔或裂缝，可能使得尚未排出的油脂再被反吸回饼粕中去。

（2）油饼的形成过程

在压榨取油的过程中，油饼的形成是在压力的作用下，料坯粒子间随着油脂的排出而不断挤紧而产生塑性变形，尤其在油膜破裂处将会相互结成一体。此时料坯经压榨后就不再是松散体而是形成了一种完整的可塑体，即为油饼。油饼的成型是压榨制油过程中建立排油压力的前提，更是压榨制油过程中排油的必要条件。

3. 影响榨油工艺效果的因素

影响榨油工艺效果的因素，主要有榨料结构和压榨条件两个方面。另外榨油机的结构及其设备选型在一定程度上也会影响到出油的工艺效果。

(1) 榨料结构性质对出油效果的影响

榨料的结构性质尤其是可塑性对压榨取油的工艺效果影响最大。榨料性质不仅包括凝胶部分，同时还与油脂的存在形式、数量及其可分离程度等有关。榨料的结构性质主要取决于油料本身的成分和预处理的效果。为了获得较好的榨油效果，一般要求榨料结构具有以下性质：①榨料中被破坏的细胞数量越多越好，这样有利于出油；②榨料颗粒大小应当适当而且均匀；③榨料的内外结构均匀一致；④榨料容重在不影响内外结构的前提下越大越好，以利于提高设备处理能力；⑤榨料要有适宜的水分和适当的温度，流动性好；⑥榨料的可塑性适当。

影响榨料可塑性的因素主要有水分、温度、蛋白质变性等。

榨料的水分含量与可塑性有很大关系。一般地，随着水分含量的增加，当水分含量达到某一水分范围时，压榨出油效果最好。水分过高或过低都不利于油脂榨出。最佳水分范围，与温度和蛋白质变性有关。

一般地，榨料因加热而温度升高时其可塑性也增加；冷却降温时则可塑性下降。榨料温度不仅影响其可塑性和出油率，还影响饼粕和油脂的质量。所以榨料的温度也应适当。

蛋白质变性是压榨法制油所必需的。因为榨料内蛋白质的变性影响油料内胶体结构破坏的程度，也影响到压榨出油的效果。在压榨过程中，由于压力和温度的作用，将使蛋白质继续变性，如压榨前蛋白质变性为 75% 而压榨后则可以达到 92%。但是也不能使蛋白质过度变性，否则榨料的可塑性会降低，从而使压榨所需工作压力提高，比如蒸炒过度会使料坯变硬，在压榨时对榨膛压力和出油及成饼都产生影响。

(2) 压榨条件对出油效果的影响

除了榨料自身的结构性能以外，压榨条件如压力、时间、温度、料层厚度、排油阻力等，对出油率有重要的影响。

1) 榨膛内的压力。压榨法取油的本质就在于对榨料施加压力而取出油脂，压力大小、榨料的受压状态、所受压力的变化规律等对压榨效果会产生不同的影响。压榨时压力越大，料粒塑性变形程度就会越大，油脂榨出就越完全，但是压力增加到一定程度时榨料的收缩变形就很小了。

同时对榨料实行动态压榨而非静态压榨，即在压榨过程中使油料颗粒间位置不断变化，使油料中的油路不断地关闭和打开，有利于油脂快速被挤出和油饼的成型；在压榨过程中榨料的所受压力必须与排油速度相一致，即做到"流油不断"，从压榨开始压力逐步增加，到压榨主阶段时达到最大值，然后再逐渐降低压力，即坚持"先轻后重，轻压勤压"的原则。

2)压榨时间。压榨时间是影响榨油机的生产能力和排油深度的重要因素。通常压榨时间长出油率高，所以应保证有足够的时间，保证榨料内油脂的充分排出。但压榨时间过长，并不能再明显提高出油率，而会影响到设备的生产处理量；因此，在满足出油率的前提下应当尽可能地缩短压榨时间。

3)压榨温度。压榨时适当的高温有利于保持榨料必要的可塑性和降低油脂的黏度，有利于榨料中酶的破坏和抑制，有利于饼粕的安全储存和利用。而油脂的黏度对于油脂的榨出效果也很重要，在压榨过程中机械能量部分转化为热能使得物料温度上升，使得油脂的表面张力和黏度变小，从而有利于油脂的迅速流动聚集和与饼粕的分离。但是过高的压榨温度也可能会产生副作用，如水分的急剧蒸发会破坏榨料在压榨过程中的正常塑性并最终影响到饼粕和成品油的质量。当然，具体的压榨条件要由压榨方式、所榨油料等因素来决定。

4)料层厚度。流油毛细管的长度愈短，即榨料层厚度愈薄，流油的暴露表面就愈大，则排油速度就愈快。

(3)设备选型对出油效果的影响

不同的压榨设备类型和结构，就会有不同的压榨工艺效果，如螺旋榨油机的出油效率就比液压榨油机的要高些，且饼粕的残油率要低些。

压榨设备的类型和结构，在一定程度上影响到工艺条件的确定。要求设备在结构设计上应尽可能地满足多方面的要求，如生产能力大、出油效率高、动力消耗小、操作维护方便等。

4. 榨油设备

用于压榨法制油的机械主要有液压榨油机和螺旋榨油机两种。

(1)液压榨油机

液压榨油机，是利用液体传送压力的原理，使油料在饼圈内受到挤压而将油脂取出的一种间歇式压榨设备。在密闭系统中，加压于液体的压力，能以不变的压强传递到该系统的任何部分，作用在手柄上的力很小，而在榨油机活塞上却可产生很大的压力以便把油料中的油脂榨出来。

液压榨油机设备具有结构简单、操作方便、动力消耗小等优点。目前液压式榨油机主要用于偏远的山村，以及电力比较缺乏的地区，对于一些特殊的油料而言，如油棕果、油橄榄、可可仁等，液压式榨油机仍有着其他榨油机不可替代的优势。但是由于其压榨周期较长且操作麻烦、劳动强度大、饼粕残油率高、属于间歇性生产方法、生产能力小等缺点，已逐渐被连续式螺旋压榨机所取代。

(2)螺旋榨油机

螺旋榨油机的工作原理是：旋转着的螺旋轴在榨膛内的推进作用，使榨料连续地向前推进，同时由于榨料螺旋导程的缩短或螺旋根圆直径增大，而使榨膛空间的体积不断缩小而产生压力把榨料压缩，并将油脂从榨料中挤压出来。该设备主要分进料预榨段、主压榨段(出油段)、成饼段(重压沥油段)三个阶段。

螺旋榨油机有人力螺旋榨油机和动力螺旋榨油机两种机型，是目前使用最广的榨油机械。其有操作简单、生产能力大、出油率高、能适应连续化生产等优点。

6.3.2 溶剂浸出法

1. 浸出法取油的概念和特点

（1）浸出法取油的概念

溶剂浸出法取油是指应用固液萃取的原理，选用某种能够溶解油脂的有机溶剂，经过对油料的喷淋或浸泡作用，使油料中的油脂被萃取出来的一种取油方法。

浸出法取油的基本过程是：把油料料坯、预榨饼或膨化料坯浸于选定的溶剂中，使油脂溶解在溶剂中形成混合油，然后将混合油与浸出后的固体粕分离，再对混合油进行蒸发和汽提等处理使溶剂汽化而与油脂分离，如此方法而获得浸出毛油。

（2）浸出法取油的特点

浸出法取油与压榨法相比，具有出油效率高、粕质量较好且残油率低、可以采用较低的加工温度而避免了蛋白质变性、动力消耗小、操作简便、加工成本低、容易实现规模化自动化生产的优点；但是，其由于常常使用 6 号溶剂作为浸出溶剂，而其有易燃、易爆、有毒性等特点使生产有一定的危险性，且浸出毛油不能像压榨毛油那样可以直接食用，其必须经过精炼工序后才可以食用。

2. 浸出原理

油脂的浸出属于固液萃取，也就是说，油脂的浸出过程是利用油料中的油脂能够溶解在选定的溶剂中，而使油脂从固相转移到液相的传质过程。这一传质过程主要是借助分子扩散和对流扩散两种方式来完成的。

（1）分子扩散

分子扩散是指以单个分子的形式进行的物质转移，这种单分子进行的物质转移是由于具有一定动能的分子无规则热运动所引起的。在油脂与溶剂接触时，由于其分子极性相近，因此便产生互溶，致使油脂分子转移到溶剂中去，同时溶剂分子也转移到油脂中。由于整个系统力求趋向热力学平衡，所以油脂分子和溶剂分子都将从浓度较高的区域转移到浓度较低的区域，直至两相溶剂中溶质分子的浓度完全相同时，传质才能达到动态平衡，这就是分子扩散的实质。

扩散物的数量与扩散系数、扩散面积、浓度差、扩散时间等都有关系；分子扩散的速度与物质的分子大小、介质的黏度和温度等都有关系，如提高温度可以加速分子热运动并降低溶液的粘度，从而提高了分子扩散的速度。

（2）对流扩散

对流扩散是指溶液中的溶质以单个小体积的形式进行的物质传递。同分子扩散一样，扩散物的数量与扩散系数、扩散面积、浓度差、扩散时间等都有关系。在分子扩散时物质传递转移主要是依靠分子的热运动的动能来进行；而在对流扩散时物质传递则依靠外界（如由泵给混合油来提供外力）提供的能量来进行的。

实际上，浸出过程是分子扩散和对流扩散的结合过程，在原料与溶剂接触的表面层是分子扩散，而在远离原料表面的液体则为对流扩散。对流扩散所传递的原料数量大大超过分子扩散。为了加快浸出速度，就应当不断地改变溶液的浓度差并加快流动速度，使溶剂(或混合油)与油料处在相对移动的情况下进行浸出。常用的做法是利用液位差或泵的动力对混合油施加压力，以强化对流扩散作用。

3. 浸出溶剂

浸出法制油中用到的溶剂是一种工业助剂，溶剂的成分和性质对浸出生产的质量控制有重要的影响。因此溶剂应在技术和工艺上满足浸出生产的各项要求。

(1)油脂浸出对溶剂的要求

1)所用的溶剂对油脂有较强的溶解能力。所选用的溶剂能够充分迅速地溶解油脂，且在任何比例时都与油脂相互溶解混合，但不得溶解或少溶解油脂中的脂溶性物质，更不能浸出溶解油料中的其他非油脂组分。

2)溶剂有较强的化学稳定性。除混合溶剂之外，其在化学成分上是同一类物质，化学的纯度愈高愈好；在贮藏和运输中、在浸出的加热等生产工序中，溶剂本身不会因氧化和分解等造成化学成分和性质改变，且不与油料中的任何化学组分发生化学反应；无论是纯溶剂、溶剂的水溶液或者是溶剂气体与水蒸气的混合气体，对设备都不应有比较明显的腐蚀作用。

3)溶剂与油脂易于分离，即易于汽化又易于冷凝回收。即溶剂能够在较低温度下从油脂和糊中充分挥发，它应具有稳定的和较低的沸点，热容低，蒸发潜热小，且易被回收；与水不溶解。

4)溶剂在水中的溶解度要小，互不混溶，且与水不产生具有固定沸点的共沸混合物。

5)安全性能要好。无论是溶剂的液体、溶剂气体或者是含有溶剂气体的水蒸气混合气体，对操作人员的健康是无害的；在和油料接触后不会使溶剂夹带不良的气味和味道，不会产生对人体有危害的物质；采用的溶剂应该是不易燃烧和不易爆炸的。

6)溶剂来源要广。油脂浸出在较大工业规模生产中需求量应得到满足，溶剂的工业化生产是可行的，即溶剂的价格要便宜，来源要充足。

(2)常用的浸出溶剂

用于植物油浸出的溶剂通常要求低沸点、低粘度和较弱的极性等，主要有轻汽油、己烷、醇类等物质。浸出溶剂可分为工业纯溶剂和混合溶剂两类。工业纯溶剂主要有脂肪族烃类、氯代脂肪族烃类、芳香族烃类和脂肪族酮(如丙酮)类等。混合溶剂是指两种以上的不同化学性质的工业纯有机溶剂所组成的混合溶剂，以及有机溶剂与水组成的混合溶剂，如乙醇-汽油、乙醇-工业己烷、含水乙醇、含水丙酮等。

目前，脂肪族烃类在油脂工业中应用最广。脂肪族烃类主要有己烷、戊烷、丁烷、丙烷及其混合物等，其中又以己烷混合物作溶剂的为多，如6号溶剂(俗称"浸出轻汽油")、工业己烷等。

我国油脂工业常常使用的油脂浸出溶剂是6号溶剂，是多种碳氢化合物的混合物，没有固定的沸点，沸程60~90℃，没有干点温度。90℃时仅仅能保证98%的回收率。而发达国家用的工业己烷，沸点范围在 66～69℃，其容易回收，溶剂消耗小，有利于从油脂和粕末中除去溶剂，能够保证材料中蛋白质的天然特性和减少损耗。

4. 浸出制油的工艺类型

油脂浸出工序的浸出工艺类型主要有：

1) 根据油料进入油脂浸出器前的预处理方法而分为直接浸出、挤压膨化浸出法和预榨浸出等。

直接浸出取油方法是指油料经过预处理制得生坯，未经压榨或膨化浸出工艺而直接采用溶剂浸出的方法来浸出油料中所有油脂的取油方法。该法一般仅适用于含油量较低的油料。

挤压膨化浸出法是指油料在预处理过程中使用了挤压膨化工序，这样可以提高出油率、毛油和成品粕的质量。挤压膨化浸出方法可以解决直接浸出法不能用于中高油分油料油脂浸出的技术难题。

预榨浸出是指油料料坯经过预压榨工序榨出其中大部分的油脂，然后再使用溶剂浸出方法取出料坯中残余的油脂。该法一般用于含油量较高的油料如花生、菜籽、棉籽等。采用压榨浸出工艺不仅可以提高出油率和毛油的质量而且提高了浸出设备的生产处理能力。

2) 按浸出器设备特征来分，则可分为罐组式浸出、平转式浸出、环型浸出器浸出等。

不论何种浸出工艺类型，都有浸出工序、混合油处理工序、湿粕处理工序、溶剂回收工序等。

5. 油脂的浸出方式

1) 按生产操作的连续性来分：主要有间歇式和连续式两种类型。

间歇式浸出　纯粹的间歇式是指在设备中对分批进入的油料多次用溶剂进行浸泡，直到油料中所有的油脂被浸取出来为止。第一次浸泡时所得的混合油的浓度最高，以后所得的混合油的浓度逐次降低。如此就需要较大量的溶剂，且混合油浓度较稀而使得混合油处理难度较大。

连续式浸出　连续式浸出则是指在设备中对连续进入的物料，用浓度渐稀的混合油逐次对其萃取，最后用不含油脂的新鲜溶剂对残油量较低的油料进行浸出，这样将油料中的所有油脂浸取出来。这种方法可以减少溶剂的用量而获得较高浓度的混合油，适宜于规模化高效的工业化生产需要，是目前应用较多的浸出工艺方法。

2) 按溶剂对油料的作用方式来分：主要有浸泡式、喷淋式、浸泡喷淋混合式等。

浸泡式浸出是指在溶剂或混合油中以逆流方式将油料全部浸没于溶剂或混合油中进行浸出的方法。属于此类浸出方式的设备主要有罐组式、U 型拖链式、直立螺旋式浸出器等。逆流浸泡式浸出方法具有结构简单、设备中溶剂发生爆炸的几率小等优点。

喷淋式浸出是指借助泵将溶剂或混合油以逆流方式通过喷头不断地喷洒在料层上，油料在溶剂或混合油的不断喷淋作用下完成浸出过程。属于此类浸出方式的典型设备是履带式浸出器。该法的优点是混合油的渗透量大于喷淋量，料层上基本上没有滞留的液体层，混合油循环量大，对流扩散作用较显著，油脂浸出快，但是该法所用设备内可能会形成溶剂爆炸的极限浓度，有一定的危险性。

喷淋浸泡混合式则是综合了上面两种方法的优点，即在溶剂或混合油以逆流方式对油料进行分阶段喷淋和浸泡的混合作用下完成油脂浸出的一种油脂浸出方法。

6. 浸出工艺流程

溶剂浸出法取油工艺一般包括预处理、油脂浸出、湿粕脱溶、混合油处理、溶剂回收等工序。

（1）油脂浸出

经过预处理后的料坯送入浸出设备完成油脂萃取分离的任务。经过油脂浸出工序获得混合油和湿粕。

（2）湿粕脱溶

通过油脂浸出设备以后就有含有溶剂的湿粕和混合油两个部分。湿粕中含有较多的蛋白质等化学成分，有一定的利用价值。还要考虑到溶剂的回收以节约成本。所以要进行湿粕脱溶的工序。

不同的入浸原料，在浸出后的湿粕中的溶剂含量各不相同。如油料生坯直接浸出后的湿粕含溶剂量在 40% 左右，而预榨饼或膨化料坯在经过浸出后的湿粕含溶剂量在 20% 左右。

其中，大部分的溶剂都是以物理、机械形式与粕结合在一起的，较易除去。但还有少部分的溶剂是以化学形式结合的，就较难被除去，为了减少化学结合形式的溶剂量，就应该注意改善优化入浸油料的结构和性能。

用于脱除湿粕中溶剂的设备叫蒸脱机。湿粕脱溶通常采用加热解吸的方法，使溶剂受热汽化而与粕分离。即在负压和搅拌作用下采用间接蒸汽加热使溶剂受热汽化而与粕解析分离。同时，根据粕的用途来选择合适的方法和工艺条件，以保证粕的质量。湿粕脱溶的方法主要有低温脱溶工艺方法和高温脱溶工艺方法两种。

（3）混合油处理

从浸出设备出来的混合油中含有溶剂、非油物质如料坯粉末（即粕末）。其必须经处理去除溶剂并再经过精炼后才能食用。混合油处理的目的就是利用蒸发和汽提等工艺，去除其中的粕末，分离并回收溶剂，从而得到较纯净的浸出毛油。

混合油在进行溶剂蒸发和汽提之前，需要进行净化处理以除去其中的粕末等粗杂质。因为它们的存在容易造成蒸发过程中产生泡沫而使溶剂中夹带油脂并进入蒸汽冷凝系统结垢而影响系统的传热。另外粕末中的某些物质可能会发生反应或变化从而降低毛油的质量。所以必须要先将其净化除去。可以采用过滤、离心分离、重力沉降等方法来除去混合油中的粕末。

混合油的蒸发是利用间接蒸汽加热混合油使其达到沸点而使溶剂汽化，混合油得以浓缩的方法。混合油的沸点随操作压力的降低而降低，随混合油浓度的增加而升高。所以蒸发操作常在负压下进行，为保证油脂的质量，常常使用二次蒸发法。在混合油浓度达到一定程度时，还需要对混合油进行水蒸汽蒸馏以进一步脱除溶剂。

混合油的汽提，就是采用直接蒸汽对混合油进行加热蒸馏，以降低混合油中溶剂的浓度，通常也在负压下进行汽提。

（4）溶剂回收

溶剂回收直接关系到生产的成本、毛油和粕的质量，生产中应对溶剂进行有效的回收，并进行循环使用。

油脂浸出过程中的溶剂回收包括溶剂气体冷凝和冷却、溶剂和水分离、废水中溶剂的回收、废气中溶剂的回收等。

7. 影响油脂浸出工艺效果的因素

在浸出工艺中应力求获得较高的浸出效率，影响油脂浸出工艺效果的因素，有的与设备形式有关，而有的则与操作有关，主要有以下几个方面的因素。

（1）料坯或预榨饼的结构和性质

因为扩散过程的效果将决定油脂浸出的整个过程，所以研究料坯或预榨饼的结构和性质对浸出的影响，以找到有较快扩散速度的适度的料坯预处理条件，对于提高油脂的浸出效果是很重要的。

料坯或预榨饼的性质主要取决于其内部和外部的结构、料坯的成分以及水分含量等因素。根据油脂与物料结合的形式，浸出过程在时间上可以划分成为两个阶段。第一阶段为提取游离的油脂，即处于料坯内外表面的油脂，而第二阶段提取的是处于细胞内部，即未破坏或局部变形的细胞和二次结构缝隙内的油脂。

为了迅速和充分地提取油脂，在油料预处理工艺中，必须用破坏生坯细胞结构，打乱饼的二次结构的方法，尽可能将大量的油脂转入到游离状态。同时必须保证溶剂在料坯与料坯之间能良好渗透，且保证油脂向外部混合油的相反扩散。也要保证料坯的细胞组织应当最大限度地被破坏，容重小，粉末度小，外部多孔性好，以保证混合油和溶剂在料层中有良好的渗透性，从而提高浸出效率。同时内部又要有较大的孔隙度，以保证油脂顺利地被浸出。

油料的组分对于油脂浸出效果也有较大的影响。例如，油料生坯直接浸出后的湿粕含溶剂量在 40% 左右，而预榨饼经过浸出后的湿粕含溶剂量在 20% 左右，如果是霉变油料则其浸出后粕中残油和溶剂含量都会较高。

入浸油料的水分含量会影响到溶剂对油料的润湿及油脂在料坯内部的扩散。水分过高则会使溶剂对油脂的溶解度下降和使生坯结块破坏料坯间的油路通道的连续性，从而使溶剂的渗透能力下降和油脂由里向外的扩散速度降低。若水分过低，料坯在输送和浸出过程中就可能产生较多的细小粉末，这样就会使油中粕末含量增加同时也会降低溶剂对料层的渗透性，所以水分也要适当。原料料坯适宜水分为 5%，而预榨饼水分为 2%～5% 为好。

（2）浸出过程中温度

浸出过程的温度由油料温度、溶剂温度和它们的数量之比所确定。浸出过程的温度较大地影响到浸出的速度和深度，在温度较高时，分子的无秩序热运动得到加强，溶剂和油的粘度下降,因而提高了扩散速度。

浸出过程的油脂扩散在离溶剂沸点附近时最为强烈,而各个浸出阶段是在混合油最初的沸点时最为强烈,因此提高浸出温度对加快浸出速度是有作用的。除此之外温度的提高对减小油脂和溶剂的粘度是有利,这样减小了传质的第一阻力,增大了单位时间内传质的量。对于 6 号溶剂油,浸出温度以 50~55℃为宜。一般而言,以低于溶剂沸点 8~10℃左右为好。

(3)浸出时间

油料的浸出深度与浸出时间有着密切的关系,在油料内外部的结构相同的情况下,浸出时间就是决定浸出效果的关键因素,无论在何种条件下油料在浸出过程中的残油是随时间的延长而降低,当达到一定程度后这种降低的幅度就会大大减小。在浸出过程中不同浸出设备的浸出时间是不相同的,例如料层薄(或低)的设备,浸出时间就短,生坯的浸出时间要比预榨饼的浸出器时间长。

(4)料层高度

料层的高度对浸出设备的利用率及浸出效果都有影响。一般地说来,料层越高,浸出设备的生产能力就高些,同时混合油的粗末自过滤效果就会好一些。但是料层过高,溶剂和混合油的渗透和沥干性能都会受到影响。所以在有较好浸出效果的前提下应尽量地提高料层的高度。

(5)溶剂比和混合油的浓度

浸出溶剂比是指使用的溶剂与所浸出的料坯的质量之比值。溶剂比越大则料层内外的混合油浓度差就大些,这对提高浸出速度和降低粕中残油有利,但是这样会使最终的混合油中溶剂含量较高给溶剂回收增加工作量。若溶剂比过小则又达不到预期的浸出效果。一般浸出油厂的混合油的浓度为 10%~27%。欲保证粕中残油率为 0.8%~1%,浸泡或浸出时所用的溶剂比(浸出料坯与所选用的溶剂的质量比)为 1:(1.6~2.0);而喷淋式的浸出则常采用的溶剂比为 1:(0.5~1.0),料坯经过喷淋浸出只需要进行 4~5 次。

(6)沥干时间和湿粕含溶剂量

料坯经过溶剂浸出后,湿粕中含有溶剂,为了减少湿粕蒸烘设备的负荷,通常在油脂浸出器内会留有一定的时间让湿粕中的溶剂尽可能地与粕分离开即将湿粕尽量地沥干,这个时间就是沥干时间。通常,在尽量减少湿粕中溶剂含量的同时,尽量缩短沥干时间,以提高生产效率。

综上所述,油料浸出能否顺利进行和实现预期的效果取决于许多因素,而这些因素又是错综复杂和相互影响的,在生产中辨证地掌握这些关系,就能够大大提高生产效率,缩短浸出时间,减少粕中残油。

6.3.3 油脂提取的其他方法

1. 超临界流体萃取法

CO_2 是 SFE(supercritical fluid extraction)首选气体之一,氮气、氩气、氙气、丙烷

以及水也是 SFE 研究的常用物质。超临界流体(SF),是指气体如 CO_2 在达到其临界温度和临界压力后表现出来的具有液体性质如密度、扩散性和黏度等的一种状态。

超临界流体的密度接近液体,以有利于萃取某些容易溶解的成分;黏度接近气体、扩散性介于液体和气体之间,以有利于所溶解各个成分之间的分离。超临界流体,具有较大的溶解能力和较高的传递特性,并受到温度和压力的影响。在温度一定而压力增加时,其密度增加而溶剂能力随之增强;在压力一定而温度升高时,密度降低而溶解力会减弱。当超临界流体的温度升高或压力降低至其恢复为气体状态后,就与被溶解的物质分离。

(1)超临界流体萃取法的原理

超临界流体萃取分离过程的原理是利用超临界流体的优良溶解能力与其密度的关系,即利用压力和温度对超临界流体溶解能力的影响,通过调整气体密度,以提取出不同成分。在超临界状态下,将超临界流体与待分离的物质接触,使其有选择性地把极性大小、沸点高低和分子量大小的成分依次萃取出来。当然,对应各压力范围所得到的萃取物不可能是单一的,但可以控制条件得到最佳比例的混合成分,然后借助减压、升温的方法使超临界流体变成普通气体,被萃取物质则完全或基本析出,从而达到分离提纯的目的,所以超临界流体萃取过程是由萃取和分离组合而成的。

油料中的各个组分在超临界流体中的溶解度,因物质的相对分子量大小、分子结构以及极性大小的不同而不同。油料中成分的溶解性的难易程度顺序为:臭味物质(低分子醛酮)>游离脂肪酸>甘油三酸酯>磷脂>色素,其溶解性与温度和压力等也有关。

(2)超临界流体萃取法的工艺特点

1)萃取和分离合二为一,当饱含溶解物的 CO_2-SF 流经分离器时,由于压力下降使得 CO_2 与萃取物迅速成为两相(气液分离)而立即分开,不仅萃取效率高而且能耗较少;CO_2 价格便宜,纯度高,容易取得,且在生产过程中循环使用,从而降低成本。

2)浸出温度较低(约 50℃)和无氧条件下进行,油脂和饼粕的质量好。

3)CO_2 是一种不活泼的气体,萃取过程不发生化学反应,且属于不燃性气体,无味、无臭、无毒,因此安全性好而且萃取物绝无残留溶媒。

4)压力和温度都可以成为调节萃取过程的参数。通过改变温度或压力达到萃取目的,压力固定,改变温度可将物质分离;反之温度固定,降低压力使萃取物分离。因此工艺简单易掌握,而且萃取速度快。

5)其也存在一些缺点,如设备需要耐高压、动力消耗大、处理量小等。

(3)超临界流体萃取装置

超临界萃取装置可以分为两种类型:一是研究分析型,主要应用于小量物质的分析,或为生产提供数据;二是制备生产型,主要是应用于批量或大量生产。

超临界萃取装置从功能上大体可分为八部分:萃取剂供应系统、低温系统、高压系统、萃取系统、分离系统、改性剂供应系统、循环系统和计算机控制系统。具体包括二氧化碳注入泵、萃取器、分离器、压缩机、二氧化碳储罐、冷水机等设备。由于萃取过程在高压下进行,所以对设备以及整个管路系统的耐压性能要求较高,生产过程实现微机自动监控,可以大大提高系统的安全可靠性,并降低运行成本。

（4）超临界流体萃取的工艺类型

超临界流体萃取过程是由萃取和分离组合而成的。根据分离过程中萃取剂与溶质分离方式的不同，有以下几种工艺类型：

1）恒压萃取法。从萃取器出来的萃取相在等压条件下，加热升高温度，进入分离器溶质分离，溶剂经过冷却后回到萃取器循环使用。

2）恒温萃取法。从萃取器出来的萃取相在等温条件下，减压、膨胀，进入分离器溶质分离，溶剂经过调压装置后再回到萃取器循环使用。

3）吸附萃取法。从萃取器出来的萃取相在等温等压条件下，进入分离器，萃取相中的溶质由分离器中的吸附剂吸附，溶剂再回到萃取器循环使用。

2. 水溶剂法制油

水溶剂法制油是根据油料特性，水和油的物理化学性质的差异，以水为溶剂采用一些加工技术将油脂提取出来的制油方法。根据制油的原理及加工工艺的不同，水溶剂法制油有水代法和水剂法两种类型。

（1）水代法制油

1）水代法制油的基本原理。水代法制油是利用油料中的非油成分和油的亲和力不同以及油水之间的密度差异，经过一系列工艺过程，将油和亲水性的蛋白质、碳水化合物等分开。

水代法制油工艺，主要用于以芝麻为原料来制作小磨香油。对芝麻也可采用压榨法、预榨浸出法等方法来制油，若采用浸出工艺，则油中的风味成分在精炼过程中就会损失，而失去芝麻的固有风味。而利用水代法制油工艺制得的油品质较好、香味独特，其出油率不亚于压榨法。但是目前水代法制油工艺的生产规模一般较小，设备落后，劳动生产率低，麻渣残油高且利用率不高。

2）工艺流程。水代法制油的工艺流程如下所示：

芝麻→筛选→漂洗→炒籽→扬烟吹净→磨浆→对浆搅油→振荡分油

①筛选。清除芝麻中的杂质，如泥土、砂石、铁屑及杂草等杂质和不成熟的芝麻粒等，筛选愈干净愈好。

②漂洗。用水清除芝麻中微小的杂质和灰尘。将芝麻漂洗和浸泡 1~2 h，浸泡后的芝麻含水量为 25%~30%。芝麻经过漂洗浸泡后，水分渗透到完整细胞的内部，使凝胶体膨胀起来，其在经过后续的加热炒籽工序后，就可以使细胞破裂，而使其中的油体原生质流出。

③炒籽。经过漂洗后的芝麻，沥干，再入锅炒籽。炒籽的目的就是使蛋白质变性，有利于油脂分离提取。开始时用大火炒，约经 20 min 左右，炒至芝麻外表鼓起后，改用文火炒籽，用人力或机械搅拌，使芝麻熟得均匀。炒熟后往锅内泼入炒籽量 3% 左右的冷水，再炒 1 min 左右，至芝麻出烟后出锅。

④扬烟吹净。出锅的芝麻要立即降温，扬去烟尘、焦末和碎皮，以有利于后面油渣分离的进行，以提高出油率。

⑤磨浆。将炒酥吹净的芝麻用石磨或金刚砂轮磨浆机磨成芝麻酱，磨得愈细愈好。

磨浆时添料要匀，严禁空磨，随炒随磨，熟芝麻的温度宜保持在 65~75℃，温度过低则容易回潮，磨不细。石磨转速以 30 r/min 为宜。

⑥对浆搅油。对浆搅油是整个工艺中的关键工序，是完成以水代油的过程。用人力或离心泵将芝麻酱泵入搅油锅中，麻酱温度不能低于 40℃，分次加入相当于麻酱重量的80%~100%的沸水。加水量与出油率有很大的关系，适宜的加水量才能获得较高的出油率。加水量除了与麻酱中的非油物质的量直接有关外，还与原料品质、空气相对湿度等因素有关。

⑦振荡分油。经过上述处理的湿麻渣仍然含有部分油脂。振荡分油(俗称"墩油")就是利用振荡法将油尽量分离提取出来。

（2）水剂法制油

1）水剂法制油的基本原理。水剂法制油是利用油料蛋白质溶解于稀盐水溶液或稀碱水溶液的特性，借助水的作用，将油、蛋白质以及碳水化合物分开。

水剂法制油，主要用于以花生为原料来制取浓香花生油，同时提取花生蛋白粉的生产。将花生仁烘干、脱皮、磨浆，加入数倍的稀碱水溶液，促使蛋白质溶解，油就从蛋白质中分离出来，微小的油滴在溶液内聚集，油脂由于密度小而上浮分层，部分油与水形成乳化油，也浮在溶液表层。将上部的油层从溶液中分离出来，加热水洗，脱水后即可以得到质量良好的花生油。其特点是以水为溶剂，操作安全性好；能制取到高品质的油脂，如油脂的色泽浅、酸价低、品质好，无需精炼就可以作为食用油；同时，可以获得变性程度较小的蛋白粉以及淀粉渣等产品。与溶剂浸出法相比，水剂法制油的出油率稍低；而与压榨法制油相比，水剂法制油的工艺路线较长些。

2）工艺流程。花生水剂法制油工艺流程如下所示：

花生仁→精选→低温烘干→脱皮→研磨、浸取→花生浆→离心分离

↗乳化油→破乳→水洗→脱水→花生油

↘蛋白液→加盐酸→蛋白质凝聚沉淀→水洗→浓缩→干燥→花生蛋白粉

①花生仁的清理和脱皮。清理采用筛选的方法来除杂，清理后的花生仁要求杂质<0.1%。清理后的花生仁应进行烘干处理，干燥温度不得超过 70℃，使水分降低至 5% 左右，如此有利于脱除花生红皮，同时其蛋白质的变性程度小。烘干后的物料应立即冷却到40℃以下，然后采用砻谷机等设备脱除花生红皮，仁皮分离后要求花生仁含皮率<2%。

②研磨、浸取。研磨主要有湿法碾磨和干法碾磨两种，一般采用干法碾磨。通过碾磨，可以破坏细胞的组织结构。碾磨后固体颗粒细度应在 10 μm 以下，使其不至于形成稳定的乳化液，有利于分离。

浸取常采用稀碱液，浸取是利用水将料浆中的油与蛋白质提取出来的过程。在浸取过程中，不断搅拌以利于油和蛋白质充分进入溶液，不使它们形成稳定的乳状液，以免分离困难。浸取时固液比为 1∶8，调节 pH 为 8~8.5，浸取温度为 62~65℃，时间0.5~1 h，保温 2~3 h，上层为乳状油，下层为蛋白液。

③分离工序。经过研磨和浸取后得到的花生浆，除了有油和蛋白浆外，还有一些淀粉残渣。所以一般选用新型高效的三相自清理碟式离心机，可以达到减少分离工序和降

低损失的目的。淀粉残渣经离心机分离后，再经过水洗、干燥后得到副产品淀粉渣粉，该淀粉渣粉含有 10% 的蛋白质和 30% 的粗纤维，可以用于食品和饲料的生产。

④破乳。浸取后分离出的乳状油含水分 4%～30%，蛋白质 1% 左右，很难用加热的方法去水，因而采用机械等手段来破乳是很必要的。先将乳状油加盐酸调节 pH 4～6，然后加热至 40～50℃ 并剧烈搅拌而破乳，使蛋白质沉淀，水被分离出来。经离心分离后获得清油，再经水洗、加热及真空脱水后即可获得高质量的成品油。

⑤蛋白浆的浓缩干燥。经超高速离心机分离出来的蛋白浆，在管式灭菌器内 75℃ 下灭菌，进入升膜式浓缩锅内，在真空度 88～90.66 kPa、温度 55～65℃ 的条件下浓缩到干物质含量占 30% 左右，再用高压泵入喷雾干燥塔内，在进风温度 145～150℃、排风温度 75～85℃、负压 900 Pa 条件下，干燥成花生浓缩蛋白产品。

6.4　油脂精炼和改性

6.4.1　油脂精炼

精炼(refinine)指清除植物油中所含的固体杂质、游离脂肪酸、磷脂、胶质、蜡、色素异味以及各种有毒有害物质等一系列工序的统称。用压榨法、浸出法或水化法制取的毛油都必须经过精炼工序才能达到食用或工业用途的要求，保证油脂的色泽、透明度、滋味、安定度、脂肪酸组成以及营养成分等能符合规定的油脂产品指标，并满足使用、贮藏以及保持营养成分与风味等需要。

1. 毛油中机械杂质的去除

机械杂质是指在制油或储存过程中混入油中的泥沙、料坯粉末、饼渣、纤维、草屑及其他固态杂质、这类杂质不溶于油脂，故可以采用过滤、沉降等方法除去。

（1）沉降法

沉降指利用油和杂质之间密度不同并借助重力将它们自然分开的方法。该方法简单而原始，凡能存油的容器均可利用，沉降时间长(16 h～10 d 不等)，设备利用率很低。因劳动强度大，生产已少用。

（2）过滤法

过滤指借助动力、压力、真空或离心力的作用，在一定温度条件下使用滤布过滤，油能通过滤布而渣则留在滤布表面或滤室内，从而达到分离。利用过滤法不仅能去除毛油中的机械杂质，而且还可除去炼油的各个工序中用于脱色的白土、氢化的催化剂、固脂以及蜡等。该法劳动强度大，过滤效率不高且滤饼中含油较多(30%～80%)。

（3）离心分离法

利用离心力的作用进行过滤分离或沉淀分离油渣的方法称离心分离法。与过滤法相比，具有分离效果好、滤渣含油少(10% 以下)、生产连续化、处理能力大等特点。但设备成本高，用于毛油分渣时，局限于选用离心分渣筛或螺旋式离心机等少数几种设备。

2. 脱胶

　　毛油中或多或少含有磷脂、糖类、蛋白质以及多种树脂状胶质，其中最主要的是磷脂。磷脂是一类营养价值较高的物质，但混入油中会使油色变深暗、混浊。磷脂遇热（280℃）会焦化发苦，吸收水分促使油脂哈败，影响油品的质量和利用。若未经脱胶就直接经碱炼脱酸，会因乳化而难以操作和增加油脂损失。脱胶要求使磷脂含量降到 0.03% 以下。常用方法是水化法，此外还有加酸脱胶法、加热脱胶法和吸附脱胶法（磷酸凝聚结合白土吸附）等方法脱胶。毛油水化后以及油长期静置后的沉淀物称为油脚（oil sediments），通过脱胶可以提取磷脂。

　　（1）水化法脱胶

　　水化脱胶工艺按作业的连贯性分为间歇式和连续式。前者适宜于生产规模较小或油脂品种更换频繁的厂家，连续式工艺则广泛应用于大型企业。

　　1) 基本原理。水化法脱胶是将一定数量的热水或稀的酸、碱、盐及其他电解质水溶液加到油脂中，利用磷脂等类脂物分子中含有的亲水基，使胶体杂质吸水膨胀并凝聚，从油中沉降析出而与油脂分离的一种精炼方法。

　　在磷脂的分子结构中既有疏水的非极性基团，又有亲水的极性基团。当毛油中含水量很少时，磷脂是内盐式结构，此时极性很弱，能溶于油中，达不到临界温度不会凝聚沉降析出。当毛油中加入一定量的水后，磷脂的亲水极性基团与水接触，疏水基团则投入了油相之中，结构由内盐式转变为水化式，极性增大，具有更强的吸水能力，在油脂之中的溶解度减小。在水、加热、搅拌等联合作用下，磷脂胶粒逐渐合并、长大，最后絮凝成大胶团。胶团密度大于油脂密度，为沉降和离心分离创造了条件。

　　2) 水化脱胶工艺。通用间歇式脱胶的工艺流程如下所示：

过滤毛油→预热→软水水化→暗置沉淀（保温）→油脚分离→净油脱水→成品油

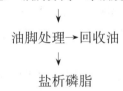

油脚处理→回收油

盐析磷脂

　　连续水化法　这种方法的水化和分离磷脂油脚均是连续进行的。首先过滤毛油连续泵入水化锅内，用直接蒸汽进行水化，锅内的温度保持在 80~90℃，而后连续地从水化锅内把水化后的油和磷脂的混合物泵入离心机进行分离。分出的油脂经过真空脱水后即得成品油；由离心机分出的磷脂，经过真空浓缩后即得粗磷脂产品。

　　（2）加酸脱胶

　　加酸脱胶就是在毛油中加一定量的无机酸或有机酸，使油中非亲水性磷脂转化为亲水性磷脂或使油中的胶质结构变得紧密，变得容易沉淀和分离的一种脱胶方法。

　　磷酸脱胶是在毛油中加入油量的 0.1%~1% 的 85% 磷酸，在 60~80℃ 下充分搅拌。接触时间视设备条件和生产方式而定，然后将混合液送入离心机进行分离脱除胶质。

　　浓硫酸脱胶是利用浓硫酸将蛋白质和粘液质树脂化而沉淀。加入油量的 0.5%~1.5% 的 2%~5% 浓硫酸，在油温 30℃ 以下，经强力搅拌，待油色变淡（浓硫酸能破坏部分色素），胶质开始凝聚时，添加 1%～4% 的热水稀释，静置 2～3 h，即可分离油脂，分离得到的油脂再水洗 2～3 次。

3. 脱酸

游离脂肪酸的存在会导致油脂酸价提高，未经精炼的粗油中，均有一定数量的游离脂肪酸，脱除游离脂肪酸的过程称之为脱酸。脱酸的方法有碱炼、蒸馏、溶剂萃取及酯化等方法，其中应用最广泛的为碱炼和蒸馏。

（1）碱炼法

碱炼法是利用碱与油中的游离脂肪酸起中和反应，生成脂肪酸盐（皂化物）和水，皂化物吸附部分其他杂质而从油中沉降分离的精炼方法。碱炼油脂后的沉淀物称为皂脚（soapstock）。可供油脂碱炼的碱有氢氧化钠（烧碱）、碳酸钠和氢氧化钙，油脂工业生产上普遍采用烧碱。

1) 碱炼基本原理。碱炼过程中的化学反应主要有以下几种类型：

中和：$RCOOH + NaOH \rightarrow RCOONa + H_2O$

$RCOOH + Na_2CO_3 \rightarrow RCOONa + NaHCO_3$

$2RCOOH + Na_2CO_3 \rightarrow 2RCOONa + CO_2 + H_2O$

不完全中和：$2RCOOH + NaOH \rightarrow RCOOH \cdot RCOONa + H_2O$

水解：$2RCOONa + H_2O \rightarrow RCOOH \cdot RCOONa + NaOH$

碱炼脱酸的操作中，碱的用量直接影响碱炼效果，碱量不足，游离脂肪酸中和不完全，皂脚不能很好地絮凝，使分离困难，碱炼成品油质量差；用碱过多，中性油被皂化而引起精炼损耗增大。因此，正确掌握用碱量尤为重要，精炼时，耗用的总碱量包括 2 个部分：一部分是中和游离脂肪酸的碱量，通常称为理论碱量，可通过计算求得；另一部分则是为了满足工艺要求而额外加的碱，称之为超量碱。

理论碱量：理论碱量可按粗油的酸值或游离脂肪酸的百分含量计算，当粗油的游离脂肪酸以酸值表示时，则中和所需理论碱量为：

$$理论碱量 = 0.731 \times 酸价值$$

酸价值一般以每吨油中含有烧碱的质量（以 kg 为单位）表示。

超碱量：对于间歇式碱炼常以纯氢氧化钠占粗油量的百分数表示，选择范围一般在 0.05%～0.25%，质量特劣的粗油可控制在 0.5% 以内。对于连续式的碱炼工艺，超量碱则以占理论碱的百分数表示，选择范围一般为 10%～50%；油、碱接触时间长的工艺应偏低选取。

碱液浓度由粗油的酸值及色泽来决定，粗油酸值高、色深的选用浓碱；粗油酸值低、色浅的则选用淡碱。

2) 碱炼工艺。碱炼工艺有间歇式和连续式 2 种，间歇式用于小型企业，其工艺过程如下：

毛油→脱胶→加碱中和→升温加水→沉淀→油皂分离→净油→水洗→热干燥→精炼油

$\downarrow$

皂脚

毛油脱胶前取样测定酸价，计算所需的理论碱及超量碱。

连续式碱炼是一种先进的碱炼工艺。全部生产连续进行，工艺流程中的某些设备能够自动调节，操作简便，具有处理量大、精炼率高、精炼费用低、环境卫生好、油品质量稳定、经济效益显著等优点，是油脂精炼的发展方向。连续碱炼工艺的核心设备是超速离心机。

（2）蒸馏脱酸（物理精炼）

蒸馏脱酸原理是借助直接蒸汽加热，在真空条件下使游离脂肪酸与低分子气味物质随着蒸汽一起排出，此法适合于高酸价油脂。其基本工艺是：在残压为 266.644～666.61 Pa 的真空条件下，将油加热到 163～260℃，通入 100～200 kPa（表压）直接蒸汽处理 15～60 min 进行脱酸处理。其优点是：不用碱液中和，中性油损失少，减少碱消耗与环境污染，精炼率高，同时具脱臭作用，使成品油风味好。但由于胶质及机械杂质难以去除，故蒸馏脱酸前必须经过滤、脱胶等程序。

4. 脱色

脱除油中色素以改善油脂色泽的工艺过程称为脱色。植物油中的色素成分复杂，主要包括叶绿素、胡萝卜素、花色素以及某些糖类、蛋白质的分解产物等。另外在棉子油中含有棕红色的棉酚，其是一种有毒成分。由于多数色素成分稳定性强，故需用专门的脱色工序处理。

油脂脱色有多种方法，如吸附脱色、氧化还原、离子交换、树脂吸附等，但常用吸附脱色法。

吸附脱色法原理：利用吸附力强的吸附剂在热油中能吸附色素及其他杂质的特性。在过滤去除吸附剂的同时也把被吸附的色素及杂质除掉，从而达到脱色净化的目的。

1）对吸附剂的要求。吸附剂应吸附力强，选择性好，吸油率低，与油脂不发生化学反应，无特殊气味和滋味，价格低，来源丰富。种类有天然漂土、活性白土、活性炭（往往与活性白土混合使用），其中活性白土是应用最广泛的吸附剂。

2）脱色温度。最高脱色温度一般常压下为 80～110℃，在真空条件下（残压 6932.744 Pa）加热 82℃。

3）脱色时间。间歇式操作 15～30 min，连续脱色为 5～10 min。

4）油脂水分含量。油脂水分含量应在 0.1% 以下，达到 0.3% 时就会影响白土吸附。

5）吸附剂用量。不同种类的色素所需的白土量不同。目前，国内大宗油脂的脱色均使用市售的白土。达到高烹油、色拉油标准所需的白土量为油重的 1%～3%，最多不大于 7%。

5. 脱臭

脱除油脂中臭味组分的精炼过程称脱臭。纯净的甘油三酸酯是没有气味的，天然油脂中，臭味组分（如酮类、醛类、烃类等的氧化物和在制油工艺过程中产生一些新的气味）含量较低，一般约为 0.1%。这些组分的挥发与甘油酯有很大差别，一般可通过添加辅助剂，在真空高温下蒸馏脱除。脱臭可以同时脱除游离脂肪酸、过氧化物和一些热敏色素以及某些多环芳烃及残留农药等，从而使得油脂的稳定度、色度和品质有所改善。

脱臭的方法有真空蒸汽脱臭法、气体吹入法、加氢法、聚合法和化学药品脱臭法等几种。其中真空蒸汽脱臭法是目前国内外应用最为广泛、效果较好的一种方法。它是利用油脂内臭味组分的蒸汽压远大于甘油酯的蒸汽压，在高温真空条件下，借助水蒸气蒸馏的原理，使油脂中引起臭味的挥发性物质在脱臭器内与水蒸气一起逸出而达到脱臭的目的。气体吹入法是将油脂放置在直立的圆筒罐内，先加热到一定温度（即不起聚合作用的温度范围内），然后吹入与油脂不起反应的惰性气体，如二氧化碳、氮气等，油脂中所含挥发性物质便随气体的挥发而除去。

6. 脱蜡

植物油料中的蜡质主要存在于皮壳的角膜中，其次存在于细胞壁中。某些油脂中含有较多的蜡质，如米糠油、葵花子油等。蜡质是一种一元脂肪酸和一元醇结合的高分子酯类，具有熔点较高、油中溶解性差、人体不能吸收等特点；其存在影响油脂的透明度和气味，不利于加工，所以应对油脂进行脱蜡处理。脱蜡是根据蜡与油脂的熔点差及蜡在油脂中的溶解度随温度降低而变小的物性，通过冷却析出晶体蜡，再经过滤或离心分离而达到蜡油分离。

脱蜡从工艺上可分为常规法、碱炼法、表面活性剂法、凝聚剂法、包合法及综合法等。油脂脱蜡过程中所用的主要设备有结晶塔、养晶塔和硅藻土处理罐等。

6.4.2 油脂的改性

分提、氢化、酯交换组成油脂改性的三大基本工艺。使用其中的一种或两种工艺就可以生产出各种具有全新结构的油脂或者希望得到的某种高价值天然油脂。

1. 分提

（1）分提的意义

天然油脂是多种甘油三酸酯的混合物。由于组成甘油三酸酯的脂肪酸种类不同，以及在分子中脂肪酸分布的不同，导致甘油三酸酯理化性质上的差异。将这些性质不同的甘油三酸酯分级的过程称为油脂分提。

分提有两种不同类型的目的：一种是为开发、利用固体脂肪。通常采用饱和程度比较高的油脂生产起酥油、人造奶油、代可可脂用的固态脂肪，得到的固体脂肪比较多。另一种目的是为提高液态油的低温贮藏性能。通常采用饱和程度比较低的油脂，在低温下分级结晶，然后把结晶出的固体脂肪从液态油中分离出来，生产色拉油，得到的固体脂肪比较少。这种利用熔点的不同，在低温下把油脂中固体脂肪和液态油分离的过程称为冬化（也称脱脂）。

（2）分提的机理

分提的原理是基于不同类型的甘三酯的熔点差异，使油脂冷却结晶，然后固液分离。一般来说，冬化只局限于将油脂冷却，使之在低温下分级结晶，然后把结晶与液态油分离。

（3）分提方式与基本工艺

工业上最典型的"冷却、结晶、分离"技术，一般划分为三类：干法、溶剂法和表面活性剂法。

1)干法分提。系指在不增加任何其他措施，将油脂直接进行冷却、结晶、晶液分离的一种最简单、经济的分提方法。虽然该法存在的主要问题是：分离难度大、滤饼液体油含量较高，但随着工艺的发展，新技术的应用(结晶冷却速度的自动控制、高性能分离设备的成功应用)，愈来愈多的油品采用干法实现高选择性分提新技术，已经能够达到以前只有溶剂分提法才能生产的各种产品。

2)溶剂分提。是指在油脂中掺进一定比例的溶剂形成混合油后，再进行冷却、结晶、分离的一种工艺。选用的溶剂主要有丙酮、己烷、95％异丙醇等。由于混合油粘度低、结晶时间短、容易过滤，因此溶剂分提的主要优点是：分离效果好、得率高、产品的纯度也较高，但溶剂需要从滤饼与液体混合油中进行回收，能耗大、投资与生产成本也高，溶剂存在安全问题。一般仅应用于代可可脂的生产。

3)表面活性剂分提。是指采用水溶性表面活性剂溶液，添加到已经冷却结晶的油脂中，使结晶的固脂润湿，在液体油中呈分散相后，进行离心分离的工艺。润湿剂通常为十二烷基硫酸盐，并掺入电解质硫酸镁，以利于晶体悬浮在水相中的离心分离。由于需回收表面活性剂，生产成本较高而且存在污染问题，该分提法应用范围有限。

2. 油脂氢化

（1）油脂氢化的基本原理

油脂氢化就是油脂和氢气的反应。在金属催化剂的作用下，把氢加到甘油三酸酯的不饱和脂肪双键上，生成饱和度和熔点较高的改性油脂。氢化是使不饱和的液态脂肪酸加氢成为饱和固态的过程。反应后的油脂，碘值下降，熔点上升，固体脂数量增加，被称为氢化油或硬化油。对食用油脂的加工，氢化是变液态油为半固态酯、塑性酯，以适应人造奶油、起酥油、前炸油及代可可脂等生产需要的加工油脂。氢化还可以提高油脂的抗氧化稳定性及改善油脂色泽。根据加氢反应程度的不同，又有轻度氢化〔选择性氢化)和深度(极度)氢化之分。选择性氢化是指在氢化反应中，采用适当的温度、压强、搅拌速度和催化剂，使油脂中各种脂肪酸的反应速度具有一定选择性的氢化过程，主要用来制取食用油脂深加工产品的原料脂肪，如用于制取起酥油、人造奶油、代可可脂等的原料脂，产品要求有适当碘值、熔点、固体酯指数和气味。极度氢化是指通过加氢，将油脂分子中的不饱和脂肪酸全部转变成饱和脂肪酸的氢化过程。极度氢化主要用于制取工业用油，其产品碘值低，熔点高、质量指标主要是要求达到一定的熔点。因此，极度氢化时温度、压力可较高，催化剂用量亦多一些。

油脂氢化反应在催化剂作用可用下式表示：

$$—CH{=}CH—+H_2 \rightarrow —CH_2—CH_2—+热$$

这看起来似乎十分简单，但实质上却极其复杂。脂肪的氢化必须在有催化剂的条件下进行。常用的催化剂是镍，或镍与铜、铅等的组合物。

1)氢化是多相催化反应。反应物有三相：油脂-液相、氢气-气相、催化剂-固相。只有当三相反应物碰在一起时，才能起氢化反应，因此需要设计机械搅拌装置。

2)氢化历程。油脂氢化的历程：氢溶解在油和催化剂的混合物中，反应物向催化剂表面扩散、吸附、表面反应、解吸，产物从催化剂表面向外扩散。

表面反应是分步进行的，一般不饱和甘油酯在活化中心只有一个双键首先被饱和，其余的逐步被饱和。

3)选择性。"选择性"应用于油脂氢化及其产品具有两种意义：一种是亚麻酸氢化成亚油酸、亚油酸氢化成油酸以及油酸氢化成硬脂酸几个转化过程相对快慢的比较，是相对于化学反应速率而得出的，亦称化学选择性；另一种是对催化剂而言的，在它作用下生产的硬化油在给定的碘值下具有较低的稠度或熔点。

4)异构化。油脂氢化时，碳链上的双键被吸附到催化剂表面，双键首先与一个氢原子起反应，产生一个十分活泼的中间体。然后有 2 种可能：一种是中间体与另一个原子反应，双键被饱和，形成饱和分子；另一种是中间体不能与另一个氢原子反应，中间体重新失去一个氢原子而产生异构化，既有位置异构(脱去的氢原子是邻位上时，双键位置发生改变)，也有几何异构(脱去的氢原子是原先加上的，形成反式异构体)。

5)热效应。油脂氢化反应是放热反应，据测定，在氢化时，每降低一个碘价就使油脂本身的温度升高 1.6~1.7℃，相对于每个双键被饱和时，放出约 120 kJ 的热量。

（2）氢化工艺基本过程

油脂氢化工艺包括以下基本过程：

原料→预处理→除氧脱水→氢化→过滤→后脱色→脱臭→成品氢化油

1)预处理。在进入氢化反应器之前，原料油脂中的杂质应尽量去除，这些杂质主要有水分、胶质、游离脂肪酸、皂脚、色素、硫化物以及铜、铁等。

2)除氧脱水。水分的存在会占据催化剂的活化中心，氧会在高温和催化剂的作用下与油脂起氧化反应，故油脂在氢化之前，必须先经除氧脱水。间歇式氢化工艺的除氧脱水一般在氢化反应器中进行，连续式氢化工艺则一般另加除氧器。除氧脱水的真空度为 94.7 kPa(710 mmHg)，温度为 140~150℃。

3)氢化。催化剂事先与部分原料油脂混匀，借真空将催化剂浆液吸入反应器，充分搅拌混合。停止抽真空，通入一定压力的氢气，这时反应开始进行。反应条件根据油脂的品种及氢化油产品质量的要求而定，一般情况下，温度 150~200℃，氢气在 140~150℃时开始加入，压力为 0.1~0.5 MPa，催化剂用量 0.01%~0.5%(镍/油)，搅拌速度 600 r/min 以上。

4)过滤。过滤的目的是将氢化油与催化剂分离。过滤前，油及催化剂混合必须先在真空下冷却至 70℃，然后进入过滤机。

5)后脱色。后脱色的目的是去除油中残留的镍。油中的催化剂残留量仅过滤还达不到食用标准，必须借白土吸附及加入柠檬酸钝化镍的办法进一步加以去除。后脱色时，白土加入量 0.4%~0.8%，反应温度 100~110℃，时间 10~15 min，压力 6.7 kPa。后脱色处理后，油脂中镍残留量可由原来的 50 mg/kg 降至 5 mg/kg。

6)脱臭。氢化过程中会出现少量的断链、醛酮化、环化等反应，因而氢化油具有异味，称为氢化臭。脱臭的目的是去除原有的异味以及氢化产生的氢化臭。脱臭完毕在油中加入 0.02%柠檬酸作抗氧化剂，柠檬酸可与镍结合成柠檬酸镍，使油中游离镍含量接近于零。

（3）影响氢化反应的因素

1）温度。温度高，分子动能大，传质速度和反应速度均较快。但温度过高，氢在油中的溶解度小，催化剂上氢的吸附量减少，容易产生反式异构酸，反应反而受阻。最佳反应温度的选择必须按原料情况和对最终产品的要求综合考虑。常用温度为 100~180℃，脂肪酸深度氢化的温度高达 200~220℃，选择性氢化常控制温度在 120~170℃。

2）压力。系统压力的大小直接影响到氢气在油中的溶解度。压力越大，浓度越高，催化剂上吸附的氢浓度越大，氢化速率以线性规律成倍增长，但当压力增大到一定程度后，反应速率增大已不显著，这是因为一定的压力已经使足够的氢进入油中进行氢化反应。选择性氢化压力按催化剂含量及其活性的不同一般为 0.02~0.5 MPa。生产极低碘值的脂肪酸和工业用油，为缩短反应时间，工作压力可高达 1.0~2.5 MPa。

3）搅拌速度。氢化反应中，催化剂必须呈悬浮状，气相、液相和固相之间必须进行有效的物质交换，反应放出的热量需要迅速引出机外，气相的氢气要迅速回到液相去，这些都要求反应过程需要强烈的搅拌。但搅拌速度过快会导致异构酸数量增加，而且增大了动力消耗，因此应选择适当的搅拌速度。

4）反应时间。反应时间取决于温度、催化剂的添加量及活性、压力等因素，其中有一个或几个因素上升，反应速度就会加快，得到同碘值产品所需要的时间也就加快。选择性氢化反应时间常为 2~4 h。连续式和间歇式氢化工艺相比较，在氢化条件相同时，欲获得相同的碘值产品，连续式所需要的反应时间就稍长一些，原因是间歇式为塞流形反应，三相物可以反复搅拌混合反应，传质效果好。

5）催化剂。氢化反应的反应速率与催化剂的用量及其表面性质有密切关系。催化剂的表面积大，活性好，反应速度快，在催化剂用量较低时，增加浓度将使氢化速率增加，然而继续不断增加用量时，氢化速率将达到某一数值而不再增加。

3. 酯交换

油脂的酯交换指油脂的甘油三酸酯与脂肪酸、醇、自身或其他酯类发生酯基互换或分子重排的过程。由于甘油三酸酯有三个脂肪酸基，其酯交换可以是油脂分子内自身交酯，也可以是两种不同的油脂分子间相互交酯。我们通常说的"交酯"，大都是指互换交酯，该工艺在油脂食品工业方面应用较多。

（1）酯交换的机理

目前，脂交换的机理还没有完全弄请楚，但已经发现，在酯交换以前必须经过一段诱导期。诱导期的长短取决于温度、油脂的品质、催化剂的种类及数量。

（2）交酯反应后油脂性质的变化

甘油三酸酯的许多性质是由脂肪酸的组成和分子内脂肪酸的排列所决定的。交酯反应后，脂肪酸组成未变，脂肪酸排列发生了变化，生成了新的分子，因而其性质也发生了一些改变。

1）熔点。天然油脂中，脂肪酸的分布具有其本身的特有规律，经过随机酯交换后，分子中脂肪酸的分布会较平均。单一的植物油交酯后，熔点会升高，一般升高 10~20℃，硬脂与液态油的混合物交酯后熔点一般下降 10~20℃，动物脂肪交酯后，熔点也稍有下降。

2)固体脂指数。棕榈油、猪油等油脂交酯反应后的固体脂指数变化比较小，而棕榈油、椰子油等含月桂酸多的油脂及其配合油反应后固体脂指数变化大。变化特别显著的是可可脂，反应后完全改变了反应前的物理性质。

3)稠度。稠度表示油脂硬度，交酯后，油脂的结晶特性发生变化，稠度也随之发生变化。例如清油在随机交酯后稠度显著下降。

4)稳定性。单一植物油交酯后稳定性降低。经随机交酯反应以后，生育酚含量逐渐减少，从而加速油品的自动氧化作用。

（3）交酯工艺

1) 间歇式交酯。间歇式交酯反应器内有搅拌器、供加热或冷却用的盘管、底部增设吹入氮气的管道。

油脂进入反应器后，首先被加热，在负压下吹入氮气，使油脂充分干燥（水分降到0.01%以下），然后冷却到50℃左右。在氮气流下，瞬间添加油脂量0.1%的甲醇钠（20%的甲醇溶液）。开始为白色混浊，后变成褐色，即表示反应开始。根据反应的温度和催化剂的浓度，反应速度有变化，80~100℃进行15 min，60~80℃进行30 min，20~30℃进行约24 h，由黄棕色转深，反应就可以结束。油脂送往精制槽，加水或酸使催化剂失活，洗脱肥皂，再经过滤、脱臭便得成品油。

生产中判定反应终点的方法是测定熔点、固体脂指数和颜色的变化，测定前必须预先了解掌握油脂反应前后熔点的差别和固体脂指数的差别。使用核磁共振可快速测出固体脂指数。

2)连续式随机酯交换工艺。

以精制猪油的酯交换改性为例，基本工艺流程

甲醇钠浆料0.1%~0.3%

猪油→加热(150~180℃)→二级真空干燥(99.3 kPa)→冷却器(50℃)→混合器→脂交换反应器(10 min)→混合器→离心机→油脚＋成品

↑
水

3)连续式定向酯交换工艺。

用金属钠－钾合金作催化剂的典型工艺流程如下：

钠－钾合金(0.2%)

↓

猪油→加热(120℃)→真空干燥(99.3 kPa)→冷却器(50℃)→混合器→急冷(21℃)→成晶(28℃)→急冷(21℃)→结晶槽(1.5 h)(30℃)→混合器→加热槽→脱气→离心机→皂脚

水、CO_2

经定向脂交换后的猪脂，是质地良好的起酥油。

第7章 果蔬加工

7.1 果蔬罐藏加工

果蔬罐藏是果蔬加工保藏的一种主要方法，是将经过预处理的果蔬装入容器中，经过脱气、密封、杀菌，使罐内食品与外界环境隔绝而不被微生物再污染，同时杀死罐内有害微生物并使酶失活，从而获得在室温下长期保存的方法。用罐藏方法加工而成的食品称为罐头食品。

7.1.1 果蔬罐藏的基本原理

1. 杀菌原理

罐头食品的杀菌，要尽量做到在保存食品原有色泽、风味、组织质地及营养价值等条件下，杀灭罐内能引起败坏、产毒、致病的微生物，破坏原料组织中自身的酶活性，并保持密封状态使罐头不再受外界微生物的污染，以确保罐头食品的保藏效果。

（1）杀菌对象菌的选择

各种罐头食品，由于原料的种类、来源、加工方法和加工条件等不同，使罐头食品在杀菌前存在不同种类和数量的微生物。生产上不可能也没有必要对所有的不同种类的微生物进行耐热性试验，而是选择最常见的、耐热性最强、并有代表性的腐败菌或引起食品中毒的微生物作为主要的杀菌对象菌。一般认为，如果热力杀菌足以消灭耐热性最强的腐败菌时，则耐热性较低的腐败菌很难残留；芽孢的耐热性比营养体强，若有芽孢菌存在，则应以芽孢作为主要的杀菌对象。

罐头食品的酸度(或 pH)是选定杀菌对象菌的重要参考因素。在 pH 4.5 以下的酸性或高酸性食品中，酶类、霉菌和酵母菌这类耐热性低的作为主要杀菌对象，因此容易控制和杀灭。而 pH 4.5 以上的低酸性食品，杀菌的主要对象是厌氧性细菌，这类细菌的孢子耐热性强。在罐头工业上一般采用产生毒素的肉毒梭状芽孢杆菌和脂肪芽孢杆菌(P. A. 3679)为杀菌对象菌。

（2）罐头的杀菌公式

罐头杀菌过程中杀菌的工艺条件主要包括杀菌温度、杀菌时间和反压力三项因素。在罐头厂通常用杀菌公式来表示，即把杀菌的温度、时间及所采用的反压力排列成公式的形式。一般杀菌公式为：

$$\frac{t_1 - t_2 - t_3}{T} \text{ 或} \frac{t_1 - t_2}{T}p \tag{7-1}$$

式中，T——要求达到的杀菌温度($^\circ\text{C}$)；

t_1——升温到杀菌温度所需要时间(min)；

t_2——保持恒定杀菌温度所需要的时间(min)；

t_3——降温冷却所需要的时间(min)；

p——反压冷却时杀菌锅内应采用的反压力(Pa)。

罐头杀菌条件的确定，也就是确定其必要的杀菌温度、时间。杀菌条件确定的原则是在保证罐藏食品安全性的基础上，尽可能地缩短加热杀菌的时间，以减少热力对食品品质的影响。也就是说，正确合理的杀菌条件是既能杀死罐内的致病菌和能在罐内环境中生长繁殖引起食品变质的腐败菌，使酶失活，又能最大限度地保持食品原有的品质。

（3）杀菌 F 值的计算

罐头食品合理的杀菌条件（杀菌温度和时间）是确保罐头质量的关键，罐头工业中杀菌条件常以杀菌效率值、杀菌致死值或杀菌强度表示（F 值）。即在恒定的加热标准温度条件下（121$^\circ\text{C}$或 100$^\circ\text{C}$）杀灭一定数量的细菌营养体或芽孢所需要的时间（min）。

罐头食品杀菌 F 值的计算，包括安全杀菌 F 值的估算和实际杀菌 F 值的计算两个内容。

1）安全杀菌 F 值的估算。通过对罐头杀菌前罐内食品微生物检测，检测出该种罐头食品经常被污染的腐败菌的种类和数量，并切实地制定生产过程中的卫生要求，以控制污染的最低限量，然后选择抗热性最强的或对人体具有毒性的腐败菌的抗热性 F 值作为依据（即选择确切的对象菌），通过以上方法估算出来的 F 值，就称之为安全杀菌 F 值，又称为标准 F 值。

2）罐头杀菌的实际 F 值的计算。即在安全杀菌 F 值的基础上根据实际的升温和降温过程，以及罐头内部中心温度的变化情况修正的 F 值。实际杀菌 F 值应略大于安全杀菌 F 值。

2. 影响杀菌的因素

（1）微生物的种类和数量

不同的微生物耐热性差异很大，嗜热性细菌耐热性最强，芽孢比营养体更耐热。而食品中微生物数量，特别是芽孢数量越多，在同样致死温度下所需时间越长。

（2）食品的性质和化学成分

1）原料的酸度（pH）。细菌或芽孢在低 pH 下不耐热，因而在低酸性食品中加酸（以不改变原有风味为原则）可以提高杀菌效果。

2）食品的化学成分。罐头内容物中的糖、淀粉、油脂、蛋白质、低浓度的盐水等能增强微生物的抗热性；而含有植物杀菌素的食品，如洋葱、大蒜、芹菜、生姜等，则具有对微生物抑菌或杀菌的作用，这些影响因素在制定杀菌式时应加以考虑。酶也是食品的成分之一。在罐头食品杀菌过程中，几乎所有的酶在 80～90$^\circ\text{C}$的高温下几分钟就可能破坏。但其中的过氧化物酶对高温有较大的抵抗力，所以在采用高温短时杀菌和无菌装罐时，应将此酶钝化。

（3）传热方式和传热速度

罐头杀菌时，热的传递主要是借助热水或蒸汽为介质，因此杀菌时必须使每个罐头都能直接与介质接触。热量由罐头外表传至罐头中心的速度对杀菌有很大影响。影响罐头食品传热速度的因素主要有：

1）罐头容器的种类和型式。常见的罐藏容器中，其他条件相同时，传热速度蒸煮袋最快，马口铁罐次之，玻璃罐最慢。罐型越大，则热由罐外传至罐头中心所需时间越长，而以传导为主要传热方式的罐头更为显著。

2）食品的种类和装罐状态。流质食品如果汁、清汤类罐头等由于对流作用而传热较快，但糖液、盐水或调味液等传热速度随其浓度增加而降低。块状食品加汤汁的比不加汤汁的传热快。果酱、番茄沙司等半流质食品，随着浓度的升高，其传热方式越趋向传导作用，故传热较慢。食品块状大小、装罐状态对传热速度也会直接产生影响，块状大的比块状小的传热慢，装罐装得紧的传热较慢。总之，各种食品含水量多少、块状大小、装填松紧、汁液多少与浓度等都影响传热速度。

3）罐内食品的初温。罐头在杀菌前的中心温度（即冷点温度）叫初温。初温的高低影响到罐头中心达到所需温度的时间。通常罐头的初温越高，初温与杀菌温度之间的温差越小，罐中心加热到杀菌温度所需要的时间越短。因此，杀菌前应提高罐内食品初温（如装罐时提高食品和汤汁的温度、排气密封后及时杀菌），这对于不易形成对流和传热较慢的罐头更为重要。

4）杀菌锅的形式和罐头在杀菌锅中的位置。回转式杀菌比静置式杀菌效果好、时间短。因前者能使罐头在杀菌时进行转动，罐内食品形成机械对流，从而提高传热性能，加快罐内中心温度升高，因而可缩短杀菌时间。

7.1.2　罐藏容器

罐藏容器对罐头食品的长期保存起着重要的作用，而容器材料又是关键。供作罐头食品容器的材料，要求无毒、能密封、耐高温高压、耐腐蚀、与食品不发生化学反应、物美价廉等性能。按制造容器的材料，罐藏容器可分为金属罐、玻璃罐和软包装（蒸煮袋）。

1. 金属罐

金属罐的优点是能完全密封，耐高温高压、耐搬运。其缺点是一次性使用，常会与内容物发生作用，不透明等。常用的金属罐为马口铁罐，此外还有铝合金罐。

（1）马口铁罐

马口铁罐是由两面镀锡的低碳薄钢板（俗称马口铁）制成。由罐身、罐盖和箱底三部分焊接密封而成，称为三片罐；也有采用冲压而成的罐身与罐底相连的冲底罐，称为二片罐。马口铁镀锡的均匀与否会影响铁皮耐腐蚀性。镀锡的方法有热浸法和电镀法。前者所镀锡层较厚，耗锡量较多；而后者所镀锡层较薄且均匀一致，能节约用锡量，有完好的耐腐蚀性，故生产上得到大量使用。有些罐头品种因内容物 pH 较低，或含有较多的花青素苷，或含有丰富的蛋白质，故在马口铁与食品接触的一面涂上一层符合食品卫生要求的涂料，这种马口铁称为涂料铁。根据使用范围，一般含酸较多的果蔬采用抗酸涂料铁，含蛋白质丰富的食品采用抗硫涂料铁。在罐头生产中选用何种马口铁为好，要根据食品原料的特性、罐型大小、食品介质的腐蚀性能等情况综合考虑。

（2）铝合金罐

铝合金罐是铝和锰、铝和镁按一定比例配合，经过铸造、压延、退火制成的铝合金薄板制作而成。它的特点是轻便、不会生锈，有特殊的金属光泽，具有一定的耐腐蚀性能，但加工成本高。常用于制造二片罐，也用于冲底罐及易开罐，加上涂料后常作饮料罐头。在啤酒和饮料市场上铝合金罐包装已占有相当大的比例，但除了小型冲拔罐外，尚未被罐头行业普遍使用。

2. 玻璃罐

玻璃罐在罐头工业中应用之泛，其优点是性质稳定，与食品不起化学变化，而且玻璃罐装食品与金属接触面小，不易发生反应；玻璃透明，可见罐中内容物，便于顾客选购；空罐可以重复使用，经济便利。其缺点是重量大，质脆易破，运输和携带不便；内容物易褪色或变色；传热性差，要求温度变化均匀缓和，不能承受骤冷和骤热的变化。

玻璃罐的形式很多，但现在使用最多的是四旋罐，其次是卷封式的胜利罐。玻璃罐的关键是密封部分，包括金属罐盖和玻璃罐口。胜利罐由马口铁或涂料铁制成的罐盖、橡皮圈及玻璃罐身组成，密封性能好、能承受加热加压杀菌，但开启不便，故逐渐淘汰。四旋罐由马口铁制成的罐盖、橡胶或塑料垫圈及罐颈上有螺纹线的玻璃罐组成。当罐盖旋紧时，则罐盖内侧的盖爪与螺纹互相吻合而压紧垫圈，即达到密封的目的。

3. 软包装（蒸煮袋）

蒸煮袋由一种能耐高温杀菌的复合塑料薄膜制成的袋状罐藏包装容器，俗称软罐头。与其他罐藏容器相比，蒸煮袋的优点是重量轻、体积小、易开启、携带方便；耐高温杀菌，贮藏期长；热传导快，可缩短杀菌时间；不透气、水、光，内容物几乎不可能发生化学变化，能较好地保持食品的色香味，可在常温下贮藏，质量稳定。

蒸煮袋包装材料一般是采用聚酯、铝箔、尼龙、聚烯烃等薄膜借助胶黏剂复合而成，一般有 3~5 层，多者可达 9 层。外层是 $12~\mu m$ 的聚酯，起加固及耐高温作用。中层为 $9~\mu m$ 的铝箔，具有良好的避光性，防透气，防透水，也可用乙烯与乙烯醇的聚合物、聚丙烯腈等取代。内层为 $70~\mu m$ 的聚烯烃（早期用聚乙烯，目前大多用聚丙烯），有良好的热封性能和耐化学性能，能耐 121℃ 高温，又符合食品卫生要求。

7.1.3 果蔬罐藏工艺

果蔬罐藏工艺过程包括原料的预处理、装罐、排气、密封、杀菌、冷却、保温及商业无菌检验等。

1. 装罐

（1）空罐的准备

空罐在使用前必须进行清洗和消毒，清除灰尘、微生物、油脂等污物，保证容器的卫生，提高杀菌效果。金属罐先用热水冲洗，后用清洁的 100℃沸水或蒸汽消毒 30～60 s，然后倒置沥干备用。玻璃罐先用清水（或热水）浸泡，然后用有毛刷的洗瓶机刷洗，再用清水或高压水喷洗数次，倒置沥干备用。罐盖也进行同样处理，或用前以 75％酒精消毒。清洗消毒后的空罐要及时使用，不宜堆放太久，以免灰尘、杂质重新污染或金属罐生锈。

（2）罐液的配制

除了液态食品（如果汁、菜汁）和黏稠食品（如番茄酱、果酱等）外，一般都要向罐内加注液汁，称为罐液或汤汁。果品罐头的灌液一般是糖液，蔬菜罐头多为盐水。加注罐液能填充罐内除果蔬以外所留下的空隙，增进风味、排除空气、提高初温，并加强热的传递效率。

1）糖液配制。所配糖液的浓度依水果种类、品种、成熟度、果肉装量及产品质量标准而定。我国目前生产的糖水果品罐头，一般要求开罐糖度为 14％～18％。装罐时罐液浓度的计算方法如下：

$$Y = \frac{W_3 Z - W_1 X}{W_2} \times 100\% \tag{7-2}$$

式中，W_1——每罐装入果肉重（g）；

$\quad\quad W_2$——每罐注入糖液重（g）；

$\quad\quad W_3$——每罐净重（g）；

$\quad\quad X$——装罐时果肉可溶性固形物含量（％）；

$\quad\quad Z$——要求开罐时的糖液浓度（％）；

$\quad\quad Y$——需配制的糖液浓度（％）。

糖液浓度常用白利（Brix）糖度计测定。由于液体密度受温度的影响，通常其标准温度多采用 20℃，若所测糖液温度高于或低于 20℃，则所测得的糖液浓度还需加以校正。生产中亦有直接用折光仪来测糖液的浓度，但在测定时应先用同温度的蒸馏水加以校正至零刻度时再用。

2）盐液配制。所用食盐应选用精盐，食盐中氯化钠含量 98％以上。配制时常用直接法按要求称取食盐，加水煮沸过滤即可。一般蔬菜罐头所用盐液浓度为 1％～4％。

3）调味液配制。调味液的种类很多，但配制的方法主要有两种，一种是将香辛料先经一定的熬煮制成香料水，然后将香料水再与其他调味料按比例制成调味液；另一种是将各种调味料、香辛料（可用布袋包裹，配成后连袋去除）一起一次配成调味液。

（3）装罐要求

经预处理整理好的果蔬原料应迅速装罐，不应堆积过多，停留时间过长，否则易受微生物污染，影响其后的杀菌效果；同时应趁热装罐，可提高罐头中心温度，有利于杀菌。

装罐量要符合要求。装入量因产品种类和罐型大小而异，罐头食品的净重和固形物含量必须达到要求。净重是指罐头总重量减去容器重量后所得的重量，它包括固形物和汤汁。固形物含量指固形物(即固态食品)在净重中所占的百分率，一般要求每罐固形物含量为45%～65%，常见的为55%～60%。各种果蔬原料在装罐时应考虑其本身的缩减率，通常按装罐要求多装10%左右。另外，装罐后要把罐头倒过来倾水10 s左右，以沥净罐内水分，保证开罐时的固形物含量和开罐糖度符合规格要求。

装罐时应保留一定的顶隙。所谓顶隙是指罐头内容物表面和罐盖之间所留空隙的距离，顶隙大小因罐型大小而异，一般装罐时罐头内容物表面与翻边相距4～8 mm，在封罐后顶隙约为3～5 mm。罐内顶隙的作用很重要，但须留得适当。如果顶隙过大，会引起罐内食品装量不足，同时罐内空气量增加，会造成罐内食品氧化变色；如果顶隙过小，则会在杀菌时罐内食品受热膨胀，使罐头变形或裂缝，影响接缝线的严密度。

装罐时要保证内容物在罐内的一致性。同一罐内原料的成熟度、色泽、大小、形状应基本一致，搭配合理，排列整齐。有块数要求的产品应按要求装罐。

另外要保证产品符合卫生要求。装罐时要注意卫生，严格操作，防止杂物混入罐内，保证罐头质量。

(4)装罐方法

装罐的方法可分为人工装罐和机械装罐。果蔬原料由于形态、大小、色泽、成熟度、排列方式各异，所以多采用人工装罐。对于颗粒状(如青豆、甜玉米)、流体或半流体食品(如果酱、果汁等)常用机械装罐。装罐时一定要保证装入的固形物达到规定的重量。

2. 排气

排气是指食品装罐后，密封前将罐内顶隙间的、装罐时带入的和原料组织细胞内的空气尽可能从罐内排除的技术措施，从而使密封后罐头顶隙内形成部分真空的过程。

(1)排气的作用

阻止需氧菌及霉菌的生长繁殖；防止或减轻因加热杀菌时空气膨胀而使容器变形或破损，影响罐头卷边和缝线的密封性，防止玻璃罐跳盖；控制或减轻罐藏食品贮藏中出现的罐内壁腐蚀；避免或减轻食品色香味的变化和营养物质的损失。因此排气是罐头食品生产中维护罐头的密封性和延长贮藏期的重要措施。

(2)罐头真空度及其测定

食品罐头经过排气、密封、杀菌和冷却后，罐头内容物和顶隙中的空气及其他气体收缩，水蒸气凝结为液体，从而使顶隙形成部分真空状态。常用真空度这个概念来表示真空状态的高低，罐头真空度是指罐外大气压与罐内残留气体压力的差值，一般要求在26.7～40 kPa。罐头内保持一定的真空状态，能使罐头底盖维持一种平坦或向内凹陷的状态，这是正常良好罐头食品的外表特征，常作为检验识别罐头好坏的一个指标。

罐头真空度常用一种简便的罐头真空计测定，它是一种下端带有测针和橡皮塞的圆盘仪表，测定时橡皮塞紧压在罐头顶盖上，防止罐外空气在刺孔时窜入罐内，装在橡皮塞中间而顶侧留有小孔的测针经顶盖刺入罐内，此时表盘上指针指示的数值即为罐内的真空度。

（3）影响罐头真空度的因素

1）排气条件。排气温度高、时间长，真空度高。一般以罐头中心温度达到 75℃为准。

2）罐头容积大小。加热法排气，大型罐单位面积的容积或装量大，内容物受热膨胀和冷却收缩的幅度大，故能形成较大的真空度。

3）顶隙大小。在加热法排气中，罐内顶隙较小时真空度较高；在真空法和喷射蒸汽法排气时，罐内顶隙较小时真空度较低。

4）杀菌条件。杀菌温度较高或时间较长，由于引起部分物质的分解而产生气体，故真空度较低。

5）环境条件。气温高，罐内蒸汽压大，则真空度变低；气压低，则大气压与罐内压力之差变小，即真空度变低。

（4）排气的方法

罐头食品排气采用的方法主要有两种：热力排气法、真空排气法和蒸汽喷射排气法。

1）热力排气法。利用空气、水蒸气和食品受热膨胀的原理将罐内空气排除。目前常用的方法有两种：热装罐密封排气法和食品装罐后加热排气法。

①热装罐密封排气法。将食品加热到一定的温度（一般在 75℃以上）后立即装罐密封的方法。采用这种方法一定要趁热装罐、迅速密封，不能让食品温度下降，否则罐内的真空度相应下降。此法只适用于高酸性的流质食品和高糖度的食品，如果汁、番茄汁、番茄酱和糖渍水果罐头等。密封后要及时进行杀菌，否则嗜热性细菌容易生长繁殖。

②加热排气法。将装好原料和注液的罐头，放上罐盖或不加盖，送进排气箱，在通过排气箱的过程中，加热升温，因热使罐头中内容物膨胀，把原料中存留或溶解的气体排斥出来，在封罐之前把顶隙中的空气尽量排除。罐头在排气箱中经过的时间和最后达到的温度（一般要求罐头中心温度应达到 65～87℃），视原料的性质、装罐的方法和罐型而定。

2）真空排气法。装有食品的罐头在真空环境中进行排气密封的方法。常采用真空封罐机进行。因排气时间短，所以主要是排除顶隙内的空气，而食品组织及汤汁内的空气不易排除。故对果蔬原料和罐液要事先进行脱气处理。另外还需严格控制封罐机真空仓的真空度及密封时食品的温度，否则封口时易出现暴溢现象。

3）蒸汽喷射排气法。在罐头密封前的瞬间，向罐内顶隙部位喷射蒸汽，由蒸汽将顶隙内的空气排除，并立即密封，顶隙内蒸汽冷凝后就产生部分真空。为了保证有一定的顶隙，一般需在密封前调整顶隙高度。

3. 密封

罐头食品之所以能长期保存而不变质，除了充分杀灭能在罐内环境生长的腐败菌和致病菌外，主要是依靠罐头的密封，使罐内食品与外界完全隔绝，罐内食品不再受到外界空气和微生物的污染而发生腐败变质。为保持这种高度密封状态，必须采用封罐机将罐身和罐盖的边缘紧密卷合，这就称为封罐或密封。密封必须在排气后立即进行，以免罐温下降而影响真空度。罐头密封的方法和要求视容器的种类而异。

（1）金属罐的密封

金属罐的密封是指罐身的翻边和罐盖的圆边在封罐机中进行卷封，使罐身和罐盖相互卷合，压紧而形成紧密重叠的卷边的过程。所形成的卷边称为二重卷边。

1）封罐机的主要部件和作用。一般封罐机主要包含有第一道滚轮（卷边轮）、第二道滚轮（压边轮）、底座（底板）、压头（顶板）四个部件。

①压头：压头用来固定和稳住罐头，不让罐头在密封时发生任何滑动，以保证卷边质量；压头的尺寸是严格的，误差不允许超过 25.4 μm。压头突缘的厚度必须和罐头的埋头度相吻合，压头的中心线和突缘面必须成直角，压头的直径随罐头大小而异。压头必须由耐磨的优质钢材制造以经受滚轮压槽的挤压力。

②底座：底座也叫底板、升降板，它的作用是托起罐头使压头嵌入罐盖内，并与压头一起固定稳住罐头，避免滑动，以利于卷边密封。

③滚轮：滚轮是由坚硬耐磨的优质钢材制成的圆形小轮，分为第一道滚轮和第二道滚轮，两者的作用、结构不同。滚轮主要的工作部件转压槽的结构如图 7-1 所示，第一道滚轮的转压槽沟深，且上部的曲率半径较大，下部的曲率半径较小，第二道滚轮的转压槽沟浅，上部的曲率半径较小，下部的曲率半径较大。

第一道滚轮的作用是将罐盖的圆边卷入罐身翻边下并相互卷合在一起形成图如 7-2 所示结构。第二道滚轮的作用是将第一道滚轮已卷合好的卷边压紧，形成如图 7-3 所示的二重卷边结构。

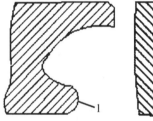

图 7-1　滚轮转压槽结构曲线示意图　　　　图 7-2　头道卷边示意图

2）二重卷边的形成过程。密封时，罐头进入封罐机作业位置底座上，底座即刻上升使压头嵌入罐盖内并固定住罐头。压头和底座固定住罐头后，第一道滚轮首先工作，围绕罐身做圆周运动和自转运动，同时做径向运动逐渐向罐盖边靠拢紧压，将罐盖盖钩和罐身翻边卷合在一起形成图 7-2 所示卷边，即行退回，紧接着第二道滚轮围绕罐身做圆周运动，同时做径向运动逐渐向罐盖边靠拢紧压，将第一道滚轮完成的卷边压紧形成图 7-3 所示卷边，随即退出。卷边操作有两种形式，一种是上述操作时罐头自身不转动的形式；另一种形式是在密封过程中罐头做自身旋转，滚轮则只做径向运动，不做圆周运动。

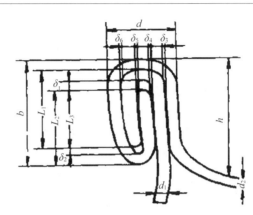

图 7-3　二重卷边结构示意图

d. 卷边厚度　b. 卷边宽度　h. 埋头度　L_1. 身钩长度　L_2. 盖钩长度　L_3. 叠接长度
δ_1. 盖钩空隙　δ_2. 身钩空隙　δ_3、δ_4、δ_5、δ_6. 卷边内部各层空隙　d_1. 罐身镀锡板厚度　d_2. 罐盖镀锡板厚度

（2）玻璃罐的密封

玻璃罐的密封方法与金属罐不同，其罐身是玻璃，而罐盖是金属的，一般为镀锡薄钢板制成。玻璃罐的密封是靠镀锡薄钢板和密封圈紧压在玻璃罐口而形成密封的。由于罐口边缘与罐盖的形式不同，其密封方法也不同。

1）卷边密封法。依靠玻璃罐封罐机的滚轮的滚压作用，将金属盖的边缘卷压在玻璃罐的罐颈凸缘下，以达到密封的目的。其特点是密封性能好，但开启困难，应用范围在逐渐减少。

2）旋转式密封法。有三旋、四旋、六旋和全螺旋式密封法等，这种方法主要依靠罐盖的螺旋式盖爪扣紧在罐口凸出螺纹线上，罐盖与罐口间填有密封圈，当装罐后，由旋盖机把罐盖旋紧，便得到良好的密封。

（3）蒸煮袋的密封

作为生产软罐头的蒸煮袋，又称复合塑料薄膜袋，一般采用真空包装机进行热熔密封，是依靠蒸煮袋内层的薄膜在加热时熔合在一起而达到密封的。热熔强度取决于蒸煮袋的材料性能，以及热熔合时的温度、时间和压力。

1）电加热密封法。由金属制成的热封棒，表面用聚四氟乙烯作保护层。通电后热封棒发热到一定温度，袋内层薄膜熔融，加压黏合。为了提高密封强度，热熔密封后再冷压一次。

2）脉冲密封法。通过高频电流使加热棒发热密封，时间为 0.3 s，自然冷却。其特点是即使接合面上有少量的水或油附着，热封下仍能密切接合，操作方便，适用性广，接合强度大，密封强度也胜于其他密封法。这一密封法是目前最普遍的方法。

4. 杀菌

罐头的杀菌可以在装罐前进行，也可以在装罐密封后进行。装罐前进行杀菌，即所谓的无菌装罐，需先将待装罐的食品和容器均进行杀菌处理，然后在无菌的环境下装罐、密封。我国各罐头厂普遍采用的是装罐密封后杀菌。杀菌方法一般可分为常压杀菌（杀菌温度不超过 100℃）和加压杀菌两种。

（1）常压杀菌

常压杀菌适用于 pH 4.5 以下的酸性食品，如水果类、果汁类、酸渍菜类等。常用的杀菌温度是 100℃ 或以下。一般是用开口锅或柜子，锅（柜）内盛水，水量要浸过罐头 10 cm 以上，用蒸汽管从底部加热至杀菌温度，将罐头放入杀菌锅（柜）中（玻璃罐杀菌时，水温控制在略高于罐头初温时放入为宜），继续加热，待达到规定的杀菌温度后开始计算杀菌时间，经过规定的杀菌时间，取出冷却。目前有些工厂已用一种长形连续搅动式杀菌器，使罐头在杀菌器中不断地自转和绕中轴转动，增强了杀菌效果，缩短了杀菌时间。

（2）加压杀菌

加压杀菌是在完全密封的加压杀菌器中进行，靠加压升温来进行杀菌，杀菌的温度在 100℃ 以上。此法适用于低酸性食品（pH＞4.5），如蔬菜类及混合罐头。在加压杀菌中，依传热介质不同有高压蒸汽杀菌和高压水杀菌。目前大都采用高压蒸汽杀菌法，这对马口铁罐来说是较理想的。而对玻璃罐，则采用高压水杀菌较为适宜，可以防止和减少玻璃罐在加压杀菌时脱盖和破裂的问题。加压杀菌器有立式和卧式两种类型，设备装置和操作原理大体相同。大型的立式杀菌器则大多部分安装在工作地面以下，为圆筒形；卧式的则全部安装在地面上，有圆筒形和方形。

5. 冷却

罐头食品加热杀菌结束后应当迅速冷却，因为热杀菌结束后的罐内食品仍处于高温状态，还在继续对它进行加热作用，如不立即冷却，罐内食品会因长时间的热作用而造成色泽、风味、质地及形态等的变化，使食品品质下降。此外，冷却缓慢时，在高温阶段（50～55℃）停留时间过长，还能促进嗜热性细菌如平酸菌繁殖活动，致使罐头变质腐败。继续受热也会加速罐内壁的腐蚀作用，特别是含酸高的食品。但对玻璃罐的冷却速度不宜太快，常采用分段冷却的方法，即 80℃、60℃、40℃ 三段，以免爆裂受损。冷却用水必须清洁，符合饮用水标准。

罐头冷却的方法根据所需压力的大小可分为常压冷却和加压冷却两种。加压冷却也就是反压冷却。杀菌结束后的罐头必须在杀菌釜内在维持一定压力的情况下冷却，主要用于一些在高温高压杀菌，特别是高压蒸汽杀菌后容器易变形、损坏的罐头。通常是杀菌结束关闭蒸汽阀后，在通入冷却水的同时通入一定的压缩空气，以维持罐内外的压力平衡，直至罐内压力和外界大气压相接近方可撤去反压。此时罐头可继续在杀菌釜内冷却，也可从釜中取出在冷却池进一步冷却。常压冷却主要用于常压杀菌的罐头。罐头可在杀菌釜内冷却，也可在冷却池中冷却，可以泡在流动的冷却水中浸冷，也可采用喷淋冷却。喷淋冷却效果较好，因为喷淋冷却的水滴遇到高温的罐头时受热而汽化，所需的汽化潜热使罐头内容物的热量很快散去。

罐头杀菌后一般冷却到 38～43℃。因为冷却到过低温度时，罐头表面附着的水珠不易蒸发干燥，容易引起锈蚀，冷却只要保留余温足以促进罐头表面水分的蒸发而不致影响败坏即可。

7.1.4　罐头检验和贮藏

1. 罐头检验

罐头食品的检验是罐头质量保证的最后一个工序。罐头质量检验方法有打检法、开罐检验法和保温检验法等。

(1)开罐检验法

包括感官与理化检验及微生物检验。

1)感官检验：感官检验的内容包括组织与形态、色泽和风味等。各种指标必须符合国家规定标准。

2)物理检验：包括容器外观、重量和容器内壁的检验。罐头首先观察外观的商标及罐盖码印是否符合规定，底盖有无膨胀现象，再观察接缝及卷边是否正常，焊锡是否完整均匀，封罐是否严密等。再用卡尺测量罐径与罐高是否符合规定。用真空计测定真空度，一般应达 26.67 kPa 以上。进行重量检验，包括净重(除去空罐后的内容物重量)和固形物重(除去空罐和汤液后的重量)。最后应检查内壁是否有腐蚀和露铁情况，涂料是否脱落，有无铁锈或硫化斑，有无内流胶现象等。

检验时罐头可能出现的外部形态及原因分析：①正常罐头底部与盖接近扁平，微微有些凹陷。平酸败坏与正常罐外形特征一致，引起平酸败坏的主要原因是原料过度污染或杀菌条件不合理。②轻度膨胀也称准胖听，特征是底和盖接近扁平，单面向外膨胀，用手按能成正常罐形，形成的原因是排气不足。③弹性膨胀也称单面胖听，罐头外鼓的程度比准胖听多，用手可将鼓出的一面按回，但另一面随之鼓出，或按回去有声音。原因是内容物组织产生氢气造成氢胀或内容物装填过多顶隙过小，或是密封不完全，有泄漏。④双面膨胀：根据膨胀程度可分为软胀、硬胀。软胀即用手按可恢复原状，但手离开后又重新凸出。硬胀用手按不动，可承受 0.35 MPa 的压力，由于内压还会继续增大，最后可能由罐身接缝处发生爆裂。引起双面膨胀的原因如杀菌不足，是低酸性罐头双面膨胀的主要原因；装填过满，由此引起的膨胀大多停留在弹性膨胀阶段；容器泄漏，如焊锡不完全，卷边不符合要求或密封胶不完全；杀菌不及时，半成品贮放期间内容物在微生物作用下发生分解，再进行高温杀菌时即会发生膨胀；制造与贮存的温差过大，由于温度变化造成罐头内压增大也会引起膨胀；注入的糖液若贮存不当引起发酵，也会产生胀罐。⑤突角与瘪罐：与卷边相邻的部位出现角状称为突角。产生突角的原因有装填过多；内外压力不一致，内压太大；排气不足，罐内气体过多；冷却时降压太快；罐头底盖厚薄不当，膨胀线太深等。突角易影响卷边紧密度，降低罐头产品的安全性。瘪罐是由于罐内真空度过大，杀菌过程中压力控制不当。一般罐形较大的罐易瘪罐，因此罐形大的罐头真空度宜低些。

3)化学检验：包括气体成分、pH、可溶性固形物、糖水浓度、总糖量、可滴定酸含量、食品添加剂和重金属含量(铅、锡、铜、锌、汞等)等分析项目。

4)微生物检验：对五种常见的可使人发生食物中毒的致病菌，必须进行检验。它们是溶血性链球菌、致病性葡萄球菌、肉毒梭状芽孢杆菌、沙门氏菌和志贺氏菌。

（2）打检法

此法用金属或小木棒轻击罐盖，根据真空与空气传声不同而产生不同声音来判断罐头的好坏。一般发音清脆而坚实的真空度较高，发音混浊的，真空度较低。装量满的声音沉着，否则声音空洞。真空度低的罐头可能是工艺操作上的缺陷，也可能是罐内已有产气性细菌存在，或内容物已发生物理、化学变化。该法是凭经验进行，精确度不高，所以，须与其他方法配合使用。

（3）保温与商业无菌检验

罐头入库后出厂前要进行保温处理，它是检验罐头杀菌是否完全的一种方法，将罐头堆放在保温库内维持一定的温度（37±2）℃和时间5～7 d，给微生物创造生长的条件，若杀菌不完全，残存的微生物遇到适宜的温度就会生长繁殖，产气会使罐头膨胀，从而把不合格的罐头剔出。糖（盐）水果蔬类要求在不低于20℃的温度下处理7 d，若温度高于25℃可缩短为5 d，食糖量高于50%以上的浓缩果汁、果酱、糖浆水果、干制水果不需保温。

保温试验会造成果蔬罐头的色泽和风味的损失，因此目前许多工厂已不采用，代之以商业无菌检验法。此法首先基于全面质量管理，其方法要点如下：①审查生产操作记录。如空罐检验记录、杀菌记录、冷却水的余氯量等；②抽样。每杀菌罐抽两罐或0.1%；③称重；④保温。低酸性食品在36±1℃下保温10 d，酸性食品在30±1℃下保温10 d。预定销往40℃以上热带地区的低酸性食品在55±1℃下保温10 d；⑤开罐检查。开罐后留样、涂片、测pH、进行感官检查。此时如发现pH、感官质量有问题立即进行革兰氏染色，镜检，确定是否有明显的微生物增殖现象；⑥接种培养；⑦结果判定。如该批（锅）罐头经审查生产操作记录，属于正常；抽样经保温试验未胖听或泄漏；保温后开罐，经感官检查、pH测定或涂片镜检，或接种培养，确证无微生物增殖现象，则为商业无菌。如该批（锅）罐头经审查生产操作记录，未发现问题；抽样经保温试验有一罐或一罐以上发现胖听或泄漏；或保温后开罐，经感官检查、pH测定或涂片镜检和接种培养，确证有微生物增殖现象，则为非商业无菌。

2. 罐头食品的贮藏

罐头贮藏的形式有两种：一种是散装堆放，罐头经杀菌冷却后，直接运至仓库贮存，到出厂之前才贴商标装箱运出；另一种是装箱贮放，罐头贴好商标或不贴商标进行装箱，送进仓库堆存。作为堆放罐头的仓库，要求环境清洁，通风良好，光线明亮，地面应铺有地板或水泥，并安装有可以调节仓库温度和湿度的装置。贮藏温度为0～20℃，温度过高微生物易繁殖，色香味被破坏，罐壁腐蚀加速，温度低组织易冻伤。相对湿度控制在75%以内。

7.2　果蔬干制加工

7.2.1　果蔬干制原理

我国干制历史悠久，干制品如红枣、木耳、香菇、黄花菜、葡萄干、柿饼等，都是畅销国内外的传统特产。随着干制技术的提高，营养会更接近鲜果和蔬菜，因此果蔬干制前景看好，潜力很大。

1. 干制原理

果蔬产品的腐败多数是由微生物繁殖的结果。微生物在生长和繁殖过程中离不开水和营养物质。果品蔬菜既含有大量的水分，又富有营养，是微生物良好的培养基，特别是果蔬受伤、衰老时，微生物大量繁殖，造成果蔬腐烂。另外果蔬本身就是一个生命体，不断地进行新陈代谢作用，营养物质被逐渐消耗，最终失去食用价值。

果蔬干制是借助于热力作用，将果蔬中水分减少到一定限度，使制品中的可溶性物质达到不适于微生物生长的程度。与此同时，由于水分下降，酶活性也受到抑制，这样制品就可得到较长时间的保存。

目前常规的加热干燥，都是以空气作为干燥介质。当果蔬所含的水分超过平衡水分，和干燥介质接触时，自由水分开始蒸发，水分从产品表面的蒸发称为水分外扩散（表面汽化）。干燥初期，水分蒸发主要是外扩散，由于外扩散的结果，造成产品表面和内部水分之间的水蒸气分压差，使内部水分向表面移动，称之为水分内扩散，此外，干燥时由于各部分温差的出现，还存在水分的热扩散，其方向从温度较高处向较低处转移，但因干燥时内外层温差甚微，热扩散较弱。

实际上，干燥过程中水分的表面汽化和内部扩散同时进行的，二者的速度随果蔬种类、品种、原料的状态及干燥介质的不同而有差别。含糖量高、块形大的果蔬如枣、柿等，其内部水分扩散速度较表面汽化速度慢，这时内部水分扩散速度对整个干制过程起控制作用称为内部扩散控制。这类果蔬干燥时，为了加快干燥速度，必须设法加快内部水分扩散速度，如采用抛物线式升温对果实进行热处理等，而决不能单纯提高干燥温度、降低相对湿度，特别是干燥初期，否则表面汽化速度过快，内外水分扩散的毛细管断裂，使表面过干而结壳（称为硬壳现象），阻碍了水分的继续蒸发，反而延长干燥时间，且制品品质降低。而含糖量低、切成薄片的果蔬产品如萝卜片、黄花菜、苹果等，其内部水分扩散速度较表面水分汽化速度快，水分在表面的汽化速度对整个干制过程起控制作用称为表面汽化控制。这种果蔬内部水分扩散一般较快，只要提高环境温度，降低湿度，就能加快干制速度。因此，干制时必须使水分的表面汽化和内部扩散相互衔接，配合适当，才是缩短干燥时间、提高干制品质量的关键。

2. 果蔬干燥速度和温度的变化

果蔬中水分有结合水和游离水两种存在状态，在一定温度下，游离水的蒸汽压是一定的，它接近于同温下纯水的蒸汽压，但结合水分的蒸汽压却随结合力的不同而不同。图 7-4 表示干燥速度和干燥时间的关系，果蔬进入干燥初期所蒸发出来的必然是游离水，此时，果蔬表面的蒸汽压几乎和纯水的蒸汽压相等，而且在这部分水分未完全蒸发掉以前，此蒸汽压也必然保持不变，并在一定的情况下会出现干燥速度不变的现象即恒速干燥阶段。只要外界干燥条件恒定，此时的干燥速度就保持不变。

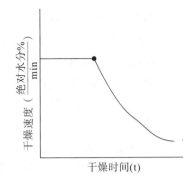

图 7-4　干燥速度曲线

当恒速干燥过程进行到全部游离水汽化完毕后，余下的水分为结合水分时，水分的蒸汽压随水分结合力的增加而不断降低，这样，在一定的干燥条件下，干燥速度就会下降即降速干燥阶段。实际上，结合水和游离水并没有绝对明显的界限，因此，干燥两个阶段的划分也没有明显的界限。

图 7-5 表示果蔬干燥时的温度、绝对水分含量与干燥时间的关系，开始干燥时，果蔬吸收干燥介质的热量而使品温升高，当果蔬品温超过水分蒸发需要的温度时，水分开始蒸发，此时蒸发的水主要是游离水，由于干燥速度是恒定的，所以单位时间供给汽化所需的热量也应一定，使果蔬表面温度亦保持恒定，而果蔬的湿度则有规律下降，到达 C 点，

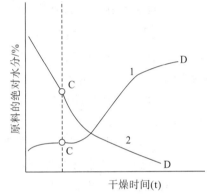

图 7-5　果蔬干燥时温度和湿度变化曲线图

干制的第一阶段结束，开始汽化结合水。正如干燥速度要发生变化一样，果蔬表面温度也要发生变化。这时，果蔬表面水分的蒸汽压在不断下降，其湿度降低，干燥速度也相应降低，汽化所需的热量愈来愈高，导致果蔬表面温度提高，出现了 CD 段温度和湿度的变化。当原料表面和内部水分达到平衡状态时，原料的温度与空气的干燥温度相等，水分的蒸发作用停止，干燥过程也就结束。

3. 影响干燥速度的因素

干燥速度的快慢对于干制品品质起决定性的作用。一般来说，干燥越快，制品的质量愈好。干燥的速度常受许多因素的影响，这些因素归纳起来有两个方面，一是干燥的环境条件；二是原料本身的性质和状态。

（1）空气温度

空气的温度越高，果蔬中的水分蒸发越快。但温度过高会加快果蔬中糖分和其他营养成分的损失或致焦化，影响制品外观和风味；干燥前期高温还易使果蔬组织内汁液迅速膨胀，细胞壁破裂，内容物流失。相反，干燥温度过低，使干燥时间延长，产品容易氧化变色甚至霉变。因此，干燥时应选择适合的干燥温度。

（2）空气湿度

空气的相对湿度越高，制品的干燥速度越慢，反之，相对湿度越低，干燥速度越快。

因为相对湿度与空气饱和差有关。在温度不变的情况下，相对湿度越低，空气的饱和差越大。所以降低空气的相对湿度能加快干燥时间。

（3）空气流动速度

空气流动速度越大，干制速度越快。因为加大空气流速可将物料表面蒸发聚集的水蒸气迅速带走，及时补充未饱和的空气，从而加速蒸发过程。同时还可以促进介质的热量迅速传给被干燥物质，维持干燥温度。

（4）果蔬种类

不同果蔬原料，由于所含化学成分及其组织结构不同，即使同一种类，不同品种，也因成分与结构的差异，造成干燥速度不同。一般来说，可溶性固形物含量高、组织紧密的产品，干燥速度慢。反之，干燥速度快。

（5）果蔬干制前预处理

果蔬干制前预处理包括去皮、切分、热烫、浸碱、熏硫等，对干制过程均有促进作用。去皮使果蔬原料失去表皮的保护，有利于水分蒸发。原料切分后，比表面积（表面积与体积之比）增大，水分蒸发速度也增大，切分愈细愈薄，则干制时间愈短。热烫和熏硫，均能改变细胞壁的透性，使水分容易移动和蒸发。

（6）原料装载量

单位烤盘面积上装载原料的数量，对干燥速度影响极大。装载量越多，厚度越大，不利空气流动，使水分蒸发困难，干燥速度减慢。干制过程可以灵活掌握原料装载量。如干燥初期产品要放薄一些，后期可稍厚些。

4. 原料在干燥过程中的变化

（1）体积减小、重量减轻

体积减小、重量减轻是果蔬干制后最明显的变化，一般果品干制后的体积为原来的20%～35%，蔬菜约为10%；果品干制后的重量约为鲜重的20%～30%，蔬菜为5%～10%。体积和重量的变化，使得运输方便、携带容易。

（2）透明度的改变

优质的干制品，宜保持半透明状态（所谓"发亮"）。透明度决定于果蔬组织细胞间隙存在的空气，空气存在越多，制品愈不透明。相反，空气越少则愈透明。因此，排除组织内及细胞间的空气，既可改善外观，又能减少氧化，增强制品的保藏性。

（3）干缩

有充分弹性的细胞组织均匀而缓慢地失水时，就会产生均匀收缩，使产品保持较好的外观。但当用高温干燥或用热烫方法使细胞失去活力之后，细胞壁多少要失去一些弹性，干燥时会产生的永久变形，且易出现干裂和破碎等现象。另外，在干制品块片不同部位上所产生的不相等收缩，又往往造成奇形怪状的翘曲，进而影响产品的外观。

（4）表面硬化现象

两种原因可造成表面硬化（也称为硬壳）。其一是产品干制时，产品内部的溶质分子随水分不断向表面迁移，积累在表面上形成结晶，从而造成硬壳。其二是由于产品表面水分的汽化速度过快，而内部水分扩散速度慢，不能及时移动到产品表面，从而使表面迅速形成一层干硬壳的现象。产品表面硬壳产生以后，水分移动的毛细管断裂，水分移动受阻，大部分水分封闭在产品内部，形成外干内湿的现象，致使干制速度急剧下降，进一步干制发生困难。

（5）多孔性

产品内部不同部位水分含量的显著差异造成了干燥过程中收缩应力的不同。由于内外应力的不同，干燥产品内出现大量的裂缝和孔隙，常称为蜂窝状结构。

（6）挥发物质损失

干燥时，水分由产品中逸出，水蒸气中总是夹带着微量的各种挥发物质，致使产品特有的风味损失，无法恢复。

（7）颜色变化

果蔬在干制过程中或干制的贮藏中，常会变成黄色、褐色或黑色等，一般统称为褐变。褐变反应的机制有：在酶催化下的多酚类的氧化（常称为酶促褐变）；不需要酶催化的褐变（称为非酶褐变），它的主要反应是羰氨反应。常通过加热处理、硫处理、调节 pH 等方法防止褐变的发生。

（8）营养成分的变化

果蔬中主要营养成分有糖类、维生素、矿物质、蛋白质等，在果蔬干制时，会发生不同程度的变化。一般情况，糖分和维生素损失较多，矿物质和蛋白质则较稳定。

7.2.2 果蔬干制工艺

1. 原料的处理

原料干制前要进行清洗、去皮、切分、热烫等处理。

有些果实如李、葡萄等，在干制前要进行浸碱处理，从而除去果皮上附着的蜡粉，以利水分蒸发，促进干燥。碱可用氢氧化钠、碳酸钠或碳酸氢钠。碱液处理的时间和浓度依果实附着蜡粉的厚度而异，葡萄一般用 1.5%～4.0% 的氢氧化钠处理 1～5 s，李子用 0.25%～1.50% 的氢氧化钠处理 5～30 s。浸碱良好的果实，果面上蜡质被溶去并出现细微裂纹。

碱液处理时，每次处理果实不宜太多，浸碱后应立即用清水冲洗残留的碱液，或用 0.25%～0.5% 的柠檬酸或盐酸浸几分钟以中和残碱，再用水漂洗。

2. 干制过程中的管理

人工干制要求在较短的时间内，采取适当的温度，通过通风排湿等操作管理，获得较高质量的产品。要达到这一目的，就要依物料自身的特性，采用恰当的干燥工艺技术。干制时尤其要注意采取适当的升温方式、排湿方法和物料的翻动，以保证物料干燥快速、高效和优质。

（1）升温技术

不同种类的果蔬分别采用不同的升温方式。常用的升温方式一般可归纳为 3 种：

1)在干制期间,干燥初期为低温(55~60℃);中期为高温(70~75℃);后期为低温,温度逐步降至 50℃左右,直到干燥结束。这种升温方式适宜于可溶性固形物含量高的物料,或不切分的整果干制的红枣、柿饼。操作较易掌握,能量耗费少,生产成本较低,干制质量较好。

2)在干制初期快速升高温度,最高可达 95~100℃。物料进入干燥室后,吸收大量的热能,温度可降低 30℃左右。继续加热,使干燥室内温度升到 70℃左右,维持一段时间后,逐步降温至干燥结束。此法适宜于可溶性固形物含量较低的物料,或切成薄片、细丝的果蔬,如苹果、杏、黄花菜、辣椒、萝卜丝等。这种升温方式,干燥时间短,产品质量好,但技术较难掌握,能量耗费多,生产成本较大。

3)在整个干制期间,温度在 55~60℃的恒定状态,直至干燥临近结束时再逐步降温。此法操作技术容易掌握,成品质量好。只是因为在干燥过程中较长一段时间要维持比较均衡的温度,耗能比第一种多,生产成本也相应高一些。这种升温适宜于大多数果蔬的干制加工。

(2)通风排湿

由于物料干制过程中水分的大量蒸发,使得干燥室内的相对湿度急剧升高,甚至会达到饱和程度。因此,应十分注意通风排湿工作,否则会延长干制时间,降低干制品质量。

一般而言,当干燥室内的相对湿度达 70%以上时,就应进行通风排湿操作。通风排湿的方法和时间要根据加工设备的性能、室内相对湿度的大小以及室外空气流动的强弱来定。例如,用烘房干制时,烘房内相对湿度高、外界风力较小时,可将进气口、排气口同时打开,通风排湿时间长;反之,如果烘房内相对湿度稍高、外界风力较大时,则将进、排气口交替开放,通风排湿时间短。一般每次通风排湿时间以 10~15 min 为宜。时间过短,排湿不够,影响干燥速度和产品质量;时间过长,会使室内温度下降过多,加大能耗。

(3)倒盘及物料翻动

在干制时,由于烘盘位于干燥室中的位置不同,往往会使其受热程度不同,使物料干燥不均匀。因此,为了使成品的干燥程度一致,尽可能避免干湿不均,需进行倒盘的工作。在倒盘同时应翻动物料,促使物料受热均匀,干燥程度一致。

3. 包装前的处理

经干燥后的产品,一般需要进行一些处理才能包装和保存。

(1)回软

回软又称均湿或水分平衡。目的是使干制品各部分含水量均衡并变软,便于产品处理和包装运输。

回软的方法是将干燥后的产品,选剔过湿、过大、过小、结块以及细屑等,待冷却后立即堆集起来或放在密闭容器中,使所有干制品的含水量均匀一致,同时产品的质地也稍显皮软。回软所需的时间,视干制品的种类而定。一般菜干 1~3 d,果干 2~5 d。

(2)分级

干燥后的干制品在包装前应利用振动筛或其他分级设备进行筛选分级,剔除过湿、结块等不合标准的产品。

(3)压块

脱水蔬菜大多要进行压块处理。因为蔬菜干燥后，体积膨松，体积大，包装和运输均不方便。进行压块后，可使体积大为缩小，节省了包装材料、装运和贮存容积。同时压块后的蔬菜，减少了与空气的接触，降低氧化作用，还能减少虫害。

蔬菜压块应在干燥后趁热进行。如果蔬菜已经冷却，则组织坚脆，极易压碎，须稍喷蒸汽，然后再压块。但喷过蒸汽的干菜，含水量可能超过规定的标准，此时可与干燥剂(常用生石灰)一起放在常温下，约经过2~7 d，水分即可降低。

(4)防虫处理

若干制品处理不当，则常有虫卵混杂，尤其是自然干制的产品。当条件适宜时，干制品中的虫卵就会发育，危害干制品。果蔬干制品常见的虫害有：印度谷蛾、无花果螟蛾、露尾虫、锯谷盗、以及糖壁虱等。因此，干制品和包装材料在包装前都应经过灭虫处理。防治的方法主要有如下几种：①低温杀虫：有效低温在-15℃以下；②热力杀虫：常压下用蒸汽处理2~4 min；③熏蒸杀虫：常用熏蒸剂有甲基溴、氧化乙烯、氧化丙烯、二氧化硫等。甲基溴是最为有效的熏蒸剂，其爆炸性比较小，对昆虫极毒，因而对人也有一定的毒害。使用时应严格控制使用量和使用方法。甲基溴相对密度较空气重，因此，使用时应从熏蒸室的顶部送入，一般用量为16~24 g/m³(夏季低些、冬季高些)，处理时间24 h以上。要求无机溴残留量在葡萄干、无花果干中为150 mg/kg，苹果干、杏干、桃干、梨干中为30 mg/kg，李干中为20 mg/kg。

4. 干制品的包装

包装对干制品的贮存效果影响很大，因此，要求包装材料应满足以下几点要求：①能防潮防湿，以免干制品吸湿回潮引起发霉、结块。包装材料在90%相对湿度的环境中，每年袋内干制品水分增加量不能超过2%。②不透光。③能密封，防止外界虫、鼠、微生物及灰尘等侵入。④符合食品卫生管理要求，不给食品带来污染。⑤费用合理。生产中常用的包装材料有：金属罐、木箱、纸箱及软包装复合材料。包装方式有两种，即普通密封包装和真空充氮(或充二氧化碳)包装。

5. 干制品的贮藏

干制品应贮存于避光、干燥、低温的场所。贮存温度越低，干制品保存时间就越长，以0~2℃为最好，一般不宜超过10~14℃。贮存环境的空气越干燥越好，相对湿度最好控制在65%以下。在干制品贮存过程中应注意其管理，如贮存场所要求清洁、卫生、通风良好，能控制温、湿度变化，堆放码垛应留有间隙，具有一定的防虫防鼠措施等。

6. 复水

干制品的复水性是干制品质量好坏的一个重要指标。复水性好，品质高。干制品复水性部分受原料加工处理的影响，部分因干燥方法而有所不同。蔬菜复水率或复水倍数依种类、品种、成熟度、干燥方法等不同而有差异，所以在制定干制工艺时应综合考虑各方面因素的影响。

　　脱水菜的复水方法是：把脱水菜浸泡在 12~16 倍重量的冷水中，经 30 min，再迅速煮沸并保持沸腾 5~7 min。

　　复水时，水的用量和质量关系很大。如用水量过多，可使花青素、黄酮类色素等溶出而损失。水的 pH 不同也能使色素的颜色发生变化，此种影响对花青素特别显著。白色蔬菜主要是黄酮类色素，在碱性溶液中变为黄色，所以马铃薯、花椰菜、洋葱等不能用碱性的水处理。水中含有金属离子使花青素变色。水中如含有碳酸氢钠或亚硫酸钠，易使软化，复水后变软烂。硬水常使豆类质地粗硬，影响品质，含有钙盐的水还能降低吸水率。

7.2.3　果蔬干制方法

1. 自然干制

　　自然干制方法可分为两种，一是原料直接接受阳光暴晒，称为晒干或日光干制；另一种是原料在通风良好的室内、棚下以热风吹干，称为阴干或晾干。自然干制可以充分利用自然条件，节约能源，方法简易，处理量大，设备简单，成本低；缺点是受气候限制。目前广大农村和山区还是普遍采用自然干制方法生产葡萄、柿饼、红枣、笋干、金针菜、香菇等。

2. 人工干制

　　人工干燥是人为控制干燥环境和干燥过程而进行干燥的方法。和自然干制相比，人工干制可大大缩短干燥时间，并获得高质量的干制产品。但人工干制设备和安装费用高，操作技术比较复杂，成本较高。人工干制的方法有以下几种。

　　（1）干制机干燥

　　干制机利用燃料加热，以达到干燥的目的，是我国使用最多的一种干燥方法，普通干燥所用的设备，比较简单的有烘灶和烘房，规模较大的用干制机。干制机的种类较多，生产上常用的为隧道式干制机、带式干制机、滚筒干燥机等。

　　（2）冷冻干燥

　　冷冻干燥又称升华干燥或真空冷冻升华干燥。即将原料先冻结，然后在较高真空度下将冰转化为蒸汽而除去，物料即被干燥。冷冻干燥能保持食品原有风味，热变性少，但成本高。只适用于质量要求特别高的产品(高档食品、药品等)。

　　（3）微波干燥

　　微波是频率为 300~3000 MHz、波长为 1 mm~1 m 的高频电磁波。微波干燥具有干燥速度快，干燥时间短，加热均匀，热效率高等优点。

　　（4）远红外干燥

　　波长在 2.5~1000 μm 区域的电磁波称为远红外。远红外线被加热物体所吸收，直接转变为热能而达到加热干燥。远红外干燥具有干燥速度快、生产效率高、节约能源、设备规模小、建设费用低、干燥质量好等优点。

7.3 果蔬糖制加工

7.3.1 果蔬糖制原理

果蔬糖制是利用高浓度糖液的渗透脱水作用，将果蔬加工成糖制品的加工技术。果蔬糖制品具有高糖、高酸等特点，这不仅改善了原料的食用品质，赋予产品良好的色泽和风味，而且提高和延长了产品在保藏和贮运期的品质和期限。

1. 原料糖的种类及性质

（1）原料糖的种类

用于糖制品的食糖有砂糖、饴糖、淀粉糖浆、蜂蜜等。砂糖有蔗糖、甜菜糖，主要成分是蔗糖。砂糖纯度高，风味好，取材方便，保藏作用强，在糖制品生产中用量最大。饴糖，又称麦芽糖浆，主要成分是麦芽糖（约占 53%～60%），其次是糊精（约占 13%～23%）。麦芽糖含量决定饴糖的甜味，糊精决定饴糖的黏稠度。饴糖在糖制时一般不单独使用，常与白砂糖结合使用。使用饴糖可减少白砂糖的用量，降低生产成本，同时，饴糖还有防止糖制品晶析的作用。淀粉糖浆以葡萄糖为主（占 30%～50%），其次是糊精（占 30%～45%）。由于淀粉糖浆中的糊精含量高，可利用它防止糖制品返砂而配合使用，对其甜度并无影响。蜂蜜主要是转化糖（占 66%～77%）。蜂蜜吸湿性很强，易使制品发黏。在糖制加工中常用蜂蜜为辅助糖料，防止制品晶析。

（2）原料糖的性质

与糖制有关的糖的性质主要有以下几个方面。

1）甜度和风味。食糖是食品的主要甜味剂，食糖的甜度影响着制品的甜度和风味。食糖的甜度是以口感判断，即以能感觉到甜味的最低含糖量"味感阈值"来表示，"味感阈值"越小，甜度越高。如果糖为 0.25%，蔗糖为 0.38%，葡萄糖为 0.55%。若以蔗糖的甜度为基础，其他糖的相对甜度顺序为：果糖最甜，转化糖次之，而蔗糖甜于葡萄糖、麦芽糖和淀粉糖浆。以蔗糖与转化糖作比较，当糖浓度低于 10% 时，蔗糖甜于转化糖；高于 10% 时，转化糖甜于蔗糖。

2）溶解度与晶析：任何食糖在溶液中有一定的溶解度，并受温度的直接影响（表 7-1）。

表 7-1　不同温度下食糖的溶解度　　　　　　　　　　　　　　　（单位：℃）

种类	温　　度									
	0	10	20	30	40	50	60	70	80	90
蔗　糖	64.2	65.6	67.1	68.7	70.4	72.2	74.2	76.2	78.4	80.6
葡萄糖	35.0	41.6	47.7	54.6	61.8	70.9	74.7	78.0	81.3	84.7
果　糖			78.9	81.5	84.3	86.9				
转化糖		56.6	62.6	69.7	74.8	81.9				

当糖制品中液态部分的糖，在某一温度下浓度达到过饱和时，即可呈现结晶现象，称为晶析，也称返砂。返砂降低了糖的保藏作用，有损于制品的品质和外观。糖制加工中，为防止蔗糖的返砂，常加入部分饴糖、蜂蜜或淀粉糖浆。因为这些食糖和蜂蜜中含有多量的转化糖、麦芽糖和糊精，这些物质在蔗糖结晶过程中，有抑制晶核的生长，降低结晶速度和增加糖液饱和度的作用。此外，糖制时加入少量果胶、蛋清等非糖物质，也同样有效。因为这些物质能增大糖液的黏度，抑制蔗糖的结晶过程，增加糖液的饱和度。

3)吸湿性：食糖的吸湿性以果糖最大，葡萄糖和麦芽糖次之，蔗糖为最小。糖制品吸湿回潮后使制品的糖浓度降低，削弱了糖的保藏性，甚至导致制品的变质和败坏。

糖的吸湿性与糖的种类及相对湿度密切相关(表 7-2)，各种结晶糖的吸湿量(％)与环境中的相对湿度呈正相关，相对湿度越大，吸湿量就越多。当吸水达 15％以上时，各种结晶糖便失去晶体状态而成为液态。含有一定数量转化糖的糖制品，必须用防潮纸或玻璃纸包裹。

4)糖的转化：蔗糖、麦芽糖等双糖在稀酸与热或酶的作用下，可以水解为等量的葡萄糖和果糖，称为转化糖(表 7-3)。

蔗糖转化的意义和作用是：①适当的转化可以提高蔗糖溶液的饱和度，增加制品的含糖量；②抑制蔗糖溶液晶析，防止返砂。当溶液中转化糖含量达 30％~40％时，糖液冷却后不会返砂；③增大渗透压，减小水分活性，提高制品的保藏性；④增加制品的甜度，改善风味。

糖转化不宜过度，否则，会增加制品的吸湿性，回潮变软，甚至使糖制品表面发黏，削弱保藏性，影响品质。对缺乏酸的果蔬，在糖制时可加入适量的酸(多用柠檬酸)，以促进糖的转化。另外，制作浅色糖制品时，要控制条件，勿使蔗糖过度转化。

表 7-2　几种糖在 25℃中 7 d 内的吸湿率　　　　　　　　　　　　(单位:％)

种类	空气相对湿度		
	62.7	81.8	98.8
果　糖	2.61	18.85	30.74
葡萄糖	0.04	5.19	15.02
蔗　糖	0.05	0.05	13.53
麦芽糖	9.77	9.80	11.11

表 7-3　各种酸对蔗糖的转化能力(25℃以盐酸转化能力为 100 计)

种类	硫酸	亚硫酸	磷酸	酒石酸	柠檬酸	苹果酸	乳酸	醋酸
转化能力	53.60	30.40	6.20	3.08	1.72	1.27	1.07	0.40

5)糖液的浓度和沸点：糖液的沸点随糖液浓度的增大而升高。在 101.325 kPa 的条件下不同浓度果汁-糖混合液的沸点如表 7-4。

表 7-4　不同浓度果汁－糖混合液的沸点

可溶性固形物/%	沸点/℃	可溶性固形物/%	沸点/℃
50	102.22	64	104.6
52	102.5	66	105.1
54	102.78	68	105.6
56	103.0	70	106.5
58	103.3	72	107.2
60	103.7	74	108.2
62	104.1	76	109.4

糖制品糖煮时常用沸点估测糖浓度或可溶性固形物含量，确定熬煮终点。如干态蜜饯出锅时的糖液沸点达 104~105℃，其可溶性固形物在 62%~66%，含糖量约 60%。

蔗糖液的沸点受压力、浓度等因素的影响，其规律是糖液的沸点随海拔高度的提高而下降。

(3)果胶的凝胶特性

果胶是一种多糖类物质。果胶物质常以原果胶、果胶和果胶酸三种形式存在于果蔬组织中。原果胶在酸或酶的作用下能分解为果胶，果胶进一步水解为果胶酸。果胶具有凝胶特性，而果胶酸的部分羧基与钙、镁等金属离子结合时，形成不溶性果胶酸钙(或镁)的凝胶。

果胶形成的凝胶有两种：一种是高甲氧化基果胶(甲氧基含量在 7% 以上)的果胶-糖-酸凝胶，另一种是低甲氧基果胶(甲氧基含量在 7% 以下)的离子结合型凝胶。果品所含的果胶是高甲氧化基果胶，用果汁或果肉浆液加糖浓缩制成的果冻、果糕等属于前一种凝胶；蔬菜中主要是含低甲氧基果胶，与钙盐结合制成的凝胶制品，属于后一种凝胶。

1)高甲氧化基果胶的胶凝。其凝胶的性质和胶凝原理在于高度水合的果胶胶束因脱水及电性中和而形成凝聚体。果胶胶束在一般溶液中带负电荷，当溶液的 pH 低于 3.5，脱水剂含量达 50% 以上时，果胶即脱水，并因电性中和而凝聚。在果胶胶凝过程中，糖起脱水剂的作用，酸起消除果胶分子中负电荷的作用。果胶在胶凝过程中受多种因素制约。

pH：pH 影响果胶所带的负电荷数，降低 pH、即增加氢离子浓度而减少负电荷，易使果胶分子氢键结合而胶凝。当电性中和时，胶凝的硬度最大。胶凝时 pH 的适宜范围是 2.0~3.5，高于或低于这个范围均不能胶凝。当 pH 为 3.1 左右时，胶凝强度最大，pH 在 3.4 时，胶凝比较柔软，pH 为 3.6 时，果胶电性不能中和而相互排斥，就不能形成胶凝，此值即为果胶的临界 pH。

糖液浓度：果胶是亲水胶体，胶束带有水膜，食糖的作用是使果胶脱水后发生氢键结合而胶凝。只有糖液浓度达 50% 以上时，才具脱水效果。糖浓度越大脱水效果越强，凝胶速度越快。

当果胶含量一定时，糖的用量随酸量增加而减少。当酸的用量一定时，糖的用量随果胶用量提高而降低。

　　果胶含量：果胶的胶凝性强弱，取决于果胶含量、果胶相对分子质量、甲氧基含量（果胶分子中）。果胶含量高易胶凝，果胶分子量越大，多聚半乳糖醛酸的链越长，所含的甲氧基比例越高，胶凝力越强，制成的果冻弹性越好。甜橙、柠檬、苹果等的果胶，均有较好的胶凝力。原料中果胶不足时，可加用适量果胶粉或琼脂，或其他含果胶丰富的原料。

　　温度：当果胶、糖和酸的配比适当时，混合液能在较高温度下胶凝，温度较低胶凝速度加快。50℃以下，对胶凝强度影响不大，高于50℃，胶凝强度下降，这是由于果胶分子中氢键被破坏。

　　果胶凝胶的基本条件如图7-6所示。

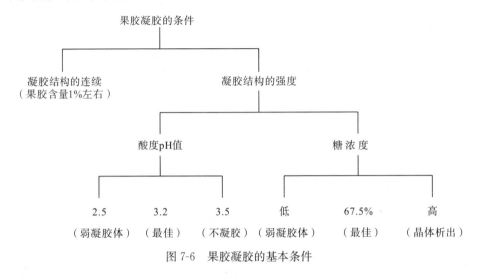

图 7-6　果胶凝胶的基本条件

　　从图7-6中可看出：形成良好的果胶胶凝最合适的比例是果胶量1％左右，糖浓度65％～67％，pH 2.8～3.3。

　　2）低甲氧基果胶的胶凝。低甲氧基果胶是依赖果胶分子链上的羧基与多价金属离子相结合而串联起来，形成网状的凝胶结构。

　　低甲氧基果胶中有50％以上的羧基未被甲醇酯化，对金属离子比较敏感，少量钙离子与之结合也能胶凝。

　　钙离子(或镁离子)：钙等金属离子是影响低甲氧基果胶胶凝的主要因素，用量随果胶的羧基数而定，每克果胶的钙离子最低用量为4～10 mg，碱法制取的果胶为30～60 mg。

　　pH：pH对果胶的胶凝有一定影响，pH在2.5～6.5都能胶凝，以pH 3.0或5.0时胶凝强度最大，pH 4.0时强度最小。

　　温度：温度对胶凝强度影响很大，在0～58℃范围内，温度越低强度越大，58℃强度为零，0℃时强度最大，30℃为胶凝的临界点。因此，果冻的最适保藏温度宜低于30℃。

　　糖浓度：低甲氧基果胶的胶凝与糖用量无关。即使在1％以下或不加糖的情况下仍可胶凝，生产中加用30％左右的糖仅是为了改善风味。

2. 食糖的保藏作用

果蔬糖制是以食糖的防腐保藏作用为基础的加工方法，糖制品要做到较长时间的保藏，必须使制品的含糖量达到一定的浓度。

（1）高渗透压

糖溶液都具有一定的渗透压，糖液的渗透压与其浓度和相对分子质量大小有关，浓度越高，渗透压越大。据测定，1％的葡萄糖溶液可产生 121.59 kPa 的渗透压，1％的蔗糖溶液具有 70.93 kPa 的渗透压。高浓度糖液具有强大的渗透压，能使微生物细胞质脱水收缩，发生生理干燥而无法活动。

（2）降低糖制品的水分活性

食品的水分活性，表示食品中游离水的数量。大部分微生物要求适宜生长的水分活性值在 0.9 以上。当食品中的可溶性固形物增加，游离水含量减少，即 Aw 值降低，微生物就会因游离水的减少而受到抑制。但少数霉菌和酵母菌在高渗透压和低水分活性尚能生长，因此对于长期保存的糖制品，宜采用杀菌或加酸降低 pH 以及真空包装等有效措施来防止产品的变坏。

（3）抗氧化作用

糖溶液的抗氧化作用是糖制品得以保存的另一个原因。其主要作用于由于氧在糖液中溶解度小于在水中的溶解度，糖浓度越高，氧的溶解度越低。如浓度为 60％的蔗糖溶液，在 20℃时，氧的溶解度仅为纯水含氧量的 1/6。由于糖液中氧含量降低，有利于抑制好氧型微生物的活动，也有利于制品的色泽、风味和维生素的保存。

（4）加速糖制原料脱水吸糖

高浓度糖液的强大渗透压，亦加速原料的脱水和糖分的渗入，缩短糖渍和糖煮时间，有利于改善制品的质量。然而，糖制的初期若糖浓度过高，也会使原料因脱水过多而收缩，降低成品率。蜜制或糖煮初期的糖浓度以不超过 30％～40％为宜。

3. 糖制品的分类

我国糖制品加工历史悠久，原料众多，加工方法多样，形成的制品种类繁多、风味独特。依据加工方法和成品的形态，一般分为蜜饯和果酱两大类。

（1）蜜饯类

1）按产品形态及风味分类。蜜饯由果蔬或果坯经糖渍或糖煮而成，含糖量一般约为 60％，个别较低，不经过烘干或呈半干态、干态的制品，带有原料的固有风味。此类可分为以下三种。

①湿态蜜饯：果蔬原料糖制后，按罐藏原理保存于高浓度的糖液中，果形完整饱满，质地细软，味美，呈半透明。如蜜饯海棠、蜜饯樱桃、糖青梅、蜜金橘等。

②干态蜜饯：糖制后晾干或烘干，不黏手，外干内湿，半透明，有些产品表面裹一层半透明糖衣或结晶糖粉。如橘饼、蜜李子、蜜桃片、冬瓜条、糖藕片等。

③凉果：指用咸果坯为主原料的甘草制品。果品经盐腌、脱盐、晒干、加配调料蜜制晒干而成。制品含糖量不超过 35％，属低糖制品，外观保持原果形，表面干燥，皱

缩，有的品种表面有层盐霜，味甘美、酸甜、略咸，有原果风味。如陈皮梅、话梅、橄榄制品等。

2）按产品传统加工方法分类。

①京式蜜饯：主要代表产品是北京果脯，又称"北蜜"、"北脯"。状态厚实，口感甜香，色泽鲜丽，工艺考究，如各种果脯、山楂糕、果丹皮等。

②苏式蜜饯：主产地苏州，又称"南蜜"。选料讲究，制作精细，形态别致，色泽鲜艳，风味清雅，是我国江南一大名特产。代表产品有两类：

糖渍蜜饯类：表面微有糖液，色鲜肉脆，鲜甜爽口，原果风味浓郁。如糖青梅、糖佛手、糖渍无花果、糖渍金橘等。

返砂蜜饯类：制品表面干燥，微有糖霜，色泽清新，形态别致，酥松味甜。如天香枣、白糖杨梅、苏氏话梅、苏州橘饼等。

③广式蜜饯：以凉果和糖衣蜜饯为代表产品，又称"潮蜜"。主产地广州、汕头、潮州。

凉果：甘草制品，味甜酸、咸适口，回味悠长。如奶油话梅、陈皮梅、甘草杨梅等。

糖衣蜜饯：产品表面干燥，有糖霜，原果风味浓。如糖莲子、糖明姜、冬瓜条、蜜菠萝等。

④闽式蜜饯：主产地福建漳州、泉州、福州，以橄榄制品为主产品，制品肉质细腻，添加香味突出，爽口而有回味。如大福果、丁香橄榄、加应子、蜜桃片、盐金橘等。

⑤川式蜜饯：以四川内江地区为主产地，始于明朝，有名传中外的橘红蜜饯、川瓜糖、蜜辣椒、蜜苦瓜等。

（2）果酱类

1）果酱。分为泥状及块状两种。原料经处理后，打碎或切成块状，糖制浓缩而成凝胶制品。呈黏糊状，带有细小果块，酸甜可口，口感细腻。如苹果酱、草莓酱、杏酱等。

2）果泥。一般是将单种或多种水果混合，原料经软化，打浆，筛滤后得果肉浆液，加入适量砂糖（或不加糖），经加热浓缩而成。呈酱糊状，糖酸含量稍低于果酱，口感细腻。如枣泥、什锦果泥、胡萝卜泥等。

3）果冻。用含果胶丰富的果品为原料，经软化，榨汁过滤后，加糖、酸、果胶，加热浓缩而制成。呈半透明状，切割时有弹性，切面柔滑而有光泽。如山楂冻、苹果冻、柑桔冻等。

4）果糕。将果实软化后，取其果肉浆液，加糖、酸、果胶浓缩而制成。如南瓜枣糕、猕猴桃糕、山楂糕、胡萝卜糕等。

5）果丹皮。是将制取的果泥摊平、烘干、制成的柔软薄片。如苹果果丹皮、山楂果丹皮等。

6）马茉兰。我国多采用柑橘类为原料。加工方法与果冻基本相似，不同的是需在果冻配料中加入柑橘类外果皮切成的条状薄片，并使这些薄片均匀分布于制品中。食用时软滑，富有橘皮的特有风味。如柑橘马茉兰。

7.3.2 果蔬糖制工艺

1. 蜜饯类加工工艺

蜜饯类加工工艺流程如下：

$$原料 \rightarrow 前处理 \rightarrow 漂洗 \rightarrow 预煮 \rightarrow \begin{cases} 蜜制 \rightarrow 配料 \rightarrow 烘干 \rightarrow 凉果 \\ 糖制 \rightarrow 装罐 \rightarrow 封罐 \rightarrow 杀菌 \rightarrow 冷却 \rightarrow 湿态蜜饯 \\ 糖制 \rightarrow 烘干 \rightarrow 上糖衣 \rightarrow 干态蜜饯 \end{cases}$$

（1）原料选择

糖制品质量主要取决于外观、风味、质地及营养成分。选择优质原料是制成优质产品的关键之一。原料质量优劣主要在于品种、成熟度和新鲜度等几个方面。蜜饯类因需保持果实或果块形态，则要求原料肉质紧密，耐煮性强。一般在绿熟-坚熟时采收为宜。

（2）原料前处理

果蔬糖制的原料前处理包括分级、清洗、去皮、去核、切分、切缝、刺孔等工序，还应根据原料特性差异、加工制品的不同进行腌制、硬化、硫处理、染色等处理。

1）去皮、去核、切分、切缝、刺孔。对果皮较厚或含粗纤维较多的糖制原料应去皮。并剔除不能食用的种子、核，大型果宜适当切分成块、丝、条。枣、李、杏等小果不便去皮和切分，常在果面切缝或刺孔。

2）盐腌。用食盐或加用少量明矾或石灰腌制的盐坯，常作为半成品保存方式来延长加工期限。

盐坯腌渍包括盐腌、暴晒、回软、复晒四个过程。盐腌有干腌和盐水腌制两种。干腌法适用于果汁较多或成熟度较高的原料，用盐量依种类和储存期长短而异，一般为原料重的14%～18%。盐水腌制法适用于果汁较少或未熟或酸涩苦味浓的原料。盐腌结束，可作水坯保存，或经晒制成干坯长期保藏。

3）保脆和硬化。为提高原料耐煮性和酥脆性，在糖制前对某些原料进硬化处理，即将原料浸泡于石灰（CaO）或氯化钙（$CaCl_2$）、明矾 $[Al_2(SO_4)_3 \cdot K_2SO_4]$、亚硫酸氢钙 $[Ca(HSO_3)_2]$ 等稀溶液中，使钙、镁离子与原料中的果胶物质生成不溶性盐类，细胞间相互粘结在一起，提高硬度和耐煮性。

硬化剂的选用、用量及处理时间必须适当，过量会生成过多钙盐或导致部分纤维素钙化，使产品质地粗糙，品质劣化。经硬化处理后的原料，糖制前需经漂洗除去残余的硬化剂。

4）硫处理。为了使糖制品色泽明亮，常在糖煮之前进行硫处理，既可防止制品氧化变色，又能促进原料对糖液的渗透。使用的方法有两种：一种是用按原料重量的0.1%～0.2%的硫磺，在密闭的容器或房间内点燃硫磺进行熏蒸处理。另一种是预先配好含有效SO_2浓度为0.1%～0.15%的亚硫酸盐溶液，将处理好的原料投入亚硫酸盐溶液中浸泡数分钟后即可。

经硫化处理的原料，在糖煮前应充分漂洗，以除去剩余的亚硫酸溶液。

5)染色。某些作为配色用的蜜饯制品，要求具有鲜明的色泽，因此需要人工染色。常用的染色剂有人工和天然两类。天然色素如姜黄、胡萝卜素、叶绿素等，是无毒、安全的色素，但染色效果稳定性较差。人工色素有苋菜红、胭脂红、赤藓红、新红、柠檬黄、日落黄、亮蓝、靛蓝等 8 种。

6)漂洗和预煮。凡经亚硫酸盐保藏、盐制、染色剂硬化处理的原料，在糖制前均需漂洗或预煮，除去残留的 SO_2、食盐、染色剂、石灰或明矾，避免对制品外观或风味产生不良影响。

（3）糖制

糖制是蜜饯类加工的主要工艺。糖制过程是果蔬原料排水吸糖的过程，糖液中的糖分依赖扩散作用先进入到组织细胞间隙，再通过渗透作用进入细胞内最终达到要求的含糖量。

1)蜜制。蜜制是指用糖液进行糖渍，使制品达到要求的糖度。此方法适用于含水量高，不耐煮的原料，如糖青梅、糖杨梅、无花果蜜饯以及多数凉果。此法特点在于分次加糖，不用加热，能很好保存产品的色泽、风味、营养价值、形态。

①分次加糖法。在蜜制过程中，首先将原料投入到 40% 的糖液中，剩余的糖分 2~3 次加入，直到糖制品浓度到 60% 以上时出锅。

②一次加糖多次浓缩法。在蜜制过程中，每次糖渍后，加糖液加热浓缩提高糖浓度，然后再将原料加入到热糖液中继续糖渍，冷果与热糖液接触，利用温差和糖浓度差的双重作用，加速糖分的扩散渗透。其效果优于分次加糖法。

③减压蜜制法。果蔬在真空锅内抽空，使果蔬内部蒸汽压降低，然后破坏锅内的真空，因外压大可以促进糖分快速渗入果内。

2)煮制。煮制分为常压煮制和减压煮制两种。常压煮制又分为一次煮制、多次煮制和快速煮制三种。减压煮制分为减压煮制法和扩散煮制法两种。

①一次煮制法。经预处理好的原料，在加糖后一次性煮制而成。如苹果脯、蜜枣等。先配好 40% 的糖液入锅，倒入处理好的果实，加大火使糖液沸腾，果实内水分外渗，糖液浓度渐稀，然后分次加糖，使糖浓度缓慢增高至 60%~65% 停火。此法快速省工，但持续加热时间长，原料易煮烂，色香味差，维生素破坏严重，糖分难以达到内外平衡，易出现干缩现象。

②多次煮制法。经预处理好的原料，经多次糖煮和浸渍，逐步提高糖浓度的糖制方法。适用于细胞壁较厚、难以渗糖(易发生干缩)和易煮烂的柔软原料或含水量高的原料。此法所需时间长，煮制过程不能连续化、费时费工，采用快速煮制法可克服此不足。

③快速煮制法。将原料在糖液中交替进行加热糖煮和放冷糖渍，使果蔬内部水气压迅速消除，糖分快速渗入而达到平衡。此法可连续进行、时间短、产品质量高，但需备有足够的冷糖液。

④减压煮制法。又称真空煮制法。原料在真空和较低温度下煮沸，因煮制中不存在大量空气，糖分能迅速渗入达到平衡。温度低，时间短，制品色香味体都比常压煮制优。

⑤扩散煮制法。它是在真空糖制的基础上进行的一种连续化糖制方法，机械化程度高，糖制效果好。先将原料密闭在真空扩散器内，抽空排除原料组织中的空气，而后加入95℃热糖液，待糖分扩散渗透后，将糖液顺序转入另一扩散器内，再在原来的扩散器内加入较高浓度的热糖液，如此连续进行几次，制品即达到要求的糖浓度。

（4）烘干晒与上糖衣

除糖质蜜饯外，多数制品在糖制后须进行烘晒，除去部分水分，表面不粘手，利于保藏。制糖衣蜜饯时，可在干燥后用过饱和糖液浸泡一下取出冷却，使糖液在制品表面上凝结成一层晶亮的糖衣薄膜。

在干燥快结束的蜜饯表面，撒上结晶糖粉或白砂糖，拌匀，筛去多余糖粉，即得晶糖蜜饯。

（5）整理、包装与贮存

干燥后的蜜饯应及时整理或整形，以获得良好的商品外观。干态蜜饯的包装以防潮、防霉为主，常用阻湿隔气性较好的包装材料。湿态蜜饯可参照罐头工艺进行装罐，糖液量为成品总净重的45%～55%，然后密封。

贮存蜜饯的库房要清洁、干燥、通风。库房地面要有隔湿材料铺垫。库房温度最好保持在12～15℃，避免温度低于10℃而引起蔗糖晶析。对不进行杀菌和不密封的蜜饯，宜将相对湿度控制在70%以下。贮存期间如发现制品轻度吸湿变质现象，则应将制品放入烘房复烤，冷却后重新包装。

2. 果酱类加工工艺

果酱类制品有果酱、果泥、果冻、果膏、果糕、果丹皮等产品，是以果蔬的汁、肉加糖及其他配料，经加热浓缩制成。

果酱类加工的主要工艺流程如下：

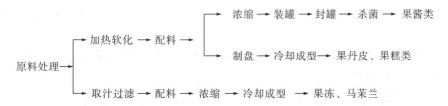

（1）原料选择及前处理

生产果酱类制品的原料要求含果胶及酸量较多，芳香味浓，成熟度适宜。对于含果胶及酸量较少的果蔬，制酱时需外加果胶及酸，或与富含该种成分的其他果蔬混制。

生产时，首先剔除霉烂变质、病虫害严重的不合格果，经过清洗、去皮（或不去皮）、切分、去核（心）等处理。去皮、切分后的原料若需护色，应进行护色处理，并尽快加热软化。

（2）加热软化

加热软化的目的主要是：破坏酶的活性，防止变色和果胶水解；软化果肉组织，便于打浆或糖液渗透；促使果肉组织中果胶的溶出，有利于凝胶的形成；蒸发一部分水分，缩短浓缩时间；排除原料组织中的气体，以得到无气泡的酱体。

软化过程正确与否，直接影响果酱的胶凝程度。如块状酱软化不足，果肉内溶出的果胶较少，制品胶凝不良，仍有不透明的硬块，影响风味和外观。制作泥状酱，果块软化后要及时打浆。

（3）取汁过滤

生产果冻等半透明或透明糖制品时，果蔬原料加热软化后，用压榨机压榨取汁。对于汁液丰富的浆果类果实压榨前不用加水，直接取汁，而对肉质较坚硬的致密的果实，如山楂、胡萝卜等软化时，应加适量的水，以便压榨取汁。

大多数果冻类产品取汁后不用澄清、过滤，而一些要求完全透明的产品则须用澄清的果汁。常用的澄清方法有自然澄清、酶法澄清、热凝聚澄清等方法。

（4）配料

按原料的种类和产品要求而异，一般要求果肉（果浆）占总配料量的 40％～55％，砂糖占 45％～60％。这样，果肉与加糖量的比例为 1∶1～1∶1.2。为使果胶、糖、酸形成适当的比例，有利凝胶的形成，可根据原料所含果胶及酸的多少，必要时添加适量柠檬酸、果胶或琼脂。

果肉加热软化后，在浓缩时分次加入浓糖液，近终点时，依次加入果胶液或琼脂液、柠檬酸或糖浆，充分搅拌均匀。

（5）加热浓缩

加热浓缩的方法主要有常压和真空浓缩两种方法。

1）常压浓缩。浓缩过程中，糖液应分次加入，糖液加入后应该不断搅拌。须添加柠檬酸、果胶或淀粉糖浆的制品，当浓缩到可溶性固形物为 60％以上时再加入。浓缩时间要掌握恰当。过长直接影响果酱的色香味，造成转化糖含量高，以致发生焦糖化和美拉德反应；过短转化糖生成量不足，在贮藏期易产生蔗糖的结晶现象，且酱体凝胶不良。

2）真空浓缩。由于为低温蒸发水分，既能提高其浓度，又能保持产品原有的色、香、味等成分。

浓缩终点的判断，主要靠取样用折光计测定可溶性固形物的浓度，或凭经验控制。

（6）装罐密封（制盘）

果酱、果泥等糖制品含酸量高，多以玻璃罐或抗酸涂料铁罐为容器。果酱出锅后，应及时快速装罐密封，一般要求每锅酱分装完毕不超过 30 min，密封时的酱体温度不低于 80～90℃。果糕、果丹皮等糖制品浓缩后，将黏稠液趁热倒入钢化玻璃、搪瓷盘等容器中，并铺平，进入烘房烘制，然后切割成型，并及时包装。

（7）杀菌冷却

加热浓缩过程中，酱体中的微生物绝大部分被杀死。而且由于果酱是高糖高酸制品，一般装罐密封后残留的微生物是不易繁殖的。在生产卫生条件好的情况下，可在封罐后倒置数分钟，利用酱体的余热进行罐盖消毒即可。但为了安全，在封罐后可进行杀菌处理。

杀菌方法，可采用沸水或蒸汽杀菌。杀菌温度及时间依品种及罐型的不同，一般以 100℃温度下杀菌 5～10 min 为宜。杀菌后冷却至 38～40℃，擦干罐身的水分，贴标装箱。

3. 果蔬糖制品易出现的质量问题及解决方法

(1)返砂与流汤

一般质量达到标准的果蔬糖制品，要求质地柔软、光亮透明。但在生产中，如果条件掌握不当，成品表面或内部易出现返砂或流汤的现象。返砂即糖制品经糖制、冷却后，成品表面或内部出现晶体颗粒的现象，使其口感变粗，外观质量下降。流汤即蜜饯类产品在包装、贮存、销售过程中容易吸湿，表面发粘等现象。

果蔬糖制品出现的返砂和流汤现象，主要是因成品中蔗糖和转化糖之间的比例不合适造成的。转化糖越少，返砂越重；相反，若转化糖越多，蔗糖越少，流汤越重。当转化糖含量达40%～50%，即占总糖含量的60%以上时，在低温、低湿条件下保藏，一般不返砂。因此，防止糖制品返砂和流汤，最有效的办法是控制原料在糖制时蔗糖与转化糖之间的比例。影响转化的因素是糖液的pH及温度。pH在2.0～2.5，加热时就可以促使蔗糖转化。杏脯很少出现返砂，原因是杏原料中含有较多的有机酸，煮制时溶解在糖液中，降低了pH，利于蔗糖的转化。

对于含酸量较少的苹果、梨等，为防止制品返砂，煮制时常加入一些煮过杏脯的糖液(杏汤)，可以避免返砂。目前生产上多采用加柠檬酸或盐酸来调节糖液的pH值。调整好糖液的pH值(2.0～2.5)，对于初次煮制是适合的，但工厂连续生产，糖液是循环使用的，糖液的pH值以及蔗糖与转化糖的相互比例时有改变，因此，应在煮制过程中绝大部分砂糖加毕并溶解后，检验糖液中总糖和转化糖含量。按正规操作方法，这时糖液中总糖量为54%～60%，若转化糖已达25%以上(占总糖量的43%～45%)，即可以认为符合要求，烘干后的成品不致返砂和流汤。

(2)煮烂与皱缩

煮烂与皱缩是果脯生产中常出现的问题。采用成熟度适当的果实为原料，是保证果脯质量的前提。此外，采用经过前处理的果实，不立即用浓糖液煮制，先放入煮沸的清水或1%的食盐溶液中热烫几分钟，再按工艺煮制。也可在煮制时用氯化钙溶液浸泡果实，有一定的作用。

煮制温度过高或煮制时间过长也是导致蜜饯类产品煮烂的一个重要原因。因此，糖制时应延长浸糖的时间，缩短煮制时间和降低煮制温度，对于易煮烂的产品，最好采用真空渗糖或多次煮制等方法。

果脯皱缩主要是"吃糖"不足，干燥后容易出现皱缩干瘪。若糖制时，开始煮制的糖液浓度过高，会造成果肉外部组织极度失水收缩，降低糖液向果肉内渗透的速度，破坏了扩散平衡。另外，煮制后浸渍时间不够，也会出现"吃糖"不足的问题。克服的方法是在糖制过程中分次加糖，使糖液浓度逐渐提高，延长浸渍时间。

(3)成品颜色褐变

果蔬糖制品颜色褐变的原因是果蔬在糖制过程中发生非酶褐变和酶褐变反应，导致成品色泽加深。非酶褐变包括羰氨反应和焦糖化反应，另外还有少量维生素C的热褐变。这些反应主要发生在糖制品的煮制和烘烤过程中，尤其是在高温条件下，最易致使产品色泽加深。适当降低温度，缩短时间，可有效阻止非酶褐变，低温真空糖制是一种有效的技术措施。

酶褐变主要是果蔬组织中酚类物质在多酚氧化酶的作用下氧化褐变,一般发生在加热糖制前。可通过热烫和护色等方法抑制引起酶褐变的酶活性,从而抑制酶褐变反应。

7.4　果蔬腌制加工

果蔬腌制是利用食盐以及其他物质添加渗入到果蔬组织内,降低水分活度,提高结合水含量及渗透压或脱水等作用,有选择地控制有益微生物活动和发酵,抑制腐败菌的生长,从而防止果蔬变质,保持其食用品质的一种保藏方法。其中以蔬菜腌制品居多,水果只有少数品种做腌制,其他大部分果品腌制多是为了保存原料或延长加工期,如蜜饯中的凉果类主要是用其盐坯加工的。

果蔬腌制加工方法简单易行,成本低廉,产品风味多样并易于保存。我国广大劳动人民在长期生产实践中积累了丰富的经验,创造出许多独具风格的名特产品,如重庆涪陵榨菜、江苏扬州酱菜、浙江萧山萝卜干、北京八宝酱菜、云南大头菜等,畅销国内外市场,深受广大消费者欢迎。

7.4.1　果蔬腌制品的分类

我国果蔬腌制品有近千个品种,因所采用的果蔬原料、辅料、工艺条件及操作方法不同或不完全相同,而生产出各种各样风味不同的产品。因此分类方法也各异。一般比较合理的分类方法是按照生产工艺进行分类的,所以在此仅介绍按生产工艺分类。

1. 盐渍菜类

盐渍菜类是一种腌制方法比较简单、大众化的果蔬腌制品,只利用较高浓度的盐溶液腌制而成,如咸菜。有时也有轻微的发酵,或配以各种调味料和香辛料。根据产品状态不同有:

（1）湿态

由于蔬菜腌制中,有水分和可溶性物质渗透出来形成菜卤,伴有乳酸发酵,其制品浸没于菜卤中,即菜不与菜卤分开,所以称为湿态盐渍菜,如腌雪里蕻、盐渍黄瓜、盐渍白菜等。

（2）半干态

蔬菜以不同方式脱水后,再经腌制成不含菜卤的蔬菜制品,如榨菜、大头菜、冬菜、萝卜干等。

（3）干态

蔬菜以反复晾晒和盐渍的方式脱水加工而成的含水量较低的蔬菜制品,或利用腌渍先脱去一部分水分,再经晾晒或干燥使其产品水分下降到一定程度的制品,如梅干菜、干菜笋等。

2. 酱菜类

酱菜类是以蔬菜为主要原料，经盐渍成蔬菜咸坯后，浸入酱或酱油内酱渍而成的蔬菜制品，如扬州酱黄瓜、北京八宝菜、天津什锦酱菜等。

3. 糖醋菜类

糖醋菜类是将蔬菜盐腌制成咸坯，经过糖和醋腌渍而成的蔬菜制品，如武汉的糖醋藠头、南京的糖醋萝卜、糖醋大蒜等。

4. 盐水渍菜类

盐水渍菜类是将蔬菜直接用盐水或盐水和香辛料的混合液生渍或熟渍，经乳酸发酵而成的制品，如泡菜、酸黄瓜等。

5. 清水渍菜类

其典型特点是在渍制过程中不加入食盐。它是以新鲜蔬菜为原料，用清水生渍或熟渍，经乳酸发酵而成的制品。这类制品大多是家庭自制自食，如酸白菜等。

6. 菜酱类

菜酱类是以蔬菜为原料，经过处理后，经盐渍或不经盐渍，加入调味料、香辛料等辅料而制成的糊状蔬菜制品，如韭花酱、辣椒酱、蒜蓉辣酱等。

7.4.2 果蔬腌制原理

果蔬腌制原理主要是利用食盐的高渗透压作用、微生物的发酵作用、蛋白质的分解作用及其他一系列的生物化学作用，抑制有害微生物的活动和增加产品的色、香、味。

1. 食盐的保藏作用

有害微生物在蔬菜上的大量繁殖和酶的作用，是造成蔬菜腐烂变质的主要原因，也是导致蔬菜腌制品品质败坏的主要因素。食盐的防腐保藏作用，主要是它具有脱水、抗氧化、降低水分活性、离子毒害和抑制酶活性等作用。

（1）脱水作用

食盐溶液具有很高的渗透压，1％的食盐溶液可产生 618 kPa 的渗透压，而大多数微生物细胞的渗透压为 304～608 kPa。蔬菜腌制的食盐用量大多在 4％～15％，可产生 2472～9270 kPa 的渗透压，远远超过了微生物细胞的渗透压。由于这种渗透压的差异，必然导致微生物细胞内的水分外渗，造成质壁分离，导致微生物细胞脱水失活，发生生理干燥而被抑制甚至死亡。不同种类的微生物，具有不同的耐盐能力。一般来说，霉菌和酵母菌对食盐的耐受力比细菌大得多，酵母的耐盐力最强。

（2）抗氧化作用

氧气在水中具有一定的溶解度，食品腌制使用的盐水或由食盐渗入食品组织中形成的盐液其浓度较大，使得氧气的溶解度大大下降，从而造成微生物生长的缺氧环境，这样就使一些需要氧气才能生长的好气性微生物受到抑制，降低微生物的破坏作用。

（3）降低水分活度

食盐溶于水后，离解的钠离子和氯离子与极性的水分子由于静电引力的作用，使得每个钠离子和氯离子周围都聚集一群水分子，形成所谓的水合离子。食盐的浓度越高，所吸引的水分子也就越多，这些水分子就由自由水状态转变结合水状态，导致水分活度下降。在饱和食盐溶液中（其质量分数为 26.5％），无论是细菌、酵母还是霉菌都不能生长，因为没有自由水可供微生物利用，所以降低环境的水分活度是食盐能够防腐的又一个重要原因。

（4）生理毒害作用

食盐溶液中的一些离子，如钠离子、镁离子、钾离子和氯离子等，在高浓度时能对微生物产生生理毒害作用。钠离子能和细胞原生质中的阴离子结合产生毒害作用，而且这种作用随着溶液 pH 的下降而加强，如酵母在中性食盐溶液中，盐液中食盐的质量分数要达到 20％才会受到抑制，但在酸性溶液中，食盐的质量分数达 14％时就能抑制酵母的活动。有人认为，食盐溶液中的氯离子能和微生物细胞的原生质结合，从而促进细胞死亡。

（5）对酶活力的影响

蔬菜中溶于水的大分子营养物质，微生物难以直接吸收，必须先经过微生物分泌的酶转化为小分子之后才能利用。有些不溶于水的物质，更需要经微生物或蔬菜本身酶的作用，转变为可溶性的小分子物质。微生物分泌出来的酶的活性常在低浓度的盐液中就遭到破坏，这可能是由于 Na^+ 和 Cl^- 可分别与酶蛋白的肽键和—NH_3^+ 相结合，从而使酶失去其催化活力，如变形菌在食盐的质量分数 3％的盐液中就失去了分解血清的能力。

2. 微生物的发酵作用

（1）正常的发酵作用

在蔬菜腌制过程中，由微生物引起的正常发酵作用有乳酸发酵、酒精发酵及醋酸发酵，这些发酵作用的主要生成物，不但能够抑制有害微生物的活动而起到防腐作用，而且能使制品产生酸味及香味。

1）乳酸发酵。乳酸发酵是蔬菜腌制中最主要的发酵作用，蔬菜在腌制过程中都存在乳酸发酵作用，只不过有强弱之分而已。乳酸发酵指在乳酸菌的作用下，将单糖、双糖、戊糖等发酵生成乳酸的过程。乳酸菌是一类兼性厌氧菌，种类很多，不同的乳酸菌产酸能力各不相同，蔬菜腌制中的几种乳酸菌的最高产酸能力为 0.8％～2.5％，最适合生长温度为 25～30℃。

在蔬菜腌制过程中主要的微生物有肠膜明串珠菌、植物乳杆菌、乳酸片球菌、短乳杆菌、发酵乳杆菌等。引起发酵作用的乳酸菌不同，生成的产物也不同。将单糖和双糖分解生成乳酸而不产生气体和其他产物的乳酸发酵，称为同型乳酸发酵，如上述的植物乳杆菌、发酵乳杆菌等的作用，其反应过程是十分复杂的，葡萄糖经过双磷酸化己糖途径进行分解产生乳酸，可简单用下式表示：

$$C_6H_{12}O_6 \xrightarrow{\text{同型乳酸发酵}} 2CH_3CHOHCOOH（乳酸）$$

同型乳酸发酵只生成乳酸，产酸量高。除对葡萄糖能发酵外，还能将蔗糖等水解成葡萄糖后发酵生成乳酸。发酵的中后期以同型乳酸发酵为主。

实际上在蔬菜腌制过程中乳酸发酵除了产生乳酸外，还产生醋酸、琥珀酸、乙醇、二氧化碳、氢气等，这类乳酸发酵称为异型乳酸发酵。如肠膜明串珠菌等可将葡萄糖经过单磷酸化己糖途径进行分解生成乳酸、乙醇和二氧化碳，其反应式如下：

$$C_6H_{12}O_6 \xrightarrow{\text{异型乳酸发酵}} CH_3CHOHCOOH+C_2H_5OH（乙醇）+CO_2$$

又如大肠杆菌利用单糖、双糖为发酵底物生成乳酸的同时，生成琥珀酸、醋酸、乙醇等。

$$2C_6H_{12}O_6 \xrightarrow{\text{异型乳酸发酵}} CH_3CHOHCOOH+HOOCCH_2CH_2COOH（琥珀酸）$$
$$+CH_3COOH+CO_2+C_2H_5OH+H_2$$

大肠杆菌产酸不高，0.25%左右，不耐酸，后期死亡。

异型乳酸发酵多在泡酸菜乳酸发酵初期活跃，可利用其抑制其他杂菌的繁殖；虽产酸不高，但其产物乙醇、醋酸等微量生成，对腌制品的风味有增进作用；产生的二氧化碳放出，同时将蔬菜组织和水中的溶解氧带出，造成缺氧条件，促进同型乳酸发酵菌活跃。

2）酒精发酵。在蔬菜腌制过程中也存在着酒精发酵，其量可达0.5%~0.7%。酒精发酵是由于附着在蔬菜表面的酵母菌将蔬菜组织中的糖分分解，产生酒精和二氧化碳，并释放出部分热量的过程。其化学反应式如下：

$$C_6H_{12}O_6 \xrightarrow{\text{酵母菌}} 2CH_3CH_2OH+2CO_2+\text{热量}$$

酒精发酵除生成酒精外，还能生成异丁醇、戊醇及甘油等。腌制初期蔬菜的无氧呼吸与一些细菌活动（如异型乳酸发酵），也可形成少量酒精。在腌制品后熟存放过程中，酒精可进一步酯化，赋予产品特殊的芳香和滋味。

3）醋酸发酵。在腌制过程中，由于好气性的醋酸菌氧化乙醇生成醋酸的作用，称为醋酸发酵，其反应式如下：

$$2CH_3CH_2OH+O_2 \xrightarrow{\text{醋酸菌}} 2CH_3COOH+2H_2O$$

除醋酸菌外，其他菌如大肠杆菌、戊糖醋酸杆菌等的作用，也可产生少量醋酸。微量的醋酸可以改善制品风味，过量则影响产品品质。因此腌制品要求及时装坛、严密封口，以避免在有氧情况下醋酸菌活动大量产生醋酸。

（2）有害的发酵及腐败作用

在蔬菜腌制过程中有时会出现变味发臭、长膜、生花、起涎生霉，甚至腐败变质、不堪食用的现象，这主要是由于下列有害发酵及腐败作用所致。

1）丁酸发酵。由丁酸菌引起，该菌为嫌气性细菌，寄居于空气不流通的污水沟及腐败原料中，可将糖、乳酸发酵生成丁酸、二氧化碳和氢气，使制品产生强烈的不愉快气味。

2) 细菌的腐败作用。腐败菌分解原料中的蛋白质，产生吲哚、甲基吲哚、硫化氢和胺等恶臭气味的有害物质，有时还产生毒素，不可食用。

3) 有害酵母的作用。有害酵母常在泡酸菜或盐水表面长膜、生花。表面上长一层灰白色、有皱纹的膜，沿器壁向上蔓延的称长膜；而在表面上生长出乳白光滑的"花"，不聚合，不沿器壁上升，振动搅拌就分散的称生花。它们都是由好气性的产膜酵母繁殖所引起，以糖、乙醇、乳酸、醋酸等为碳源，分解生成二氧化碳和水，使制品酸度降低，品质下降。

4) 起漩生霉。蔬菜腌制品若暴露在空气中，因吸水而使表面盐度降低，水分活性增大，就会受到各种霉菌危害，产品就会起漩、生霉。导致起漩生霉的多为好气性的霉菌，它们在腌制品表面生长，耐盐能力强，能分解糖、乳酸，使产品品质下降。还能分泌果胶酶，使产品组织变软，失去脆性，甚至发软腐烂。

3. 蛋白质的分解及其他生化作用

在腌制过程及后熟期中，蔬菜所含蛋白质因受微生物的作用和蔬菜原料本身蛋白酶的作用逐渐分解为氨基酸，这一变化在蔬菜腌制过程和后熟期十分重要，也是腌制品产生色香味的主要来源。

（1）鲜味的形成

尽管氨基酸都具有一定的鲜味，但蔬菜腌制品的鲜味来源主要是由谷氨酸和食盐作用生成谷氨酸钠。其化学反应式如下：

$$HOOC(CH_2)_2CH(NH_2)COOH+NaCl \longrightarrow NaOOC(CH_2)_2CH(NH_2)COOH+HCl$$

（2）香气的形成

蔬菜腌制品香气的形成很复杂，主要来源于以下几个方面：

1) 酯化反应。原料中本身所含及发酵过程中所产生的有机酸、氨基酸，与发酵中形成的醇类发生酯化反应，产生乳酸乙酯、乙酸乙酯、氨基丙酸乙酯、琥珀酸乙酯等芳香酯类物质。反应式如下：

$$CH_3CH(NH_2)COOH+CH_3CH_2OH \longrightarrow CH_3CH(NH_2)COOCH_2CH_3+H_2O$$
$$CH_3CHOHCOOH+CH_3CH_2OH \longrightarrow CH_3CHOHCOOCH_2CH_3+H_2O$$

2) 芥子苷类香气。十字花科蔬菜常含有芥子苷，尤其是芥菜类含黑芥子苷（硫代葡萄糖苷）较多，使芥菜类常具刺鼻的苦辣味。而芥菜类是腌制品的主要原料，当原料在腌制时搓揉或挤压使细胞破裂，硫代葡萄糖苷在硫代葡萄糖酶的作用下水解，苦味、辣味消失，生成异硫氰酸酯类、腈类和二甲基三硫等芳香物质，称为"菜香"，为腌咸菜的主体香。

3) 烯醛类芳香物质。氨基酸与戊糖或甲基戊糖的还原产物 4-羟基戊烯醛作用，生成含有氨基的烯醛类芳香物质。由于氨基酸的种类不同，生成的烯醛类芳香物质的香型、风味也有差异。其反应式如下：

$$C_5H_{10}O_5 \longrightarrow CH_3COH=CHCH_2CHO+H_2O+O_2\uparrow$$
　　戊糖　　　　　　　　　4-羟基戊烯醛

$$CH_3COH=CHCH_2CHO+RCH(NH_2)COOH \longrightarrow OHCCH_2CH=C(CH_3)OOC-CH(NH_2)R+H_2O$$
　4-羟基戊烯醛　氨基酸通式　　　　　氨基类烯醛

4)丁二酮香气。在腌制过程中乳酸菌类将糖发酵生成乳酸的同时，还生成具有芳香风味的丁二酮（双乙酰），是发酵性腌制品的主要香气成分之一。反应式如下：

$$C_6H_{12}O_6 \longrightarrow 2CH_3COCOOH \xrightarrow{\text{丙酮酸脱羧酶}} \begin{cases} 2CH_3CHOHCOOH \quad \text{乳酸} \\ CH_3COCOCH_3+2CO_2\uparrow \quad \text{丁二酮} \end{cases}$$

5)外加辅料的香气。腌咸菜类在腌制过程中一般都加入某些辛香调料。花椒含茴香醚、牦牛儿醇；八角含茴香脑；小茴香含茴香醚；山奈含龙脑、桉油精；桂皮含水芹烯、丁香油酚等芳香物质。这些香料均能赋予腌咸菜不同的香气。

（3）色素的形成

蔬菜腌制品尤其是腌咸菜类，在后熟过程中要发生色泽变化，逐渐交成黄褐色至黑褐色，其成因如下：

1)酶褐变引起。蛋白质水解所生成的酪氨酸在微生物或原料组织中所含的酪氨酸酶的作用下，在有氧气供给或前述戊糖还原中有氧气产生时，经过一系列复杂而缓慢的生化反应，逐渐变成黄褐色或黑褐色的黑色素，又称黑蛋白。反应式如下：

$$HOC_6H_4CH_2CH(NH_2)COOH \xrightarrow{O_2} [(C-OH)_3C_5H_3NH_2]_n+H_2O$$
　　　　酪氨酸　　　　　　　　　　黑色素（黑蛋白）

原料中的酪氨酸含量越多，酶活性越强，褐色越深。

2)非酶褐变引起。原料蛋白质水解生成的氨基酸与还原糖发生美拉德反应（亦称羰氨反应），生成褐色至黑色物质。由非酶褐变形成的这种褐色物质不但色深而且还有香气。其褐变程度与温度和后熟时间有关。一般来说，后熟时间越长，温度越高，则色泽越深，香味越浓。如四川南充冬菜装坛后经三年后熟，结合夏季晒坛，其成品冬菜色泽乌黑而有光泽，香气浓郁而醇正，滋味鲜美而回甜，组织结实而嫩脆，不失为腌菜之珍品。

3)叶绿素破坏。蔬菜原料中所含有的叶绿素在腌制过程中会逐渐失去其鲜绿的色泽。特别是腌制的后熟过程中，由于 pH 值下降，叶绿素在酸性条件下脱镁生成脱镁叶绿素，变成黄褐色或黑褐色。

4)外加有色物质。在腌咸菜的后熟腌制过程中，一般都加入辣椒、花椒、八角、桂皮、小茴香等香辛料，既能赋予成品香味，又使色泽加深。

4. 影响腌制的因素

影响腌制的因素有食盐、酸度、温度、气体成分、香料、蔬菜含糖量与质地等。食盐的影响已如前述。

（1）pH

微生物对 pH 均有一定要求，但各类微生物有差异。从腌制品中所涉及的微生物有：有益于发酵作用的微生物——乳酸菌、酵母菌比较耐酸；有害微生物除霉菌抗酸外，腐败细菌、丁酸菌、大肠杆菌在 pH 为 4.5 以下时，都能受到很大程度的抑制。为了抑制有害微生物活动，造成发酵的有利条件，因而在生产上腌制初期采用提高酸度的方法。

pH 对原料的蛋白质酶类及果胶酶的活性也有影响，如酸性蛋白酶 pH 为 4.0～5.5 时活性最强，而 pH 为 4.3～5.5 时果胶酶活性最弱。所以一般腌制品 pH 在 4～5 时，对保持脆性和蛋白质水解作用有利，但 pH 在 4～5 时，人们的味觉会感到过酸，若以食盐调味，人们对酸的感觉会降低。

总之食盐和 pH 在腌制中起很大的保藏作用，泡酸菜及糖醋菜为低盐高酸制品，咸菜类、酱菜类、盐渍菜为高盐低酸制品。在低盐高酸的条件下，以高酸弥补低盐的不足，而在高盐低酸条件下，以高盐来弥补低酸的不足，并促使蛋白质转化。

（2）温度

对于腌制发酵来说，最适宜温度在 20～32℃，但在 10～43℃ 范围内，乳酸菌仍可以生长繁殖，为了控制腐败微生物活动，生产上常采用的温度为 12～22℃，仅所需时间稍长而已。

温度对食盐的渗透和蛋白质的分解有较大的影响，温度相对增高，可以加速渗透和生化过程。温度在 30～50℃ 时，促进了蛋白酶活性，因而大多数咸菜如榨菜、冬菜、芽菜通过夏季高温，才能显示出蛋白酶的活力，使其蛋白质分解。尤其是冬菜要经过夏季暴晒，使其蛋白质充分转化，菜色变黑。

（3）原料的组织及化学成分

原料体积过大，致密坚韧，有碍渗透和脱水作用。为了加快细胞内外溶液渗透平衡速度可采用切分、搓揉、重压、加温来改变表皮细胞的渗透性。

原料中的糖对微生物的发酵是有利的，蔬菜原料中含糖 1%～3%，为了促进发酵作用可以加糖，1 g 糖乳酸发酵可以生成 1 g 乳酸，1 g 糖酒精发酵可以生成 0.51 g 酒精，因而进行乳酸或酒精发酵的腌制品需要一定的糖。由于发酵和调味等的要求，就需要加入稍多一点的糖，如新泡菜的腌制一般要加入 2%～3% 的糖。糖醋菜的糖，主要靠外加，它有保藏和调味的作用。

原料本身的含氮和果胶的高低，对制品的色香味及脆度有很大的影响。也就是含氮物及果胶含量高，对制品色香味及脆度有好的作用。但随着保存时间的延长，蛋白质分解彻底，咸菜类制品色香味较理想，脆度有所降低。

（4）气体成分

腌制品主要的发酵作用乳酸发酵需要嫌气的条件才能正常进行，而腌制中有害微生物酵母菌和霉菌均为好气性。这种嫌气条件对于抑制好氧性腐败菌的活动是有利的，也可防止原料中维生素 C 的氧化。酒精发酵以及蔬菜本身的呼吸作用会产生二氧化碳，造成有利于腌制的嫌气环境。咸菜类的嫌气是靠压紧菜块，密封坛口来解决，而湿态发酵制品则是靠密封的容器，原料淹没在液面下。

腌制蔬菜的卫生条件和腌制用水质量等也对腌制过程和腌制品品质有影响。

从上述影响因子看，食盐浓度、pH、空气条件及温度是生产中的主要因素。但必需科学地控制上述所列各因素，促进优变，防止劣变，才能腌制成优质的产品。

7.4.3 果蔬腌制工艺

1. 发酵性腌制品工艺

（1）泡菜

泡菜是我国很普遍的一种蔬菜腌制品，在西南和中南各省民间加工非常普遍，以四川泡菜最著名。泡菜因含适宜的盐分并经乳酸发酵，不仅咸酸适口，味美嫩脆，既能增进食欲，帮助消化，还具有保健作用。

1)原料选择。凡是组织致密、质地嫩脆、肉质肥厚而不易软化的新鲜蔬菜均可作泡菜原料，如藕、胡萝卜、青菜头、菊芋、子姜、大蒜、藠头、蒜苔、甘蓝、花椰菜等。将原料菜洗净切分，晾干明水备用。

2)发酵容器。泡菜乳酸发酵容器有泡菜坛、发酵罐等。

泡菜坛：以陶土为材料两面上釉烧制而成。大者可容数百千克，小者可容几千克，为我国泡菜传统容器。距坛口5～10 cm处有一圈坛沿，坛沿内掺水，盖上坛盖成"水封口"，可以隔绝外界空气，坛内发酵产生的气体可以自由排出，造成坛内嫌气状态，有利于乳酸菌的活动。因此泡菜坛是结构简单、造价低廉、十分科学的发酵容器。使用前应检查有无渗漏，坛沿、坛盖是否完好，洗净后用1.0%盐酸水溶液浸泡2～3 h以除去铅，再洗净沥干水分备用。

发酵罐：不锈钢制，仿泡菜坛设置"水封口"，具有泡菜坛优点，容积可达1～2 m³，能控温，占地面积小，生产量大，但设备投资大。

3)泡菜盐水配制。配制盐水应用硬水，硬度在16°H以上，如井水、矿泉水含矿物质较多，有利于保持菜的硬度和脆度。自来水硬度在25°H以上，可以用来配制泡菜水，且不必煮沸，否则会降低硬度。水还应澄清透明，无异味和无臭味。盐以井盐为好，如四川自贡盐、五通盐。海盐因含镁味苦而需焙炒后，方可使用。

配制比例：以水为准，加入食盐6%～8%，为了增进色香味，还可加入2.5%黄酒、0.5%白酒、3%白糖、1%红辣椒，以及茴香、草果、甘草、胡椒、山奈等浅色香料少许。并用纱布袋包扎成香料包，盛入泡菜坛中，以待接种老泡菜水或人工纯种扩大的乳酸菌液。

老泡菜水亦称老盐水，系指经过多次泡制，色泽橙黄、清晰，味道芳香醇正，咸酸适度，未长膜生花，含有大量优良乳酸菌群的优质泡菜水。可按盐水量的3%～5%接种，静置培养3 d后即可用于泡制出坯菜料。

人工纯种乳酸菌培养液制备，可选用植物乳杆菌、发酵乳杆菌和肠膜明串珠菌作为原菌种，用马铃薯培养基进行扩大培养，使用时将三种扩大培养菌液按5:3:2混合均匀后，再按盐水量的3%～5%接种到发酵容器中，即可用于出坯菜料泡制。

4)预腌出坯。按晾干原料量用3%～4%的食盐与之拌合，称预腌。其目的是增强细胞渗透性，除去过多水分，同时也除去原料菜中一部分辛辣味，以免泡制时过多地降低泡菜盐水的食盐浓度。为了增强泡菜的硬度，可在预腌同时加入 0.05%～0.1% 的氯化钙。预脆 24～48 h，有大量菜水渗出时，取出沥干明水，称出坯。

5)泡制与管理。入坛泡制，将出坯菜料装入坛内的一半，放入香料包，再装菜料至离坛口 6～8 cm 处，用竹片将原料卡住，加入盐水淹没菜料。切忌菜料露出水面，因接触空气而氧化变质。盐水注入至离坛口 3～5 cm。盖上坛盖，注满坛沿水，任其发酵。经 1～2 d，菜料因水分渗出而沉下，可补加菜料填满。

原料菜入坛后所进行的乳酸发酵过程，根据微生物的活动和乳酸积累量多少，对分为三个阶段：

发酵初期：以异型乳酸发酵为主，原料入坛后原料中的水分渗出，盐水浓度降低，pH 较高，主要是耐盐不耐酸的微生物活动，加大肠杆菌、酵母菌，同时原料的无氧呼吸产生二氧化碳，二氧化碳积累产生一定压力，便冲起坛盖，经坛沿水排出，此阶段可以看出坛沿水有间歇性的气泡冲出，坛盖有轻微的碰撞声。乳酸积累为 0.2%～0.4%。

发酵中期：主要是正型乳酸发酵，由于乳酸积累，pH 降低，大肠杆菌、腐败菌、丁酸菌受到抑制，而乳酸菌活动加快，进行正型乳酸发酵，含酸量可达 0.7%～0.8%。坛内缺氧，形成一定的真空状态，霉菌因缺氧而受到抑制。

发酵末期：正型乳酸发酵继续进行，乳酸积累逐渐超过 1.0%，当含量超过 12% 时，乳酸菌本身活动也受到抑制，发酵停止。

通过以上三个阶段发酵进程，就乳酸积累量、泡菜风味品质而言，以发酵中期的泡菜品质为优。如果发酵初期取食，成品咸而不酸有生味，发酵后期取食便是酸泡菜。成熟的泡菜，应及时取出包装，阻止其继续变酸。

泡菜取出后，适当加放补充盐水，含盐量达 6%～8%，又可加新的菜坯泡制，泡制的次数越多，泡菜的风味越好；多种蔬菜混泡或交叉泡制，其风味更佳。

若不及时加新菜泡制，则应加盐提高其含盐量至 10% 以上，并适量加入大蒜梗、紫苏藤等富含抗生素的原料，盖上坛盖，保持坛沿水不干，以防止泡菜盐水变坏，称"养坛"，以后可随时加新菜泡制。

泡制期中的管理。首先注意坛沿水的清洁卫生。坛内发酵后常出现一定的真空度，坛沿水可能倒灌入坛内，如果坛沿水不清洁就会带进杂菌，使泡菜水受到污染，可能导致整坛泡菜烂掉。即使是清洁的无菌的水吸入后也会降低盐水浓度，所以以加入 10% 的盐水为好。坛沿水还要注意经常更换，以防水干。发酵期中应每天轻揭盖 1～2 次，使坛内外压力保持平衡，避免坛沿水倒灌。

在泡菜的完熟、取食阶段，有时会出现长膜生花，此为好气性有害酵母所引起，会降低泡菜酸度，使其组织软化，甚至导致腐败菌生长而造成泡菜败坏。补救办法是先将菌膜捞出，缓缓加入少量酒精或白酒，或加入洋葱、生姜片等，密封几天花膜可自行消失。此外，泡菜中切忌带入油脂，因油脂飘浮于盐水表面，被杂菌分解而产生臭味。取放泡菜须用清洁消毒工具。

(2)酸菜

酸菜的腌制在全国各地十分普遍。北方、华中以大白菜为原料，四川则多以叶用芥菜、茎用芥菜为原料。根据腌制方法和成品状态不同，可分为两类，现将其工艺分述如下：

1)湿态发酵酸菜。四川多选用叶片肥大、叶柄及中肋肥厚、粗纤维少、质地细微的叶用芥菜，以及幼嫩肥大、皮薄、粗纤维少的茎用芥菜。去除粗老不可食部分，适当切分，淘洗干净，晒干，稍萎蔫。按原料重加 3%～4% 食盐干腌，入泡菜坛，稍加压紧，食盐溶化，菜水渗出，淹没菜料，盖上坛盖，加满坛沿水，任其自然发酵，亦可接种纯种植物乳杆菌发酵。在发酵初期除乳酸发酵外亦有轻微的酒精发酵及醋酸发酵。经半个月至 1 个月，乳酸含量积累达 1.2% 以上，高者可达 1.5% 以上便成酸菜。

东北、华北一带生产的清水发酵酸白菜，则是将大白菜选别分级，剥去外叶，纵切成两瓣，在沸水中漂烫 1～2 min，迅速冷却。将冷却后的白菜层层交错排列在大瓷缸中，注入清水，使水面淹过菜料 10 cm 左右，以重石压实。经 20 d 以上自然乳酸发酵即可食用。

2)半干态发酵酸菜。多以叶用芥菜、长梗白菜和结球白菜为原料，除去烂叶老叶，削去菜根，晾晒 2～3 d，晾晒至原重量的 65%～70%。腌制容器一般采用大缸或木桶。用盐量是每 100 kg 晒过的菜用 4～5 kg，如要保藏较长时间可酌量增加。

腌制时，一层菜一层盐，并进行揉压，要缓慢而柔和，以全部菜压紧实见卤为止。一直腌到距缸沿 10 cm 左右，加上竹栅，压以重物。待菜下沉，菜卤上溢后，还可加腌一层，仍然压上石头，使菜卤漫过菜面 7～8 cm，置凉爽处任其自然发酵产生乳酸，经 30～40 d 即可腌成。

2. 非发酵性腌制品工艺

（1）咸菜类

咸菜是我国南北各地普遍加工的一类蔬菜腌制品，产量大，品种多，风味各异，保存性好，深受人们喜爱。

1)咸菜。是一种最常见的腌制品，全国各地每年都有大量加工，四季均可进行，而以冬季为主。适用的蔬菜有芥菜、雪里蕻、白菜、萝卜、辣椒等，尤以前三种最常用。每年于小雪前后采收，削去菜根，剔除边皮黄叶，然后在日光下晒 1～2 d，减少部分水分，并使质地变软便于操作。

将晾晒后的净菜依次排入缸内(或池内)，每 100 kg 净菜加食盐 6～10 kg，依保藏时间的长短和所需口味的咸淡而定。按照一层菜铺一层盐的方式，并层层搓揉或踩踏，进行腌制。要求搓揉到见菜汁冒出，排列紧密不留空隙，撒盐均匀而底少面多，腌至八九成满时将多余食盐撒于菜面，加上竹栅压上重物。到第 2～3 d 时，卤水上溢菜体下沉，使菜始终淹没在卤水下面。

腌渍所需时间，冬季 1 个月左右，以腌至菜梗或片块呈半透明而无白心为标准。成品色泽嫩黄，鲜脆爽口。一般可贮藏 3 个月。如腌制时间过长，其上层近缸面的菜，质量渐次，开始变酸，质地变软，直至发臭。

2)榨菜。榨菜以茎用芥菜膨大的茎(青菜头)为原料，经去皮、切分、脱水、盐腌、拌料装坛(或入池)、后熟转味等工艺加工而成。由于在加工过程中曾将盐腌菜块用压榨法压出一部分卤水故称榨菜。在国内外享有盛誉，列为世界名腌菜。原为四川独产，现已发展至浙江、福建、上海、江西、湖南及台湾等省市。仅四川现年产10～12万吨,浙江、福建年产15万吨以上,畅销国内外。

榨菜生产由于脱水方法不同,又有四川榨菜(川式榨菜)与浙江榨菜(浙式榨菜)之分。前者为自然晾晒(风干)脱水,后者为食盐脱水,形成了两种榨菜品质上的差异。

①四川榨菜。其具有鲜香嫩脆、咸辣适当、回味返甜、色泽鲜红、块形整齐美观等特色。腌制的工艺流程可以概括如下:

原料选择→剥皮穿串→晾晒下架→头道盐腌制→二道盐腌制→修剪除筋→整形分级→淘洗上囤→拌料装坛→后熟清口→封口装竹篓→成品。

原料选择:加工榨菜所利用的原料系一种茎用芥菜,俗称为青菜头。原料宜选择组织细嫩、坚实、皮薄、粗纤维少、突起物圆钝、凹沟浅而小、整体呈圆形或椭圆形、体形不太大的菜头。菜头含水量宜低于94%,可溶性固形物含量应在5%以上。以立春前后5 d内收获的原料称为头期菜,品质最好。过早采收单产低,过迟菜抽苔,肉质变老,制成产品榨菜品质低劣。

剥皮穿串:收购入厂的菜头必须先用剥菜刀把基部的粗皮老筋剥完。然后根据榨菜头的重量适当切分,250～300 g的可不划开,300～500 g的划成2块,500 g以上的划成3块的原则,分别划成150～250 g重的菜块。划块时要求划得大小比较均匀,每一块要老嫩兼备,青白齐全,成圆形或椭圆形。这样晾晒时才能保证干湿均匀,成品比较整齐美观。剥皮后直接用蔑丝或聚丙烯塑料带(打包带)沿切面平行的方向穿过,称排块法穿串,穿满一串两头竹丝回穿于菜块上,每串可穿菜块4～5 kg,长约2 m。

晾晒下架:将穿好的菜块搭在架上将菜块的切面向外,青面向里使其晾干。在晾晒期中如自然风力能保持2～3级,大致经过7～10 d时间即可达到脱水程度,菜块即可下架准备进行腌制了。凡脱水合格的干菜块,手捏觉得菜块周身柔软而无硬心,表面皱缩而不干枯,无霉烂斑点、无黑黄空花、无发梗生芽、无棉花包等异变。

晾晒中若遇久晴不雨、太阳大,菜块易"发梗";久雨不晴,菜块易生漩腐烂,发现生漩应及时除去,以免蔓延,严重时应及时下架,按照菜块重加2%食盐腌制1 d,腌制1 d取出囤干明水,然后按下面正常腌制法进行。

腌制:目前大多采用大池腌制,菜池为地下式,规格有3.3 m×3.3 m×3.3 m、4 m×4 m×2.3 m,用耐酸水泥做内壁,或铺耐酸瓷砖,每池可腌制菜块2.5～2.7万吨。

第一次腌制,也称头道盐腌制。将干菜块称重后装入腌制池,一层厚30～45 cm,重800～1000 kg,用盐32～40 kg(按菜重的4%),一层菜一层盐,如此装满池为止,每层都必须用人工或踩池机踩紧,以表面盐溶化,出现卤水为宜。顶层撒上由最先4～5层提留10%的盖面盐。腌制3 d即可用人工或起池机起池,一边利用菜卤水淘洗一边起池边上囤,池内盐水转入专用澄清池澄清,上囤高1 m为宜,同时可人踩压,踩出的菜水也让其流入澄清池。上囤24 h后即为半熟菜块。

第二次腌制,经过头道盐腌制的半熟菜块过秤再入池进行二道腌制。方法与头道腌制相同,但每层菜量减少为600～800 kg,用盐量为半熟菜块的6%,即每层36～48 kg,每层用力压紧,顶层撒盖面盐,早晚踩池一次,7 d后菜上囤,踩压紧实,24 h后即为毛熟菜块。

修剪除筋和整形分级：用剪刀仔细剔净毛熟菜块上的飞皮、叶梗基部虚边，再用小刀削去老皮、黑斑烂点，抽去硬筋，以不损伤青皮、菜心和菜块形态为原则。修剪的同时按大菜块、小菜块、碎菜块分别堆放。

淘洗上囤：将分级的菜块用经过澄清的盐水或新配制的含盐量为8％的盐水人工或机械淘洗。除去菜块上的泥沙污物，随即上囤踩紧，24 h后流尽表面盐水，即成为净熟菜块。

拌料装坛：按净熟菜块质量配好调味料：食盐按大、小、碎菜块分别为6％、5％、4％，红辣椒粉1.1％，整形花椒0.03％及混合香料末0.12％。混合香料末的配料比例为八角45％、白芷3％、山柰15％、桂皮8％、干姜15％、甘草5％、砂头4％、白胡椒5％，事先在大菜盆内充分拌和均匀。再撒在菜块上均匀拌和后装坛。

装坛前检查榨菜坛，应无砂眼、缝隙。榨菜坛要洗净，并用酒精擦抹，晾干待用。装坛前先在地面挖一坛窝，以稳住坛子不动摇，以便于操作。菜要分次装，每坛宜分五次装满，排除坛内空气，切勿留有空隙。在坛口菜面上再撒一层红盐，约60 g（红盐比例：食盐1 kg加辣椒粉25 kg，拌匀）。在红盐面上交错盖上2～3层干净玉米壳，再用干萝卜叶扎紧坛口，封严，入库堆码后熟。

后熟及清口：刚拌料装坛的菜块尚属生榨菜，其色泽鲜味和香气还未完全形成。经存放在阴凉干燥处后熟一段时间，生味逐渐消失，色泽蜡黄，鲜味、香气开始显现。一般说来，榨菜的后熟期至少需要两个月，时间延长，品质会更好。装坛后1个月即开始出现坛口翻水现象，即坛口菜叶逐渐被上升的盐水浸湿，进而有黄褐色的盐水由坛口溢出坛外，这是正常现象，是因坛内发酵作用产生气体或品温升高菜水体积膨胀所致，翻水现象至少要出现2～3次，即菜水翻上来之后不久又落下去，过一段时间又翻上来，再落下去，如此反复2～3次，每次翻水后取出菜叶并擦净坛口及周围菜水，换上干菜叶扎紧坛口，这一操作称为"清口"，一般清口2～3次。坛内保留盐水约750 g，即可封口。如装坛后一月内无翻水现象，说明菜块已出问题，应开坛检查找出原因及时补救。

封口装竹篓：封口用水泥沙浆，比例为水泥：河沙：水＝2：1：2，沙浆充分拌和后涂敷在坛口上，中心留一小孔，以防爆坛。水泥未凝固前打上厂印。水泥干固后套上竹篓即为成品，出厂运销。

②浙江榨菜：浙江因青菜头采收期4～5月份正值雨季，难以自然晾晒风干脱水，而采用食盐直接腌制脱水。其加工方法如下：

原料收购→剥菜→头次腌制→头次上囤→二次腌制→二次上囤→修剪挑筋→分级整形→淘洗上榨→拌料装坛→覆查封口→成品。

青菜头收购、剥菜：标准和操作与涪陵榨菜相同。

头次腌制：腌制池与涪陵榨菜腌制池大致相同，菜块过秤后入池，同样一层菜一层盐至池口平，每层菜约800 kg，厚15～17 cm，每100 kg菜用盐3～3.5 kg。撒盐仍为底轻上重，下面十几层每层留面盐1 kg全部撒在顶层作面盐，层层踩紧，面层铺上竹编隔板，加压重石，每一立方米需加压2～2.5 t。

头次上囤：腌制一定时间后（一般不超过3 d）即须出池，进行第一次上囤。先将菜块在原池的卤水中淘洗，洗去泥沙后即可上囤，面上压以重物，以卤水易于沥出为度。上囤时间勿超过1 d，出囤时菜块重为原重的62％～63％。

　　二次腌制：菜块出囤后过磅，进行第二次腌制。操作方法同前，但菜块下池时每层不超过 13～14 cm。用盐量为出囤后菜块重的 5%。在正常情况下腌制一般不超过 7 d，若需继续腌制，则应翻池加盐，每 100 kg 再加盐 2～3 kg，灌入原卤，用重物压好。

　　二次上囤：操作方法同前一次上囤，这次囤身宜大不宜小，菜块上囤后只须耙平压实，面上可不压重物，上囤时间以 12 h 为限。出囤时的折率约为 68%。

　　修整挑筋：出囤后将菜块进行修剪，修去粗筋，剪去飞皮和菜耳，使外观光滑整齐，整理损耗约为第二次出囤菜块的 5%。

　　淘洗上榨：整理好的菜块再进行一次淘洗，以除尽泥沙。淘洗缸需备两只以上，一供初洗，二供复洗，初洗时所用卤水为第二次腌制后的滤清菜卤。洗净后上榨，上榨时榨盖一定要缓慢下压，使菜块外部的明水和内部可能压出的水分徐徐压出，而不使菜块变形或破裂。上榨时间不宜过久，程度须适当，勿太过或不及，必须掌握榨折率在 85%～87% 之间。

　　拌料装坛：出榨后称重，按每 100 kg 加入辣椒粉 1.75 kg、花椒 65～95 g、五香粉 95 g、甘草粉 65 g、食盐 5 kg、苯甲酸钠 60 g。先将各配料混合拌匀，再分两次与菜块同拌，务使拌料均匀一致。拌好即可装坛，每坛分五次装满，每次菜块装入时，均须三压三捣，使各部分紧实，用力要均匀，防止用力过猛而使菜块或坛破损。每坛装至距坛口 2 cm 为止，再加入面盐 50 g，塞好干菜叶(干菜叶是用新鲜榨菜叶经腌渍晒干的咸菜叶)。塞口时必须塞得十分紧密。装坛完毕后，坛面要标明毛重、净重、等级、厂名、装坛日期和装坛入编号。

　　覆查封口：装坛后 15～20 d 内，进行覆口检查，取出塞口菜，如坛面菜块下落，应追加同级菜块，如坛面出现生花发霉，应将菜块取出，另换新菜，再加面盐，按四川榨菜方法封口。

　　(2)酱菜类

　　蔬菜的酱制是取用经盐腌保藏的咸坯菜，经去咸排卤后进行酱渍。在酱渍过程中，酱料中的各种营养成分和色素，通过渗透、吸附作用进入蔬菜组织内，而制成滋味鲜甜、质地脆嫩的酱菜。酱菜加工各地均有传统制品，如扬州的什锦酱菜、绍兴的酱黄瓜、北京的"六必居"酱菜园都很有名。优良的酱菜除应具有所用酱料的色、香、味外，还应保持蔬菜固有的形态和质地脆嫩的特点。

　　酱菜的原料绝大多数是利用新鲜蔬菜收获季节先行腌制的咸菜坯，为了提高咸菜坯的保藏期，在腌制时都采用加大食盐用量的办法来抑制微生物的活动。所以咸菜坯的含盐量都很高，在酱渍前均需对咸菜坯进行脱盐工艺。咸菜坯的食盐量一般在 20%～22% 之间，酱渍时应使菜坯盐分控制在 10% 左右。通常将咸菜坯加入一定量的清水浸泡去咸，加水量与浸泡时间可根据咸菜坯的盐分、气温高低而定。

　　菜坯经清水浸泡去咸后，捞出时将淡卤自然加压排除。传统的操作是将菜坯从缸内捞出装入篾箩或布袋中，一般是每三箩或每五袋相互重叠利用自重自然排卤，隔 1～1.5 h 上下相互对调一次，使菜坯表层的淡卤排出均匀，以保证酱渍质量。

　　酱渍的方法有三：其一是直接将处理好的菜坯浸没在豆酱或甜面酱的酱缸内；其二是在缸内先放一层菜坯再加一层酱，层层相间地进行酱渍；其三是将原料先装入布袋内然后用酱覆盖。酱与菜坯的比例一般为5∶5，最少不低于3∶7。

在酱渍过程中要进行搅动，使原料能均匀地吸附酱色和酱味，同时使酱的汁液能顺利地渗透到原料组织中去。成熟的酱菜不但色、香、味与酱完全一致，而且质地嫩脆，色泽酱红呈半透明状。

由于去咸菜坯中仍含有较多的水分，入酱后菜坯中的水分会逐渐渗出使酱的浓度不断降低。为了获得品质优良的酱菜，最好连续进行三次酱渍。即第一次在第一个酱缸内进行酱渍，1周后取出转入第二个酱缸内，再用新鲜的酱酱渍1周，随后取出转入第三个酱缸内继续酱渍1周，至此酱菜才算成熟。酱渍的时间长短随菜坯种类及大小而异，一般需15～20 d。如果在夏天酱渍由于温度高，酱菜的成熟期限可以大为缩短。

在常压下酱渍，时间长，酱料耗量也大，可采用真空—压缩速制酱菜新工艺，使菜坯置密封渗透缸内，抽一定程度真空后，随即吸入酱料，并压入净化的压缩空气，维持适当压力及温度十几小时到3 d，酱菜便制成，比常压渗透平衡时间缩短10倍以上。

在酱料中可加入各种调味料酱制成不同花色品种的酱菜。如加入花椒、香料、料酒等制成五香酱菜，加入辣椒酱制辣酱菜，将多种菜坯按比例混合酱渍，或已酱渍好的多种酱菜按比例搭配包装制成八宝酱菜、什锦酱菜。

（3）糖醋菜类

糖醋菜类各地均有加工，以广东的糖醋酥姜、镇江的糖醋大蒜、糖醋萝卜较为有名。原料以大蒜、萝卜、黄瓜、生姜等为主。由于各地配方不一，风味各异，制品甜而带酸，质地脆嫩，清香爽口，深受人们欢迎。

1）糖醋大蒜。选用鳞茎整齐、肥大色白、肉质鲜嫩的大蒜用于加工。先切去根部和假茎，剥去包在外面的粗老外衣2～3层，在清水中洗净沥干，进行腌制。

腌制时，按每100 kg鲜蒜头用盐10 kg，分层腌入缸中，一层蒜头一层盐，装到半缸或大半缸时为止。腌后每天早晚各翻缸一次，连续10 d即成咸蒜头。

把腌好的咸蒜头从缸内捞出沥干卤水，摊铺在晒席上晾晒，每天翻动一两次，晒到100 kg咸蒜头减重至70 kg左右为度。按晒后重每100 kg用食醋70 kg，红糖18 kg，糖蜜素60 g。先将醋加热至80℃，加入红糖令其溶解，稍凉片刻后加入糖蜜素，即成糖醋液。将晒过的咸蒜头先装入坛内，只装3/4坛并轻轻摇晃，使其紧实后灌入糖醋液至近坛口，将坛口密封保存。1个月后即可食用。在密封的状态下可供长期贮藏。糖醋渍时间越长，制品品质会更好。

2）糖醋藠头。藠头实为薤，形状美观，肉质洁白而脆嫩，是制作糖醋菜的好原料。原料采收后除去霉烂、带青绿色及直径过小的藠头，剪去根须和梗部，保留梗长约2 cm，用清水洗净泥沙。

腌制时，按每100 kg原料用盐5 kg。将洗净的原料沥去明水，放在盆内加盐充分搅拌均匀，然后倒入缸内，至八成满时，撒上面盐，盖上竹帘，用大石头均匀压紧，腌30～40 d，使藠头腌透呈半透明状。捞出沥去卤水，并用等量清水浸泡去咸，时间为4～5 h。最后用糖醋液，方法和蒜头渍法基本相同，但所用糖醋液配料为2.5％～3％的冰醋酸液70 kg，白砂糖18 kg，糖蜜素60 g。不可用红糖和食醋，这样才能显出制品本身的白色。口味也可根据消费者的爱好而变化。

7.5　果蔬发酵加工

以果蔬为原料，经过酒精发酵或醋酸发酵酿制而成的产品很多，以下仅介绍果酒、果醋的酿造原理和生产工艺。

7.5.1　果酒酿造

1. 果酒分类

果酒是果汁(浆)经过酒精发酵酿制而成的含醇饮料。果酒种类很多，分类方法各异。根据制作方法和成品特点不同，一般将果酒分为以下几类：

1)发酵果酒。用果汁或果浆经酒精发酵酿造而成，如葡萄酒、苹果酒、柑橘酒等。根据发酵程度不同，又分全发酵果酒(果汁或果浆中的糖分全部发酵，残糖在 1% 以下)与半发酵果酒(果汁或果浆中的糖分部分发酵)两类。

2)蒸馏果酒。果品经酒精发酵后，再通过蒸馏所得到的酒，如白兰地、水果白酒等。

3)配制果酒。又称露酒，是指将果实或果皮、鲜花等用酒精或白酒浸泡取露，或用果汁加酒精，再加糖、香精、色素等食品添加剂调配而成的果酒。其酒名与发酵果酒相同，但制法各异，品质也有差异。

4)起泡果酒。酒中含有二氧化碳的果酒。以葡萄酒为酒基，再经后发酵酿制而成的香槟酒为其珍品，我国生产的小香槟、汽酒亦属此类。

5)加料果酒。以发酵果酒为酒基，加入植物性芳香物或药材等制成。例如加香葡萄酒，将芳香的花卉或果实用蒸馏法或浸渍法制成香料，加入酒内，赋予葡萄酒独特的香气。也可将人参、丁香或鹿茸等名贵中药材或其提取物加入葡萄酒中，使酒对人体具有滋补和防治疾病的功效。这类酒有味美思、人参葡萄酒、参茸葡萄酒等。

由于以果品为原料制得的酒类，以葡萄酒的产量和类型最多，现将葡萄酒的主要分类方法介绍如下，其他种类可参照划分。

(1)按颜色分类

1)红葡萄酒。红葡萄带皮发酵酿造而成，酒液含有果皮或果肉中的有色物质，酒的颜色呈自然宝石红、石榴红、深宝石红或紫红等。

2)白葡萄酒。用白葡萄或红皮白肉的葡萄分离取汁发酵酿造而成，酒的颜色近似无色、浅黄、金黄、禾秆黄等。

3)桃红葡萄酒。用红葡萄短时间浸提分离发酵酿制而成。酒的颜色分为桃红色或浅玫瑰红色。

(2)按含糖量分类

1)干葡萄酒。含糖量(以葡萄糖计，下同)≤4.0 g/L 的葡萄酒。

2)半干葡萄酒。含糖量 4.1~12.0 g/L 的葡萄酒。

3)半甜葡萄酒。含糖量 12.1~50.0 g/L 的葡萄酒。

4)甜葡萄酒。含糖量≥50.1 g/L 的葡萄酒。

（3）按酿造方法分类

1)天然葡萄酒。完全用果实中的糖为原料发酵而成，不添加其他糖或酒精的葡萄酒。

2)加强葡萄酒。在葡萄酒发酵过程中或发酵成原酒后，添加白兰地或脱臭酒精以提高酒精度的称加强干葡萄酒；除提高酒精度外，还提高含糖量的称加强甜葡萄酒。

3)加香葡萄酒。以葡萄原酒浸泡芳香植物(成分)，再经调配而成。如味美思、丁香葡萄酒等。

（4）按是否含二氧化碳分类

1)平静葡萄酒。在 20℃时，二氧化碳的压力<0.05 MPa 的葡萄酒。

2)起泡葡萄酒。葡萄原酒经密闭二次发酵产生二氧化碳，在 20℃时二氧化碳的压力≥0.35 MPa(以 250 mL/瓶计)的葡萄酒。

3)加气起泡葡萄酒。在 20℃时，二氧化碳(全部或部分由人工充入)的压力≥0.35 MPa(以 250 mL/瓶计)的葡萄酒。

此外，按饮用时间及用途还可将葡萄酒分为餐前酒(开胃酒)、佐餐酒和餐后酒等。

2. 果酒酿造原理

（1）酒精发酵及其产物

1)酒精发酵的化学反应。酒精发酵是非常复杂的一系列生化反应，有许多中间产物生成，需大量的酶参与，这一过程的反应步骤很多，但其主要机制是糖酵解途径，总体可以分为 4 步。

己糖的磷酸化作用，最后形成 1,6-二磷酸果糖；1,6-二磷酸果糖裂解，形成在异构酶作用下可以互相转化的 3-磷酸甘油醛和磷酸二羟基丙酮；3-磷酸甘油醛经过一系列变化，形成丙酮酸；在无氧条件下，丙酮酸经过脱羧，还原产生酒精。

2)酒精发酵的主要副产物：

①甘油。在无氧条件下，酵母菌的正常发酵产物为酒精，但在特定的条件下，酵母也可进行甘油发酵。在葡萄酒酿造中，由于添加二氧化硫，就迫使一部分乙醛不能作为氢的受体而被还原成酒精，从而使磷酸二羟基丙酮代替乙醚，最后形成少量的甘油。在葡萄酒中，甘油含量为 6~10 g/L。它一方面具有甜味，另一方面使葡萄酒具有圆润感。

②高级醇。高级醇指碳原子数超过 2 的脂肪族醇类。这些高级醇的混合物也叫杂醇油，是酒精发酵的主要副产物。在葡萄酒中含量很低，但它们是构成葡萄酒酒香的主要物质，在葡萄酒中主要有异丙醇、异戊醇等，形成途径以氨基酸脱氨及脱羧为主，不同的酵母菌种、葡萄组成、发酵条件等都影响这一类物质的形成。

③醋酸。醋酸主要由乙醛经过氧化还原作用而生成，是葡萄酒挥发酸的主要成分。葡萄酒中含量过高，就会具酸味。

④乳酸。乳酸主要来源于酒精发酵和苹果酸-乳酸发酵，在葡萄酒中，其含量一般低于 1 g/L。

此外，在葡萄酒发酵过程中，还产生很多的副产物，如琥珀酸、乙醛、丙酸，乙酸酐、2,3-二羟基丁酸、乙醇酸、香豆酸、3-羟基丁酮等。这些成分量少，却都是呈味物质，给葡萄酒带来一定的风味。

（2）酯类及其形成

酯类赋予果酒独特的香味，是葡萄酒芳香的重要来源之一。一般把葡萄酒的香气分为三大类：第一类是果香，它是葡萄果实本身具有的香气，又叫一类香气；第二类是发酵过程中形成的香气，称为酒香，又叫二类香气；第三类香气是葡萄酒在陈酿过程中形成的香气，称为陈酒香，又叫三类香气。

果酒中酯的生成有两个途径，即陈酿和发酵过程中的酯化反应和发酵过程中的生化反应。

酯化反应是指酸和醇生成酯的反应，即使在无催化的情况下照样发生。葡萄酒中的酸主要有醋酸、琥珀酸、异丁酸、己酸和辛酸的乙酯，还有癸酸、己酸和辛酸的戊酯等。酯化反应为可逆反应，一定程度时可达平衡，此时遵循质量作用定律。酯的含量随葡萄酒的成分和年限不同而异，新酒一般为 $176\sim264$ mg/L，老酒为 $792\sim880$ mg/L。

（3）果酒的氧化还原作用

氧化还原作用与葡萄酒的芳香和风味关系密切，在不同阶段需要的氧化还原电位不一样，在成熟阶段，需要氧化作用，以促进单宁与花色苷的缩合，促进某些不良风味物质的氧化，使易氧化沉淀的物质沉淀除去。在酒的老化阶段，则希望处于还原状态为主，以促进酒的芳香物质产生。

氧化还原作用还与酒的破败病有关，即葡萄酒暴露在空气中，常会出现浑浊、沉淀、退色等现象。如铁的破败病与 Fe^{2+} 浓度有关，Fe^{2+} 被氧化为 Fe^{3+}，电位上升，同时也就出现了铁破败病。

（4）果酒发酵微生物

果酒酿造的成败和品质的好坏与微生物的活动有密切的关系，首先决定于参与发酵的微生物种类。凡是有霉菌和细菌等有害微生物的参与，酿造必会失败。酵母菌是果酒发酵的主要微生物，而酵母的种类很多，其生理功能各异，有良好的发酵菌种，也有危害性的菌种存在。

果酒酿制需选用优良的酵母菌进行酒精发酵，防止杂菌的参与。优良葡萄酒酵母菌应具备的主要特征：发酵能力强，可使酒精含量达到 $12\%\sim16\%$，发酵效率高，可将果汁中的糖分充分发酵转化成酒精；抗逆性强，能在经二氧化硫处理的果汁中进行繁殖和发酵；生香性好，在发酵中可产生芳香物质，赋予果酒的特殊风味。葡萄酒酵母不仅是葡萄酒酿制的优良酵母，也可作为苹果、柑橘及其他果酒的酿制菌种。

果实上附着大量的野生酵母，随破碎压榨带入果汁中参与酒精发酵。常见的有巴氏酵母菌和尖端酵母菌等。这些酵母菌的抗硫能力较强。如尖端酵母菌能忍耐 470mg/L 的游离二氧化硫，其繁殖速度快，常在发酵初期活动占优势。但其发酵力较弱，只能发酵到酒精含量 $4\%\sim5\%$。果酒配制采用接种优良酵母菌，使在果酒发酵中形成优势来抑制野生酵母的活动。

空气中的产膜酵母（又名伪酵母或酒花酵母菌）、圆酵母、醋酸菌以及其他菌类也常侵入发酵液中活动。常在果酒发酵前或酒精发酵较弱时，在发酵液表面繁殖并生成一层灰白色或暗黄色的菌丝膜。它们很强的氧化代谢力将糖和乙醇分解为挥发性酸和醛等物质，干扰正常的发酵进行。由于这些杂菌的繁殖需要充足的氧气，且其抗硫力弱，在生产上可采用减少空气，强化硫处理和接种优良酵母菌等措施来抑制其活动。

（5）影响酒精发酵的因素

1）温度。液态酵母的活动最适温度为 20～30℃。在 20～30℃的温度范围内，每升高 1℃，发酵速度升高 10%，发酵速度随着温度的提高而加快。但是，发酵速度越快，停止发酵越早，因为在这种情况下，酵母菌的疲劳现象出现较早。

2）氧气。酵母菌繁殖需要氧，在完全的无氧条件下，酵母菌只能繁殖几代，然后就停止。这时，只要给予少量的空气，它们又能出芽繁殖，如果缺氧时间过长，多数酵母菌细胞就会死亡。在进行酒精发酵以前，对葡萄的处理（破碎、除梗、泵送以及葡萄汁的澄清等）保证了部分氧的溶解。在发酵过程中，氧越多，发酵就越快越彻底，因此，在生产中常用倒罐的方式来促进发酵。

3）酸度。酵母菌在中性或微酸性条件下，发酵能力最强。如在 pH 4.0 的条件下，其发酵能力比在 pH 3.0 时更强。在 pH 很低的条件下，酵母菌活动生成挥发酸或停止活动。因此，酸度并不有利于酵母菌的活动，但都能抑制其他微生物（如细菌）的繁殖。

4）其他因素。如果要使酒精发酵正常进行，基质中糖的含量应高于或等于 20 g/L。低浓度乙醛可促进酒精发酵。丙酮酸以及长链的有机酸等都能促进酒精发酵。有的酵母菌在酒精含量为 4% 时就停止活动，而有的则可抵抗 16%～17% 的酒精。

3. 葡萄酒酿造工艺

很多种类和品种的果品都可以用于酿制果酒，但以葡萄酒产量最多，以下主要介绍葡萄酒的酿造。

优质红葡萄酒、白葡萄酒的酿造工艺如下：

（1）原料的选择与处理

原料选择与处理 → 破碎、除梗 → 葡萄浆 → 成分调整 → 主发酵 → 压榨 →
（SO₂；糖、酸；酒母 ← 扩大培养 ← 酒母活化）

后发酵 → 陈酿 → 调配 → 过滤 → 包装 → 干红葡萄酒

原料 → 破碎 → 压榨取汁 → 葡萄汁 → 葡萄汁澄清 → 成分调整 → 酒精发酵 →
（SO₂；糖、酸；酒母）

换桶、添桶 → 陈酿 → 勾兑 → 过滤 → 包装 → 干白葡萄酒

原料的选择和处理包括原料品种的选择及其采收、运输与分选。

1）品种。干红葡萄酒要求葡萄色泽深、香味浓郁、果香典型、糖含量高（21 g/100 mL）、酸含量适中（0.6～1.2 g/100 mL）的品种。适于酿制红葡萄酒的葡萄品种有法国兰、佳丽酿、汉堡麝香、赤霞珠、蛇龙珠、品丽珠、黑乐品等。

干白葡萄酒要求果粒充分成熟，即将达完熟，具有较高的糖分和浓郁的香气，出汁率高。常用的品种有龙眼、雷司令、贵人香、白羽、李将军等。

2）采收、分选与运输。葡萄采后应及时将不同品种、不同质量的葡萄分别存放，保

证发酵与贮酒的正常进行。采摘的葡萄放入木箱、塑料箱或编织筐内。不能过满，以防挤压，也不宜过松，以防运输途中颠簸而破碎。

（2）破碎与除梗

红葡萄酒的发酵是带葡萄皮与种子的葡萄浆液混合发酵，所以发酵前的葡萄要除梗、破碎。将果粒压碎，使果汁流出的操作称为破碎。破碎只要求破碎果肉，不伤及种子和果梗。因种子中含有大量单宁、油脂及糖苷，会增加果酒的苦涩味。破碎便于压榨取汁，氧的溶入增加，有利于红葡萄酒色素的浸出；有利于 SO_2 均匀地分散于果汁中，增加酵母与果汁接触的机会。凡与果肉、果汁接触的破碎设备部件，不能用铜、铁等材料制成，以免铜、铁溶入果汁中，增加金属离子含量，使酒发生铜或铁败坏病。

破碎后应立即将果浆与果梗分离，这一操作称为除梗。可在破碎前除梗，也可在破碎后，或破碎、除梗同时进行。除梗具有防止果梗中的青草味和苦涩物质溶出，减少发酵醪体积，便于输送，防止果梗固定色素而造成色素的损失等优点。白葡萄酒的原料破碎时不除梗，破碎后立即压榨，利用果梗作助滤剂，提高压榨效果。

破碎可手工，也可采用机械。手工法用手挤或木棒捣碎，也有用脚踏。破碎机有双辊式破碎机、鼓形刮板式破碎机、离心式破碎机等。现代生产常采用破碎与去梗同时进行。

（3）压榨与澄清

压榨是将葡萄汁或刚发酵完成的新酒通过压力分离出来的操作。红葡萄酒带渣发酵，当主发酵完成后及时压榨取出新酒。白葡萄酒取净汁发酵，故破碎后应及时压榨取汁。在破碎后不加压力自行流出的葡萄汁称自流汁，加压之后流出的汁为压榨汁。前者占果汁的 50%～55%，质量好，宜单独发酵制取优质酒。压榨分两次进行，第一次逐渐加压，尽可能压出果肉中的汁，而不压出果梗中的汁，然后将残渣疏松，加入或不加水作第二次压榨。第一次压榨汁占果汁的 25%～35%，质量稍差，应分别酿制，也可与自流汁合并。第二次压榨汁占果汁的 10%～15%，杂味重，质量差，宜作蒸馏酒成其他用途。压榨应尽量快速，以防止氧化和减少浸提。

澄清是配制白葡萄酒的特有工序，以便取得澄清果汁发酵。因压榨汁中的一些不溶性物质在发酵中会产生不良效果，给酒带来杂味。用澄清汁制取的白葡萄酒胶体稳定性高，对氧的作用不敏感，酒色淡，芳香稳定，酒质爽口。澄清方法有静置澄清、酶法澄清两种主要方法。在静置时每升葡萄汁中需有 150～200 mg 的二氧化硫，以防止发酵而影响澄清。静置 24 h 左右，澄清后即可分离沉淀取得澄清汁。酶法澄清是利用果胶酶水解果汁中的果胶，降低果汁黏度，促使细小微粒迅速下沉，达到澄清目的。果胶酶的用量应根据酶活力而定，可先做小试验，再确定用量。此外，高速离心或用压滤机等方法也可使果汁澄清。

（4）添加 SO_2 与成分调整

1）添加 SO_2。在葡萄汁发酵前添加适量的 SO_2，具有杀菌、澄清、抗氧化、增酸等作用，促进色素和单宁溶出，使酒的风味变好。但用量过高，可使葡萄酒具有怪味，且对人体产生毒害，并可推迟葡萄酒成熟。

SO_2 的添加量与葡萄品种及其状况、葡萄汁成分、温度、微生物及其活力、酿酒工艺及时期等有关。我国规定成品葡萄酒中化合态的 SO_2 含量小于 250 mg/L，游离状态的 SO_2 含量小于 50 mg/L。酿制红葡萄酒时，SO_2 用量见表 7-5。

表 7-5　发酵基质中 SO_2 浓度　　　　　　　　　　　　　　（单位：mg/L）

原料状况	酒种类	
	红葡萄酒	白葡萄酒
无破损、霉变，含酸量高	30~50	60~80
无破损、霉变，含酸量低	50~100	80~100
果实破裂，有霉变	60~150	100~120

添加的 SO_2 有气体、液体和固体，通常添加液体或固体。添加液体的方法是将市售的浓度为 5%～6% 的亚硫酸试剂按用量要求添加到葡萄浆液中；添加固体的方法是将偏重亚硫酸钾配成浓度为 10% 的溶液（其中 SO_2 的含量约 5%），然后按用量要求添加到葡萄浆液中。

酿制红葡萄酒时，SO_2 应在葡萄破碎除梗后、果浆入发酵罐前加入，并且一边装罐，一边加入 SO_2，装罐完毕后进行一次倒罐，使 SO_2 与发酵基质混合均匀。切忌在破碎前或破碎除梗时对葡萄原料进行 SO_2 处理，否则 SO_2 不易与原料均匀混合，且 SO_2 挥发或被果梗固定而造成损失。

2) 葡萄汁的成分调整。葡萄汁成分的调整包括糖与酸的调配。

① 糖的调整。通过添加浓缩葡萄汁或蔗糖调整葡萄汁的含糖量。

加糖调整。常用纯度为 98%～99% 的白砂糖，在酒精发酵刚开始时添加。用少量果汁将糖溶解，再加到大批果汁中，搅拌均匀。加糖量以发酵后的酒精含量作为主要依据，理论上，16.3 g/L 糖可发酵生成 1%（或 1 mL）酒精，考虑酵母的呼吸消耗以及发酵过程中生成甘油、酸、醛等，实际按 17 g/L 计算。

添加浓缩葡萄汁。在主发酵后期添加，添加时要注意浓缩汁的酸度，若浓缩葡萄汁的酸度不高，加入后不影响原葡萄汁酸度，可不作任何处理；若浓缩葡萄汁的酸度太高，则在浓缩汁中加入适量的碳酸钙中和，降酸后使用。添加量以发酵后的酒精含量作为主要依据。添加浓缩葡萄汁调整糖度前，首先要了解葡萄汁的含糖量、浓缩葡萄汁的含糖量以及调整后葡萄汁的含糖量，然后按十字交叉法计算。

② 酸的调整。葡萄浆液的酸度低时，有害菌易侵染，影响酒质。一般将酸度调整到 6~10 g/L，pH 3.3~3.5。该酸度条件下，最适宜酵母菌的生长繁殖，又可抑制细菌繁殖，使发酵顺利进行。酸使红葡萄酒的色泽鲜明；使酒味清爽，并使酒具有柔和感；与醇生成酯，增加酒的芳香；增加酒的贮藏性和稳定性。

添加酒石酸和柠檬酸。一般添加酒石酸调整葡萄浆液的酸度，因葡萄酒的质量标准要求葡萄酒的柠檬酸含量小于 1.0 g/L，所以柠檬酸的用量一般小于 0.5 g/L。加工红葡萄酒时，最好在发酵前添加酒石酸，利于色素的浸提；若添加柠檬酸，应在苹果酸-乳酸发酵后再加。加酸时，先用少量的葡萄汁将酸溶解，缓慢倒入葡萄汁中，同时搅拌均匀。加酸量以葡萄汁液的含酸量以及调整后葡萄汁所要求的含酸量为主要依据。

添加未成熟葡萄的压榨汁。添加未成熟葡萄的压榨汁调整葡萄汁的酸度，首先要了解原葡萄汁的酸度、未成熟葡萄压榨汁的酸度以及调整后葡萄汁的酸度,然后按十字交叉法计算。

(5)酒母的制备

葡萄酒生产常用的酵母有天然葡萄酒酵母、试管斜面培养的优良纯种葡萄酒酵母和活性干酵母。最常用的是后两种。发酵时,酵母的用量为 1%～10%。

1)纯种酵母的扩大培养。纯种酵母的扩大培养包括试管斜面活化、一级培养(试管或三角瓶培养)、二级培养、三级培养和酒母罐培养。

①试管斜面活化。长时间低温保藏的菌种已衰老,需转接于 5°Bé 的麦芽汁制成的斜面培养基上,在 25～28℃下培养 1～2 d。

②一级培养。灭菌后的新鲜葡萄汁分装于干热灭菌后的试管或三角瓶中,试管内装量 1/4,三角瓶为 1/2。装后在常压下沸水杀菌 1 h 或 58 kPa 的条件下杀菌处理 30 min,冷却后备用。接入上述斜面试管活化后的菌种,在 25～28℃下培养 1～2 d。

③二级培养。三角瓶或烧瓶(1000 mL)干热灭菌后,装入 1/2 新鲜澄清的葡萄汁,杀菌冷却后备用。接入上述两支培养好的试管酵母液或一支三角瓶酵母液,在 25～28℃下培养 20～24 h。

④三级培养。将卡氏罐或 1.0～1.5 L 大玻璃瓶清洗干净消毒,装入发酵栓后加葡萄汁至容积的 70%左右,加热杀菌或用亚硫酸杀菌,后者以每升果汁中含 SO_2 150 mg 为宜,但需放置 1 d。瓶口用 70%的酒精消毒,接入二级菌种,接种量为 2%～5%。在 25～28℃恒温下培养,繁殖旺盛后,可供再扩大用。

⑤酒母罐培养。酒母罐为 200～300 L 的木质或不锈钢桶。将两只酒母桶清洗干净,用硫黄熏蒸(每立方米容积用 8～10 g 硫黄),过 4 h 后,在其中一只酒母桶内注入酒母桶容积 80%的新鲜葡萄汁,添加亚硫酸,使果汁中 SO_2 含量为 100～150 mg/L。静置过夜,取上清液置于另一只酒母桶内,接入三级酒母,接种量为 5%～10%。在桶上安装发酵栓,定时打开通气口,送入过滤净化的空气,在 25℃下培养 2 d 左右至发酵旺盛时即可取出 2/3～3/4 作酒母使用。余下部分可继续添加灭菌澄清葡萄汁进行酒母培养。只要培养的酒母健壮,无杂菌感染则可连续培养。若有杂菌感染或酵母菌衰弱则须将培养罐(桶)彻底灭菌,重新接种培养。

2)活性干酵母的活化与扩大培养。活性干酵母是酵母培养液经冷冻干燥得到的酵母活细胞含量很高的干粉状物,其贮藏性好,一般在低温下可贮存 1 至数年。活性干酵母不能直接投入葡萄浆液中进行发酵,需复水活化或扩大培养后使用。活性干酵母的用量一般为 50～100 mg/L,使用前只需用 10 倍左右 30～35℃的温水或稀释葡萄汁将酵母活化 20～30 min,即可加入发酵醪中进行发酵。

(6)发酵及其管理

1)发酵方法及设备。果酒的发酵方法有开放式与密闭式两种发酵方法,开放式发酵是将破碎、SO_2 处理、成分调整或不调整的葡萄浆(汁)在开口式容器内进行发酵的方法。密闭式发酵是将制备的葡萄浆(汁)在密闭容器内进行发酵的方法。密闭式发酵桶或罐上装有发酵栓,使发酵产生的 CO_2 能经发酵栓逸出,而外界的空气则不能进入。生产红葡萄酒发酵桶或池内装有压板,使皮渣淹没在果汁中。

发酵设备要求能控温，易于洗涤、排污，通风换气良好。使用前应进行清洗，发酵容器一般为发酵与贮酒两用，要求不渗漏，能密闭，不与酒液起化学反应。常用的发酵设备有发酵桶、发酵池和发酵罐。

①发酵桶。一般用橡木、山毛榉木、栎木或栗木制作。圆筒形，上部小，下部大，容积 3000~4000 L 或 10000~20000 L，靠桶底 15~40 cm 的桶壁上安装出酒阀，桶底开一排渣阀，有开放式和密闭式两种发酵桶。

②发酵池。用钢筋混凝土或石、砖砌成，形状有棱柱形或圆柱形，大小不受限制。池内安放温控设备，池壁、池底用防水粉(硅酸钠)涂布，也可镶瓷砖。能密闭，池盖略带锥度，以利气体排出而不留死角。盖上安有发酵栓、进料孔等。池底稍倾斜，安放有放酒阀及废水阀等。

③发酵罐。目前国内外一些大型企业普遍采用不锈钢、玻璃钢等材料制成的专用发酵罐，如旋转发酵罐、连续发酵罐、自动连续循环发酵罐等。

2)发酵容器的消毒。果酒发酵容器在使用前必须消毒，防止外界污染。容器消毒可用硫黄熏蒸，每立方米容积用 8~10 g 硫黄，也可用生石灰水浸泡、冲洗。10 L 水加生石灰 0.5~1 kg，溶解后倒入容器中，搅拌洗涤，浸泡 4~5 h 后，将石灰水放出，再用冷水冲洗干净。木桶杀菌可用 SO_2，不能用 SO_2 或亚硫酸溶液对未涂料的金属罐进行杀菌处理。

3)红葡萄酒发酵。传统的红葡萄酒均用葡萄浆发酵，以便酒精发酵与色素浸提同步完成。主要的发酵方式有：

①开放式发酵。在开口式发酵桶(罐)内进行，发酵过程可分为主发酵(前发酵)和后发酵，即葡萄浆带皮进行主发酵，然后进行皮渣分离，分离皮渣后的醪液进行后发酵。

主发酵指从葡萄汁送入发酵容器(发酵醪占发酵容器容积的 80%)开始至新酒分离为止的整个发酵过程。主要作用是酒精发酵以及浸提色素和芳香物质。根据发酵过程中发酵醪的变化，主发酵分为发酵初期、发酵中期和发酵后期。纯种培养发酵时，接种量为 2%左右。

发酵初期属酵母繁殖阶段，液面最初平静，入池后 8 h 左右，发酵醪液表面有气泡，表示酵母已经开始繁殖。CO_2 放出逐渐增强，表明酵母已大量繁殖。发酵初期的发酵温度为 25~30℃，发酵时间 20~24 h。发酵温度低，则发酵时间可延长至 48~96 h，但发酵室温度不能低于 15℃。同时应注意发酵容器内空气的供应，促进酵母繁殖。常用方法是将果汁从桶底放出，再用泵呈喷雾状返回桶中，或通入过滤空气。

发酵中期是酒精生成的主要阶段。品温逐渐升高，要求品温不超过 30℃。高于 35℃，醋酸菌容易活动，挥发酸增高，发酵作用也要受阻碍。因此，发酵过程中应注意控制品温，通常采用循环倒池、池内安装盘管式热交换器或外循环冷却等方法控制品温。循环倒池法是将发酵醪从桶底放出，用泵循环喷洒回原发酵池的过程。

发酵中期有大量 CO_2 放出，皮渣随 CO_2 的溢出浮于液面而形成浮渣层，浮渣层称为酒帽或酒盖。酒帽会隔绝 CO_2 排出，热量不易散出，影响酵母菌的正常生长和酒的品质，所以，应控制发酵时形成浮渣层。为了保证葡萄酒的质量，使葡萄的色素与芳香成分能浸提完全，有时将酒帽压入发酵醪中，这一操作称为压帽。采取发酵醪循环喷淋、压板式或人工搅拌等方法压帽。发酵醪循环喷淋操作同循环倒池操作，将发酵醪喷射回原发酵池时，应将酒帽冲散，每天 1～2 次。压板式压帽是在发酵池的四周装有滑动式装置，在滑动装置上装有压板，调节压板的位置使酒帽浸于葡萄汁中。压帽可促进果皮与种子中色素、单宁以及芳香成分的浸提；加快热量散失，有利于控温；抑制杂菌侵染；避免 CO_2 对酵母正常发酵的影响。

发酵后期发酵逐渐变弱，CO_2 放出渐少，液面趋于平静；品温由最高逐渐下降，并接近室温；汁液开始澄清，皮渣、酵母开始下沉，表明主发酵结束。

主发酵时间因温度而异，一般在 25℃ 下发酵 5～7 d，在 20℃ 下发酵 2 周，在 15℃ 左右发酵 2～3 周。发酵过程中，经常检查发酵醪的品温、糖、酸及酒精含量等。发酵后的酒液呈深红或淡红色，有酒精、CO_2 和酵母味，不得有霉、臭、酸味；酒精含量为 9%～11%（体积分数），残糖 0.5% 以下，挥发酸 0.04% 以下。

②密闭式发酵。果浆（汁）与酒母注入密闭式发酵桶（罐）至八成满，用装有发酵栓的盖密封后发酵。发酵桶内装有压板，将皮渣压没于果汁中。

密闭式发酵的进程及管理与开放式发酵相同。其优点是芳香物质不易挥发，密闭式发酵液的酒精浓度比开放式的约高 0.5°，游离酒石酸较多，挥发酸较少。不足之处是散热慢，温度易升高，但在气温低或有控温条件下，易于操控。

主发酵结束后，残糖降至 5 g/L 时，进行皮渣分离。采用特定的压榨设备将葡萄酒和葡萄皮渣分离的操作称为压榨。压榨前，将酒从发酵池或桶的出酒口排出，所得酒称为自流酒。放净后，清理出皮渣进行压榨，得压榨酒。自流酒液的成分与压榨酒液相差很大，若酿制高档酒，应将自流酒单独贮存。压榨可诱发苹果酸-乳酸发酵，起到降低酸度，改善产品口味的作用。

在酒液从发酵池（罐）流出并注入后发酵桶的过程中，空气溶于酒中，酒液中休眠的酵母菌复苏，使发酵作用再度进行，直至将酒液中剩余的糖分发酵完毕。该发酵过程称为后发酵。后发酵的主要目的是将残糖转化为酒精；将发酵原酒中残留的酵母及其他果肉纤维等悬浮物逐渐沉降，使酒逐渐澄清；促使醇酸的酯化，起到陈酿的作用。

后发酵桶（罐）应尽可能在 24 h 之内下酒完毕，每桶留有 5～10 cm 的空间，盛酒的每只桶用装有发酵栓的桶盖密封。后发酵要将酒液品温控制在 18～25℃，注意隔绝空气。每天测量品温、酒度和残糖 2～3 次，并做好记录。后发酵在 20℃ 左右约需 2～3 周，一般发酵醪的糖分降低到 0.1% 左右，或相对密度下降至 0.993～0.998 时，后发酵基本停止。如原酒中酒精浓度不够，应补充一些糖分。

后发酵结束后，取下发酵栓，用同类酒添满，然后用塞子封严，待酵母菌和渣汁全部下沉后及时换桶，分离沉淀物，以免沉淀物与酒接触时间太长而影响酒质。酒与沉淀物的分离采用虹吸法，用分离出的酒液装满消毒的容器，密封后进行陈酿。沉淀物采用压滤法去除，压滤的酒液用于制取蒸馏酒。若发现酒液表面生长一层灰白色或暗黄色薄膜（生膜或生花），可用同类酒填满容器，使生花溢出。然后进行酒与沉淀的分离。

4）白葡萄酒发酵。白葡萄酒的发酵进程及管理基本上与红葡萄酒相同。不同之处提取净汁在密闭式发酵容器中进行发酵。白葡萄汁一般缺乏单宁，在发酵前常按 100 L 果汁添加 4～5 g 单宁，有助于提高酒质。发酵的温度比红葡萄酒低，一般要求 18～20℃。

低温制得的酒色泽浅，香味浓，若超过 30℃，则香与味都受到严重影响。所以发酵温度必须严加控制。主发酵期为 2~3 周。主发酵高潮时，可不加发酵栓，让二氧化碳顺利排出。主发酵结束后，迅速降温至 10~12℃，静置 1 周后，倒桶除去酒脚。以同类酒添满，严密封闭隔绝空气，进入贮存陈酿。苹果酸-乳酸发酵会影响大多数白葡萄酒的清新感，所以，在白葡萄酒的后发酵期，一般要抑制苹果酸-乳酸发酵。

（7）陈酿

新酿制的葡萄酒口味粗糙，稳定性差，必须在特定的条件下经过一个时期的贮存，在贮存过程中进行换桶、满桶、澄清、冷热处理和过滤等工艺过程，促进了葡萄酒的老熟，使葡萄酒清亮透明，醇和可口，有浓郁纯正的酒香。

葡萄酒的陈酿在能密封容器内进行，要求容器不能与酒起化学反应，无异味。陈酿的温度为 10~25℃，环境相对湿度为 85% 左右，通风良好。贮酒的容器置于贮酒室或酒窖中，传统酒窖是地下室。随着冷却技术的发展，葡萄酒的贮存向半地下、地上或露天贮存方式发展。贮酒室要保持卫生；酒桶及时擦抹干净；地面要有一定坡度，便于排水，并随时刷洗；每年要用石灰浆加 10%~15% 的硫酸铜喷刷墙壁，定期熏硫。

1) 换桶、添桶。

① 换桶。新酿制的葡萄酒在陈酿室内贮存一定时间后，将贮酒桶内的上清酒液转入另一只消毒处理后的空桶或空池内，使酒液和沉淀分离；换桶操作使过量的挥发物质蒸发逸出，溶解适量的新鲜空气，促进发酵作用的完成，对葡萄酒的成熟和稳定起着重要作用；亚硫酸通过换桶操作添加到酒液中，调节酒液中 SO_2 的含量（100~150 mg/L）。换桶方法有虹吸法和泵抽吸法，小的葡萄酒厂通常采用虹吸法换桶，大的葡萄酒厂通常采用泵抽吸法进行换桶。根据酒质不同确定换桶时间和次数。酒质较差的宜提早换桶，并增加换桶次数。一般在当年 12 月换桶一次，翌年 2~3 月第二次换桶，8 月换第三次，以后根据情况每年换一次或二年换一次桶。换桶时间应选择低温无风的时候。第一次换桶宜在空气中进行，第二次起宜在隔绝空气下进行。

② 添桶。由于气温变化、蒸发、CO_2 逸出或酒液溢出等原因，贮酒桶内的酒在贮酒过程中出现酒液不满的现象。贮酒桶内有大量空气，导致酒液出现氧化和好气性杂菌侵染，影响酒质。添桶能预防酒的氧化和败坏。

添桶用的酒最好是同年酿造的、同品种、同质量的原酒，要求酒液澄清、稳定。最后用高度白兰地或精制酒精轻轻添在液面，以防液面杂菌感染。添桶时，在贮酒器上安装玻璃满酒器，以缓冲由于温度等因素的变化引起酒液体积的变化，保证贮酒桶装满，并利于观察，防止酒桶胀坏。

一般在春、秋或冬季进行添桶。在第一次换桶后的一个月内，应每周添桶一次，以后在整个冬季，每两周添桶一次。葡萄酒通常在春季和夏季因热膨胀而溢出，要及时检查，并从桶内抽出少量酒液，以防溢酒。

2) 澄清。成品葡萄酒的外观品质应澄清透明。葡萄酒是一种胶体溶液，其中的胶体颗粒有由小变大的趋势，颗粒越大，溶液也就越显浑浊，同时导致葡萄酒不稳定；葡萄酒是复杂的液体，其主要成分是水分子和酒精分子，还含有机酸、金属盐类、单宁、糖、蛋白质等，新酒中还含有悬浮状态的酵母、细菌、凝聚的蛋白质以及单宁物质、黏性物质等，这些都是形成浑浊的原因。葡萄酒在陈酿过程中会发生一系列物理化学和生物化学的变化，多种大分子物质凝聚或盐类析出，使酒体浑浊或产生沉淀。

为了保证葡萄酒具有一定的稳定性，且透明度高，在陈酿期间，将新酿制的葡萄酒采取适当的措施处理，固形物沉淀析出。自然澄清速度慢，时间长。为了加快澄清速度，通常采用下胶澄清或离心处理，除去酒中的大部分悬浮物。

常用的有机下胶材料有明胶、蛋清、鱼胶、干酪素、单宁、橡木屑、聚乙烯吡咯烷酮(PVPP)等，常用的无机下脚材料有皂土、硅藻土等。下胶操作包括下胶试验与下胶分离过程。下胶试验是下胶澄清处理前，根据酒的实际情况选择下胶材料，通过小试确定下胶材料用量。然后进行下胶分离，下胶分离过程是根据小试结果添加下胶材料，下胶处理材料与悬浮物凝聚后沉淀，分离酒脚。

离心澄清有连续法和间隙法，高速离心机可以将酒中的杂质与微生物在极短的时间内沉淀，而且连续化的高速离心机可自动将沉淀分离。离心法澄清效率高，可有效去除微生物细胞，预防葡萄酒在贮存过程中的败坏。

3) 过滤。要获得清亮透明的葡萄酒，必须将下胶处理与冷热处理后的葡萄酒过滤，不同阶段采用不同的过滤方法。第一次过滤，在下胶澄清或调配后，采用硅藻土过滤机进行粗滤。第二次过滤，葡萄酒经冷处理后，在低温下利用棉饼过滤机或硅藻土过滤机过滤。第三次过滤，葡萄酒装瓶前，采用纸板过滤或超滤膜精滤。

4) 冷热处理。葡萄酒在自然条件下的陈酿时间很长，一般 2～3 年以上。酒液经澄清处理后，透明度还不稳定。为了提高稳定性，对葡萄酒进行冷热处理。冷处理主要是加速酒中胶体物质沉淀，促进有机酸盐的结晶沉淀，低温使氧气溶入酒中，加速陈酿；热处理使酒的风味得到改善，有助于酒的稳定性增强，杀灭并除去酵母、细菌与氧化酶等有害物质。冷热交互处理，兼获两种处理的优点，并克服单独使用的弊端。

① 冷处理。酒液通常在 −7～−4℃ 的条件下处理 5～6 d 为宜。不同酒冷处理的温度不同，一般冷处理的温度高于葡萄酒冰点 0.5～1.0℃，葡萄酒的冰点与酒度和浸出物有关，一般对酒度 13% 以下的酒，其冰点约为酒精度的一半。若葡萄酒酒度在 12% 时，其冰点为 −6℃，则冷处理的温度应为 −5℃。冷处理要求降温迅速，才会有理想的效果，但不得使酒液结冰，酒液结冰会导致变味。冷处理后，在相同的温度下过滤。

② 热处理。在密闭容器内将葡萄酒间接加热至 67℃，保持 15 min，或 70℃ 下保持 10 min。有人认为 50～52℃、25 d 的效果最理想；而甜红葡萄酒以 55℃ 为最好。

（8）调配

由于酿制葡萄酒的原料、发酵工艺、贮藏条件和酒龄不同，原酒的色、香、味也有差异。为了使同一品种的酒保持固有的特点，提高酒质或改良酒的缺点，常在酒已成熟而未出厂之前，进行成品调配。要做好葡萄酒的勾兑，首先要将原酒按级分型。通常将原酒分为四类型：① 香气好，滋味淡；② 香气不足，而滋味醇厚；③ 残糖高或高糖发酵的酒；④ 酸度高低不同的酒。根据质量要求选择不同类型的原酒进行勾兑，做到取长补短。成品调配主要包括勾兑和调整两个方面。勾兑是指原酒的选择与适当比例的混合；调整则是指根据产品质量标准对勾兑后的酒的某些成分进行调整。一般选择一种质量接近标准的原酒作基础酒，根据其特点选择一种或几种酒作勾兑酒，按一定比例加入，再进行感官和理化分析，从而确定调整比例。葡萄酒的调配主要有以下指标。

1）酒度：原酒的酒精度若低于产品标准要求，最好用同品种高酒度的酒调配，也可用同品种葡萄蒸馏酒或精制酒精调配。

2）糖分：甜葡萄酒中若糖分不足，用同品种的浓缩果汁为好，亦可用精制砂糖调配。

3）酸分：酸分不足，可加柠檬酸，1 g 柠檬酸相当于 0.935 g 酒石酸。酸分过高，可用中性酒石酸钾中和。

调配的各种配料应计算准确，把计算好的原料依次加入调配罐，尽快混合均匀。配酒时先加入酒精，再加入原酒，最后加入糖浆和其他配料，并开动搅拌器使之充分混合，取样检验合格后再经半年左右贮存。

（9）包装、杀菌

在进行包装之前葡萄酒需进行一次精滤，并测定其装瓶成熟度。取一清洁消毒的空瓶盛酒，用棉塞塞口，在常温下对光放置一周，保持清晰不混浊即可装瓶。

1）包装。葡萄酒常用玻璃瓶包装，空瓶先用 2%～4% 的碱液浸泡，然后在 30～50℃的温度下浸洗去污，再用清水冲洗，最后用 2% 的亚硫酸液冲洗消毒。优质葡萄酒均用软木塞封口。要求木塞表面光滑，弹性好，大小与瓶口吻合。

2）杀菌。酒度在 16% 以上、糖度又不太高（如 8%～16%）的葡萄酒，一般不必加热杀菌；葡萄酒酒度低于 16%，装瓶后进行巴氏杀菌。灌装封口后的葡萄酒在 60～75℃下杀菌处理 10～15 min。杀菌温度用下式估算。不论酒度高低，采用无菌过滤、且无菌灌装与封口或巴氏杀菌后趁热灌装的葡萄酒，均可不必后杀菌。

$$T = 75 - 1.5 d$$

式中，T——杀菌温度（℃）；

　　　d——葡萄酒的酒度。

杀菌装瓶（或装瓶杀菌）后的葡萄酒，再经过一次光检，合格品即可贴标签、装箱、入库。软木塞封口的酒瓶应倒置或卧放。

7.5.2　果醋酿制

果醋是以果实、果渣或果酒为原料，通过醋酸发酵酿制而成的调味品，其中醋酸含量为 3%～7%。它含有丰富的有机酸、维生素，风味芳香，具有良好的营养、保健作用。

1. 果醋酿造基本原理

（1）发酵过程及其物质转化

以果品为原料酿制果醋，发酵过程需经过两个阶段，即酒精发酵和醋酸发酵。如以果酒为原料则只进行醋酸发酵。

1）酒精发酵。在无氧的条件下，可发酵性糖在酒精酵母的作用下转化为酒精和 CO_2 的过程，其总的反应可用下式表示。

$$C_6H_{12}O_6 \rightarrow 2C_2H_5OH + 2CO_2 + 2ATP$$

理论上，16.3 g/L糖可发酵生成1%（体积分数）的酒精，考虑酵母呼吸消耗以及发酵过程中生成甘油、酸、醛等，实际17 g/L的糖生成1%的酒精。

2）醋酸发酵。在有氧的条件下，酒精在醋酸菌作用下转化为醋酸和水。总的反应可用下式表示。

$$C_2H_5OH + O_2 \rightarrow CH_3COOH + H_2O + 481.5J$$

理论上100 g纯酒精可生成130.4 g醋酸，实际产生率较低，因为醋酸发酵时的酒精挥发损失，以及发酵过程中还生成高级脂肪酸、琥珀酸等。一般只能达到理论值的85%左右。

（2）淀粉水解

利用果渣酿制果醋时，果渣中含有较多的纤维素和淀粉，所以，酒精发酵前，必须将原料糖化。先将原料蒸熟，使其中淀粉全部糊化，然后加曲，曲中霉菌分泌的淀粉酶逐步将淀粉转变为葡萄糖和麦芽糖。在糖化曲中，不仅含有曲霉，而且还含有根霉、毛霉等其他微生物，其中酶系极为复杂，故液化和糖化过程不能分开，而且糖化和酒精发酵、醋酸发酵混合进行。这种糖化和发酵同时进行的操作方法，称之为双边发酵。

随着酶化学的迅速发展，酿造果醋开始应用耐高温细菌α-淀粉酶，它的作用温度是85～90℃，最适pH 6.2～6.4。

（3）果醋陈酿过程中的变化

果醋品质的优劣取决于色、香、味，而色、香、味的形成是十分错综复杂的，除了在发酵过程中形成的风味外，很大一部分还与陈酿后熟有关。果醋在陈酿期间，主要发生以下物理化学变化。

1）色泽变化。果醋贮存期间，由于醋中的糖分和氨基酸结合（称为羰氨反应），生成类黑素等物质，使食醋色泽加深。色泽深浅与醋的成分和酿造工艺有关，含糖（己糖和戊糖）、氨基酸与肽较多的醋容易变色，固态发酵醋醅中的糖和氨基酸较多，因而色泽也比液态发酵醋的色泽深。醋的贮存期愈长，贮存温度越高，则色泽也愈深。此外，果醋在制醋容器中接触了铁锈后，经长期贮存变为黄色、红棕色。原料中单宁属于多元酚类的衍生物，也能被氧化缩合而呈黑色。

2）风味变化。果醋在贮存期间与风味有关的主要变化有氧化反应、酯化反应和缩合作用。

①氧化反应。醋酸菌能氧化酵母菌产生的甘油，生成二酮，具有淡薄的甜味，使食醋更为醇厚。

②酯化反应。酵母菌和醋酸菌在代谢过程中产生的一些有机酸如葡萄糖酸、琥珀酸等与醇缩合生成酯类。果醋的陈酿时间愈长，形成的酯也越多。酯的生成还受温度、前体物质的浓度等因素的影响。气温越高，形成酯的速度越快；醋中含醇越多，形成的酯也越多。固态发酵的醋醅中，酯的前体物质浓度比液体醋醪中的高，因此，固态发酵法生产的果醋中酯的含量也较液态发酵醋的高。

③缩合作用。果醋在贮存过程中，水和乙酸的分子间产生缩合作用，减少了乙酸分子的活度，使果醋风味变得醇和。

2. 果醋酿造工艺

根据果醋发酵过程中发酵醪的形态不同，将果醋酿造方法划分为液态发酵法、固稀发酵法和固态发酵法。在实际生产过程中，应根据原料特性选择相应的酿造方法。原料不同，酿造工艺流程及其条件也不同。下面将重点介绍液态和固稀发酵法两种常见果醋的酿造工艺。

（1）液态发酵酿制苹果醋

液态发酵法加工苹果醋的工艺流程见下图。

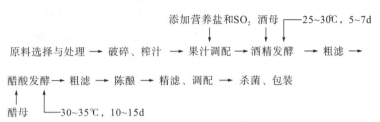

1）原料的选择与处理。一般选择成熟的残次果实酿制果醋，要求果实不能腐败变质。将果实去杂，切去病斑、烂点与果柄，然后用自来水清洗。切分后去心。

2）破碎、榨汁。根据果实的种类选择破碎方法和破碎果块的大小。苹果和梨破碎到0.3~0.4 cm大小的颗粒，葡萄只要压破果皮即可。采用磨浆机破碎汁液丰富、带种子或核的果实。磨浆机将种子、果核、果皮与果浆分离；用打浆机破碎无核果实或经前处理后去核的果实。例如，枸杞、山楂用磨浆机破碎，苹果、桃、梨一般用打浆机破碎。有些果实破碎前要求软化和护色。如果热处理对产品的风味影响不大，一般采用热处理实现护色和软化。热处理可以提高榨汁率。为了提高榨汁率，破碎的果浆用果胶酶处理。

3）果汁调配。中国食醋质量标准规定，一级食醋的醋酸含量为5.0 g/100 mL，二级食醋的醋酸含量为3.5 g/100 mL。生产一级醋要求果汁的含糖量为92.4 g/L，生产二级醋要求果汁的含糖量为64.7 g/L。根据生产的食醋等级调整果汁的含糖量，特别是含糖量不足时，要求添加糖、浓缩果汁或糖浆来调整果汁的含糖量，确保产品中醋酸的含量达到质量标准要求；如果果汁中糖含量达到或超过潜在发酵力的要求，果汁的糖含量可不予调整。

一般果汁中的氮源不足，不能满足酵母和醋酸菌生长繁殖的要求，所以，发酵前在果汁中添加铵盐，一般添加120 g/1000 L的硫酸铵和磷酸铵。

酒精发酵前，在果汁中添加150~200 g/1000 L的SO_2，防止酒精发酵过程中杂菌的侵染，确保酒精发酵的顺利进行。

4）酒精发酵。酒母的制备同葡萄酒的加工，也可用活性干酵母代替酒母。活性干酵母使用前要活化，活化的方法同果酒的加工。果汁在发酵前添加酒母，酒母的添加量为3%~5%，若用活性干酵母代替酒母，则活性干酵母的添加量为150 g/1000 L。同时向果汁中添加果胶酶，使果胶分解，有利于成品果醋的澄清与过滤。

在发酵罐或发酵池中进行酒精发酵，酒精发酵的温度为25~30℃，时间为5~7 d，发酵醪中的残糖降至0.5%以下，酒精发酵结束。

5）粗滤。酒精发酵后，将发酵醪采用压榨过滤机或硅藻土过滤机过滤，也可用离心分离机分离，然后将酒液放置 1 个月以上，促进澄清。传统的加工方法是发酵后不再澄清。但完全由浓缩苹果汁制作苹果醋时，为了得到澄清的产品，必须进行离心分离或过滤。

6）醋酸发酵。分醋母制备、发酵醪的调配及醋酸发酵等过程。

7）粗滤、陈酿。醋酸发酵结束后，用压榨机或硅藻土过滤机将醋酸发酵醪过滤，然后将产品泵入木桶或不锈钢罐内陈酿。陈酿时间为 1~2 个月。未经过滤的醋酸发酵醪也可直接陈酿，陈酿结束后，吸取上清液，沉淀部分进行压榨提取，将上清液与压榨提取液混合。

8）精滤、调配。为了避免醋在装瓶后发生浑浊，将充分陈酿的苹果醋用水稀释到要求的浓度，然后精滤。精滤的方法有添加澄清剂法和超滤膜过滤法。

添加澄清剂法有两种，即添加明胶与膨润土法和硅溶胶与明矾法。添加明胶与膨润土法的操作如下：在陈酿后的 5000 L 醋液中添加 1 kg 明胶和 2 kg 的膨润土，搅拌均匀，然后静置 1 周以上，取上清液过滤。硅溶胶与明矾法是一种快速澄清法，在 5000 L 的醋液中添加 5 L 浓度为 30% 的硅溶胶，然后再添加 2 kg 的明矾，搅拌均匀，在数小时内澄清，且在容器的底部形成一层紧密的沉淀物，取上清液过滤。

超滤膜法的过滤效果更好。用泵将陈酿后的醋液泵入膜分离设备，透过膜的部分为成品，酵母菌、细菌和高分子成分被阻留而分离出来。超滤膜法将酵母菌、细菌和高分子成分滤去，起到过滤和杀菌的双重作用，所以，超滤后的醋液采用无菌灌装，可免于杀菌。

9）杀菌、包装。精滤后的醋液用板式热交换器杀菌，杀菌温度在 65~85℃。杀菌后趁热灌装。包装容器有玻璃瓶、塑料瓶或塑料袋。塑料瓶（袋）有聚乙烯塑料瓶（袋）、复合塑料瓶（袋）或 PET 塑料瓶（袋）。玻璃瓶可采取杀菌后趁热灌装，而塑料瓶（袋）则要求杀菌冷却后灌装。聚乙烯塑料瓶（袋）有一定的透气性，所以，灌装于聚乙烯塑料瓶（袋）内的苹果醋会出现浑浊。复合塑料或 PET 塑料的阻气性好，所以，灌装于复合塑料瓶（袋）或 PET 塑料瓶（袋）的醋不易发生浑浊现象。

（2）固稀发酵法酿制柿醋

固稀发酵法是指酒精发酵阶段在液态下进行，醋酸发酵采用固态发酵的一种制醋工艺。其工艺流程见下图。

```
                       添加营养盐和SO₂  酒母 ┌─25~30℃，5~7 d
                             ↓          ↓   │
柿果的选择与处理 → 破碎、榨汁 → 果汁调配 → 酒精发酵 → 固态醋醅制备 →

醋酸发酵 → 陈酿、淋醋 → 澄清、过滤 → 杀菌、包装
   ↑
  醋母
```

1）果汁的制备与酒精发酵。柿果的选择与处理、果汁的压榨与调配以及酒精发酵等工艺过程与苹果醋的酿制方法相同。发酵 5~6 d，发酵醪的酒精含量在 6%（体积分数）以上，酸度为 1~1.5 g/100 mL。

2）固态醋醅的制备。20% 的谷糠常压蒸 20 min，与 70% 柿渣和 10% 的麸皮混合均匀，再加 50% 水，拌匀并冷却至 35℃。

3）醋酸发酵。向固态醋醅中加入 10% 的固态醋母，充分拌匀，投入带有假底的发酵池中，耙平，盖上塑料布，醋醅温度控制在 35~38℃。6 h 后将酒精发酵醪均匀淋浇到醅表面，24 h 后松醅。当品温升至 40℃时，用池底接收的醋汁回浇醋醅，使品温降至 36~

38℃，一般每天回浇 5~6 次，20~22 d 发酵完成。

4)陈酿、淋醋以及澄清、杀菌与包装。醋酸发酵结束后，陈酿、淋醋、澄清、杀菌与包装等工艺过程与固态发酵法酿制醋相同。

7.6 果蔬冷冻加工

7.6.1 果蔬冷冻基本原理

1. 冷冻过程

食品冷冻的过程即采取一定方式排除其热量，使食品中水分冻结的过程，水分的冻结过程包括降温和结晶。

(1)降温

降温是食品中的水分由原来的温度降低到冰点的过程，食品的冰点通常低于0℃。在食品冷冻降温的过程中，往往出现过冷现象。

食品的水分在温度降至冰点以下若干度时并不结冰，而当温度重新回升到冰点温度时，才开始结冰，此现象称为过冷现象，将温度开始回升时的最低温度称为过冷温度(见图 7-6 中 S 点)，不同食品具有不同的过冷温度。

(2)结晶

食品中的水分由液态变为固态的冰晶结构，即食品中的水分温度在下降到过冷点之后，又上升到冰点，然后开始由液态向固态的转化，此过程为结晶。结晶包括两个过程：即晶核的形成和晶体的增长。

1)晶核的形成。在达到过冷温度之后，极少一部分水分子以一定规律结合成颗粒型的微粒，即晶核，它是晶体增长的基础。

2)晶体的增长。指水分子有秩序地结合到晶核上面，使晶体不断增大的过程。

冻结温度曲线(图 7-7)显示了食品在冻结过程中温度与时间的关系，曲线一般可以分为三段(也可以说是冻结过程的三个阶段)：

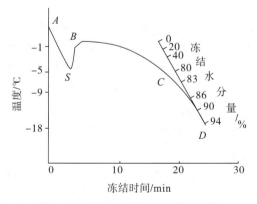

图 7-7　冻结温度曲线和冻结水分量

初阶段：即从初温至陈结点(冰点)，这时放出的是"显热"，显热与冻结过程所排出的总热量比较，其量较少，故降温快，曲线较陡。其中还会出现过冷点(温度稍低于冻结点，见图 7-6 中 S 点)。因为食品大多有一定厚度，冻结时其表面层温度降得很快，故一般食品不会有稳定的过冷现象出现。

中阶段：此时食品中水分大部分冻结成冰(一般食品从冻结点下降至其中心温度为 −5℃时，食品内已有 80%以上水分冻结)，由于水转变成冰时需要排除大量潜热，整个冻结过程中的总热量大部分在此阶段放出，故当制冷能力不是非常强大时，降温慢，曲线平坦。

终阶段：从成冰后到终温(一般是 −18～−5℃)，此时放出的热量，其中一部分是冰的降温，一部分是内部余下的水继续结冰，冰的比热比水小，其曲线应更陡，但因还有残余水结冰所放出的潜热大，所以曲线有时还不及初阶段陡峭。

大部分食品在 −5～−1℃温度范围内几乎 80%的水分冻结成冰，此温度范围也称为最大冰晶生成带。研究表明，这一温度区间，对保证冻结食品的质量具有十分重要的影响。为了保证食品的冻结质量，应以最快的速度通过最大冰晶生成带。

2. 冻结速度与产品质量

在冰晶体形成的过程中，速冻时形成的冰晶体小，而缓慢冻结形成的冰晶体大。这对果蔬冷冻产品的质量有着至关重要的影响。

(1)冻结速度

冻结速度快慢的划分，目前尚无统一标准，现在通用的方法有定量法和定性法两类。

1)定量法：

①以时间划分。按最新的划分法，食品中心温度从 −1℃降至 −5℃所需的时间，在 3～20 min 之内的称为快速冻结，在 20～120 min 以内的称为中速冻结，超过 120 min 的称为慢速冻结。

②以推进距离划分。这种划分方法是以单位时间内将 −5℃的冻结层从食品表面向内部推进的距离作为标准，时间以 h 为单位，距离以 cm 为单位。冻结速度分为四类：速度超过 16 cm/h 的为超速冻结；速度在 5～15 cm/h 的为快速冻结；速度在 1～5 cm/h 的为中速冻结；速度在 0.1～1 cm/h 的为缓慢冻结。

2)定性法。定性法是按低温生物学观点进行划分。低温生物学认为，速冻是指外界的温度降与细胞组织的温度降保持不定值，并有较大的温差；而慢冻是指外界的温度降与细胞组织内的温度降基本上保持等速。低温生物学还认为，速冻是指以最快的冻结速度通过食品的最大冰晶生成带(−5～−1℃)的冻结过程。

(2)冻结速度对产品质量的影响

单纯冻结水，对形成冰的质量的影响似乎无多大意义。但对冷冻食品而言，冻结过程对食品质量则有非常重要的影响。

冻结速度的快慢与冻结过程中形成的冰晶颗粒的大小有直接关系，采用速冻是抑制冰晶大颗粒的有效方法。当冻结速度快到使食品组织内冰层推进速度大于水移动时，冰晶分布接近天然食品中液态水的分布状态，且冰晶呈无数针状结晶体。当慢冻时，由于组织细胞外溶液浓度较低，因此首先在细胞外产生冰晶，而此时细胞内的水分还以液相残留着。同温度下水的蒸汽压总是大于冰的蒸汽压，在蒸汽压差的作用下细胞内的水便向冰晶体移动，进而形成较大的冰晶体，且分布不均匀。同时由于组织死亡后其持水力降低，细胞膜的透性增大，使水分的转移作用加强，会使细胞外形成更大颗粒的冰晶体。冰晶体的大小对细胞组织的伤害是不同的。冻结速度越快，形成的冰晶体就越细小、均匀，而不至于刺伤组织细胞造成机械伤。缓慢冻结形成的较大的冰晶体会刺伤细胞，破坏组织结构，对产品质量影响较大。

食品速冻是指运用适宜的冻结技术，在尽可能短的时间内将食品温度降低到其冰点以下的低温，使其所含的全部或大部分水分随着食品内部热量的散失而形成微小的冰晶体，最大限度地减少生命活动和生化变化所需要的液态水分，最大限度地保留食品原有的天然品质，为低温冻藏提供一个良好的基础。

优质速冻食品应具备以下五个要素：

冻结要在$-30\sim-18℃$的温度下进行，并在20 min内完成冻结；速冻后的食品中心温度要达到$-18℃$以下；速冻食品内水分形成无数针状小冰晶，其直径应小于100 μm；冰晶体分布与原料中液态水分的分布相近，不损伤细胞组织；当食品解冻时，冰晶体融化的水分能迅速被细胞吸收而不产生汁液流失。

3. 冷冻量的要求

冷冻食品的生产，首先是在控制条件下，排除物料中热量，达到冰点，使其内部的水分冻结凝固；其次是冷冻保藏。两者都涉及热的排除和防止外来热源的影响。冷冻的控制、制冷系统的要求以及保温建筑的设计，都要依据产品的冷冻量要求进行合理规划。因此设计时应考虑下列热量的负荷。

产品由原始初温降到冷藏温度应排除的热量包括三个部分：

1)产品由初温降到冰点温度释放的热量：产品在冰点以上的比热×产品的重量×降温的度数(由初温到冰点的度数)。

2)由液态变为固态冰时释放的热量：产品的潜热×产品的重量。

3)产品由冰点温度降到冷藏温度时释放的热量：冻结产品的比热×产品的重量×降温度数。

维持冷藏库低温贮存需要消除的热量，包括墙壁、地面和库顶的漏热，例如墙壁漏热的计算如下：

墙壁漏热量＝(导热系数×24×外壁的面积×冷库内外温差)÷绝热材料的厚度

其他热源，包括电灯、马达和操作人员等工作时释放的热量：电灯每千瓦小时释放热能3602.3 kJ；马达每小时每千瓦释放热能4299.3 kJ；库内工作人员每人每小时释放热能约385.84 kJ。

上述三部分热源资料是食品冷冻设计时需要的基本参考资料，在实际应用时，将上述总热量增加10%比较妥当。

4. 冷冻对微生物的影响

微生物的生长、繁殖活动有其适宜的温度范围，超过或低于最适温度，微生物的生长及活动就逐渐减弱直至停止或被杀死。大多数微生物在低于 0℃的温度下生长活动可被抑制。但酵母菌、霉菌比细菌耐低温的能力强，有些霉菌、酵母菌能在－9.5℃未冻结的基质中生活。缓慢冷冻对微生物的危害更大，最敏感的是营养细胞，而孢子则有较强的抵抗力，常免于冷冻的伤害。

果蔬原料在冷冻前，易被杂菌污染，时间拖的越久，感染越重。有时原料经热烫后马上包装冷冻，由于包装材料阻碍热的传导，冷却缓慢，尤其是包装中心温度下降很慢，冷冻期间仍有微生物的败坏发生。因此最好在包装之前将原料冷却到接近冰点温度后，再进行冷冻较为安全。

致病菌在食品冷冻后残存率迅速下降，冻藏对其抑制作用强，而杀伤效应则很低，实验证明，芽孢菌和酵母菌能在－4℃生长，某些嗜冷细菌能在－20～－1℃下生存。因此，一般果蔬冷冻制品的贮藏温度都采用－18℃或更低一些的温度。

冷冻可以杀死许多细菌，但不是所有的细菌，有的霉菌、酵母菌和细菌在冷冻食品中能生存数年之久。冷冻果蔬一旦解冻，温度适宜，残存的微生物活动加剧，就会造成腐烂变质。因此食品解冻后要尽快食用。

5. 冷冻对酶活性的影响

温度对酶活性影响很大，通常在 40～50℃范围内，酶的催化作用最强，当温度高于 60℃时，绝大多数酶活性会急剧下降。而当温度降低时，酶的活性也会逐渐减弱，若以脂肪酶 40℃时活性为 1，在－12℃时降为 0.01，－30℃降至 0.001，胰蛋白酶在－30℃下仍有微弱活性。虽然在冷冻条件下，酶活性显著下降，但并不说明酶完全失活，在长期冷藏过程中，酶的作用仍可以使食品变质，当食品解陈时，随着温度的升高，酶将重新活跃起来，加速食品的变质。为防止速冻果蔬解冻后酶重新复活，常常采取冻前短时烫漂的工艺以使酶彻底失去活性。

基质浓度和酶的浓度对生化反应速度影响也很大，如在食品冻结时，当温度下降至－5～－1℃时，有时会出现其催化反应速度比高温时快的现象，其原因是在这个温度区间食品中的水分有 80%变成了冰，而未冻结溶液的介质浓度和酶浓度都相应增加。因此，在食品冷冻过程中，快速通过这个冰晶带，不但能减少冰晶对食品的机械损伤，同时也能减少酶对食品的催化作用。

6. 冷冻对果蔬的影响

果品、蔬菜在冷冻过程中，其组织结构及内部成分仍然会起一些理化变化，影响产品质量。

（1）冷冻对果蔬组织结构的影响

一般来说，植物的细胞组织在冷冻处理过程中可以导致细胞膜的变化，增加透性，降低膨压。即说明冷处理增加了细胞膜或细胞壁对水分和离子的渗透性，这就可能造成组织的损伤。

在冷冻过程中，果蔬所受的过冷温度只限于其冰点下几度，而且时间短暂，大多在几秒钟之内，在特殊情况下也有较长的过冷时间和较低的过冷温度。在冷冻期间，细胞间隙的水分比细胞原生质中的水先冻结，甚至在低到−15℃的冷冻温度下原生质仍能维持其过冷状态。细胞内过冷的水分比细胞外的冰晶体具有较高的蒸汽压和自由能，因而胞内的水分通过细胞壁流向胞外，致使胞外冰晶体不断增长，胞内部的溶液浓度不断提高，这种状况直至胞内水分冻结为止。果蔬组织的冰点以及结冰速度都受到其内部可溶性固形物如盐类、糖类和酸类等浓度的控制。

在缓冻情况下，冰晶体主要是在细胞间隙中形成，胞内水分不断外流，原生质中无机盐的浓度不断上升，达到足以沉淀蛋白质，使其变性或发生不可逆的凝固，造成细胞死亡，组织解体，质地软化。

在速冻情况下则不同，如速冻的番茄其薄壁细胞组织在显微镜下观察，揭示出在细胞内外和胞壁中存在的冰晶体都很细小，细胞间隙没有扩大，原生质紧贴着细胞壁阻止水分外移。这种微小的冰晶体对组织结构的影响很小。在较快的解冻中观察到对原生质的损害也极微，质地保存完整，液泡膜有时未受损害。保持细胞膜的结构完整对维持细胞内静压是非常重要的，可以防止流汁和质地变软。

果蔬冷冻保藏的目的是要尽可能地保持其新鲜果蔬的特性。但在冻结和解冻期间，产品的质地与外观同新鲜果蔬相比较，还是有差异的。组织的溃解、软化、流汁等的程度因产品的种类和状况而有所不同。如食用大黄，其肉质组织中的细胞虽有坚硬的细胞壁，但冷冻时在组织中形成的冰晶体，使细胞发生质壁分离，靠近冰晶体的许多细胞被歪曲和溃碎，使细胞内容物流入细胞间隙中去，解冻后汁液流失。石刁柏在不同的温度下冻结，但在解冻后很难恢复到原来的新鲜度。

一般认为，冷冻造成的果蔬组织破坏，引起的软化、流汁等，不是由于低温的直接影响，而是由于晶体的膨大而造成的机械损伤。同时，细胞间隙的结冰引起细胞脱水、盐液浓度增高，破坏原生质的胶体性质，造成细胞死亡，失去新鲜特性的控制能力。

（2）果蔬在冻结和冻藏期间的化学变化

果蔬原料的降温、冻结、冷冻贮藏和解冻期间都可能发生色泽、风味、质地等的变化，因而影响产品质量。通常在−7℃的冻藏温度下，多数微生物停止了活动，而化学变化没有停止，甚至在−18℃下仍然有化学变化。

在冻结和贮藏期间，果蔬组织中会积累羰基化合物和乙醇等，产生挥发性异味，原料中含类脂较多的，由于氧化作用也产生异味。据报道，豌豆、四季豆和甜玉米在冷藏贮藏中发生类脂化合物的变化，它们的类脂化合物中游离脂肪酸等都有显著增加。

冻藏和解冻后，果蔬组织软化，原因之一是由于果胶酶的存在，使原果胶变成可溶性果胶，造成组织分离，质地软化。另外，冻结时细胞内水分外渗，解冻后不能全部被原生质吸收复原，也易使果蔬软化。

冻藏期间，果蔬的色泽也发生不同程度的变化，主要是由绿色变为灰绿色。这是由于叶绿素转化为脱镁叶绿素所至，影响外观，降低商品价值。在色泽变化方面，果蔬在冻结和贮藏中常发生褐变，特别在解冻之后，褐变更为严重。这是由于酚类物质和酶的作用下氧化的结果。如苹果、梨中的绿原酸、儿茶酚等是多酚类氧化酶作用的主要成分，这种褐变反应迅速，变色很快，影响质量。

对于酶褐变可以采取一些防止措施，比如对原料进行热烫处理，加入抑制剂（SO_2和抗坏血酸)等,都有防止褐变的作用。

冷冻贮藏对果蔬含有的营养成分也有影响。冷冻本身对营养成分有保护作用,温度越低,保护作用越强。因为有机物质的化学反应速度与温度成正相关。但由于原料在冷冻前的一系列处理,如洗涤、去皮、切分等工序,使原料暴露在空气中,维生素 C 因氧化而减少。这些化学变化在冻藏中继续进行,不过要缓慢得多。维生素 B_1 是热敏感的,但在贮藏中损失很少。维生素 B_2 在冷冻前的处理中有降低,但在冷冻贮藏中损失不多。

7.6.2　果蔬速冻工艺

1. 原料选择

速冻时果蔬原料的基本要求:耐冻藏,冷冻后严重变味的原料一般不宜;食用前需要煮制的蔬菜适宜速冻,对于需要保持其生食风味的品种不作为速冻原料。

用于速冻的蔬菜的种类很多,果菜类有:青刀豆、荷兰豆、嫩蚕豆、豌豆、青椒、茄子、西红柿、黄瓜、南瓜等;叶菜类有:菠菜、油菜、韭菜、香菜、香椿、芹菜等;块茎根菜类有:马铃薯、芋头、芦笋、莴苣、竹笋、类胡萝卜、山药、甘薯、牛蒡等;食用菌类有:双孢菇、香菇、凤菇、金针菇、草菇等以及花菜类的花椰菜和绿菜花。适宜速冻加工的果品主要有:葡萄、樱桃、李子、草莓、杏、板栗等可整果冻结的原料,以及桃、梨、苹果、西瓜等需切分后冷冻的原料。

2. 清洗、去皮和切分

原料运进加工厂后,要先进入原料车间进行清洗,清洗前不得进入其他车间。采收后的果蔬原料,表面粘附了大量的灰尘、泥沙、污物、农药及杂菌,是一个重要的卫生污染源。原料清洗这一环节,是保证加工产品符合食品卫生标准的重要工序,一定要彻底清洗,保证原料以洁净状态进入下道工序。对于不同的原料要采用不同的清洗方法和措施。污染农药较重的果品和蔬菜,要用化学试剂洗涤,如用盐酸、漂白粉、高锰酸钾等浸泡后再加以清洗,保证不将农药污物带入加工车间。叶菜类、果菜类、根菜类都要相应使用不同的清洗设施,使洗涤达到最佳的效果。

果品中有一部分小形果要进行整果冷冻,不需经过去皮和切分。大形果或外皮比较坚实粗硬的果蔬原料,要经过去皮和切分处理。去皮时要连带去除原料的须根、果柄、老筋、叶菜类的根和老叶等。切分时果品和果菜类要除掉果芯、果核和种子。切分的规格,一般产品都有特定的要求,切分的形状主要有:块、片、条、段、丁、丝等,都要根据原料的具体状况而定。切分时要求切的大小、厚度、长短、形态均匀一致、掌握统一的标准严格管理。

3. 烫漂和冷却

通过烫漂可以全部或大部分地破坏原料中的氧化酶、过氧化物酶及其他酶并杀死微生物,保持蔬菜原有的色泽,同时排除细胞组织中的各种气体(尤其是氧气),利于维生素类营养素的保存。热烫还可软化蔬菜的纤维组织，去除不良的辛辣涩等味，便于后来的烹调加工。对于含纤维较多的蔬菜和适于炖炒的种类，一般进行烫漂。而对于含纤维较少的蔬菜，适于鲜食的，一般要保持脆嫩质地，通常不进行烫漂。

烫漂中要掌握的关键是热处理的温度和时间，过高的温度和过长的时间都不利于产品的质量。烫漂的时间是根据原料的性质、酶的耐热性、水或蒸汽的温度而定，一般几秒钟至数分钟。烫漂的方法有热水烫漂法、蒸汽烫漂法、微波烫漂法和红外线烫漂法等。叶菜类烫漂，一般要根部朝下叶朝上，根茎部要先入水烫一段时间后再将菜叶浸入水中。有些蔬菜遇到金属容器会变色，因而烫漂容器要采用不锈钢制成。

烫漂后的原料要立即冷却，使其温度降到10℃以下。冷却的目的是为了避免余热对原料中营养成分的进一步破坏，避免酶类再度活化，也可避免微生物重新污染和大量增殖。原料热烫时间过长或不足、烫后不及时冷却都会使产品在贮藏过程中发生变色变味，质量下降，并使贮藏期缩短。此外，研究证明，冻结前蔬菜的温度每下降1℃，冻结时间大约缩短1%，因此可以通过冷却大大地提高速冻生产效率。冷却的方法有冷水浸泡、冲淋、喷雾冷却、冰水冷却、空气冷却及混合冷却等。

4. 水果的浸糖处理

水果需要保持其鲜食品质，通常不进行烫漂处理，为了破坏水果酶活性，防止氧化变色，水果在整理切分后需要保存在糖液或维生素C液中。水果浸糖处理还可减轻冰结晶对水果内部组织的破坏作用，防止芳香成分的挥发，保持水果的原有品质及风味。

糖的浓度一般控制在30%~50%，因水果种类不同而异，加入超量糖会造成果肉收缩。为了增强护色效果，应在糖液中加入0.1%~0.5%的维生素C。

5. 沥干

原料经过一系列处理后表面粘附了一定量的水分，这部分水分如果不去掉，在冻结时很容易结成冰块，既不利于快速冻结，也不利于冻后包装。这些多余的水分一定要采取措施将其沥干。沥干的方式很多，有条件时可用离心甩干机或震动筛沥干，也可简单地把原料放入箩筐内，将其自然晾干。

6. 速冻

经过预处理的原料，可预冷至0℃，这样有利于加快冻结。许多速冻装置设有预冷段的设施。或者在进入速冻前先在其他冷库预冷，等候陆续进入冻结。

冻结速度往往由于果蔬的品种不同、块形大小、堆料厚度、进入速冻设备时品温、冻结温度等因素而有差异。必须在工艺条件上及工序安排上考虑紧凑配合。

果蔬产品的速冻温度在−35~−30℃，风速应保持在3~5 m/s，这样才能保证冻结以最短的时间通过最大冰晶生成区，使冻品中心温度尽快达到−18~−15℃以下，能够达到这样的标准要求，才能称之为"速冻果蔬"。只有这样才能使90%以上的水分在原来位置上结成细小冰晶，大多均匀分布在细胞内，从而获得具有新鲜品质，而且营养和色泽保存良好的速冻果蔬。

7. 包装

果蔬速冻品生产大多数采用先冻结后包装的方式。但有些产品为避免破碎也可先包装后冻结。冻结前包装可以有效地控制速冻果蔬制品内部冰品的升华，即防止水分由产品表面蒸发而形成干燥状态；防止产品在长期贮藏中接触空气而发生氧化，引起变色、变味、变质；阻止外界微生物的污染，保持产品的卫生质量；便于成品的运输、销售和食用。

速冻果蔬制品要经过冷却、冻结、冻藏、解冻等工序，因而用于速冻制品的包装材料需具备耐低温、耐高温、耐酸碱、耐油、气密性好和能进行印刷等性能。

速冻食品的包装材料从用途上可分为：内包装、中包装和外包装材料。内包装材料有聚乙烯、聚丙烯、聚乙烯与玻璃纸复合、聚酯复合、聚乙烯与尼龙复合、铝箔等。中包装材料有涂蜡纸盒、塑料托盘等。外包装材料有瓦楞纸箱、耐水瓦楞纸箱等。

速冻果蔬包装的方式主要有普通包装、充气包装、真空包装。充气包装的顺序是抽气、充气，主要充入二氧化碳和氮气等具惰性气体性质的气体，这些气体能防止内部食品的氧化和微生物的繁殖。真空包装就是抽除包装内的氧气，形成包装内的一种缺氧状态。因而避免或减轻食品发生氧化现象，同时抑制好气菌的生长和繁殖。

另外也可对速冻果蔬制品包冰衣，即果蔬制品在速冻结束后，快速在 0~2℃ 的洁净水中浸没数秒钟，利用其自身的低温，可以在制品表面形成一层薄薄的冰壳，这一处理称为包冰衣。冰衣可以看做是最简单的包装，尽管其结构比较疏松、脆弱，但对速冻果蔬制品却可以起到非常独特的保护作用。冰衣能够保持冻后产品内部的水分，避免失水干缩，同时对外界污染和外来空气起到一定的阻碍作用，对于速冻果蔬制品的质量保持有着十分重要的意义。

7.6.3 果蔬速冻方法与设备

果蔬速冻的方法和设备，随着技术的进步发展很快，主要体现在自动化程度和工作效率大幅度提高。速冻的方法较多，但按使用的冷却介质与食品接触的状况可分为两大类，即间接接触冻结法和直接接触冻结法。

1. 间接接触冻结法

1)鼓风冻结法。鼓风冻结法是一种空气冻结法，它主要是利用低温和空气高速流动，促使食品快速散热，以达到速冻的目的。有时生产中所用设备尽管有差别，但食品速冻时都在其周围有高速流动的冷空气循环，因而不论采用的方法有何不同，能保证周围空气畅通并使之能和食品密切接触是速冻设备的关键所在。

速冻设备可以是供分批冻结的房间，也可以是用输送设施进行连续冻结的隧道。大量食品冻结时一般都采用隧道式速冻设备，即在一个长形的、墙壁有隔热装置的通道中进行。产品放在输送带上或放在车架上逐层摆放的筛盘中，以一定的速度通过隧道。冷空气由鼓风机吹过冷凝管再送进隧道中川流于产品之间，使之降温冻结。有的装置是在隧道中设置几次往复运行的网状履带，原料先落于最上层网带上，运行到末端就卸落到第二层网带上，如此反复运行，到原料卸落在最下层的末端，完成冻结过程。

鼓风速冻设备内空气流动方式并不一定相同，空气可在食品的上面流过，也可在下面流过。逆向气流是速冻设备中最常见的气流方式，即空气的流向与食品传送方向相反。由于冷风的进向与产品通过的方向相向而遇，冻结食品在出口处与最低的冷空气接触，可以得到良好的冻结条件，使冻结食品的温度不至于上升，也不会出现部分解冻的可能性。

2)悬浮式(也称流化床)冻结法。一般采用不锈钢网状传送带，分成预冷及急冻两段，以多台强大风机自下向上吹出高速冷风，垂直向上的风速达到 6~8 m/s 以上，把原料吹起，使其在网状传送带上形成悬浮状态不断跳动，原料被急速冷风所包围，进行强烈的热交换，被急速冻结。一般在 5~15 min 就能使食品冻结至−18℃，生产率高，效果好，自动化程度高。由于要把冻品造成悬浮状态需要很大的气流速度，故被冻结的原料大小受到一定限制。一般颗粒状、小片状、短段状的原料较为适用。由于传送的带动，原料是向前移动，在彼此不粘结成堆的情况下完成冻结，因此称为"单体速冻"(individual quick frozen，简称 IQF)，这是目前大多数颗粒状或切分的果蔬加工采用的一种速冻形式。

3)间接接触冻结法。这是一种常用的速冻方法，其设备结构是由钢或铝合金制成的金属板并排组装起来的，在板内配有蒸发管或制成通路，制冷剂在管内(或冷媒在通路内)流过，各板间放入食品，以液压装置使板与食品贴紧，以提高平板与食品之间的表面传热系数。由于食品的上下两面同时进行冻结，故冻结速度大大加快。厚度 6~8 cm 的食品在 2~4 h 内可被冻好。被冻物的形状一般为扁平状，厚度也有限制。该装置的冻结时间取决于制冷剂或冷媒的温度、金属板与食品密切接触程度、放热系数、食品厚度及食品种类等。

2. 直接接触冻结法

目前多应用浸渍冻结法，是用高浓度低温盐水(其冰点可降至−50℃左右)浸渍原料，原料与冷媒接触，传热系数高，热交换强烈，故速冻快，但盐水很咸，只适应水产品，不能用于果蔬制品。液态氮(−196℃)和液态二氧化碳(−78.9℃)也用来作为制冷介质(剂)，可以直接浸渍产品，但这样浪费介质。一般多采用喷淋冻结装置，这种装置构造简单，可以用不锈钢网状传送带，上装喷雾器、搅拌小风机。即能超快速进行单体冻结，但介质不能回收，而且价格贵，它的运输及贮藏要应用特殊容器，成本高。对大而厚的产品还会因超快速冻结而造成龟裂。这种方法生产率高，产品品质优良，主要是成本太高。

7.6.4 速冻果蔬的冻藏、运销与解冻

1. 冻藏

速冻完成包装好的冻品，要贮于−18℃以下的冷库内，要求贮温控制在−18℃以下，

或者更低些，而且要求温度要稳定，少波动。并且不应与其他有异味的食品混藏。最好采用专库贮存。低温冷库的隔热效能要求较高，保温要好。一般应用双级压缩制冷系统进行降温。速冻果蔬产品的冻藏期一般可达 10～12 个月以上，条件好的可达两年。

在冻藏过程中，未冻结的水分及微小冰晶会有所移动而接近大冰晶并与之结合，或者互相聚合而成大冰晶。但这个过程很缓慢，若库温波动则会促进这样的移动，大冰晶成长即加快。这就是重结晶现象。这同样会造成组织的机械伤，而使产品流汁。

2. 运销

在流通上，要应用能制冷及保温的运输设施，以 −18～−15℃进行运输冻品。在运输销售上，要应用有制冷及保温装置的汽车、火车、船、集装箱专用设施，运输时间长的要控制在 −18℃以下，一般可用 −15℃，销售时也应有低温货架与货柜。整个商品供应程序也是采用冷链流通系统，能使产品维持在冻藏的温度下贮藏。由冷冻厂或配送中心运来的冷冻产品在卸货时，应立即直接转移到冻藏库中，不应在室内或室外的自然条件下停留。零售市场的货柜应保持低温，一般仍要求在 −18～−15℃。

3. 解冻

冷冻果蔬制品在食用之前要进行解冻复原，解冻的条件对速冻果蔬有一定的影响。

冷冻果蔬的解冻与冻结是两个相反的传热过程，而且速度也有差异，非流体食品的解冻比冷冻要缓慢。解冻时的温度变化趋于有利于微生物的活动和理化变化的增强。冻藏中残存了不少的微生物，当果蔬解冻后，组织结构已有损伤，内容物渗出，再加之温度升高，都有利于微生物的活动和食品理化性质的变化。因此，冷冻食品在食用之前解冻，解冻之后及时食用。切忌解冻过早或室温下搁置时间过长。冷冻水果解冻越快，对色泽和风味的影响越小。

解冻方法，可以在冰箱中、室温下以及在冷水或温水中进行。也可以用微波或高频加热的方法，解冻迅速而均匀，但被处理的产品组织成分要均匀一致，才能取得良好效果，否则因产品吸收射频能力不一致，会引起局部的损伤。

冷冻蔬菜解冻后，可根据品种形状的不同和食用习惯，不必先进行洗和切，而是直接进行炖、炒、熘、炸或凉拌等多种烹调加工，一般不适于做过多的热处理，烹调时间以短为宜，否则烹调出来的速冻蔬菜汤多过软，口感不佳。

冷冻水果一般解冻后不需要热处理就供食用。解冻终温以解冻用途而异，鲜吃的果实以半解冻较安全可靠。有些冷冻的浆果类，可作为糖制品的原料，经过一定的加热处理，仍能保证其产品的质量。

第8章 农产品加工副产物的综合利用

8.1 概　述

我国地域辽阔，农产品资源丰富，是传统的农业生产大国。20 世纪 90 年代后期以来，我国粮食等主要农产品供求由长期短缺转变为"总量基本平衡、丰年有余"的基本格局。据统计，2010 年我国粮食总产量达到 54641 万吨，棉花产量达到 597 万吨，油料产量达到 3239 万吨，糖料产量达到 12045 万吨，肉类总产量达到 7925 万吨，水产品产量5366 万吨，水果总产量 21401 万吨。虽然我国是农产品生产和消费大国，主要的农产品如粮食、油料、水果、肉类、蛋类、水产品等总产量已居世界第一位，但随着我国农业产值的逐年增加，农产品销售渠道不畅、农民收入增长缓慢与农业产值增大之间的矛盾不断加深。长期以来，我国农副产物供应的结构性过剩问题仍比较突出，农副产物加工转化工业发展滞后，造成农产品出路少，产品增值低，农副产物缺乏稳定的产业转化基础，导致农民增产不增收，农业产业化进程缓慢。加入世界贸易组织后，我国农业发展面临更大的挑战，农产品市场竞争更趋激烈。而对农产品的副产物进行综合利用不但潜力巨大，而且能带来高效益。

与发达国家相比，我国农产品加工副产物的加工生产工艺落后，科技含量不高，加工产品单一，农产品附加值低。如酒厂从粮食中只能提出少量的乙醇和微量的糖，剩余的有机态营养物都残留在酒糟中；油脂厂从大豆中榨取的豆油也只有 15% 左右，其余的如脂肪、蛋白质、糖分等都留在了油饼和豆粕中而没有充分利用；我国每年大约有 6 亿吨秸秆，1500 万吨米糠，1100 万吨玉米芯，1600 万吨蔗渣和甜菜渣，2100 万吨稻壳，8600 万吨酒糟等都成为"废弃物"，造成环境污染和大量浪费。粮食产后损耗也在 10% 以上。发达国家从环保和经济效益两个角度对加工原料进行综合利用，除生产高附加值的主产品外，还把副产物也转化成饲料和其他产品。另外，欧美先进国家，很早就重视果蔬加工原料的综合利用，从果皮和果渣中提取香精油、果胶物质、单宁和色素，从种子榨取种油和提取蛋白质，用种壳制作活性炭等。我国新鲜果蔬除大部分直接供给市场和贮藏加工外，还剩有大量的副产物，如果肉碎片、果皮、果心、种子及其他果蔬加工产品的下脚料。在原料生产基地，从栽培至收获的整个生产过程中，还会有大量的落花、落果及残次果实，而这些原料中又含有很多有用的成分，可以加工或提取出有较高价值的产品。如果将在生产过程中约 15%~20% 的残、次、落果以及加工过程剔除的副产物和下脚料进行综合利用，使之变废为宝，可提高经济价值，增加社会财富。

农副产物的合理生产与综合利用与人民生活息息相关，关系着千家万户收入的增加，关系着国民经济的发展。党和各级政府对此高度重视，科研机构、高等院校等都加大了研究力度，进一步向广度和深度进行探究，涌现出了一大批的科研成果。很多研究成果已经创造出可观的经济效益与社会效益。如开发的米糠营养素和米糠营养纤维健康食品，实现了清洁生产和米糠全利用技术，使米糠增值 10 倍；开发的米胚饮料在饮料业属国内甚至国际首创，具有独特的营养功能和风味口感，1 吨米胚芽可生产 8 吨米胚芽饮料，可使米胚芽增值 15 倍；利用酶法与物理法相结合的方法，获得生物改性的优质大米蛋白和米糠蛋白；应用生物、高效物理分离、超微粉碎等技术，开发出米糠营养素泡腾片、米糠降血脂胶囊、米糠多糖、7-氨基丁酸、米乳等全新产品，实现了米糠资源全利用；在国际上率先实现了利用玉米加工有机化工醇的产业化，实现了高浓度废水零排放，能耗降低约 37.8%，酒精生产成本下降约 21% 等。农产品加工副产物综合利用后所得的加工产品的价值要比原料价值高数倍。农副产物综合利用，不但可使产品种类增多，对于提高产品附加值，有效解决环境污染，发展循环经济，提高经济效益和社会效益，具有十分重要的意义。随着研究的深入开展，必将推动农副产物的深加工、综合利用产业的进一步发展。

8.2　粮油加工副产物的综合利用

粮油加工副产物的综合利用是指对在制造生产某种粮油加工产品时附带产生的副产物进行全面、充分、合理的利用，是人们根据副产物的成分、特性和贮存形式对副产物进行科学合理的综合开发、深度加工、循环使用和回收再生利用的过程。粮油加工副产物以其供应充足、廉价而被认为是最重要的自然资源之一。粮油加工副产物的综合利用涉及广泛。将粮油加工副产物用物理的、化学的和生物的方法处理，使它们转化为各种产品，既可扩大原料来源，提高天然资源附加值，又可进行环境保护；既有经济效益，又兼顾了生态效益和社会效益，可谓一举多得。因此，粮油加工副产物的综合利用不仅十分重要，而且具有广阔的发展前景。

8.2.1　稻谷加工副产物的综合利用

稻谷加工的主要副产物有米糠、稻壳、米胚、碎米等副产物。其副产物的深加工，可以形成一个新型产业链，包括科技研发、设备制造、能源转化、深度加工等领域，从而增加了大量的就业岗位，增效增收，可取得良好的经济效益和社会效益。

1. 稻壳的综合利用

我国是稻谷主产国，但稻壳综合利用率低，绝大部分作为燃料，造成了极大的浪费，在一定程度上还会造成环境污染。如何有效地处理和利用稻壳，为社会创造更多的财富，成了亟待解决的问题。目前，稻壳的利用主要是提供能源、加工饲料、制取化工原料、制作建筑材料等方面。近年研究表明，稻壳深加工产品应用前景广阔，包括吸附剂、纳米级二氧化硅(或称低温稻壳灰)、水泥掺和料、绝热耐火砖、糠醛等。

稻壳作燃料,一是直接燃烧;二是汽化后燃烧或发电;三是制成稻壳棒替代煤作燃料。增值效益高的应属汽化后带动燃气发电机发电。

中国科学院能源研究所研制的稻壳汽化发电机组,稳定性符合国家标准,稻壳消耗定额为 1.6~1.8 kg/h,发电成本为 0.2~0.5 元/h,其稻壳燃烧残渣还可用作肥料,是稻壳综合利用较好的途径之一。

稻壳作饲料,主要是用作添加剂载体。近年也有用膨化稻壳喂牛的报道。再就是用微生物处理后作牛饲料。作猪、鸡饲料仍处于研究探讨之中。

稻壳作填充料,目前国内有作为可降解餐具成型填充料的报道,其环保意义远大于经济意义,但设备昂贵,一般难以承受,不过前景还是乐观的。把稻壳制成吸附剂,主要应用领域是造酒和豆油精制,也有将麦壳和稻壳制成油污吸附剂的,目前仍都处于研究之中。

稻壳灰(炭化稻壳)可作为保温剂、增炭剂、防溅剂,还可进行深加工,制取化工产品。

2. 碎米的综合利用

稻谷在碾米过程中产生 10%~15% 的碎米,碎米中的蛋白质、淀粉等营养物质与大米相近,但碎米价格仅为大米的 30%~50%。碎米淀粉含量高,经过酶水解可以生产低甜度、低渗透压、易于消化吸收的麦芽糊精。碎米蛋白质营养品质好,其蛋白质功效比值(PER 值)为 2,不存在生理障碍因子,是生产婴幼儿食品的良好原料。

(1)碎米淀粉的利用

大米淀粉是由多个 α-D-葡萄糖通过糖苷键结合而成的多糖,与其他谷物淀粉颗粒相比,大米淀粉颗粒非常小,为 3~8 μm,且颗粒度均一,它可借助酶制剂、发酵等方法生产多种产品,产品的主要特点是低甜度、低渗透压、易于消化吸收,可防止肥胖、抗龋齿、抗肿瘤,广泛应用于饮料中作为增稠剂、填充剂等。尽管淀粉工业的三大原料是玉米、小麦和马铃薯,大米淀粉只占 13%,列第四位,但大米淀粉却因其独特的性能和用途,具有很好的市场前景。目前,我国利用碎米淀粉生产的新产品主要有果葡糖浆、麦芽糖醇、麦芽糊精粉、山梨醇、液体葡萄糖、饮料等。糊化的大米淀粉吸水快,质构柔滑似奶油,具有脂肪的口感,且容易涂抹开;蜡质大米淀粉除了有类似脂肪的性质外,还具有极好的冷冻—解冻稳定性,可防止冷冻过程中的脱水收缩。碎米的利用是与大米淀粉以上特性密切相关的,基于大米淀粉的这些特性,它可以有以下用途:①作为沙司和烹调用增稠剂;②作为衣服上浆剂;③用作造纸的粉末;④用作糖果的糖衣和药片的赋形剂;⑤作为脂肪替代物用于冷冻甜点心和冷冻正餐的肉汁。

总之,大米淀粉以其特有的物理化学性质广泛用于食品、化工等行业。国际市场上对高纯度的大米淀粉的需求量较大,美国和欧洲兴起了淀粉研究开发的热潮,应用现代生物技术可以将包括碎米在内的稻米转化为抗性淀粉、微孔淀粉、缓释淀粉、新脂肪替代物和低过敏性蛋白质。抗性淀粉作为食物原料、配料时,除提供多种健康功能外,还可作为低热量的食物添加剂;微孔淀粉可用作功能性物质(如药剂、香料、色素、保健物质)吸附载体,广泛应用于医药、化工和食品等工业。米淀粉制取脂肪替代物十分适合加工酸奶等乳制品,它具有奶油的外观及口感,通过不同含量的调配,可加工成供人造奶油生产的加氢油脂。如比利时已将变性大米淀粉正式用于无奶油奶酪、低脂肪冰淇淋、无脂肪人造奶油、沙司和凉拌菜调味料的生产,取得了可观的经济效益。将碎米制备成大米淀粉可大大提高其附加值,高纯度米淀粉在储存期间不易发生酸败,可长期贮存,能够解决资源浪费的问题。

(2)碎米蛋白质的利用

大米中蛋白质含量虽然不高,却是一种质量较好的植物蛋白质。它是一种高水溶性粉末,具有高营养、易消化、风味温和等特点。大米蛋白质的蛋白质生物价(BV)为77%,高于其他谷物蛋白质;其蛋白价(GPV)为 0.73,高于牛乳、鱼肉、大豆等;其消化率(TD)高达 0.84,不含影响食物利用的毒性物质和酶抑制因子,所以大米成为各类儿童营养米粉首选的主要原料。由于碎米中的蛋白质、淀粉等营养物质与大米相近,将碎米中蛋白质含量提高后制得高蛋白米粉,可作为添加剂,生产婴幼儿、老年人、病人所需的高蛋白质食品。大米粉(包括高蛋白质米粉)可用大米和碎米加工而成,主要用于焙烤食品、早餐谷物、休闲食品、肉制品等。利用碎米为原料生产高蛋白质米粉及糖浆,不但降低了高蛋白质米粉的成本,而且也提高了碎米的利用价值。利用高蛋白质米粉选择性添加适量维生素及无机盐,可制成速溶乳液、乳糕粥、糕点等全营养成分的婴儿及儿童食品。碎米、籼米和大米淀粉加工的副产物(米渣)都是提取大米蛋白质的原料,运用不同的提取手段可以得到不同蛋白质含量和不同性能的产品。如采用酶法处理碎米浆,通过糊化、液化和离心分离等步骤可获得蛋白质含量达 25%以上的高蛋白质米粉。一般作为营养补充剂用于食品的是蛋白质含量 80%以上并具有很好水溶性的产品。含量为40%~70%的大米蛋白,其天然无味和低过敏,以及不会引起肠胃胀气的独特性质,使其非常适合用于宠物食品,一般用于小猪饲料、小牛饮用乳等。在爱尔兰,有用米粉制成的面包,它不同于一般面包,不仅式样各异,而且松软可口。美国约有 2%的人不适应小麦中的谷朊蛋白,因此,也有大米面包的开发。除此之外,大米蛋白质还应用于日化行业中,如用于洗发水,作为天然发泡剂和增稠剂等。

3. 米糠综合利用

米糠是稻谷脱壳后依附在糙米上的表面层,由外果皮、中果皮、交联层、种皮及糊粉层组成,其化学成分以糖类、脂肪和蛋白质为主,还含有较多的维生素和灰分(主要是植酸盐)。米糠是稻谷加工的副产物,约占稻谷质量的 5%~5.5%,我国年产米糠在 1.0×10^8 吨以上,约占世界总产量的 1/3。长期以来,国内大部分地区将米糠作为饲料喂养畜禽,其具有的营养价值和资源效益未得到充分发挥。近年来,米糠精制、综合利用已引起科研工作者和加工企业的重视,并取得了显著的成果和良好的效益。

米糠的含油量与我国的大豆含油量相当,如果我国稻米加工中一半以上的米糠能用于榨油,那么,我国每年能生产米糠油 100 多万吨,这对平衡我国食用油脂的供求将起到举足轻重的作用。采用压榨法和溶剂浸出法,如超临界二氧化碳浸出法、酶催化浸出法等,可从米糠中得到液体毛糠油和固体脱脂米糠饼(粕)。毛糠油经脱胶、脱色、脱臭等工序精制后得到精制毛糠油。米糠油中含有约 15%～20% 的饱和脂肪酸和 80%～85% 的不饱和脂肪酸，其中棕榈酸为 13%～18%，油酸为 40%～50%，亚油酸为 26%～35%，而且含有大量的营养物质，如维生素 A、硫胺素（B_1）、核黄素（B_2）、烟酸、泛酸肌醇、叶酸、维生素 B_{12}、维生素 E 等等。另外还含有丰富的镁、磷、钙、锌、铁等矿物质营养元素。米糠油除了米糠中带来的大量营养物质外，米糠油本身的脂肪酸组成也比较合理，一般米糠油中含亚油酸为 38%，油酸为 42%，其比例约为 1:1.1。按现代观点，油酸与亚油酸的比例应为 1:1 左右，这样的油脂具有较高的营养价值。由此可见，米糠油是营养价值最高的食用油脂之一。由于米糠油的营养价值高，所以它是今后我国生产调和油及功能性油脂的重要油源。

米糠油所具有的气味芳香、耐高温煎炸、耐长时间贮存和几乎无有害物质生成等优点，受到普遍关注。它作为油炸食品用油，对鱼类、休闲小吃的风味有增效作用。米糠油还可用于制造人造奶油、人造黄油、起酥油和色拉油等。米糠油作为烹饪菜食的佐料，有激发食欲和改善消化的功效。

米糠油中含有很高的不饱和脂肪酸，可以改变胆固醇在人体内的分布，减少其在血管壁上的沉积，有防治心血管病、高血脂症及动脉硬化等病的功能。米糠油中含有的维生素 E、活性脂肪酸、谷固醇、豆固醇和阿魏酸等成分，对于调理人体生理功能、健脑益智、消炎抗毒、延缓衰老都具有显著的作用。

8.2.2 小麦加工副产物的综合利用

小麦胚芽和麦麸是面粉加工生产的主要副产物，我国面粉厂每年产出副产物小麦胚芽和麦麸分别达到 420 万吨和 3000 万吨。过去一直作为饲料利用。现代科学研究表明，小麦胚芽和麦麸含多种营养活性成分如蛋白质、氨基酸、脂肪、维生素、矿物质和膳食纤维等，是重要的保健食品原料。

小麦胚芽蛋白质含量高达 30% 左右，仅次于大豆。小麦胚芽蛋白中还含有一种由谷氨酸、半胱氨酸、甘氨酸经肽腱缩合而成的含硫活性三肽——谷胱甘肽，具抗氧化和延缓衰老的功能，能促进生长发育和防癌，是一种天然的优质食品蛋白质和氨基酸强化剂，可广泛用于蛋白和氨基酸强化食品中。

小麦胚芽的脂肪含量超过 10%，还含有 1.8% 的磷脂及 4% 的植物甾醇，多种维生素和矿物质，可成为保健与食疗食品的天然 B 族维生素强化剂。

小麦麸皮中富含纤维素和半纤维素，麸皮中的膳食纤维可加工作为食品中的品质改良剂和膳食纤维强化剂。麸皮的膳食纤维具有吸水、吸油、保水、保香等特点，添加到豆酱、豆腐等食品及肉类制品中，可保鲜和防止水的渗透，用于粉状品时可作为载体制成冲剂；加入沙司和蛋黄酱中可作为黏度调节剂；加入饼干中可使面团易于成型；加入冰棍和糖果等食品中可用作防固结剂，还可用作制备低聚糖，提取植酸酶等的原料。

除麦麸和麦胚外，还有次粉，也称尾粉，是由通过 CQ20 筛的外层胚乳、麦屑和少量麦胚组成的混合物，是一种较好的能量饲料资源，又是预混合饲料常用的一种载体。胚乳含量较高的次粉可进一步加工制作面筋和淀粉或制造酱油。

1. 小麦副产物的常规利用

(1)小麦活性膳食纤维的制备

麦麸是较理想的高纤维食品原料。未经处理的小麦麸皮颗粒较大，口感粗糙，有涩味，同时还含有淀粉、蛋白质、脂肪等成分。因此，必须经过各种单元处理来改善其食用品质和活性，提高其感官质量和功能特性。提取膳食纤维的方法主要有有机溶剂沉淀法、中性洗涤剂法、酸碱法和酶法等。一般采用上述几种方法的结合。

(2)麦胚制品

麦胚制品的用途很广，用作食品添加剂可显著地改进谷物食品的蛋白质有效比率(PER)，麦胚经过处理后成为麦胚制品，主要有以下几种。

1)全脂粉状麦胚：将麦胚粉碎后即为全脂粉状 麦胚。按一定配比掺入粮食中，可制成各种食品。

2)全脂干燥麦胚：小麦胚有生腥味，酶活力相当高，且含有植酸，对生麦胚进行脱腥灭活干燥的处理，可提高食品的风味和吸收率，并便于贮存。可采用远红外烘箱、微波炉处理或采用低温烘干法及湿蒸后烘干法脱腥灭活干燥，以微波处理效果较好。

3)小麦胚芽油：可采用机榨法或浸出法制取。

4)脱脂干燥麦胚：提取油脂后的麦胚，经烘焙即成。

5)酸化麦胚：将未脱脂或脱脂麦胚与水以质量比 10∶8 混合后，在密闭容器内 40℃，保温 4 d，然后干燥粉碎即成。酸化后的麦胚利于贮存，且具有良好的烘焙特性。

2. 小麦副产物深加工的利用

(1)小麦麸皮制备低聚木糖

小麦中戊聚糖主要存在于麸皮中，由木糖、阿拉伯木聚糖、葡萄糖等组成，其中阿拉伯木聚糖为主要成分，因此，小麦麸皮是制备低聚木糖的良好资源。

先用 α-淀粉酶和蛋白酶水解除去淀粉和蛋白质，然后用低聚糖酶水解非淀粉多糖，再经过活性炭脱色，离子交换柱等方法精制，最后浓缩干燥，即可得低聚糖产品，含量可达 70% 以上。

国际上对利用微生物代谢木聚糖的酶系来研究木聚糖日益备受关注，主要研究工作集中在微生物木聚糖酶的诱导产生和调节机制；酶的提纯、鉴定；木聚糖酶基因的分子克隆和表达。在我国对木聚糖酶的研究主要集中在产木聚糖酶优良菌株的筛选和驯化、木聚糖酶的纯化和理化性质的研究、降解小麦麸皮蛋白质的综合利用。

此外，小麦麸皮中含有较高的蛋白质，其质量比例在 12%～18%，是一种资源十分丰富的植物蛋白质资源。植物性蛋白质不仅可弥补膳食中蛋白质的不足，还含有一些有生理活性的物质，具有一些非常重要的功能特性。因此，制备低聚木糖过程中经蛋白酶处理后的麸皮蛋白质生成可溶性的肽及少量的氨基酸，可进一步加工和利用。将这些小麦麸皮活性蛋白肽加到糖果、糕点、膨化食品中，可起到改善食品感官特性的作用；添加到饮料中可制成麦麸香茶营养保健饮品。另一方面，也可将小麦麸皮活性蛋白肽提纯，用于医药方面。

（2）小麦胚深加工的利用

小麦胚是小麦子粒的一部分，约占小麦子粒的 2%，但却是小麦的生命中枢，含有极其丰富而优质的蛋白质、脂肪、多种维生素、矿物质及一些尚未探明的微量生理活性物质，被营养学家誉为"人类天然的营养宝库"。

小麦胚中蛋白质含量为 30%～35%，是全价蛋白质，比大米、面粉均高出十倍。据资料报道小麦胚各种蛋白酶的水解物对 ACE（血管紧张素转换酶）均有抑制作用，只是抑制作用的大小不同，其中抑制作用最强的为碱性蛋白酶水解物。这说明，麦胚蛋白经各种蛋白酶水解均可产生抑制 ACE 活性的肽片段，只是每种酶的特异性不同而产生不同种类和大小的肽片段，因而产生大小不同的抑制作用。同时，说明 ACE 是一种作用底物相对较宽的酶，通过对抑制效果较好的蛋白酶水解条件的优化，就可能生产出高活性的降压肽。

8.2.3 大豆加工副产物的综合应用

随着大豆制品的生产，其副产物豆腐渣、黄浆水、豆粕等相应地大量增加。这些副产物以往均没有充分利用，豆粕、豆腐渣大多数作饲料，黄浆水全作废水排放，十分可惜。其实，大豆的副产物除还含有一定数量大豆本身的营养成分外，另外还含有各种有益于人体健康的物质和贵重的医药成分，如维生素、皂苷、异黄酮、凝血素、甾醇、胰蛋白酶抑制因子等。随着时代的进步，食品营养价值观念的更新，人类对食品有了更高的要求，因此如何合理有效地利用这些副产物，已成为一个现实问题，不少研究人员在这方面做了大量的研究工作，本章通过实例展现大豆副产物的综合利用方法。

1. 黄浆水的综合利用

黄浆水又称大豆乳清，是大豆制品加工时排放的废水。黄浆水中含有较多的营养物质，排放后不但造成可利用营养成分的损失，而且给微生物繁殖创造了条件，造成环境污染。通过一定的技术手段将黄浆水充分利用起来，变废为宝，将会创造出更大社会和经济效益。

（1）大豆低聚糖

大豆低聚糖的生产，目前日本已经实现大豆低聚糖的工业化生产，市售价达到 740日元/kg；在国内黑龙江省天菊集团首先建成了日处理 800 吨大豆乳清，年产大豆低聚糖2280 吨的全套生产线。采用湿法工艺对乳清中的大豆低聚糖进行回收再利用，该工艺生产成本较低，工艺简单，应用较广。其工艺流程如下：大豆乳清→稀释→超滤→活性炭脱色→离子交换→脱盐脱色→真空浓缩→大豆低聚糖。

（2）大豆异黄酮的分离

大豆异黄酮可作为雌性激素治疗的替代品，可改善妇女更年期综合征，并具有降低血液胆固醇、防止骨质疏松及抑制癌细胞生长的作用。随着人们生活水平的提高，对天然生物活性物质的需求正逐渐增大，大豆异黄酮对人体生理代谢有益的调节作用及丰富的大豆资源，为开发利用展示了广泛的市场前景，目前正越来越受到世界各国的关注。

醇法生产大豆浓缩蛋白(SPC)过程中，异黄酮几乎全部进入大豆乳清中，可以作为生产大豆异黄酮的原料。以超滤结合聚乙烯苯一二乙烯苯树脂吸附法从乳清中分离异黄酮的回收率大于 70%，产品纯度大于 30%。利用大豆苷和染料木苷在不同温度下的溶解度不同，还可以分离出染料木苷。

由大豆乳清制备大豆异黄酮的工艺流程如下：大豆乳清→超滤→树脂吸附→水洗→醇洗→大豆异黄酮。

大豆异黄酮的精制方法有树脂吸附层析法、超滤膜法、溶剂萃取、重结晶等方法。

2. 豆粕的综合利用

豆粕是大豆加工的副产物，一般只作为饲料和废弃物处理，其经济效益是很低的。豆粕的主要成分是蛋白质，此外还含有纤维素、糖类、有机酸、矿物质和维生素，在食品工业中有广泛的利用前景。

(1)大豆异黄酮强化大豆蛋白制品

用 10 倍量的软化水浸提脱脂豆粕 30~45 min，pH 值为 7.3~7.5，温度为 52~54℃。将浸提液离心分离，得到固形物为 6% 的豆浆，放入贮罐贮藏。然后在 93℃高温瞬时灭菌 20 s，再将豆浆浓缩至固形物含量 12%，进行喷雾干燥得成品。大豆的异黄酮、矿物质可大部分被保留，最终产品特点如下：①异黄酮含量是大豆分离蛋白的 2~3 倍，是大豆浓缩蛋白的 30 倍，灰分是大豆分离蛋白和浓缩蛋白的 2 倍(8.2%~8.7%)。②蛋白质含量 62%~67%，蛋白回收率 87%~95%。③氮溶指数 90%~97%，超过大豆分离蛋白(67.6%)和大豆浓缩蛋白(45.8%)，表现出优良的乳化性和乳化稳定性。④可溶性糖含量达 12%~19%，含硫氨基酸的量比分离蛋白提高 20%。

(2)简易制备大豆分离蛋白

制作方法：豆粕去杂，加约 3 倍水浸泡 5~8 h，加水磨，越细越好，磨完再加水，总水量约为豆粕的 10~15 倍，搅拌 5 min，将全部浆水打入布袋内，压榨得到浆水，然后加入盐酸，使浆水 pH 值达 4.3，停止加酸。再将其倒入袋内，压榨除水，袋内即为纯分离蛋白。工艺流程为：豆粕→浸泡→水磨→浆渣分离→调整 pH→排除水分→分离蛋白。

3. 豆渣的综合利用

大豆各种豆制品生产过程中产生的大量副产物豆渣，因能量含量低、口感粗糙等原因，被人们长期忽视而作为废渣或饲料处理。经分析研究，豆渣中富含蛋白质、脂肪、纤维质成分、维生素、微量元素、磷脂类化合物与甾醇类化合物等。尤其是经过发酵的豆渣具有抗氧化、降血压、抑制糖尿病和降低胆固醇等多种功能，是老年人、高血压和心脏病患者的理想食品。因此，豆腐渣的开发利用受到了极大的重视，现在豆渣已成为价值很高的一种原料。

(1)传统食品

我国典型的传统发酵豆渣是霉豆渣。霉豆渣是武汉的传统产品，它是以豆渣为原料，在一定工艺条件下发酵而制成的一种副食品，其发酵菌种是毛霉菌，霉豆渣游离氨基酸含量高，味道鲜美，是营养丰富的风味豆制品。将霉豆渣切成 1 cm 见方的小块，置热油锅中煎炒，适当蒸发水分。然后按食用的习惯加入佐料，配上食盐或辣椒等，炒后即可食用。

（2）提取豆渣蛋白

豆渣蛋白为乳白色固体颗粒或粉末，具有豆香味，灰分 3.6%，水分 6.1%，蛋白质含量 80% 左右，蛋白得率 90% 以上。蛋白质的氨基酸组成与大豆蛋白基本一致，必需氨基酸组成与鱼粉、鸡蛋等动物性蛋白相近。豆渣蛋白中蛋氨酸较少，而鱼粉等动物性蛋白中蛋氨酸较多，依据氨基酸互补原理，用一定比例的豆渣蛋白代替现有饲料中部分鱼粉等动物性蛋白，可以起到氨基酸互补作用，提高饲料蛋白的营养价值，并降低生产成本。

（3）豆渣制取可溶性膳食纤维

豆渣在温度 50℃ 下烘干 5 h 后，粉碎，过 20 目筛。①水浸提法提取可溶性膳食纤维：向预处理过的豆渣中加水，调 pH，在水浴中进行提取，再过滤，滤液以 4 倍体积无水乙醇处理，静置，过滤，将沉淀物在 100℃ 下烘干得成品。②酶解法制取可溶性膳食纤维：向预处理过的豆渣中加水，然后再加入醋酸-醋酸钠缓冲液，混匀，在沸水浴中煮沸 1 h，冷却，加入纤维素酶液，酶解 1.5 h，加热到 85℃，灭酶 10 min，降温，再加入木瓜蛋白酶溶液（浓度为 10^9/L），酶解 30 min，迅速冷却，过滤，其他操作同水浸提法。

从豆渣中制取可溶性膳食纤维对大豆的综合利用有很高的参考价值。直接水浸提法提取可溶性膳食纤维工艺简单，成本低，无二次污染，乙醇可回收再利用；在制得可溶性膳食纤维的同时，也可制得不溶性膳食纤维，从而使豆渣得到更充分的利用。酶解法制取可溶性膳食纤维生产率比直接水浸提法提取有很大的提高，而且污染少，工序简单，便于推广应用。

8.2.4 玉米加工副产物的综合利用

玉米加工副产物主要是指玉米生产淀粉、酒精时得到的副产物，包括玉米蛋白质粉、玉米坯芽油、玉米麸、玉米胚芽饼粕、酒糟和玉米浸泡液等。其综合利用包括常规利用和高附加值利用。常规利用主要是指饲料的加工，是一种对其所含有益成分不完全的利用；高附加值利用则是指从这些副产物中提取功能因子，充分发挥其所含各成分的使用价值，是一种较为全面的利用。

1. 黄浆水提取蛋白质饲料

黄浆水即玉米浸泡液，是生产玉米淀粉的下脚料，含干物质约为 6%～7%，主要是蛋白质类营养物质。黄浆水经自然乳酸发酵后，去水浓缩，可制成玉米蛋白质粉。其含蛋白质 25%、灰分 7.8%、游离氮化合物 18%，并含有多种氨基酸和维生素，消化值为 40%，代谢能为 6.51 kJ/kg，可补充饲料中蛋白质、B 族维生素、磷、钾、镁等成分。这种蛋白质是优质饲料蛋白质，可与小麦、大豆蛋白质媲美。既可添加于秸秆饲料，又可制作颗粒饲料。

2. 玉米胚芽油

玉米胚芽油营养丰富，风味独特，易消化，玉米胚芽油的含油率达 $36.5\%\sim47.1\%$，玉米胚芽油是从玉米胚芽中提取的优质植物油，其中油酸和亚油酸含量占 80% 以上，维生素 E 含量也居植物油首位，同时还含有赖氨酸、磷脂、优质蛋白、氨基酸等多种成分，又具有独特的芳香味，其主要成分是不饱和脂肪酸，其不饱和脂肪酸以亚油酸含量最高，含量占总脂肪酸含量的 50% 以上，其次为亚麻酸。玉米胚芽油虽然含有大量不饱和脂肪酸，但其稳定性相当好，不像其他含不饱和脂肪酸高的实用油容易被氧化。这是因为玉米胚芽油含有高的维生素 E，具有良好的抗氧化作用。此外，玉米胚芽油的稳定性，亦应归功于玉米胚芽油甘油脂上第二位脂化的脂肪酸。有 98% 是不饱和脂肪酸，而第一和第三位上酯化的几乎全部是饱和脂肪酸。与葵花子油相比，玉米胚芽油煎炸品的贮存期更长，风味稳定，氧化较慢，煎炸后油中残留的生育酚较高，玉米胚芽油产品具有较长的货架保存期。

玉米胚芽油的制取方法：胚芽油提取之前，要先对玉米胚芽进行提取，使玉米和胚芽分离。胚芽提取的方法主要有湿法、半湿法和干法。湿法提胚是将玉米进行浸泡，以达到分离胚和淀粉的目的，该法提胚率为 $85\%\sim95\%$，胚水分高达 60%，含油量达 $44\%\sim50\%$。干法提胚不用玉米进行水分调节，而是利用机械方法使玉米和胚芽分离。半湿法提胚是先对玉米进行润水至含水量 $16\%\sim20\%$，然后经蜕皮、破碎进而提胚，采用半湿法提胚是国内较先进的提胚工艺，其提胚率可达 $13\%\sim15\%$，出油率一般为 1.3% 左右（粮油比），其最高可达 $2\%\sim3\%$，该工艺投资回收快，经济效益好。

半湿法提胚是利用玉米胚芽和胚乳的含水量、吸水性不同以及吸水后的弹性、韧性、破碎强度的差异，选用适合的机械设备，将玉米破碎、蜕皮和脱胚，然后利用胚芽和胚乳的不同物理特性，把胚芽压扁，而胚乳则被压碎，再经过筛理，分选出胚芽，从而实现提胚的目的。

脱了胚的玉米糁经磨粉机，平筛处理，获得胚芽和低脂玉米糁。胚芽经烘干，软化，轧胚，蒸炒进入榨油机，得到玉米毛油。玉米毛油再经水化，碱炼，脱色，脱臭等精炼工序处理，即可得到精炼玉米胚芽油。除可采用压榨法制取胚芽油外，水代法、酶法等制油方法在玉米胚芽油制取方面也有运用。

3. 胚芽饼做蛋白质饲料或饲料添加剂

胚芽饼是玉米胚经榨取玉米胚芽油后的残渣。胚芽饼含粗蛋白质 $23\%\sim25\%$、无氮浸出液 $42\%\sim53\%$、脂肪 $3\%\sim9.8\%$、粗纤维 $7\%\sim9\%$、灰分 $1.4\%\sim1.6\%$，是一种以蛋白质为主的饲料或饲料添加剂。由于胚芽饼中混杂有粗纤维和部分无氮浸出物，发酵后有一种特殊的异味，所以直接做饲料时，影响饲料的适口性。因此应对其进一步处理，一般应经过脱臭后再利用。

4. 玉米酒糟

酒糟是生产酒精时排放的废渣，其中含蛋白质 27%、脂肪 8%、粗纤维 8.5%、灰分

4.5%、游离氮化合物 43%，直接用作饲料的消化率是 81%，代谢能为 10.886 kJ/kg。用其生产蛋白质饲料、饲料酵母等，可代替鱼粉、豆饼配成全价饲料。也可用酒糟生产沼气，转化成热能和光能。

5. 玉米蛋白活性肽

玉米蛋白粉是玉米淀粉生产中的下脚料，含有丰富的蛋白质，就氨基酸组成而言，它的中性氨基酸和芳香族氨基酸含量较高，是植物蛋白中较有特色的组成部分。玉米蛋白活性肽是一类具有特殊生理功能的小肽，他是玉米蛋白质粉通过精制后的水解产物，与蛋白质和氨基酸相比，更易消化吸收。利用玉米蛋白活性肽可配制各种饮料，浓缩液或添加于食品及医药产品中，制成功能性食品或肽类药品。

1) 高 F 值寡肽是具有高支链、低芳香族氨基酸组成的寡肽，支链氨基酸和芳香族氨基酸的摩尔比值即 Fischer 值（F 值）。玉米蛋白质以支链氨基酸（亮氨酸、异亮氨酸、缬氨酸）含量高，芳香族氨基酸（酪氨酸、苯丙氨酸）含量低为其特征，利用酶的专一性，尽量在水解物肽链里保留支链氨基酸，而除去芳香族氨基酸即可制得高 F 值寡肽。寡肽消化吸收性优于氨基酸与蛋白质，肽比蛋白质在胃内滞留时间短，胃下垂感与腹部胀满感频度低，所以制取高 F 值寡肽比配置氨基酸不平衡输液更具有优越性。此外，高 F 值寡肽还具有抗疲劳，改善肝、肾、肠、胃疾病患者营养的功能。高 F 值寡肽的制取方法：可采用碱性蛋白酶和米曲霉固态发酵产生的羧肽酶依次水解玉米醇溶蛋白，制备高 F 值寡肽。玉米蛋白粉制备 F 值寡肽工艺流程如下：玉米蛋白粉→预处理→酶水解→去除 AAA→浓缩纯化→干燥→成品。

2) 谷胺酰胺肽。玉米蛋白质的氨基酸组成显示其谷胺酰胺含量很高，谷胺酰胺无论在健康和疾病状态下，对维持胃肠代谢作用的正常进行十分重要。

3) 玉米降压肽。降血压肽通过抑制人体血液中血管紧张素转换酶活性而达到降血压的作用。玉米蛋白含有高比例的缬氨酸、异亮氨酸、亮氨酸、脯氨酸和谷氨酰胺等，很少含有赖氨酸等碱性氨基酸，这种独特的氨基酸组成使玉米醇溶蛋白的水溶性较差，营养价值不高，而这种不平衡的氨基酸组成是玉米蛋白质成为多种生理活性肽，特别是降血压肽的来源。a-玉米纯蛋白和 r-玉米醇溶蛋白的酶解产物就具有较为显著的抗高血压的作用。降解 a-玉米纯蛋白时所得到的血管紧张素抑制剂大多数为三肽，其碳链末端一般具有以下四种不同的氨基酸：亮氨酸、酪氨酸、丙氨酸、谷氨酸。

8.2.5 植物油脂副产物的综合利用

我国是植物油生产大国和消费大国。在植物油厂，植物油精炼过程中会得到油脂碱炼皂脚、油脂水化油脚、蜡糊等副产物。油脂副产物的开发利用内容很多，这里主要介绍脂肪酸和肥皂的制取，生物柴油制备，植酸钙及植酸、肌醇制备，谷维素和谷甾醇等的制备方法。

1. 脂肪酸的制取与分离

在植物油厂，制取脂肪酸的原料有油脂碱炼皂脚和油脂水化油脚两种。皂脚是指植物油精炼过程中碱炼脱酸后得的副产物,一般占毛油量的 $8\%\sim20\%$。油脂碱炼皂脚的组成,其中肥皂含量在 $60\%\sim70\%$(干基),中性油 $25\%\sim40\%$(干基),总脂肪酸含量在 $35\%\sim60\%$。油脚是指油脂水化脱胶时的副产物,其总脂肪酸含量也较高。

(1)混合脂肪酸的制取

从皂脚或油脚中制取脂肪酸,方法主要有皂化酸解法和酸化水解法。皂化酸解法较一般的酸化水解法(高温连续水解法除外)的蒸馏脂肪酸的得率高,这是因为油脂皂化的深度较易达到 99% 以上,而一般水解法的油脂水解度却在 95% 左右,同时操作时间较短。但酸化水解法不用 $NaOH$,H_2SO_4 耗量减少 30%,并且便于从水解废水中回收甘油。据报道,蒸馏甘油得率为皂脚内中性油含量的 5% 左右。

(2)混合脂肪酸的分离

用皂脚或油脚生产的混合脂肪酸主要作为植物油的代用品,用于制皂、制润滑脂等,但不能用于生产满足特殊需要的产品。而油脂化学品工业用途增加的主要原因之一是它能制备满足特殊需要的产品,能将天然混合脂肪酸分离成较纯的馏分。如从富含月桂酸(椰子油、棕榈仁油等)、棕榈酸(棕榈油、棉籽油等)、油酸(豆油、橄榄油、茶籽油等)、亚油酸(豆油、红花籽油等)、亚麻酸(亚麻仁油等)、芥酸(菜籽油等)的油脂或皂脚原料中将它们分离提纯出来,可大大扩展其用途。

用皂脚或油脚生产的混合脂肪酸主要可分离出两大类产品:固体脂肪酸和液体脂肪酸。固体脂肪酸主要是含棕榈酸,同时含有部分硬脂酸及不饱和酸的混合物,在常温下呈固态,工厂俗称硬酸。液体脂肪酸主要是以油酸、亚油酸为主,含有少量饱和酸,在常温下呈液态,工厂俗称油酸。

目前,在工业上分离脂肪酸的方法有冷冻压榨法、表面活性剂分离法(水溶剂分离法)、精馏法、溶剂分离法等。

2. 植物皂脚制取肥皂

一般油脂碱炼皂脚,肥皂含量在 $30\%\sim48\%$,中性油脂含量在 $8\%\sim27\%$,总脂肪酸含量在 $40\%\sim60\%$,油脚是油脂水化脱胶时的副产物,其总脂肪酸含量也较高。因此,可分别收集各种油籽榨油精炼后沉淀的皂脚和油脚作为肥皂的部分原料,以充分利用植物油厂下脚料,增加企业的经济效益,减少环境污染。

3. 生物柴油的生产

在当今能源短缺的情况下,寻求石油的代用燃料受到广泛的关注。我国油料作物总产量居世界前列,在植物油加工过程中,产生大量的下脚料,以往只作肥料使用,对下脚料中有用的成分没有合理利用,不仅造成资源的浪费,而且下脚料极易变质发臭,严重污染环境。利用油脂精炼过程中的下脚料为原料生产生物柴油是比较经济的方法。生产原料有:油菜籽、米糠、棉籽、大豆等植物油精炼加工中产生的下脚料;炼油得到的毛油;工业猪油、食品煎炸废油等。

4. 植酸及植酸钙的生产

植酸的生产,国内普遍采用植酸钙镁法。该法的原理是利用植酸钙镁的酸溶特性,使植酸钙镁在酸作用下溶解，然后用强酸(草酸)或强酸型阳离子交换树脂，去除其中的钙镁等离子，从而得到游离植酸。植酸钙又称菲汀，是植酸与钙镁形成的一种复盐形式。在工业上植酸钙可用作防腐剂。植酸钙中含有 20％的肌醇，是制取肌醇的原料。制备工艺植酸钙的提取方法很多，工业上普遍采用的是稀酸浸提加碱中和沉淀法。

5. 肌醇的生产

肌醇的生产方法，通常有加压水解法、常压催化法和化学合成法。目前，国内外肌醇生产的工艺方法是加压水解法。该法由于采用加压操作从根本上限制了肌醇的投资规模和发展，因而有逐步为新工艺常压催化法或固定酶催化法取代之势。

6. 谷维素

谷维素是数种阿魏酸酯的混合物，它存在于谷类植物种子中，为脂质的伴随物。在种子的皮层和胚芽处，谷维素含量较高，其他部分含量极微。

谷维素在米糠层中的含量为 0.3％～0.5％。米糠在加工制油时，溶于油中的谷维素在溶剂浸出时为混合油所带出，所以毛米糠油中谷维素的含量较高。

胚芽油、小麦胚芽油、大麦胚芽油、裸麦胚芽油、亚麻油、菜籽油等中虽然也有阿魏酸酯存在，但含量很低。所以，谷维素都是从毛米糠油中提取的。

毛米糠油中谷维素的质量分数约为 2％～3％，主要由环木菠萝醇类阿魏酸酯及部分固醇类阿魏酸酯组成的。谷维素的应用已遍及医药、食品、化妆品等行业。谷维素可以作为食品添加剂，作为抗氧化剂添加在饮料、面包、饼干中；添加在老年食品中，可以降低胆固醇的吸收。谷维素对皮肤能起到营养、滋润、防裂、抗冻、吸收紫外线、阻止皮肤脂质老化等作用。谷维素添加到洗净皂或膏中，能形成稳定的保护膜。此外，还有谷维素光泽化妆品、谷维素防晒霜、谷维素指甲油、谷维素口红等谷维素产品问世。目前国内提取方法常采用弱酸取代法。

弱酸取代法的工艺特点是在捕集了谷维素的皂脚中直接加入甲醇碱液，使中性油及谷维素全部皂化，冷却分离出类酯物，然后加弱酸或弱酸盐调节，使谷维素钠盐分解，降温后谷维素从溶液中析出，分离出甲醇溶液。谷维素粗品经精制得到符合标准的产品。弱酸取代法工艺过程较少，生产周期短，设备较简单，成本低，得率较高。

7. 制取糠蜡和三十烷醇

(1)制取糠蜡

糠蜡是米糠油精炼时的副产物。米糠油中的糠蜡含量通常为 3％～5％，糠蜡是一种混合物，是由高级脂肪酸与高级一元醇所组成的酯类化合物。

糠蜡的用途很广，可用作电器的绝缘材料和制造蜡纸、复写纸、地板蜡、皮鞋油、抛光膏及水果喷洒保鲜剂、润滑剂等的原料。

米糠油中的糠蜡在油温低时结晶析出并悬浮于油中而使油混浊，在油温高时则溶于油中呈透明状态。

在毛糠油精制过程中经脱酸、脱色、脱臭等工序后，再经脱蜡工序获得的粗蜡在油厂称为蜡糊(也称糠蜡油)。蜡糊包括糠蜡和油脂两部分,其中糠蜡含量为 40%~50%,油脂含量为 50%~60%。

从蜡糊中制取糠蜡就是把油脂及其他混杂物从蜡糊中分离出来,以获得纯度较高、能适应不同用途的精制糠蜡。糠蜡的制取方法一般有压榨皂化法、溶剂萃取法。目前,在植物油厂采用较多的是用压榨皂化法来制取糠蜡。

(2)制取三十烷醇

三十烷醇是一种新型的植物生长调节剂,它能促进细胞分裂,改善细胞膜透性,增强硝酸还原酶、淀粉酶、多酚氧化酶、过氧化物酶的活性。

三十烷醇在米糠油中含量最高,一般可以从糠蜡中提取。三十烷醇在农业生产中具有较高的应用价值,用于浸种,可提高发芽率,促进生根和幼苗生长;喷洒植株,可促进根系生长和对土壤中水分、氮、磷等养分的吸收;促进光合作用,增加叶绿素含量;加速茎叶生长,增加干物重;促进开花,调节花时;提高结实率、坐果率、保铃率,从而增加粒重、果重,显著提高农作物产量;此外,在一些作物上还表现有促进早熟,提高品质,增强作物抗病、耐旱、耐寒、抗倒伏能力等。

8. 提取维生素 E

油溶性维生素 E 又称生育酚,人体缺乏生育酚时会引起肌肉萎缩、不育和流产症,生育酚可用于治疗牙周炎、厚皮病等,与亚油酸配合使用,可防止和治疗动脉硬化、脂肪肝、高胆固醇血症等。生育酚还具有改善动物生殖机能,提高繁殖能力的作用。生育酚还可以用作制取油脂和人造奶油的抗氧化剂。

毛糠油高温高真空脱臭馏出物含维生素 E,达 5%~15%,糠油中天然维生素 E 的提取,国内尚无先例。日本日清制油株式会社横滨矶子场是利用植物油高温高真空脱臭时的馏出物为原料提取天然维生素 E 的工厂。粗制工序的主要作用是去杂,采用离心分离机。浓缩工序利用离子交换树脂进行吸附,并借树脂对维生素 E 吸附,将 α 型和 β 型分开。精制工序采用分子蒸馏机在蒸馏温度 220℃、真空度 0.133 Pa 的高真空下蒸馏 1 次,经脱臭制得成品。

8.3　果蔬加工副产物的综合利用

所谓果蔬加工副产物综合利用,就是通过一条龙的加工体系,对果蔬的果、皮、汁、肉、种子、根茎、叶、花及加工后的残渣和落地果、野生果等进行充分有效的利用,让其发挥最大的经济和社会效益。

8.3.1　果蔬中天然色素的提取

从自然界的动植物中提取的天然食用色素不仅无毒、色调自然、而且大多具有一定的医疗保健功能,因而近几年来越来越受到人们的青睐。各国都在大力发展天然食用色素的生产,越来越多的天然食用色素被允许使用,据不完全统计:FAO/WHO 允许使用的天然食用色素约为 13 种；EEC 约 13 种；美国约 26 种；日本 29 种；我国也有 32 种。

目前，天然色素制取工作主要分为寻找基础材料与研究提取工艺两个方面，从农副产物加工研究角度出发，应大力发展利用农副产物中的天然食用色素，如红玉米素、玉米色素、辣椒红素、萝卜红素等，这些色素的提取是农副产物综合利用及深度加工的途径之一。它的意义不仅在于色素自身的经济效益和社会效益，更显著的是有利于提高农业的附加值。

果蔬之所以呈现各种不同的颜色，是因为其体内存在着多种多样的色素。色素按溶解度可分为脂溶性色素和水溶性色素，如叶绿素和类胡萝卜素属于脂溶性色素，而花青素和花黄素就属于水溶性色素。按化学结构可分为五大类：卟啉衍生物，如叶绿素；异戊二烯衍生物，如胡萝卜素；苯丙吡喃衍生物，如花青素、花黄素；酮类衍生物，如红曲色素；醌类衍生物，如胭脂虫红色素。在果蔬中，最为常见的色素有叶绿素、类胡萝卜素、花青素及花黄素。

叶绿素普遍存在于果蔬中，并且使果蔬呈现绿色。叶绿素又可分为叶绿素 a 和叶绿素 b，前者显蓝绿色，后者显黄绿色。它们在果蔬体内的含量约为 3∶1，是果蔬进行光合作用的重要成分。叶绿素不溶于水，易溶于乙醇、乙醚等有机溶剂；叶绿素在酸性条件下，分子中的镁为氢离子所取代，生成暗绿色至绿褐色的脱镁叶绿素；叶绿素分子中的镁也可为铜、锌等所取代，铜叶绿素色泽亮绿，较为稳定；叶绿素不耐热也不耐光。

类胡萝卜素使果蔬呈现橙黄色，是一大类脂溶性的橙黄色素，又可分为胡萝卜素类及叶黄素类。胡萝卜素类的结构特征为共轭多烯烃，包括 α－胡萝卜素、β－胡萝卜素、γ－胡萝卜素及番茄红素，溶于石油醚，微溶于甲醇、乙醇。在胡萝卜、番茄、西瓜、杏、桃、辣椒、南瓜、柑橘等蔬菜水果中普遍存在，其中以胡萝卜素分布最广，含量最高；胡萝卜素是维生素 A 的前体，在人体内可转化成维生素 A。番茄红素是番茄表现为红色的色素，它是胡萝卜素的同分异构体。叶黄素类为共轭多烯烃的含氧衍生物，在果蔬中的叶黄素、玉米黄素、隐黄素、番茄黄素、辣椒黄素、柑橘黄素、β－酸橙黄素等都属于此类色素，其中隐黄素在人体内可转化成维生素 A。一般而言，类胡萝卜素受 pH 变化的影响很小，具有耐热及着色力强的特点。

1. 果蔬中天然色素的提取和纯化

（1）提取工艺及操作要点

园艺植物中主要含有水溶性、醇溶性的花色苷、黄酮类色素以及脂溶性色素，目前提取的工艺主要有浸提法、浓缩法及超临界流体萃取法等。

浸提法工艺设备简单，关键是如何提高收得率和过滤纯化以获得纯度高的精制产品，其生产流程为：原料筛选→清洗→加溶剂浸提→过滤→浓缩→干燥粉末或添溶媒制成浸膏→产品包装。

浓缩法主要应用于天然果菜汁的直接压榨、浓缩提取色素。该法生产的产品同样存在纯度和精度的问题，否则，产品缺乏竞争能力，不利于企业的发展。浓缩法的工艺流程为：原料挑选→清洗沥干→压榨果汁→浓缩→喷雾干燥→成品。

超临界流体萃取法是现代高新技术用于果蔬色素提取的先进方法。其工艺流程为：

原料挑选→清洗→萃取器萃取→分离→干燥→成品。

1)原料处理。天然色素生产中,原料的色素含量与品种、生长发育阶段、生态条件、栽培技术及采收、贮存条件密切相关。例如,葡萄皮色素,不同种类以及不同成熟度的原料差别很大;玫瑰茄色素的含量与花萼成熟度关系密切,幼嫩花萼表面颜色紫红,实则含量较低。浸渍法生产的原料,需及时晒干或烘干,并合理贮存。浓缩法的原料必须进行挑选和清洗。

2)萃取。首先应选用理想的萃取溶剂。优良的溶剂应对色素的性质不产生不良影响;提取效率高(色素的溶解度大,其他非色素成分如多糖、蛋白质溶解度小);价格低廉;且在回收废弃时不会对环境造成污染。其次,萃取方式上大型工业化生产应采用进料与溶剂成相反梯度运动的连续作业方式,以提高效率并节省溶剂。萃取时应能够随时搅拌。萃取温度既要加快色素溶解,又要防止非色素类物质的溶解增多,不利于后序工艺实施。

3)过滤。过滤是天然色素产品的关键工艺之一,常常由于过滤不当,成品浑浊或产生沉淀,尤其是一些水溶性多糖、果胶、淀粉、蛋白质等,若不滤去,将使色素的透明度降低,同时还会进一步影响产品的质量和稳定性。除了使用常用的离心过滤、抽滤之外,目前已应用了超滤技术。

4)浓缩。色素浸提过滤后,若有有机溶剂,需先回收溶剂以降低产品成本,减少溶剂损耗。大多采用真空减压浓缩,先回收溶剂,接着继续浓缩成浸膏状。若无有机溶剂,为加快浓缩速度,多用高效薄膜蒸发设备进行初浓缩,然后再真空减压浓缩。真空减压浓缩可控制温度在 60℃ 左右,而且也可隔绝氧气,有利于产品的质量稳定,切忌用火直接加热浓缩。

5)干燥。为了使产品便于贮藏、包装、运输,有条件的工厂都尽可能把产品制成粉剂,另外,也有制成液态型,国内产品多数是液态。干燥工艺除塔式喷雾干燥外,还有离心喷雾干燥、真空减压干燥,这些干燥方式在食品、医疗生产中早已应用成熟。另外,国外也有采用冷冻干燥的方法,大大提高了干燥产品的质量。

6)包装。目前国内外对液态产品多用不同规格的聚乙烯塑料瓶包装,粉剂产品多用薄膜包装。为了色素的质量稳定和长期贮存,一般应放在低温、干燥、通风良好的地方避光保存。

(2)精制纯化

食用天然色素由于原料中成分十分复杂,除含有色素物质外,还有果胶、淀粉、多糖、脂肪、有机酸、蛋白质、无机盐、重金属离子等非色素物质。经过以上的提取工艺得到的仅仅是粗制天然色素,这些产品色价低,杂质多,有的还具有特殊的臭味、异味,直接影响产品的稳定性、染色性,限制了它们的使用范围,所以必须对粗制品进行精制纯化处理。精制纯化的方法主要有以下几种。

1)酶法纯化。利用酶的催化作用使天然色素粗制品中的杂质通过酶反应而被除去,达到纯化的目的。例如日本采用酶法处理由蚕沙中提取的叶绿素粗制品,得到优质叶绿素。方法为在 pH=7 的缓冲液中加入脂肪酶,30℃ 下搅拌 30 min,以便酶的活化。然后将活化后的酶液加到 37℃ 的叶绿素粗制品中,搅拌反应 1 h,就可除去令人不愉快的刺激性气味。

2)膜分离纯化技术。膜分离技术特别是超滤膜和反渗透膜的产生,给色素制品的纯化提供了一个简便而快速的纯化方法。孔径在 5 埃以下的膜可阻留无机离子和有机低分子物质；孔径在 10～100 埃之间，可阻留各种不同性分子，如多糖、蛋白质、果胶等。让色素粗制品通过一定孔径的膜，就可阻止杂质分子的通过，从而达到纯化的目的。黄酮类色素的可可色素就是在 50℃、pH＝9、入口压力 5 kg/cm² 工艺条件下，通过管式聚砜超滤膜分离而得到纯化产品，同时也达到浓缩的目的。

3) 离子交换树脂纯化。利用阴阳离子交换树脂的选择吸附作用，可以进行色素的纯化精制，葡萄果汁和果皮中的花色素就可以用磺酸型阳离子交换树脂进行纯化，除去其浓缩液中所含的多糖、有机酸等杂质，得到稳定性高的产品。

4) 吸附、解吸纯化。选择特定的吸附剂，用吸附、解吸法可以有效地对色素粗制品进行精制纯化处理。意大利对葡萄汁色素的纯化；美国对野樱果色素的精制；我国栀子黄色素、萝卜红色素的纯化都应有此法，都取得了满意的效果。

（3）提取中需要注意的几个问题

天然色素在萃取后，需要浓缩或干燥成粉而便于储运；必须提纯，因生物体内一般成分比较复杂，能有溶剂溶解的成分也多，为提高着色效果及食用色素的食品卫生要求，应将杂质除去；有些天然色素(指以液态形式保存的)制备中必须杀菌，因天然色素绝大多数为有机物，易被各种微生物作用而败坏；应尽可能把溶剂去除和回收，由于萃取使用有机溶剂，必须避免残留溶剂毒害作用。此外，还可以降低加工中溶剂损耗。

从天然色素提取的总体情况来看，各种方法仍处在实验阶段，用于生产实际还有待于提高，这主要是色素含量与生产消耗相比尚不能产生较高的经济效益。

2. 果蔬中天然色素提取的实例

（1）辣椒红素的提取

辣椒红素是存在于辣椒中的类胡萝卜色素，性状类似于 β-胡萝卜素，不溶于水而溶于乙醇及油脂，乳化分散性及耐热性、耐酸性均好，耐光性稍差。可用于椒酱肉，辣味鸡等罐头食品的着色，也可用于饮料的着色。提取工艺如下：干辣椒→粉碎→乙醇提取→蒸馏→乙酸乙酯萃取→碱水处理→除杂处理→蒸馏→干燥→包装→成品。将粉碎后的辣椒灰投入提取罐中，用 95％的乙醇连续提取至红辣椒无红色，将得到的提取液蒸馏去除乙醇，可得辣椒油浸膏，用水蒸汽蒸馏辣椒油浸膏，馏去残留的乙醇，同时可部分蒸去辣味，然后用乙酸乙酯萃取，可得辣椒油树脂，碱水处理后，取一定量的辣椒油树脂，加入 20％NaOH 溶液，料液比为 1：4：5，搅拌处理 4 h，控制温度为 70℃，碱水处理后，缓缓加入 1：4 的氢氧化钙作为沉淀剂，是游离脂肪酸转化成难容的钙盐，生成沉淀，同时加入 10％的盐酸调节 pH 到 8～10，使含辣椒红色素的脂肪酸类和胺酚类以水溶性盐的形式充分游离出来，将调酸后的沉淀离心去除，并低温干燥，干燥后的固形物再放入提取罐中，用乙酸乙酯连续提取至固形物无色为止，除去固形物，提取液经常压蒸馏去除溶剂乙酸乙酯，进一步浓缩、低温干燥或真空喷雾干燥，即得到粉末状辣椒红色素，包装后就是成品。

（2）叶绿素及其铜钠盐生产技术

叶绿素是地球分布最广的天然色素之一，主要存在与绿色植物中(如萝卜叶、蚕砂、竹叶、菠菜、绿色藻类等）。以往制造的含有叶绿素的色素粉末，一般是将绿色叶片水洗后立即进行干燥、再经粉碎而制成的。由于它含有细胞液，绿色深重发黑，色泽不鲜艳，往往还有某些植物特有的青草味，故不能充分满足作为食品色素的各项要求。在长期研究应用实践中，人们发现如果把叶绿素分子中的 Mg^{2+} 除去，置换上 Na^+ 或 Cu^{2+} 制成叶绿素钠盐或叶绿素铜钠盐，可以使叶绿素获得较高的稳定性，能够保持鲜艳的绿色效果，由此制得的绿色素能够广泛应用在不同领域。我国于 1982 年 6 月颁布了食品级叶绿素铜钠盐的国家标准（GB3262—1982），它是我国食品工业中允许使用的唯一绿色色素。目前，叶绿素及叶绿素铜钠盐已广泛应用于食品、制药及日用化工等行业。其工艺流程如下：原料（植物叶子）→清洗→浸渍→冷冻→解冻→离心脱水→水洗→再脱水→干燥→粉碎→成品。通过碱性水溶液使细胞表皮软化，由于食盐能够提高渗透液的渗透压并兼有破坏细胞膜的作用，同时又可以使叶绿素中所含的镁被钠置换，因而可提取制的稳定性好、绿色鲜艳的色素。具体操作如下：把叶片用水清洗后，浸渍于溶有 1% 的 NaOH 及 1% 的食盐的渗透液中；取出之后，以 $-30\sim-25℃$ 低温冷冻 5 h；然后在室温下自然解冻；完全解冻之后放入离心机进行脱水、除去细胞液；再用水清洗一次，并用离心机脱水一次，待完全除去细胞液及水分后，移入烘干机中，以 80℃ 经 2 h 烘干，用粉碎机粉碎，制成粉末，包装后即为成品。产品的提取率一般在 5% 以上。

8.3.2　果蔬副产物中果胶的提取

　　果胶是一种浅白色或浅黄色的粉末状物质，是可溶性膳食纤维的主要成分，其良好的胶凝性和乳化稳定性可用于制作果酱、果冻、果香棉花糖、水晶软糖、拌砂软糖以及无糖糖果等。同时，果胶和果胶的铝盐可抑制肠道对胆固醇和三酰甘油酯的吸收，用于动脉硬化等心血管疾病的辅助治疗等，在食品加工和医药领域中有着广泛的应用。

　　在许多果品中都含有果胶物质，其中以柑橘类、苹果、山楂等含量较丰富，其他如杏、李、梨、桃、番石榴等也较多，从果蔬副产物中提取果胶一直是果胶制取的重要途径。果胶物质是以原果胶、果胶和果胶酸三种状态存在于果实组织内的，一般在接近果皮的组织中含量最多。在果实组织中，果胶物质存在的形态不同，会影响果实的食用品质和加工性能。果胶物质中的原果胶及果胶酸不溶于水，只有果胶可溶于水。果胶在溶液状态时遇酒精和某些盐类（硫酸铝、氯化铝、硫酸镁、硫酸铵等）易凝结沉淀，可以使之从溶液中分离出来，通常是利用这些特性来提取果胶。

1. 果胶提取方法

（1）酸萃取法

　　传统的无机酸提取法是将洗净、除杂预处理后的果皮用无机酸（如盐酸、硫酸、亚硫酸、硝酸、磷酸等）调节一定 pH 值，加热 90～95℃ 并不断搅拌，恒温 50～60 min，然后将果胶提取液离心、分离、过滤除杂（提取用水最好经过软化处理），得到果胶澄清液。该法的缺点是果胶分子在提取过程中会发生局部水解，反应条件也较复杂，过滤时速度较慢，生产周期较长，效率较低。徐伟玥等通过正交试验优化了酸解法提取胡萝卜果胶的工艺条件，结果表明其最优工艺条件为：料液比 1:30，提取时间 90 min，提取温度 95℃，所得胡萝卜果胶提取率为 15.64%。夏红等以 0.2 mol/L 的盐酸溶液萃取香蕉皮中的果胶，通过正交试验研究了萃取液用量、萃取温度和萃取时间对果胶提取率的影响。结果表明，萃取液用量是原料的 2 倍、萃取时间为 1.5 h、萃取温度为 85℃时，果胶的提取率相对较高。

（2）微生物法

微生物酶可选择性地分解植物组织中的复合多糖体，从而有效提取植物组织中的果胶。采用微生物发酵法萃取的果胶相对分子质量较大，果胶的胶凝度较高，质量较稳定，提取液中果皮不破碎，也不需进行热、酸处理，具有容易分离、提取完全、低消耗、低污染、产品质量稳定等特点。因此微生物法提取果胶具有广阔的发展前景。

（3）酶法

酶法提取果胶的一般步骤是：在磨成粉的原料中加入含有酶的缓冲液，于恒温水浴振荡器内提取，反应结束后抽滤、乙醇沉淀、过滤分离、干燥、粉碎得果胶成品。但酶法提取果胶反应时间较长，酶制剂用量较大，阻碍了其在国内的应用。将酸法与酶法结合，先用酸法提取少量果胶，再用酶法提取剩余的果胶，可大大缩短反应时间，减少酶的用量。随着酶制剂成本的不断降低，酶法提取果胶将具有很好的发展前景。邸铮等比较了盐酸水解法和纤维素酶、半纤维素酶对苹果皮渣果胶的提取效果，采用高效阴离子交换色谱—脉冲安培检测法（HPAEC-PAD）测定可溶性果胶的单糖组分，并通过粘度计测定其特性粘度，推导其分子量。结果表明，酶法提取比酸法提取的果胶得率高 2～3 倍，子量分别为 292600、122400、165200 Da。苏艳玲等采取酶法提取柑橘皮果胶，研究了温度、加酶量、料液比及提取时间对果胶提取率的影响。结果表明，pH 值为 4.6 的磷酸氢二钠—柠檬酸缓冲液的提取效果最佳，其最佳提取条件为：温度 37℃、加酶量 0.1 U/g、料液比 1:20、提取时间 4 h，此条件下果胶提取率达 6.109%。

（4）微波法

微波法提取果胶选择性较强，操作时间较短，与传统的酸提取法相比，提取时间缩短，溶剂用量减小，受热均匀，目标组分得率高，且不会破坏果胶的长链结构，果胶收率和质量均有提高。孙德武等利用微波辐射萃取法从桔皮中提取果胶，通过试验确定了微波条件下提取果胶的最佳工艺条件为：料液质量比 1:35，提取液 pH 值 1.8，微波功率 500W，提取温度 60℃，该条件下果胶提取率达 17.5% 以上。

（5）超声波法

超声波提取法又称超声波辅助提取法。黄永春等对超声波辅助提取西番莲果皮中果胶的工艺进行了研究，考察了超声功率、超声时间、料液比、提取温度及提取液 pH 值对果胶得率的影响，根据 L16(45) 设计正交试验，得果胶最适提取条件为：超声功率 200 W、超声时间 35 min、料液比 1:20（g:ml）、提取温度 40℃、提取液 pH 值 1.5。与传统酸提取法相比，最适提取时间由 3.5 h 缩短到 35 min，得率由 2.22% 提高到 2.51%。同时，对所制备果胶的品质进行测定，结果表明，超声波对果胶提取具有强化作用，而且不改变果胶的性质。

2. 果胶提取的实例

（1）芦柑皮果胶提取

将芦柑皮切成小块，置于真空干燥箱中，105℃条件下保温 15 min，灭活果胶酶之后降温至 60℃干燥至恒重，将干燥后的芦柑皮放入植物粉碎机中粉碎，过 30 目筛；按试验要求在电子天平上精确称取芦柑粉加入一定 pH 值和体积的盐酸溶液，放入电热恒温水浴锅内加热到设定的温度，在搅拌条件下保持一段时间；5000 r/min 离心 15 min；边搅拌边加入 5％的酒石酸乙醇（由 100 mL95％的乙醇和 5 g 的酒石酸配制而成），直至果胶呈海绵状完全沉淀出来，静置 1 h；使用滤纸过滤后，用 90％的乙醇洗涤，置于 65～75℃烘箱中干燥，即可得到纯度较高的果胶。

（2）库尔勒香梨果胶提取

称取 5 g 经预处理的香梨于三角瓶中，按一定料液比加入去离子水，用 0.05 mol/L 盐酸调其 pH 值，控制在设定的温度、功率和时间条件下进行提取，趁热抽滤，滤渣进行二次提取，合并滤液，所得滤液即为果胶提取液，在 60℃左右脱色 30 min，应用咔唑硫酸比色法在 530 nm 下测定果胶提取液的吸光度，并计算果胶得率，然后将果胶液于 56～60℃真空浓缩至干物质量的 5％左右，加入酒精沉淀 2～4 h，离心抽滤、低温烘干，果胶成品密封包装。

8.3.3　果蔬副产物中芳香油的提取

芳香油为油状挥发性物质，又称为精油、香精油。能溶于醇、石油醚等有机溶剂中，微溶于水。芳香油的种类很多，组成复杂。其化学成分有些已被研究清楚，有些还正在探索和研究之中，有些则还完全不了解，来源不同，所含的成分也不同，具有不同的化学结构和反应。组成芳香油的化学性质主要有以下几类：

烃类：恬醇、柠檬烯、罗勒烯、坎烯、月桂油烯等。

醇类：玫瑰醇、香草醇、芳樟醇、松油醇、香叶醇、橙花醇、薄荷醇等。

酚、醚类：丁香酚、百里香酚、大茴香醚等。

醛类：柠檬醛、苯甲醛、桂醛、香叶醛、茴香醛等。

酮类：鸢尾酮、薄荷酮、紫罗兰酮、茴香酮等。

酸类：苯甲酸、乙酸、巴豆酸、香豆酸等。

酯类：甲酸乙酯、苯甲酸甲酯、乙酸桂酯、醋酸戊酯等。

此外还有含硫含氮化合物。

1. 芳香油提取的常用方法

芳香油提取的常用方法主要有：水蒸气蒸馏法、浸提法、压榨法、吸附法等。

（1）蒸馏法

一般香精油的沸点较低，可随水蒸气挥发，在冷却时与水蒸气同时冷凝下来。但香精油与水的比重不同，大多比水轻而较易分离，因此，可利用这些特点用蒸馏水提取。

果皮可先用破碎机碎分成 3~5 mm 的细粒，即可放入蒸馏装置内提取香精油，蒸馏所得的香精油，在柑橘类香精油中统称为"热油"，一般含水量较大，加热使醛类和脂类破坏（氧化或转化）一部分，因此，品种较差。由于原料色素不能蒸馏带出，这种香精油为白色透明。

柑橘类的花及叶、核果类的种仁中大量含有苦杏仁甙，它在苦杏仁苷酶的作用下，水解成苯甲醛（即杏仁香精，约占 76%）及氢氰酸、葡萄糖等，随即将之蒸馏提取其中的苯甲醛。但蒸馏装置的封口要严密，防止氢氰酸的气体逸出而使人中毒。初馏出的杏仁香精中含有 2%~4% 的氢氰酸，要加入亚硫酸氢钾使之形成盐类，然后再蒸馏分离得较纯的杏仁香精。杏仁香精的比重大，沉于提取液的下面，易于分离。

提取所得香精油应过滤，贮于密封的有色瓶中，成品应贮放在阴暗冷凉的地方，以防止香精油的挥发损失或氧化变质。

（2）浸渍法

应用有机溶剂（石油醚、乙醚、酒精等）可以把香精油浸提出来，这个方法比较容易，但生产效率较低。最好用沸点低的石油醚，所得的香精油品质较好。如用酒精则较为方便，成本也较低。

用浸提法提取香精油应先将原料破碎，花瓣则不需破碎。再用有机溶剂在密封容器中在较低的温度条件下进行浸渍，浸渍的时间不宜过长，否则会香味变劣，用酒精一般要浸渍 3~12 h。然后放出浸提液，同时轻轻压出原料中所含的浸液，这些浸液可再浸渍新的原料，如此反复进行三次，最后得到较浓的带有原料色素的酒精浸提液，过滤后，可以作为带酒精的香精油来保存。

此浸提液可进一步用蒸馏装置以较低的温度（70℃以下）将有机溶剂回收，最好用减压真空装置以 50~60℃以下的温度进行，可浓缩成为浓郁的香精油。浓缩后的香精油多呈粘稠的软膏状，因此，这个方法所得的成品叫浸膏，品质较好。

（3）磨榨法

最简易的方法是将新鲜的柑橘类果皮以白色皮层朝上，晾晒一天，使果皮的水分减少到 15%~18%，然后破碎至 3 mm 的大小，再行压榨，最好用水压机。

另一种方法是将柑橘类的外皮即有色皮层削下，要削得均匀，才有利于榨油，可以榨出占有色皮层质量约 1% 的香精油。如用含水量较高的新鲜果皮为原料，因含水分较多，而且有较多的果胶物质及碎屑等，压榨出来的油水混合物难以自然分离，可加入 2% 的碳酸氢钠，充分摇匀使之完全溶解，以增加水的比重，并将胶体破坏，从而促使香精油的分离，此法所得成品的色泽较差。

现在工厂中对柑橘类香精油的压榨已改为机械操作，即先将新鲜果皮以饱和的石灰水浸泡 6~8 h，使果皮变脆硬，油胞易破，以利于压榨。浸泡的时间要适当，浸的时间短，硬度不够，过长则变韧，两种情况都会影响出油率。处理后的果皮以橘油压榨机进行榨油，这种压榨机是在螺旋推进式压榨机的基础上改进而成的，同时具有破碎和压油两种性能，能连续流水作业，压出的香精油在高压水冲下，经过滤后，引入高速离心机（6000 r/min）分离出香精油。这个方法称为压榨离心法。

这一类提取方法不用加热，在柑橘类香精油中统称为"冷油"，一般带深橙黄色，品质很好,价值比"热油"约高一倍。压榨后的残渣还可用蒸馏法再行取油。

(4)吸附法

在香料的加工中,吸附法的应用远较蒸馏法、浸提法为少。在水蒸气蒸馏时,分离精油的蒸出水常常溶解有一部分精油,这部分精油的回收可以用活性碳吸附法。处于气体状态的香气成分回收也可采用吸附法。常用的吸附剂有硅酸和活性炭。活性吸附剂吸附的精油达饱和以后,再用溶剂浸提脱附,蒸去溶剂,即得吸附的精油。

经上述四种方法所得粗油,均须进行澄清、脱水,必要时还可以适当加温、澄清、分水和放出杂质,也可以加入少量脱水剂进行脱水。一般黏度少,杂质少,易过滤的粗油常采用常压过滤的方法而得到精制。对于较难过滤的油要减压过滤。精制时,加入脱色剂(酒石酸、柠檬酸、活性炭等)以除去重金属离子和植物色素等。此外,精油应选择温度较低和阴暗、通风而且干燥的地方贮存,以避潮、光和热的作用,加强对酶的抑制作用,使成品保持较长时间不变或变得较少。

2. 芳香油的提取实例

玫瑰精油的提取工艺流程如下:原料处理→装料→水蒸气蒸馏→冷凝→盐析→静止分离→萃取→水浴蒸馏→玫瑰精油。采收新鲜玫瑰花,去花托,留下花朵,清洗干净,沥干明水待用,将干净原料装入蒸馏锅的隔板上,厚度不能太高,一般为蒸馏锅的 9/10 为宜,点火加温,当蒸汽产生后,一直保持蒸汽状态 1.5~2 h,当精油开始流出冷凝管进入回收罐后,往回收罐中分批加入食盐,直到食盐不溶解为止,然后用分液漏斗分出蒸馏液,除去食盐,静置食盐饱和的蒸馏液 5~10 min,液体分成上下两层,分出下层的水层,上层倒入干净容器中,用一定量乙醚萃取分出的水层 2 次,合并萃取液,于水浴上蒸馏除去乙醚,得到的油状物即为玫瑰油。

8.3.4　柑橘果实皮渣的综合利用

柑橘是柑、橘、橙、金柑、柚、枳等水果的总称。我国柑橘年产量仅次于巴西、美国,居第三位。但我国的柑橘大部分用于鲜食或贮藏后食用,仅有大约 5% 左右的柑橘用于加工,柑橘加工的附加值较低。巴西是柑橘综合加工利用最好的国家,除果汁外,还有果油、香精、化学药品等加工副产物,柑橘的利用十分彻底,几乎没有废弃物。美国有大约 70% 左右的柑橘用于加工,柑橘的皮渣等下脚料用于生产柑橘糖蜜、酒精、饲料等。

目前,我国柑橘加工的主要产品有柑橘汁、糖水橘瓣罐头、柑橘果冻和果酱、柑橘果酒、柑橘蜜饯等,可是在加工中还剩有大约 40%~55% 的柑橘皮渣,未能得到充分地加工利用。据分析,这些柑橘皮渣含有大量对人体有益的维生素、胡萝卜素、蛋白质、糖类和多种微量元素等,若将这些柑橘皮渣或质次的柑橘整果经过适当的物理、化学处理,可得到具有很高使用价值的柑橘香精、果胶、天然类胡萝卜素、黄酮甙(如橙皮甙、柚皮甙)、柑橘籽油、膳食纤维素、饲料等。

早在 1916 年 Will 就报道了利用柑橘加工副产物制取香精油、果胶、柠檬酸、酒精等，1948 年从柑橘中制取香精油形成工业化生产，但到 20 世纪 80 年代随着世界柑橘加工产生大量的果皮渣，其副产物的综合利用才引起人们的足够重视。1985 年 Bonnell 等人比较系统地介绍了利用柑橘果皮渣制取天然香精油、黄酮类、果胶、糖浆等的方法。近年来，国内外非常重视柑橘加工新产品和新技术的研究，生物技术、膜分离技术、超临界 CO_2 萃取技术等已应用于柑橘汁生产和柑橘加工副产物的综合利用中。

1. 从柑橘果皮渣中提取香精油

通常从柑橘果皮渣中提取香精油的方法有压榨法、水蒸气蒸馏法、萃取法。柑橘香精的主要成分是萜烯类、倍半萜烯类以及高级醇类、醛类、酮类、酯类等组成的含氧化合物，其中 95％以上是萜烯类和倍半萜烯类化合物，虽然含氧化合物所占的比例很小，但却是柑橘精油香气的主要来源。萜烯的主要成分为萜二烯，它不影响柑橘油的风味，但对热、光敏感，易被氧化和进行酶促反应产生香芹酮、香芹醇等异味物，导致香精油品质下降。一般柑橘香精油中醛类的含量为 1.5％左右。对香精油影响最大的是醇类，主要是沉香醇和 n-萜烯醇，冷榨柑橘香精油中的沉香醇含量为 0.5％～2.8％。

2. 从柑橘果皮渣中提取果胶

柑橘果皮渣中大约含有 20％～30％的果胶，是提取果胶的主要原料。从柑橘果皮渣中提取果胶，国内外已有大量的文献报道，提取的主要方法有酸解法、离子交换法、酶解法等。关于从柑橘果皮渣中提取果胶的工艺见"8.3.2"一节。

3. 从柑橘果皮渣中提取橙黄色素

从柑橘果皮渣中提取的橙黄色素是一种重要的天然色素，其主要的成分是柠檬烯和类胡萝卜素，还含有维生素 E 和稀有元素硒。这些物质对于防止癌细胞的生长、延缓细胞衰老和增强人体免疫力等有良好的作用，橙黄色素不仅是安全的着色剂，而且还是食品的强化营养剂。目前从柑橘果皮渣中提取橙黄色素大多数采用浸提法，提取工艺流程为：柑橘皮渣→清洗→干燥→粉碎→有机溶剂萃取→分离→浓缩→真空干燥→橙黄色素。对于从柑橘果皮渣中提取橙黄色素的原料，可以用柑橘加工厂废弃的柑橘皮渣，也可以用提取香精后的渣。粉碎后皮渣的粒度对橙黄色素的提取率有很大影响，一般而言，皮渣粒度越小，溶剂渗透的能力越强，提取率愈高。萃取是从柑橘果皮渣中提取橙黄色素的关键工序。一般采用有机溶剂，如丙酮、氯仿、石油醚、乙醇、醋酸乙酯等。萃取以后，先进行有机溶剂的回收，然后进行低温真空浓缩，就可以得到黏稠、膏状橙黄色素。若要粉末状橙黄色素，还需进行真空干燥。

4. 从柑橘果皮渣中提取橙皮甙

橙皮甙是柑橘果皮渣中的主要成分之一，它是橙皮素的芳香糖甙，属于黄酮类化合物，呈淡黄色，无臭无味，不溶水，微溶于乙醇。橙皮甙具有较高的药用价值，能维持血管的正常渗透压，降低血管脆性，缩短出血时间等，此外还是合成高甜度、低热量新型甜味剂二氢查耳酮的主要原料。目前从柑橘果皮渣中提取橙皮甙主要是用碱溶解、酸沉淀的方法。其工艺流程为：柑橘果皮渣→碱浸泡→过滤→酸化→沉降→分离→烘干→粉碎→成品。柑橘果皮渣清洗、去杂后，加入 3～6 倍皮渣重的饱和石灰水，调节 pH 为 11～12，浸泡时间为 2 h 左右，若浸泡时间不足，橙皮甙从柑橘果皮渣溶出不充分；若浸泡时间过长，则橙皮甙在碱性条件下容易分解。碱浸泡后，进行压滤，取得滤液。给滤液中加入 10％的盐酸，使得 pH 为 4～5，在 20℃下静置 24～36 h 进行酸化处理。静置的温度不宜过高，若超过 20℃，橙皮甙很容易分解。待到沉淀析出后，进行过滤分离，除去滤液得到滤渣，滤液经烘干、粉碎，即为橙皮甙粗品。

橙皮甙粗品再经过 15～20 倍橙皮甙粗品重的 50％酒精和 1％氢氧化钠(1∶1)混合液溶解，然后过滤除去不溶物，加盐酸中和滤液，析出沉淀，再经乙醇结晶，可得到纯度较高的橙皮甙。

5. 从柑橘果皮渣中提取纤维素

柑橘皮渣经过提取精油、果胶、色素、糖甙等以后，还剩有占柑橘果皮渣重 60％左右的残渣。这些残渣的主要成分为纤维素及半纤维素。利用这些残渣或柑橘皮渣可以提取食用纤维素：食用纤维素有“第七营养素”之称，它是平衡膳食结构的必需营养素之一。其主要功能是防止便秘、结肠炎、动脉硬化、高血脂、肥胖症等。此外，膳食纤维也能清扫肠内毒素，防止大肠癌、直肠癌等疾病。目前从柑橘果皮渣中直接提取纤维素还没有形成规模化生产，多数是从柑橘果皮渣中提取果胶后，再制取食用纤维素。其工艺流程为：柑橘果皮渣→清洗→干燥→粉碎→酸液浸提→压滤→洗涤→脱色→乙醇洗涤→压滤→真空干燥→食用纤维素。

干燥果皮渣经过清洗去杂以后，风干或低温干燥，然后粉碎为粒度 1～2 mm 的粉末。将柑橘果皮渣粉末加入到 2～3 倍皮渣粉末重的水中，用盐酸调节 pH 为 2～2.5 浸提 1 h 后，进行压滤，去滤液留渣。滤液用于提取果胶，渣用于制取食用纤维素。压滤后的余渣用 50～60℃的热水浸泡后反复的冲洗至中性，然后用 5％的过氧乙酸在 PH 5～7、30℃左右下进行脱色 10 min。脱色后压滤去除滤液，用清水及 20％～50％的乙醇进行洗涤余渣，再施压滤，滤渣进行真空干燥。真空干燥后即成食用纤维素。

6. 从柑橘籽中提取食用油

柑橘中籽的含量为柑橘整果重的 4％～8％。柑橘籽中含油脂量一般可达籽重的 20％～25％，粗制柑橘籽油可作为工业用油。精炼后的柑橘籽油，色泽浅黄而透明，无异味，有类似橄榄油的芳香气息，可食用。从柑橘籽中提取柑橘籽油的工艺流程为：原料→炒籽→粉碎去壳→加水拌和→蒸料→制饼坯→压榨→沉淀澄清→过滤→粗制油→碱炼→脱色压滤→干燥脱水→真空脱臭→透明精炼油。

用清水反复清洗柑橘籽，以便去除附着在柑橘籽表面上的果肉碎屑、污物等，然后晒干或烘干，将干籽进行筛选去杂。将选好的柑橘籽倒入炒锅中进行炒制，控制其温度，炒至柑橘籽外表面呈均匀的橙黄色为度，不得炒焦，炒制后的柑橘熟籽立即冷却，用粉碎机进行粉碎，再用粗筛(20 目)或风选机除去干壳，粉碎去壳的柑橘籽中加入 8％左右籽粉重的清水，用混合机混合均匀，但以籽粉不为团为度，拌和好的籽粉加入蒸料锅，用水蒸气蒸料，蒸至籽粉用水捏成粉团为佳，蒸好的籽粉制成籽粉饼进入压榨机进行压榨。

榨出的柑橘籽油送入贮油罐自然澄清并过滤；或用板框式压滤机进行过滤；或用离心分离机进行分离，过滤后得到柑橘籽油粗品。

柑橘油粗品尚含有少量的植物胶质、游离脂肪酸、植物蛋白、苦味成分等，外观色泽较深、稠度大、有不愉快的特殊气味，因而只能作为一般工业原料应用。若要食用，还需以下的精炼处理。

柑橘油粗品中加入5％的NaOH溶液，充分搅拌、乳化，使原油中的杂质发生皂化作用而析出，碱炼40 min左右，若碱炼的温度50~55℃，则时间可在15~20 min内完成，然后让其自然澄清，待析出的皂化沉淀物等杂质彻底降解后，分离出上层澄清的碱炼油。

充分搅拌后，给澄清的碱炼油中加入油量4％~5％的粉状活性炭和少量的硅藻土，加热至80~85℃，脱色处理1~2 h。用板框式压榨机进行过滤，以达到脱色的目的。

脱色后，将精油加热至105~110℃，维持30~40 min，以便除去精油中所含有的少量水分及低沸点杂质成分。当精油再次呈现透晰清晰状态时，即达到干燥脱水终点。

干燥脱水的精油送入真空脱臭器进行脱臭处理。一般油温为60~65℃，真空度为0.065~0.07 MPa。脱臭处理进行30~35 min后，即可得到合格的柑橘精油。

8.3.5 苹果果实皮渣的综合利用

苹果属于蔷薇科、苹果属。目前我国主要栽培的苹果品种有"祝光"、"红玉"、"元帅"、"金冠"、"青香蕉"、"印度"、"富士"、"国光"等。自1992年起，我国的苹果年产量已居世界首位，现在年产量占世界年总产量的40％以上。美国、德国、波兰等国家苹果的生产及其综合利用都处于世界前列，而我国苹果加工业相对滞后，每年苹果的加工量仅有年总产量的6％左右。在苹果加工上，其主要产品有浓缩果汁、糖水罐头、果脯、果酒、果酱、果冻、果醋等。但在苹果加工中还会产生大量的苹果皮渣，这些皮渣可以用于制取果胶、香精、色素、纤维素、酒精、柠檬酸、苹果籽油、生产食用菌、单细胞蛋白、饲料、活性炭及用作制造天然气的能源等。

1. 提取果胶

苹果皮渣及残次果、风落果都能用于提取果胶。苹果皮渣中果胶的含量可达10％~15％。一般从苹果皮渣中提取果胶的方法是酸解法，其工艺流程为：苹果皮渣→清洗→干燥→粉碎→酸液水解→过滤→浓缩→沉析→干燥→粉碎→检验→标准化处理→成品。

苹果皮渣原料来源于苹果浓缩汁厂或罐头厂，一般新鲜的苹果皮渣含水量较高，极易腐烂变质，要及时处理。将苹果皮渣清洗去杂后，在温度为65~70℃的条件下烘干，烘干后，进行粉碎到80目左右待用。

粉碎后的苹果皮渣粉末加入8倍左右皮渣粉末重的水，用盐酸调节pH为2~2.5进行酸解。在85~90℃下，酸解1~1.5 h。

酸解完毕后进行过滤，去渣留液。将过滤液在温度为 50～54℃，真空度为 0.085 MPa 下进行浓缩。

浓缩后得到浓缩液要及时冷却并进行沉析。一般沉析有盐沉析、酒精沉析等方法，这里介绍酒精沉析法。冷却后的浓缩液按 1∶1 的比例加入 95％的乙醇沉析，过滤或离心分离，脱去乙醇并回收得到湿果胶。将所得湿果胶在 70℃以下进行真空干燥 8～12 h，然后粉碎到 80 目左右，即成为果胶粉。必要时可添加 18％～35％的蔗糖进行标准化处理，以达到商品果胶的要求。

2. 提取苹果多酚

最近研究表明，苹果多酚具有抗氧化作用，能够防止维生素、色素等的劣变，对龋齿、高血压等症有预防作用，对变异原性物质有抑制作用。苹果多酚是从未成熟的苹果及苹果皮中提取出来的一类混合物，含有以绿原酸为主的咖啡酸类的酯、（＋）-儿茶素类与（－）-表儿茶素类、二氢查儿酮类、栎精苷类等单纯多酚，还含有苹果缩合单宁、根皮苷、芦丁和微量栎精苷、花青素类的色素等。其中单纯多酚与缩合型单宁的比例约为 6∶4。在未成熟的苹果中苹果多酚的含量可高达 7800 rog/kg。因此，苹果园中未成熟的风落果及加工厂中剩余的残次果、苹果皮等是提取苹果多酚的优良原料。其工艺流程为：果渣→加入 60％乙醇→微波萃取→过滤→蒸发→真空干燥→粉碎→成品。将苹果渣粉碎过 140 目筛，放入微波萃取仪的容器中，按 1∶50 的料液比加入 60％的乙醇溶液，设置微波辅助功率 750 W，萃取时间 60 s，将提取液置于离心机中，以 4200 r/min 离心 15 min，然后真空抽滤，真空干燥，粉碎，即为成品。

3. 发酵生产蛋白饲料

苹果渣是鲜苹果加工后的下脚料主要由果皮、果核和部分残余果肉组成。苹果渣经过适当加工处理即可用作畜禽的饲料。苹果渣的营养价值较高，适口性好，各种畜禽都喜欢采食。给苹果渣中添加 2.5％～3％苹果渣重的尿素作为氮源，同时调节 pH 为 6～6.5，保持苹果渣的水分含量为 55％左右，添加已筛选出的酵母菌，在 35℃下，发酵 24～36 h 后，即为蛋白动物饲料。

8.3.6　葡萄果实皮渣的综合利用

葡萄不仅是栽培面积最大的果树之一，而且其果实的加工量居世界水果加工量之冠，被大量地加工成葡萄酒、葡萄干、葡萄汁、罐头、果冻、蜜饯等产品。在葡萄的加工品中，葡萄酒、葡萄干的产量占 90％以上。在葡萄制汁、酿酒的过程中，产生大量的葡萄皮渣、酒脚、葡萄籽等副产物，可以进行综合利用。

1. 提取红色素

葡萄红色素属花青素，是一种安全、无毒副作用的天然食用色素，可用于酒类、饮料、果冻、果酱等食品中。提取工艺流程为：葡萄皮→浸提→粗滤→离心→沉淀→浓缩

→干燥→成品。葡萄皮可用酿酒或制汁的皮渣,除去种子,也可用含红色素的葡萄直接分离出皮,浸提剂有用水的,也有用酸化甲醇或乙醇的,水的用量一般是葡萄皮重量1~2倍的水,酸化甲醇和乙醇要求葡萄皮干燥至含水量10%,加入量1:1左右。水浸提温度75~80℃,酸化甲醇或乙醇多在常温下完成。要加热也应控制温度在溶剂的沸点以下。

　　一般用多聚磷酸盐、维生素C、吐温60等作为护色素,添加剂用量0.2%~0.3%,它们可以防止色素的氧化变色。为尽快将样品温度降低,以免氧化,可用粗滤筛或纱布袋除去种子等粗大的颗粒,以3400 r/min离心15 min以除去凝固的蛋白质或杂质,离心后的清液加入食用乙醇,使果胶、蛋白质等杂质分离出来,二次分离处理主要是将沉淀物除去,确保纯度,在45~50℃、90664.4~95997.6 Pa真空度下对滤液进行减压蒸发,并回收乙醇等有机溶剂。浓缩后进行喷雾干燥或减压干燥,即可得到葡萄皮红色素粉末制剂。

2. 果胶的提取

　　葡萄皮也是提取果胶的好原料。其提取工艺流程为:原料预处理→酸浸提→过滤→浓缩→酒精沉析→干燥粉碎→成品。葡萄皮破碎至粒度为2~4 mm,在70℃下保温20 min钝化酶,再用温水洗涤2~3次,沥干待用,加入5倍于原料的水,用柠檬酸调整pH为1.8,在80℃下浸提6 h然后进行过滤,得到滤液,将滤液在温度为45~50℃、真空度为0.133 MPa下浓缩至果胶液浓度为5%~8%左右,给浓缩后的浓缩液加入乙醇,使得乙醇浓度达到60%,进行沉析,再分别用70%乙醇和75%乙醇洗涤沉淀物2次,酒精沉淀物经洗涤后,沥干并在55~60℃下烘干,粉碎至60目大小,再经标准化处理即为果胶成品。

3. 酒石的提取

　　利用葡萄酒的皮渣、酒脚、桶壁的结垢及白兰地蒸馏后的废渣提取粗酒石,然后再从粗酒石提取纯酒石。

(1)粗酒石的提取

　　1)从葡萄皮渣中提取粗酒石。葡萄皮渣蒸馏白兰地后,随即加入热水,水盖过皮渣,然后将蒸锅严密关好,通入蒸汽,煮沸15~20 min。将煮沸过的水放入开口的木质结晶槽,槽内悬吊很多条麻绳。经过24~48 h的冷却,粗酒石结晶于桶壁、桶底及麻绳上。

　　2)从葡萄酒酒脚提取粗酒石。葡萄酒酒脚是葡萄酒发酵以后贮藏换桶时桶底的沉淀物。这个沉淀物不能直接用来提取酒石,而是先要将其中所含的酒滤出,蒸馏出白兰地,再将剩下的酒脚加入蒸锅中,按100 kg酒脚添加200 L水进行稀释,用蒸汽直接蒸煮,蒸煮后进行压滤,滤液经冷却后产生沉淀,此沉淀即为粗酒石。

　　3)从桶壁提取粗酒石。葡萄酒在贮藏的过程中,其不稳定的酒石酸盐在冷却作用下析出沉淀于桶壁、桶底,时间一久这些酒石酸盐结晶紧贴在桶壁上,成为粗酒石。

(2)从粗酒石提取纯酒石

　　纯酒石即为酒石酸氢钾。纯的酒石酸氢钾是白色透明的晶体,当含有酒石酸钙时,色泽呈现乳白色。酒石酸氢钾的溶解度随温度的升高而加大,提纯酒石酸氢钾的工艺就是根据这个特点来完成纯化的。

将粗酒石倒入大木桶中，按 100 kg 粗酒石添加 200 L 水进行稀释，充分浸泡和搅拌，去除浮于液面的杂物，然后加温至 100℃，保持 30～40 min，使粗酒石充分溶解。为了加速酒石酸氢钾的溶解，也可以按 100 L 溶液中加入 1～1.5 L 的盐酸。当粗酒石充分溶解后，再去除浮在液面的杂物；或用布袋过滤除去杂物。将粗酒石充分溶解的溶解液倒入木质结晶槽中，静置 24 h 以后，结晶已全部完成。抽去结晶槽中的水(这水叫母水，作第二次结晶时使用)再取出结晶体。此结晶体再按前法加入蒸馏水溶解结晶一次，但不再使用盐酸，得到第二次结晶体。第二次结晶体用蒸馏水清洗一次，便得到精制的酒石酸氢钾，洗过的蒸馏水倒入母水中作再结晶用。精制的酒石酸氢钾再经过烘干就成了纯的酒石。

4. 提取白藜芦醇

白藜芦醇，是存在于葡萄中的一种重要的植物抗毒素。它以游离态(顺式-、反式-)和糖苷结合态(顺式-、反式-)两种形式存在。最近研究表明，白黎芦醇具有影响脂类及花生四烯酸代谢；抗血小板聚集和抗炎、抗过敏作用；抗血栓作用；抗动脉粥样硬化和冠心病、缺血性心脏病、高血脂症的防治作用；明显的抗氧化、抗自由基作用；抗肿瘤作用。因此，从葡萄皮渣中提取白黎芦醇是葡萄综合利用的一种有效途径。

目前，国内外大多采用有机溶剂(如甲醇、乙醇、乙酸乙酯等)进行提取，经过滤后将滤液浓缩，即得白藜芦醇粗品。有机溶剂提取方法主要分为回流法、浸渍法、索氏法等。

(1)回流法

加热回流提取白藜芦醇的溶剂主要有甲醇、乙醇和乙酸乙酯，对提取液萃取分离的萃取剂有石油醚、氯仿、乙酸乙酯等。方法是称取一定数量烘干的葡萄皮渣粉末(过 40 目筛)，用体积分数 95％乙醇水浴回流提取 3 次，第 1 次用 4 倍质量乙醇回流提 3 h，第 2、3 次分别用 3 倍质量乙醇回流提取各 1 h，合并提取液，冷却，过滤，滤液减压浓缩，得到白藜芦醇粗品溶液。回流法有着提取率较高，成本低的优点；然而由于提取时间较长，导致白藜芦醇的氧化，使检测结果失真。

(2)浸渍法

以乙酸乙酯的提取剂进行浸提。乙酸乙酯提取白藜芦醇的条件为：浸提时间 40 min，浸提温度 80℃，料液比 1：40，浸提两次。浸渍法提取效果比回流法和超声波法稍低，且提取时间与空气接触时间长，也会导致白藜芦醇的氧化。

(3)索氏提取法

称取适量经烘干的葡萄籽粉，置索氏提取器中，加无水乙醇回流 6 h，蒸干溶剂。索氏法提取效果差，提取时间长；进一步延长提取时间，可能会有好的得率，但同时也延长了生产周期，效率反而不高。

5. 提取葡萄籽油

葡萄籽油是近年来深受国际市场欢迎的高级营养食用油，因为它含有大量的高级不饱和脂肪酸和多种维生素，如维生素 A、D，特别是维生素 E 含量与玉米胚油、葵花籽油相似，比花生油、棉籽油、米糠油高 0.5~1 倍。

（1）葡萄籽油的提取

葡萄籽油的提取方法，一般有压榨法和浸出法。压榨法工艺简单、设备少、投资低，适于小批量生产。其工艺流程为：葡萄籽→晒干→筛选→破碎→软化→炒胚→预制饼→上榨过滤→毛油。浸出法是利用有机溶剂对油脂的溶解特性，将油脂提出，然后分离出籽油，此法是目前较为先进的制油方法。其工艺流程为：葡萄籽→晒干筛选→破碎→软化→贮存→浸提→过滤→贮存→蒸发→汽提→毛油。

将葡萄籽用风力或人力分选，基本不含杂质后用破碎机破碎。破碎后，将破碎的葡萄籽投入软化锅内进行软化，条件是：水分 12%~15%，温度 65~75℃，时间 30 min，必须达到全部软化。

若采用浸提法，经过软化后就可以加有机溶剂进行浸提。有机溶剂有：己烷、石油醚、二氯乙烷、三氯乙烯、苯、乙醇、甲醇、丙酮等。浸提液经压榨、过滤、分离即可得到毛油，其操作过程与精油的提取过程基本相似。

若采用压榨法，软化后要进行炒胚。炒胚的作用是使葡萄籽粒内部的细胞进一步破裂，蛋白质发生变性，磷脂等离析、结合，从而提高毛油的出油率和质量。一般将软化后的油料装入蒸炒锅内进行加热蒸炒，加热必须均匀。用平底锅炒胚时，料温 110℃，水分 8%~10%，出料水分 7%~9%，时间 20 min，炒熟炒透，防止焦糊。炒料后立即用压饼机压成圆形饼，操作要迅速，压力要均匀，成饼中间厚，四周稍薄，饼温在 100℃为好。压好后趁热装入压榨机进行榨油。榨油时室温为 35℃，以免降低饼温而影响出油率。出油的油温在 80~85℃为好，再经过过滤去杂就成毛油。

（2）葡萄籽油的精炼

葡萄籽油精炼的工艺流程为：毛油→过滤→水化→静置分离→脱水→碱炼→脱皂→洗涤→干燥→脱色→过滤→脱臭→加抗氧化剂→精油，与其他油脂的精炼方法类似。

参 考 文 献

陈维刚.2007.实用制冷维修工计算手册.上海：上海科学技术出版社.

陈月英.2008.果蔬贮藏技术.北京：化学工业出版社.

董全，闫燕萍，曾凯芳.2010.农产品贮藏与加工.重庆：西南师范大学出版社.

董全，闫燕萍，曾凯芳.2010.果蔬加工工艺学.重庆：西南师范大学出版社.

郝利平.2008.园艺产品贮藏加工学.北京：中国农业出版社.

胡小松，吴继红.2007.农产品深加工技术.北京：中国农业科学技术出版社.

蒋爱民，赵丽芹.2007.食品原料学.南京：东南大学出版社.

李富军.2004.果蔬采后生理与衰老控制.北京：中国环境科学出版社.

李里特.2003.大豆加工与利用.北京：化学工业出版社.

李里特.2002.粮油贮藏加工工艺学.北京：中国农业出版社.

李新华，董海洲.2009.粮油加工学(第二版).北京：中国农业出版社.

李耀维.2006.果品蔬菜干燥技术.北京：中国社会出版社.

李忠新，韩小军，杨莉玲.2009.实用红枣加工技术.乌鲁木齐：新疆人民出版社.

林亲录，邓放明.2003.园艺产品加工学.北京：中国农业出版社.

刘大森，强继业.2006.核农学.北京：中国农业出版社.

刘兴华.2008.食品安全保藏学(第二版).北京：中国轻工业出版社.

罗云波，蔡同一.2001.园艺产品贮藏加工学(加工篇).北京：中国农业大学出版社.

美国谷物化学协会.1979.粮食及其加工品贮藏.北京：中国财政经济出版社.

潘永贵，谢江辉.2009.现代果蔬采后生理.北京：化学工业出版社.

秦文，吴卫国，翟爱华.2007.农产品贮藏与加工学.北京：中国计量出版社.

邱栋梁.2006.果品质量学概论.北京：化学工业出版社.

饶景萍.2009.园艺产品贮运学.北京：科学出版社.

孙术国.2009.干制果蔬生产技术.北京：化学工业出版社.

王德培.2001.粮油产品加工与贮藏新技术.广州：华南理工大学出版社.

王丽琼.2008.粮油加工技术.北京：中国农业出版社.

王淑琴.2010.北方果蔬贮藏保鲜技术.北京：中国轻工业出版社.

肖志刚，许效群.2008.粮油加工概论.北京：中国轻工业出版社.

徐怀德.2003.新版果蔬配方.北京：中国轻工业出版社.

易美华.2009.生物资源开发与加工技术.北京：化学工业出版社.

杨昌鹏.2006.香蕉贮运保鲜及深加工技术.北京：金盾出版社.

杨富民.2003.肉类初加工及保鲜技术(第一版).北京：金盾出版社.

杨清香，于艳琴.2010.果蔬加工技术.北京：化学工业出版社.

杨寿清.2005.食品杀菌和保鲜技术.北京：化学工业出版社.

叶兴乾.2002.果品蔬菜加工工艺学.北京：中国农业出版社.

尹明安 . 2010. 果品蔬菜加工工艺学 . 北京：化学工业出版社.

余新 . 2011. 果蔬加工技术 . 北京：中国纺织出版社.

曾庆孝 . 2007. 食品加工与保藏原理(第二版). 北京：化学工业出版社.

张宝善，王军 . 2000. 果品加工技术 . 北京：中国轻工业出版社.

张存莉 . 2008. 蔬菜贮藏与加工技术 . 北京：中国轻工业出版社.

张有林 . 2006. 食品科学概论 . 北京：科学出版社.

赵晨霞 . 2009. 果蔬贮藏与加工 . 北京：高等教育出版社.

赵丽芹，张子德 . 2009. 园艺产品贮藏加工学(第二版). 北京：中国轻工业出版社.

赵志模 . 2001. 农产品储运保护学 . 北京：中国农业出版社.

郑永华 . 2006. 食品贮藏保鲜 . 北京：中国计量出版社.

周光宏 . 2008. 肉品加工学 . 北京：中国农业出版社.

周家春 . 2008. 食品工艺学 . 北京：化学工业出版社.

祝战斌 . 2008. 果蔬加工技术 . 北京：化学工业出版社.